普通高等教育"十三五"系列教材

工科化学

（第2版修订本）

主　编　戴春爱　颜鲁婷

副主编　刘莲云　康晓红　程志明　连　超

扫描二维码，免费
获取更多资源

北京交通大学出版社

·北京·

内 容 简 介

本书分为理论篇和实验篇，主要内容包括化学基础知识、物质的聚集状态、化学热力学、化学动力学基础、水溶液反应原理、氧化还原反应与电化学、物质结构基础、危险货物基础知识、化学与材料、化学实验。本书配有 MOOC 课程，同时还附有教学 PPT、习题答案，便于读者学习与使用。本书可供高等院校工科类非化工专业的学生使用，也可作为文管类学生学习化学的参考用书。

图书在版编目（CIP）数据

工科化学 / 戴春爱，颜鲁婷主编. —2 版. —北京：北京交通大学出版社，2020.9（2024.7 重印）

ISBN 978-7-5121-4302-9

I. ① 工… II. ① 戴… ② 颜… III. ① 化学-高等学校-教材 IV. ① O6

中国版本图书馆 CIP 数据核字（2020）第 149632 号

工科化学
GONGKE HUAXUE

责任编辑：严慧明
出版发行：北京交通大学出版社　　电话：010-51686414　　http://www.bjtup.com.cn
地　　址：北京市海淀区高梁桥斜街 44 号　　邮编：100044
印 刷 者：北京时代华都印刷有限公司
经　　销：全国新华书店
开　　本：185 mm×260 mm　　印张：18　　彩插：1　　字数：453 千字
版 印 次：2020 年 9 月第 2 版　　2022 年 8 月第 1 次修订　　2024 年 7 月第 6 次印刷
印　　数：9 001～10 500 册　　定价：58.00 元

本书如有质量问题，请向北京交通大学出版社质监组反映。对您的意见和批评，我们表示欢迎和感谢。
投诉电话：010-51686043，51686008；传真：010-62225406；E-mail：press@bjtu.edu.cn。

（第2版）

前言

本书第 1 版自 2018 年出版以来，受到了不少读者的认可。为满足新时代人才培养的需要，从培养具有科学思维方法和创新能力的人才需要出发，我们结合专家、同行的宝贵意见，任课教师的反馈意见及读者的实际需求，对本书进行了如下修订工作。

（1）在本书第 1 版的知识体系和内容框架的基础上，对理论知识进行了适当补充。例如，在第 3 章反应热的计算部分，增加了赫斯定律应用的例题；在第 3 章化学平衡部分，增加了多重平衡原理；在第 4 章活化能和催化剂部分，补充了简单碰撞理论、过渡状态理论两种化学反应速率理论及催化剂的作用机理；在第 6 章增加了氧化还原反应相关基础内容。

（2）加强了对基础知识的详细梳理。在此次修订过程中，改写了第 3 章化学平衡部分和第 6 章元素电势图及其应用部分，删减了第 4 章加快化学反应速率的方法和影响多相化学反应速率的因素相关内容，从而使全书的结构更加严谨，叙述更富条理性。

（3）在第 6 章补充了一些课后习题，为学生自主学习提供便利。

（4）为落实高等教育立德树人根本任务，增设拓展视野板块，融入课程思政元素，介绍国内外著名化学家的研究成果、学科最新成就等，帮助学生学会认知、学会发展、学习科学报国精神。

限于编者的学识水平，教材中一定会有不当甚至错误之处，恳请广大读者提出批评指正意见，编者将不胜感激。

编　者

2020 年 8 月

（第1版）

前言

工科化学是一门有特色的重要化学课程，是化学与工程技术间的桥梁，是培养现代化工程技术应用型人才的知识和能力整体结构的组成部分。通过本课程的学习，学生能熟悉工程技术发展中所必需的若干现代化学的基本理论、基本技能及其应用，具备对一些涉及化学工程实际问题的初步分析能力。

本书是多年来教学实践经验的总结，既注重理论基础知识的学习，又注重学生动手能力的培养，同时还渗透部分现代化学前沿知识，让学生学有所用。

本书由戴春爱、颜鲁婷任主编，由刘莲云、康晓红、程志明、连超任副主编。本书的编者分工如下：第 1、5 章，戴春爱；第 4、9 章，颜鲁婷；第 3、7 章，刘莲云；第 2、6 章，康晓红；第 8 章，程志明；第 10 章，连超。戴春爱、颜鲁婷两位老师负责本书的统筹规划工作。在编写过程中研究生吴梦、高秀园、曹婧玥、钱宇欣、古应彩、张阳阳、刘欢、李剑桥、朱东萍、王梅、张吉、于昌仕、姚嘉、王雅静、张威、凌廉杰、吕培文、董锦洋等人参与了部分校订及附录录入工作，在此表示感谢。

本书在编写过程中参考了国内外出版的一些教材和著作，从中得到许多启发，在此向这些作者表示感谢。

由于水平有限，本书可能存在不足之处甚至错误，恳请广大读者不吝指出。

编　者

2018 年 6 月于北京交通大学

目录

Contents

理论篇

第1章 化学基础知识……3

1.1 物质变化及性质……3

1.2 物质的构成与组成……3

1.2.1 原子、离子、分子……3

1.2.2 元素……6

1.3 物质的分类……6

1.3.1 混合物和纯净物……6

1.3.2 单质和化合物……7

1.4 化学用语……8

1.4.1 元素符号和离子符号……8

1.4.2 化学式……9

1.4.3 化合价……10

1.4.4 电子式……11

1.5 化学反应类型……11

1.6 化学反应方程式……11

1.6.1 化学反应方程式的写法……11

1.6.2 化学反应方程式的配平……12

1.7 化学计算……13

1.7.1 有关化学式的计算……13

1.7.2 有关化学反应方程式的计算……15

1.7.3 有关溶液的计算……16

习题……18

第2章 物质的聚集状态……25

2.1 气体……25

2.1.1 理想气体状态方程……25

2.1.2 理想气体混合物……26

2.1.3 实际气体状态方程……29

2.2 液体……30

2.2.1 液体的蒸气压……30

2.2.2 液体的沸腾……32

2.3 溶液 ······32
2.3.1 溶液浓度的表示方法 ······32
2.3.2 溶解度 ······33
2.3.3 非电解质稀溶液的依数性 ······36
2.4 胶体 ······39
2.4.1 胶体的制备与净化 ······40
2.4.2 胶体的性质 ······41
2.4.3 胶团的结构 ······42
2.4.4 胶体的稳定性 ······43
2.5 固体 ······43
2.5.1 晶体的特征 ······44
2.5.2 晶体的微观结构及分类 ······45
拓展视野 水的三相点 ······48
习题 ······49

第 3 章 化学热力学 ······51

3.1 基本概念 ······51
3.1.1 系统与环境 ······51
3.1.2 状态与状态函数 ······51
3.1.3 过程与途径 ······52
3.2 热力学第一定律 ······52
3.2.1 热和功 ······52
3.2.2 热力学能 ······53
3.2.3 热力学第一定律的数学表达式 ······53
3.3 化学反应的热效应 ······53
3.3.1 定容反应热 Q_V ······54
3.3.2 焓与定压反应热 Q_p ······55
3.3.3 Q_V 与 Q_p 的关系 ······55
3.4 反应热的计算 ······56
3.4.1 化学反应进度与标准状态 ······56
3.4.2 赫斯定律 ······57
3.4.3 化学反应的标准摩尔焓变 $\Delta_r H_m^\ominus(T)$ ······58
3.4.4 物质的标准摩尔生成焓 $\Delta_f H_m^\ominus(B, T)$ ······58
3.4.5 物质的标准摩尔燃烧焓 $\Delta_c H_m^\ominus(B, T)$ ······60
3.5 化学反应的方向 ······61
3.5.1 自发过程 ······61
3.5.2 熵函数 ······61
3.5.3 吉布斯函数 ······63
3.5.4 化学反应的标准摩尔吉布斯函数变 $\Delta_r G_m^\ominus(T)$ ······63

3.5.5 化学反应等温方程 …… 65
3.6 化学平衡 …… 66
3.6.1 可逆反应与化学平衡 …… 66
3.6.2 标准平衡常数 …… 66
3.6.3 标准平衡常数的应用 …… 68
3.6.4 化学平衡的移动 …… 69
拓展视野 太阳能分解水制氢 …… 72
习题 …… 74

第4章 化学动力学基础 …… 77

4.1 化学反应速率的定义 …… 77
4.2 化学反应速率的测定 …… 78
4.3 浓度对化学反应速率的影响 …… 79
4.3.1 一级反应 …… 79
4.3.2 二级反应 …… 81
4.3.3 零级反应 …… 81
4.3.4 反应级数的测定 …… 82
4.4 温度对化学反应速率的影响 …… 84
4.4.1 阿伦尼乌斯方程 …… 84
4.4.2 阿伦尼乌斯方程的应用 …… 85
4.4.3 其他形式的温度与化学反应速率关系式 …… 86
4.5 活化能 …… 86
4.5.1 简单碰撞理论 …… 86
4.5.2 过渡状态理论 …… 87
4.5.3 活化能对化学反应速率的影响规律 …… 88
4.6 催化剂 …… 88
4.6.1 催化剂的作用机理和基本特征 …… 89
4.6.2 均相催化剂和多相催化剂 …… 90
4.6.3 酶 …… 92
拓展视野 合成氨工业史话 …… 92
习题 …… 94

第5章 水溶液反应原理 …… 97

5.1 酸碱平衡 …… 98
5.1.1 酸碱质子理论 …… 98
5.1.2 水的解离平衡和溶液的 pH …… 100
5.1.3 弱电解质的解离平衡 …… 101
5.1.4 同离子效应与缓冲溶液 …… 104
5.2 沉淀溶解平衡 …… 108

5.2.1 溶度积……108
5.2.2 溶度积规则……109
5.2.3 影响沉淀溶解平衡的因素……110
5.2.4 两种沉淀之间的平衡……113
5.3 配位平衡……115
5.3.1 配合物……115
5.3.2 配位平衡……118
5.3.3 配位平衡的移动……120
5.3.4 配合物的应用……121
拓展视野 金属–有机框架材料……125
习题……127

第 6 章 氧化还原反应与电化学……130

6.1 氧化还原反应……130
6.1.1 氧化数……130
6.1.2 氧化与还原……131
6.1.3 氧化还原反应方程式的配平……131
6.2 原电池……133
6.2.1 原电池的概念……133
6.2.2 原电池的组成及电极反应……134
6.2.3 电极类型……135
6.2.4 原电池符号……135
6.3 电极电势……136
6.3.1 电极电势的产生……136
6.3.2 参比电极……137
6.3.3 标准电极电势的测定……139
6.4 电极电势的影响因素……140
6.4.1 能斯特方程……140
6.4.2 浓度对电极电势的影响……141
6.4.3 酸碱性对电极电势的影响……142
6.5 电极电势的应用……143
6.5.1 比较氧化剂和还原剂的氧化还原能力相对强弱……143
6.5.2 判断氧化还原反应进行的方向……144
6.5.3 衡量氧化还原反应进行的限度……146
6.5.4 元素电势图及其应用……147
6.6 电化学应用……149
6.6.1 化学电源……149
6.6.2 金属腐蚀与防护……154
拓展视野 改变世界的锂离子电池……157

习题……159

第7章 物质结构基础……162

7.1 原子结构……162
7.1.1 原子核外电子的运动状态……162
7.1.2 四个量子数……163
7.1.3 原子核外电子的排布……164
7.2 元素的性质与原子结构的关系……165
7.2.1 元素周期律……165
7.2.2 原子半径……165
7.2.3 电离能……166
7.2.4 电子亲和能……167
7.2.5 电负性……168
7.3 化学键……169
7.3.1 离子键……169
7.3.2 共价键……170
7.3.3 金属键……173
7.4 分子间作用力和氢键……176
7.4.1 分子间作用力……176
7.4.2 氢键……177
习题……178

第8章 危险货物基础知识……179

8.1 危险货物的定义、分类及编号……179
8.1.1 危险货物的定义……179
8.1.2 危险货物的分类……179
8.1.3 危险货物的编号……180
8.2 危险货物的分类标准……181
8.2.1 第1类：爆炸品……181
8.2.2 第2类：气体……182
8.2.3 第3类：易燃液体……182
8.2.4 第4类：易燃固体、易于自燃的物质、遇水放出易燃气体的物质……182
8.2.5 第5类：氧化性物质和有机过氧化物……183
8.2.6 第6类：毒性物质和感染性物质……184
8.2.7 第7类：放射性物质……185
8.2.8 第8类：腐蚀性物质……185
8.2.9 第9类：杂项危险物质和物品，包括危害环境物质……185
8.3 化学品的危险性分类……186
8.4 危险货物运输包装和危险性标签……186

8.4.1 危险货物运输包装……186
8.4.2 危险性标签……188
习题……195
第9章 化学与材料……196
9.1 材料的定义及分类……196
9.2 化学与材料的关系……196
9.3 材料的化学制备方法……196
9.3.1 固相法……197
9.3.2 液相法……198
9.3.3 气相法……203
9.3.4 等离子体法……205
9.4 材料表面化学分析……205
9.4.1 表面元素组成及价态分析……206
9.4.2 表面键合情况分析……208
9.4.3 表面形貌分析……209
9.4.4 表面能的测定……211
9.4.5 表面电荷的测定……211
9.5 材料表面化学改性……212
9.5.1 化学镀与电镀……212
9.5.2 化学气相沉积……214
9.5.3 等离子体表面改性……215
9.5.4 表面改性剂改性……216
9.5.5 接枝聚合表面改性……217
习题……218

实 验 篇

第10章 化学实验……221
10.1 蒸馏和沸点测定……221
10.1.1 实验目的……221
10.1.2 实验原理……221
10.1.3 实验仪器和药品……221
10.1.4 实验步骤……222
10.1.5 数据记录与处理……222
10.1.6 思考题……223
10.2 电解法测定阿伏伽德罗常数及摩尔气体常数……223
10.2.1 实验目的……223

10.2.2 实验原理 ······ 223
10.2.3 实验仪器和药品 ······ 223
10.2.4 实验步骤 ······ 224
10.2.5 数据记录与处理 ······ 225
10.2.6 思考题 ······ 226
10.3 酸度计的使用——测量溶液的 pH 及测定原电池电动势 ······ 226
10.3.1 实验目的 ······ 226
10.3.2 实验原理 ······ 226
10.3.3 实验仪器和药品 ······ 227
10.3.4 实验步骤 ······ 227
10.3.5 数据记录与处理 ······ 227
10.3.6 思考题 ······ 227
10.4 水硬度的测定 ······ 228
10.4.1 实验目的 ······ 228
10.4.2 实验原理 ······ 228
10.4.3 实验仪器和药品 ······ 228
10.4.4 实验步骤 ······ 229
10.4.5 数据记录与处理 ······ 229
10.4.6 思考题 ······ 230
10.5 银氨配离子配位数的测定 ······ 230
10.5.1 实验目的 ······ 230
10.5.2 实验原理 ······ 230
10.5.3 实验仪器和药品 ······ 231
10.5.4 实验步骤 ······ 231
10.5.5 数据记录与处理 ······ 231
10.5.6 思考题 ······ 232
10.6 反应级数及活化能测定 ······ 232
10.6.1 实验目的 ······ 232
10.6.2 实验原理 ······ 232
10.6.3 实验仪器和药品 ······ 233
10.6.4 实验步骤 ······ 233
10.6.5 数据记录与处理 ······ 234
10.6.6 思考题 ······ 235
10.7 常见阳离子的分离和鉴定 ······ 235
10.7.1 实验目的 ······ 235
10.7.2 实验原理 ······ 235
10.7.3 实验仪器和药品 ······ 236
10.7.4 实验步骤 ······ 236
10.7.5 数据记录与处理 ······ 237

10.7.6 思考题……237
10.8 纳米银胶体溶液的制备……238
10.8.1 实验目的……238
10.8.2 实验原理……238
10.8.3 实验仪器和药品……238
10.8.4 实验步骤……238
10.8.5 数据记录与处理……239
10.8.6 思考题……239

附录 A 一些物质的热力学性质……240

附录 B 某些物质的标准摩尔燃烧焓（298.15 K）……258

附录 C 弱酸、弱碱的解离常数……259

附录 D 溶度积常数（298.15 K）……261

附录 E 某些配离子的稳定常数（298.15 K）……263

附录 F 标准电极电势表（298.15 K）……265

附录 G 不同温度下水的饱和蒸气压和密度（1 atm）……270

参考文献……272

理　论　篇

第 1 章 化学基础知识

自然科学是指对自然界的物质进行研究的学科。物质是不依赖于人的感觉而独立存在的客观现实，无论多么小，物质都有一定的质量和体积。反之，只要有质量和体积，这个东西就可被叫作物质。化学是研究物质的组成、结构、性质及变化规律的以实验为基础的自然科学。

1.1 物质变化及性质

根据是否有新物质生成，物质变化分为化学变化（化学反应）和物理变化。化学变化有新物质生成，常伴随放热、发光、变色、放出气体、生成沉淀等现象，例如煤燃烧、铁生锈、食物腐败等。而物理变化没有新物质生成，只是物质的外形或状态发生改变，例如石蜡熔化、水结成冰、汽油挥发等。化学变化和物理变化常常伴随发生，有化学变化就一定有物理变化，但有物理变化不一定有化学变化。

物质在静止状态下不需要发生化学变化就能表现出来的性质为物理性质，例如颜色、状态、气味、熔点、沸点、密度、硬度、溶解性、挥发性、延展性、导电性、吸水性、吸附性等。物质在化学变化中表现出来的性质为化学性质，例如可燃性、氧化性、还原性、活泼性、稳定性、腐蚀性、毒性等。

1.2 物质的构成与组成

1.2.1 原子、离子、分子

宏观上肉眼能看到的物质是由肉眼难以看见的微观粒子构成的，这些微观粒子包含原子、离子和分子。例如铁是由铁原子构成的，氯化钠是由钠离子和氯离子构成的，水是由水分子构成的，它们都能保持各自的化学性质。

1. 原子

原子是构成物质的基本单元，是化学变化中的最小微粒，在化学变化中不能再分。化学变化的实质是分子分成原子，原子再重新组合成新分子的过程。原子是非常微小的粒子，假设原子是球体的话，典型原子的直径大约是 10^{-8} cm，质量大约是 10^{-23} g。按照卢瑟福提出的原子核式模型，原子由带正电荷的原子核和在原子核的库仑场中运动的带负电的电子组成。原子构成示意图如图 1－1 所示。原子核非常小，它的体积约为整个原子体积的 10^{-15}，但原子质量的 99.95%以上都集中在原子核。质量很小的电子在原子核外的空间中绕核做有规律的高速运动，原子核和核外电子相互吸引，组成中性的原子。在科学昌盛的 20 世纪，科学家已经能够利用场发射显微镜直接观察到原子图像，这是证明原子存在的最有力的证据。

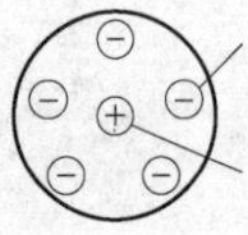

图 1－1　原子构成示意图

原子核由带正电的质子和不带电的中子构成，原子核中的质子和中子紧密地堆在一起，因此原子核的密度很大。质子和中子的质量大致相等，其中中子的质量略大一些。质子带正电荷，有多少个质子，原子就带多少单位正电荷，而中子不带电荷，是电中性的，所以整个原子核是带正电荷的，质子所带的正电荷数就叫核电荷数。原子核内质子与核外电子的电性相反但电量相等，所以整个原子不显电性。需要注意的是，原子中质子数不一定等于中子数。另外，并不是所有原子的原子核中都含有中子，例如氢原子的原子核中无中子。

$$核电荷数=质子数=核外电子数 \qquad (1-1)$$

原子核外的电子是分层排布的，原子的结构可以用原子结构示意图表示。例如，氧原子结构示意图如图 1－2 所示。

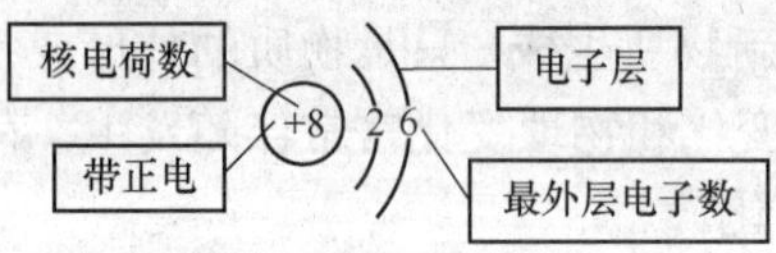

图 1－2　氧原子结构示意图

原子的核外电子排布特别是最外层电子数与元素的化学性质有密切的关系（如表 1－1 所示），因此，若两种元素的最外层电子数相同，则这两种元素的化学性质相似。元素的最外层电子数一般不超过 8，当只有一层时，一般不能超过 2。最外层电子数为 8（若第一层为最外层，最外层电子数为 2）的结构相对稳定。

表 1－1　元素最外层电子数及其化学性质

元素类别	最外层电子数	得失电子趋势	化学性质
金属元素	一般小于 4	易失去最外层电子，形成阳离子	活泼
非金属元素	一般大于 4	易得到电子而使最外层达到 8 电子稳定结构，形成阴离子	活泼
稀有气体元素	一般等于 8（He 最外层电子数为 2）	难以得失电子，常称为 8 电子稳定结构	不活泼

2. 离子

质子、中子和电子都属于“基本粒子”。在一个电中性的原子中，质子和电子的数目是一样的。当中性原子失去或得到电子时，所形成的带电荷的原子叫离子。对离子来说，有如下关系式：

$$核电荷数=质子数 \neq 核外电子数 \tag{1-2}$$

由原子失去电子而形成的离子称为阳离子，相反，由原子得到电子而形成的离子称为阴离子。阳离子、原子、阴离子之间的相互转化如图 1－3 所示。原子与离子的比较结果如表 1－2 所示。金属元素最外层电子数一般小于 4，在化学反应中易失去电子而趋向达到稳定结构，成为阳离子；非金属元素最外层电子数一般大于 4，在化学反应中易得到电子而趋向达到稳定结构，成为阴离子。

图 1－3　阳离子、原子、阴离子之间的相互转化

表 1－2　原子与离子的比较结果

		原子	离子	
			阳离子	阴离子
不同点	粒子结构	质子数=电子数	质子数＞电子数	质子数＜电子数
	粒子电性	不显电性	显正电	显负电
	符号	用元素符号表示	用离子符号表示	用离子符号表示
相同点	都是构成物质的一种微粒；质量、体积都很小；都在不停运动；都有间隔			

3. 分子

分子是组成物质的微小单元，是能够独立存在并保持物质原有的一切化学性质的最小微粒。分子有一定的大小和质量，分子的理想模型是球形，其直径的数量级约为 10^{-10}（单位为 m），其质量的数量级约为 10^{-26}（单位为 kg）。分子间有一定的间隔，且相互之间有一定的微弱作用力，这个作用力被称作范德华力。分子在不停地运动，且分子可以随着温度的变化而在气态、液态和固态之间相互转换。最小的分子是氢的同位素氕形成的氕分子，它是没有中子的氢分子。同种分子性质相同，不同种分子性质不同。

分子一般由更小的微粒——原子构成，即原子通过较强的作用力——化学键以一定的次序和排列方式结合成分子。以水分子为例，在不破坏水的特性的前提条件下将水不断分割下去，这时出现的最小单元是由两个氢原子和一个氧原子组成的水分子。一个水分子可用电解法或其他方法再分为两个氢原子和一个氧原子，但这时它们的特性和水完全不同。不同分子可以由同种原子构成，也可以由不同种原子构成。最简单的分子由一个原子构成，称单原子分子（如氦和氩等稀有气体分子），这种单原子分子既是原子又是分子。将由两个原子构成的分子称作双原子分子，大多数非金属元素构成的分子为双原子分子。例如，氧分子由两个氧原子构成，这类分子称为同核双原子分子；一氧化碳分子由一个氧原子和一个碳原子构成，这类分子称为异核双原子分子。分子中的原子数可更多，可达几个、十几个、几十个乃至成千上万个，由两个以上的原子组成的分子统称多原子分子。

随着分子概念的发展，化学家对无机分子的了解也逐步深入，例如氯化钠是以钠离子和氯离子以离子键互相连接起来的一种无限结构，很难确切地指出它的分子中含有多少个钠离子和氯离子，金刚石、石墨、石棉、云母等也属于这种情况。分子和原子的比较结果如表 1–3 所示。

表 1–3 分子和原子的比较结果

	分子	原子
概念	保持物质化学性质的最小粒子	化学反应中的最小粒子
构成	由原子构成，有的分子由同种原子构成，有的分子由不同种原子构成	由质子、中子和电子构成
相同点	（1）体积小、质量小；（2）不断运动；（3）粒子间有间隔；（4）同种粒子性质相同；（5）可直接构成物质	
联系	（1）分子可拆成原子，原子可组合成分子；（2）分子、原子均可构成物质	

1.2.2 元素

宏观上物质由元素组成。元素是具有相同质子数（或核电荷数）的一类原子的总称。元素的种类由原子的质子数决定，质子数不同，元素种类不同。同一元素的原子、离子之间可以互相转化。元素是同类原子的总称，原子是元素的基本单元。元素和原子的比较结果如表 1–4 所示。地壳中含量排在前五位的元素依次为氧、硅、铝、铁、钙，生物细胞中含量排在前四位的元素依次为氧、碳、氢、氮，空气中含量排在前两位的元素依次是氮、氧。

表 1–4 元素和原子的比较结果

	元素	原子
概念	（1）是具有相同核电荷数的一类原子的总称 （2）宏观概念，只分种类不计个数 （3）是物质的组成成分	（1）是化学反应中的最小粒子 （2）微观概念，既分种类又分个数 （3）是构成物质的一种粒子
适用范围	从宏观角度描述物质的组成，常用来表示物质由哪几种元素组成，如水由氢元素和氧元素组成	从微观角度描述物质（或分子）的构成，常用来表示物质由哪些原子构成或分子由哪些原子构成，如水分子由氢原子和氧原子构成，铁由铁原子构成

1.3 物质的分类

1.3.1 混合物和纯净物

根据物质的组成是否单一可以将物质分为混合物和纯净物：由一种物质组成的为纯净物；由两种或两种以上纯净物组成，且各物质都保持原来的性质的为混合物。从分子的角度看，纯净物是由同种分子组成的物质，如水是由水分子组成的纯净物；混合物是由不同种分子组成的物质，如空气是由氮气、氧气、稀有气体、二氧化碳、水蒸气等多种物质组成的混合物。只含有一种元素的物质不一定是纯净物，例如，氧气和臭氧组成的是混合物，因为这其中含有不同的分子——氧分子和臭氧分子。

实际上，自然界中完全纯净的物质是不存在的，一些天然的复杂的物质，如空气、草木灰、天然气、煤、石油、石灰石、矿泉水等都是混合物；凡是溶液都是混合物，如食盐水、盐酸、氨水等。若某种物质所含的杂质的量非常小，不至于在生产和科研中发生有害的影响，则这种物质可看作是纯净物。对于有些比较复杂的结晶水合物，由于它们有固定的组成，故属于纯净物，如胆矾。混合物与纯净物的比较结果如表 1–5 所示。

表 1–5　混合物与纯净物的比较结果

		混合物	纯净物
概念	宏观	由不同种物质组成	由一种物质组成
	微观	对由分子构成的物质而言，由两种或两种以上分子构成	对由分子构成的物质而言，由一种分子构成
特性		（1）没有固定的组成 （2）没有固定的性质，如没有固定的熔点、沸点等，各成分仍保持原有的性质	（1）具有固定的组成 （2）具有固定的性质，如固定的熔点、沸点、溶解度等

1.3.2　单质和化合物

在纯净物中，根据物质组成元素的异同可将纯净物分为单质和化合物。由同种元素组成的纯净物叫作单质，由不同种元素组成的纯净物叫作化合物。单质和化合物均属于纯净物。例如，空气中有氮气、氧气、稀有气体、二氧化碳、水蒸气等多种物质，其中氮气、氧气、稀有气体属于单质，二氧化碳、水蒸气属于化合物。单质在适当条件下发生化合反应可以生成化合物，化合物在适当条件下发生分解反应可以生成单质。单质与化合物的比较结果如表 1–6 所示。由同种元素组成的几种不同的单质称为同素异形体。例如，由碳元素组成的不同单质有金刚石、石墨，它们就是同素异形体。元素以单质形式存在的状态称为游离态，以化合物形式存在的状态称为化合态。

表 1–6　单质与化合物的比较结果

	单质	化合物
宏观组成	同种元素	不同种元素
微观构成	同种原子或由同种原子构成的同种分子	不同种原子构成的分子或形成的离子
化学性质	不能发生分解反应	一定条件下可发生分解反应

单质根据性质的差异可分为金属单质和非金属单质。化合物根据组成中是否含有碳元素可分为有机（化合）物和无机（化合）物。有机物是指含有碳元素的化合物，无机物通常指不含有碳元素的化合物，但少数含碳元素的化合物如二氧化碳、碳酸、碳酸盐等也属于无机物。对于无机物，根据其组成的差异可分为酸、碱、盐和氧化物。按瑞典化学家 Arrhenius 提出的酸碱电离理论，电离时解离出的阳离子全部是氢离子的化合物为酸，如盐酸（HCl）、硫酸（H_2SO_4）、硝酸（HNO_3）等；电离时解离出的阴离子全部是氢氧根离子的化合物为碱，如氢氧化钠（$NaOH$）、氢氧化钾（KOH）等；由金属阳离子（或 NH_4^+）和酸根阴离子组成的化合物为盐，如氯化钠（$NaCl$）、氯化铵（NH_4Cl）等。酸、碱、盐的比较结果如表 1–7 所示。氧化物是指氧元素与另外一种化学元素组成的二元化合物，如二氧化碳、氧化钙、一氧化碳等。氧化物属于化合物，其构成中只含两种元素，其中一种一定为氧元素，另一种若为

金属元素，则称为金属氧化物；若另一种为非金属元素，则称为非金属氧化物。

表 1-7 酸、碱、盐的比较结果

	酸	碱	盐
概念	电离时解离出的阳离子全部是氢离子的化合物	电离时解离出的阴离子全部是氢氧根离子的化合物	由金属阳离子（或 NH_4^+）和酸根阴离子组成的化合物
形式	酸=H^++酸根阴离子	碱=金属阳离子+OH^-	盐=金属阳离子（或 NH_4^+）+酸根阴离子
溶液性质	呈酸性，pH＜7	呈碱性，pH＞7	多数呈中性，pH=7

注：① 它们的溶液都不显电性；② 溶液的酸碱性强弱受自身因素和浓度的影响。

综上所述，物质（纯净物）的构成、组成和分类如图 1-4 所示。

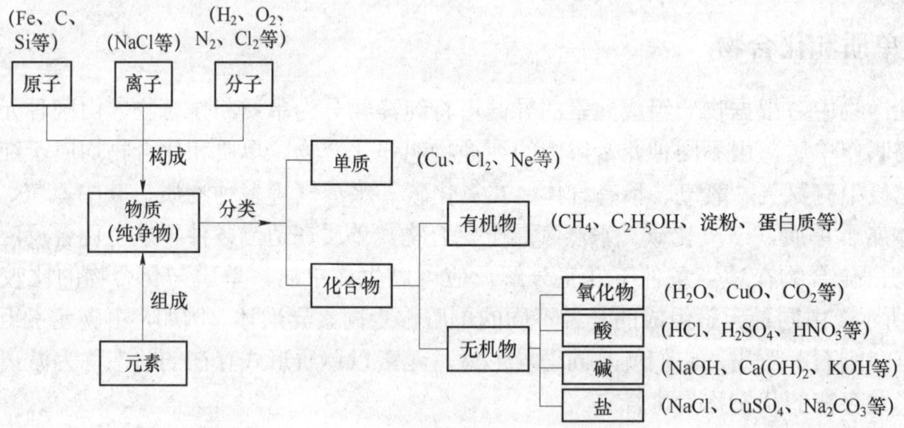

图 1-4 物质（纯净物）的构成、组成和分类

1.4 化 学 用 语

1.4.1 元素符号和离子符号

1. 元素符号

在宏观物质、微观粒子和化学符号之间建立联系是化学学科特有的思维方式。在化学上采用不同的符号表示各种元素，这些符号叫作元素符号。国际上元素符号是统一采用该元素的拉丁文名称的第一个字母（大写）来表示的。例如，用“O”表示氧元素。当几种元素的拉丁文名称的第一个字母相同时，可在第一个字母（大写）后面附加一个小写字母来加以区别。例如，用“Cu”表示铜元素，用“Ca”表示钙元素。元素符号除可表示元素外，也可表示元素的一个原子。例如，“O”可以表示氧元素也可以表示一个氧原子。如果在元素符号前面加系数，则这个符号只能表示几个原子。例如，“2H”表示 2 个氢原子。具有一定核电荷数（等于核内质子数）的一类原子称为一种元素，按元素的核电荷数进行排序，所得序号叫该元素的原子序数。例如，氢元素的原子序数是 1，氧元素的原子序数是 8。原子序数跟元素的原子结构有如下关系：

$$质子数 = 原子序数 = 核电荷数 \tag{1-3}$$

元素周期表是根据原子序数从小至大排序的化学元素列表。元素周期表是 1869 年俄国科学家门捷列夫首创，他将当时已知的 63 种元素依原子质量以表的形式排列，把有相似化学性质的元素放在同一列，制成元素周期表的雏形。元素周期表揭示了化学元素之间的内在联系，使其构成了一个完整的体系，这是化学发展史上的重要里程碑之一。随着科学的发展，元素周期表中未知元素留下的空位先后被填满。当原子结构的奥秘被发现时，编排依据由原子质量改为原子的质子数（核外电子数或核电荷数），形成现行的元素周期表。表中每一横行称为一个周期，每一纵行称为一个族。元素周期表可分为 7 个周期和 16 个族，这 7 个周期又可分成短周期、长周期，这 16 个族又分为 7 个主族（ⅠA、ⅡA、ⅢA、ⅣA、ⅤA、ⅥA、ⅦA）、7 个副族（ⅠB、ⅡB、ⅢB、ⅣB、ⅤB、ⅥB、ⅦB）、1 个Ⅷ族、1 个 0 族。同一周期的元素原子的电子层数相同，电子层数等于周期数。同一族的元素原子的最外层电子数相同，对于主族元素，最外层电子数等于主族数。

元素周期表中每一方格提供了原子序数、元素符号、元素名称、相对原子质量等信息。例如，氢元素在元素周期表中的表示如图 1－5 所示。

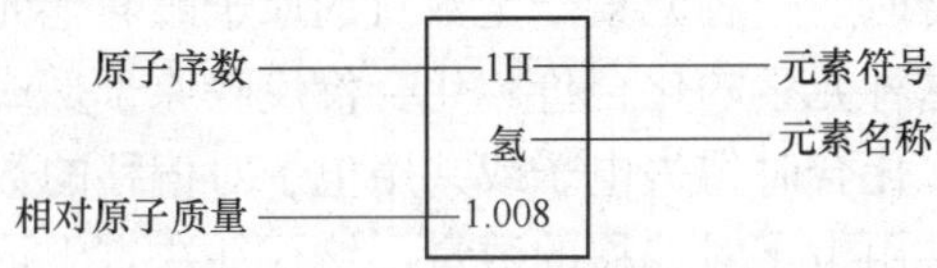

图 1－5　氢元素在元素周期表中的表示

2. 离子符号

原子失去电子可成为带正电的阳离子，得到电子可成为带负电的阴离子。阴、阳离子可用离子符号来表示，即在元素符号右上角标明电性和电荷数，数字在前，符号在后。若数字为 1 时，可省略不写。例如，Fe^{3+}表示带 3 个单位正电荷的铁离子，Cl^-表示带 1 个单位负电荷的氯离子。另外，在离子符号前面加系数可表示离子个数，例如，$2Na^+$可表示 2 个钠离子。

1.4.2　化学式

用元素符号和数字来表示物质组成的式子叫作化学式，一种物质只用一个化学式表示。如果化学式能表示分子中真实的原子数，则该化学式为该物质的分子式。如果化学式不能表示物质的真正组成而只表示各组成元素原子数的最简比例，则该化学式称为该物质的最简化学式或实验式（经验式）。例如，NaCl 只表示氯化钠中钠与氯的原子个数比为 1:1，而不表示一个氯化钠分子，所以 NaCl 为氯化钠的最简化学式而非分子式。水的化学式表示为 H_2O，因为 H_2O 表示出了一个水分子的真正组成，即一个水分子中含有 2 个氢原子和 1 个氧原子，所以 H_2O 为水的分子式。总体来说，分子式的含义有以下 4 点：

（1）表示某种物质；

（2）表示某种物质的组成；

（3）表示某种物质的一个分子；

（4）表示某种物质的一个分子的构成。

例如，对于分子式 H_2O，它有以下 4 个含义：① 表示水这种物质；② 表示水由氢元素和氧元素组成；③ 表示一个水分子；④ 表示一个水分子由 1 个氧原子和 2 个氢原子构成。在分子式前面加系数表示分子的个数。若分子式前面有了系数，这个符号就只能表示分子的个数。例如，$3CO_2$ 表示 3 个二氧化碳分子，$4H_2O$ 表示 4 个水分子。

由两种元素组成或由两种原子团构成的化学式有自己固定的读法，一般遵循以下原则。① 由两种元素组成的化合物，从右至左读作“某化某”，对于氧化物一般要读出原子个数；② 含有酸根（如 NO_3^-、SO_4^{2-}、CO_3^{2-}、PO_4^{3-} 等）的化合物从右至左读作“某酸某”；③ 含有氢氧根离子（OH^-）的化合物从右至左读作“氢氧化某”。例如，Fe_3O_4 读作“四氧化三铁”；$MgCl_2$ 读作“氯化镁”；$Al(NO_3)_3$ 读作“硝酸铝”；$Mg(OH)_2$ 读作“氢氧化镁”。

分子式相同并不代表它们表示同样的物质，因为分子中原子的排列和组合（分子的结构）也是决定物质性质的要素。由相同的原子组成但排列不同的分子叫同分异构体。同分异构体有同一种分子式，但因结构不同而有不同的性质。纯净物都是由相同几何结构的分子组合而成的。分子的化学式和结构是决定物质的性质尤其是物质的化学性质的两个要素。

1.4.3 化合价

化合物形成即元素化合时，一种元素一定数目的原子跟其他元素一定数目的原子化合形成稳定结构的性质，叫作这种元素的化合价。化合价反映原子形成化学键的能力。元素化合价的价数等于该元素原子在化合时得失电子或共用电子对偏移的数量，即等于该元素原子达到稳定结构时得失电子或共用电子对偏移的数量，这往往决定于该元素的电子排布，主要是最外层电子排布，当然还可能涉及次外层电子排布。例如，一个钠原子和一个氯原子化合，钠原子失去最外层一个电子形成钠离子，化合价为 +1，氯原子得到一个电子形成氯离子，化合价为 −1，形成的化合物 NaCl 的钠元素和氯元素化合价的代数和为 0，各原子的最外电子层为稳定结构，NaCl 为稳定的化合物。元素在相互化合形成稳定结构时，反应物原子的个数比相对固定。

元素的化合价是元素的一种重要性质，这种性质只有跟其他元素相化合时才表现出来。就是说，当元素以游离态存在时，即没有跟其他元素相互化合形成化合物时，该元素是不表现其化合价的，因此单质元素的化合价为 0，如铁等金属单质、碳等非金属单质、氦等稀有气体中元素的化合价均为 0。表示化合价时，一般将其在元素符号正上方标出，符号在前，数字在后，当数字为 1 时，不能省略。例如，氯化镁中镁元素的化合价为 +2，可标示为：$\overset{+2}{Mg}Cl_2$。元素的化合价一般遵循以下规则。

（1）元素化合价的数值等于离子带的电荷数，元素化合价的符号与离子带的电性一致。

（2）通常，氢元素的化合价为 +1，氧元素为 −2。

（3）金属元素通常显正价，非金属元素跟氢元素化合时常显负价，跟氧元素化合时常显正价。例如：在 H_2S 里，S 显 −2 价；在 SO_2 里，S 显 +4 价。

（4）化合物中所有元素的化合价的代数和为 0。以 $\overset{+a}{A}_m\overset{-b}{B}_n$ 为例，有 $(+a)\times m+(-b)\times n=0$。

（5）原子团的化合价也叫根价，在数值上与这个原子团所带的电荷数相等。

（6）很多元素的化合价并不是固定不变，在不同条件下，有些元素与另一元素起反应时会生成不同的化合物，这说明同一元素可能显示不同的化合价。也就是说，这些元素具有可变化合价。例如，铁元素在氯化亚铁（$FeCl_2$）里显 +2 价，在氯化铁（$FeCl_3$）里显 +3 价。

1970 年，国际纯粹与应用化学联合会建议将“化合价”改称为“氧化值”，或称“氧化态”“氧化数”。

1.4.4　电子式

在化学反应中，一般是原子的最外层电子发生变化。为了简便起见，化学中常在元素符号周围用小黑点“·”或叉号“×”来表示元素原子的最外层电子，这种式子叫作电子式。书写电子式时，先依据元素的原子最外层电子数的多少，用小黑点或叉号在元素符号上、下、左、右各表示出 1 个电子，然后将多余的电子与之配对。用电子式可以表示原子、离子、单质分子，也可表示化合物及其形成过程，此时阴离子和复杂阳离子要加中括号，并注明其所带电荷数。例如，氯原子、钠原子、氯气分子、氯化钠的电子式可分别表示为 $\cdot\underset{\cdot\cdot}{\overset{\cdot\cdot}{Cl}}:$、$Na^{\times}$、$:\underset{\cdot\cdot}{\overset{\cdot\cdot}{Cl}}:\underset{\cdot\cdot}{\overset{\cdot\cdot}{Cl}}:$、$Na^{+}\left[\,{}^{\cdot}_{\times}\underset{\cdot\cdot}{\overset{\cdot\cdot}{Cl}}:\right]^{-}$，氯化钠的形成过程用电子式可表示为：$Na^{\times}+\cdot\underset{\cdot\cdot}{\overset{\cdot\cdot}{Cl}}:\rightarrow Na^{+}\left[\,{}^{\cdot}_{\times}\underset{\cdot\cdot}{\overset{\cdot\cdot}{Cl}}:\right]^{-}$。

1.5　化学反应类型

分子破裂成原子且原子重新排列组合生成新物质的过程称为化学反应。发生化学反应时常伴有发光、放热、变色、生成沉淀等现象。化学反应有多种分类方式，按反应物与生成物的类型可分为化合反应、分解反应、置换反应、复分解反应；按是否发生电子得失或共用电子对的偏移可分为氧化还原反应、非氧化还原反应；按热量变化可分为吸热反应、放热反应。

（1）化合反应（化学合成）：由两种或两种以上物质生成另一种物质的反应，简记为：$A+B=AB$。

（2）分解反应（化学分解）：由一种物质生成两种或两种以上其他物质的反应，简记为：$AB=A+B$。

（3）置换反应（单取代反应）：由一种单质和一种化合物起反应而生成另一种单质和另一种化合物的反应，简记为：$A+BC=AC+B$。

（4）复分解反应（双取代反应）：由两种化合物相互交换成分而生成另外两种化合物的反应，简记为：$AB+CD=AD+CB$。

（5）氧化还原反应：化学反应前后元素的化合价有变化的一类反应称为氧化还原反应。氧化还原反应的实质是电子的得失或共用电子对的偏移。物质失电子的作用叫氧化，得电子的作用叫还原。氧化时化合价升高，还原时化合价降低。狭义的氧化反应指物质与氧化合，狭义的还原反应指物质失去氧。

1.6　化学反应方程式

1.6.1　化学反应方程式的写法

从微观角度分析，化学反应的实质就是反应物分解成原子，原子又重新组合成新物质的过程。在反应前后原子的种类没有改变，原子的数目没有增减，原子的质量也没有改变，所以化学反应前后各物质的质量总和必然相等，这个规律叫作质量守恒定律。一切化学变化都遵循质量守恒定律。以客观事实为依据，基于质量守恒定律，用规定的化学符号或化学式表示化学反应的式子称为化学反应方程式或化学反应计量式，也常简称为化学方程式。化学反应方程式可表示如下含义：① 表示反应物、生成物及反应条件；② 表示反应物、生成物各物质之间的质量比；③ 表示反应物、生成物的各粒子的相对数量关系。例如，氢气与氧气在点燃条件下生成水的反应可写作 $2H_2+O_2 \xlongequal{点燃} 2H_2O$，该化学反应方程式表示：

（1）反应物为氢气和氧气，生成物为水，反应条件是点燃，读作氢气与氧气在点燃条件下反应而生成水；

（2）氢气、氧气与水的质量比为 4:32:36；

（3）氢分子、氧分子与水分子的个数比为 2:1:2。

化学反应方程式的书写一般分为四步，下面以 $NaHCO_3$ 受热分解反应为例对化学反应方程式的书写步骤进行介绍。

第一步：写出反应物和生成物的化学式：

$$NaHCO_3 \longrightarrow Na_2CO_3+H_2O+CO_2$$

第二步：配平：

$$2NaHCO_3 \xlongequal{} Na_2CO_3+H_2O+CO_2$$

第三步：注明反应条件和物态等：

$$2NaHCO_3 \xlongequal{\triangle} Na_2CO_3+H_2O+CO_2\uparrow$$

第四步：检查化学反应方程式是否正确。

1.6.2 化学反应方程式的配平

化学反应严格遵守质量守恒定律，写出反应物和生成物后，往往化学反应方程式左右各原子数目不等，这就需要配平来解决。配平是正确书写化学反应方程式的关键。配平方法很多，根据不同的反应可采用不同的方法，常见配平方法有最小公倍数法、奇偶配平法、观察法等。

1. 最小公倍数法

这种方法适合常见的难度不大的化学反应方程式的配平。例如：

$$KClO_3 \longrightarrow KCl+O_2\uparrow$$

在这个化学反应方程式中，右边氧原子个数为 2，左边为 3，则最小公倍数为 6，因此 $KClO_3$ 前的系数应为 2，O_2 前的系数为 3，则有

$$2KClO_3 \longrightarrow KCl+3O_2\uparrow$$

由于化学反应方程式左边钾原子数和氯原子数均变为 2，则 KCl 前的系数应为 2，箭头改为等号，标明反应条件即可得到

$$2KClO_3 \xlongequal[\triangle]{MnO_2} 2KCl+3O_2\uparrow$$

2. 奇偶配平法

这种方法适用于化学反应方程式两边某一元素多次出现，并且两边的该元素原子总数有

一奇一偶的情形。例如：

$$C_2H_2 + O_2 \longrightarrow CO_2 + H_2O$$

配平此方程式时先从出现次数最多的氧原子配起。O_2 含有 2 个氧原子，无论 O_2 前的系数为几，氧原子总数应为偶数，故右边 H_2O 前的系数应为 2，由此推知 C_2H_2 前的系数应为 2，则有

$$2C_2H_2 + O_2 \longrightarrow CO_2 + 2H_2O$$

由此可知 CO_2 前的系数应为 4，最后配 O_2，其前系数应为 5，箭头改为等号，标明反应条件即可得到

$$2C_2H_2 + 5O_2 \xlongequal{\text{点燃}} 4CO_2 + 2H_2O$$

3. 观察法

有时化学反应方程式中会出现一种化学式比较复杂的物质，此时可通过这个复杂的化学式去推断其他化学式前的系数，例如铁与水蒸气在高温下反应：

$$Fe + H_2O(g) \longrightarrow Fe_3O_4 + H_2$$

化学式 Fe_3O_4 较复杂，显然，Fe_3O_4 中 Fe 来源于单质 Fe，O 来源于 H_2O，则 Fe 前的系数为 3，H_2O 前的系数为 4，则有

$$3Fe + 4H_2O(g) \longrightarrow Fe_3O_4 + H_2$$

由此推出 H_2 前的系数为 4，箭头改为等号，标明反应条件即可得到

$$3Fe + 4H_2O(g) \xlongequal{\text{高温}} Fe_3O_4 + 4H_2$$

1.7　化 学 计 算

1.7.1　有关化学式的计算

1. 相对原子质量（A_r）

由于原子的质量很小，例如一个氢原子的质量为 1.674×10^{-27} kg，一个氧原子的质量为 2.657×10^{-26} kg，一个碳－12 原子的质量为 1.993×10^{-26} kg，如果用它们的质量来进行相关计算的话会非常麻烦。对于大多数科学研究而言，原子质量的实用意义不大。因此，化学中常采用相对原子质量（原子量）来描述原子的质量。

碳原子有好几种，其中有一种碳原子的原子核中含 6 个质子和 6 个中子，质子数和中子数之和是 12，所以把它称为碳－12 原子，可表示为 ^{12}C。当然还有其他碳原子，如碳－14 原子，它的原子核中含 6 个质子和 8 个中子，质子数和中子数之和是 14。相对原子质量（A_r）是指以一个碳－12 原子质量的 1/12（约 1.667×10^{-27} kg）作为标准，将任何一种原子的质量跟一个碳－12 原子质量的 1/12 的比值称为该原子的相对原子质量。相对原子质量的量纲是“1”。

$$\text{相对原子质量} = \frac{\text{某原子的质量}}{\text{碳}-12\text{原子质量的}1/12} \tag{1-4}$$

例如氧原子的相对原子质量求法为：$\dfrac{2.657\times10^{-26}}{1.667\times10^{-27}} \approx 16$，即氧原子的相对原子质量约

为 16，在进行相关计算时就采用 16，这样可使计算简便得多。其他原子的相对原子质量也可按相同的方法计算得到，一般得到的结果都接近某个整数。元素的相对原子质量是其各种同位素相对原子质量的加权平均值。元素周期表中每一小格最下面的数字即为相对原子质量。

$$相对原子质量 = 质子数 + 中子数$$

2. 相对分子质量（M_r）

和原子的质量计量一样，分子的质量计量也存在分子质量和相对分子质量这两个概念。分子质量为组成分子的各原子的质量之和，相对分子质量可根据各元素原子的个数和各元素的相对原子质量（可在元素周期表上查到）计算得到。

$$M_r(A_m B_n) = A_r(A) \cdot m + A_r(B) \cdot n \tag{1-5}$$

既然元素的相对原子质量是一个量纲为“1”的相对质量，那么由此计算得到的相对分子质量必然也是一个量纲为“1”的相对质量。因此，相对分子质量可定义为物质的分子或特定单元的平均质量与碳－12 原子质量的 1/12 的比值。对于定义中的“特定单元”，主要是指空气等组成成分基本不变的特殊混合物。计算空气的相对分子质量时可根据各组成成分的相对分子质量和其在空气中的体积分数计算得到空气的平均质量。例如，碳的相对原子质量为 12，氢的相对原子质量为 1，氧的相对原子质量为 16，则乙醇（C_2H_6O）的相对分子质量为 $2\times12+6\times1+1\times16=46$。

3. 元素的质量比

化合物里各元素的质量比是各元素原子个数与对应的相对原子质量的乘积之比，即各元素原子的相对原子质量总和之比。例如，对于化学式为 A_mB_n 的物质，A、B 两元素的质量比＝（A 的相对原子质量 × m）:（B 的相对原子质量 × n）。

例 1－1 求水（H_2O）中氢元素和氧元素的质量比。

解 $m(H):m(O)=(1\times2):(16\times1)=1:8$

4. 元素的质量分数

物质中某元素的质量分数就是该元素原子的总质量与组成物质的所有元素原子总质量之比，即该元素原子的相对原子质量总和与该物质的相对分子质量之比。药品、食品等商品的标签或说明书上常常用质量分数来表示物质的成分或纯度。

例 1－2 计算硝酸铵（NH_4NO_3）中氮元素的质量分数。

解 可先根据化学式计算出 NH_4NO_3 的相对分子质量 M_r：

$$\begin{aligned} M_r(NH_4NO_3) &= \text{N 的相对原子质量}\times2+\text{H 的相对原子质量}\times4+\text{O 的相对原子质量}\times3 \\ &= 14\times2+1\times4+16\times3=80 \end{aligned}$$

$$\begin{aligned} \text{N元素的质量分数} &= \frac{NH_4NO_3\text{中N原子的相对原子质量总和}}{NH_4NO_3\text{的相对分子质量}}\times100\% \\ &= \frac{NH_4NO_3\text{中N原子的相对原子质量}\times\text{N原子的个数}}{NH_4NO_3\text{的相对分子质量}}\times100\% \\ &= \frac{14\times2}{80}\times100\% \\ &= 35\% \end{aligned}$$

5. 物质的量(*n*)、摩尔质量(*M*)及气体的摩尔体积(V_m)

为了将微观粒子与宏观可称量物质联系起来，化学上引入物质的量这一物理量。物质的量表示物质所含粒子数目的多少，其符号为 *n*，单位为摩尔（mol，简称摩）。1 摩尔水分子可以写作 1 mol H_2O 或 1 mol 水分子。每 1 mol 任何物质（微观物质，如分子、原子等）含有约 6.02×10^{23}（阿伏伽德罗常数）个微粒，阿伏伽德罗常数的数值为 0.012 kg ^{12}C 所含 C 原子的个数。物质的量等于物质所含微粒个数（*N*）与阿伏伽德罗常数（N_A）之比，即 $n = N/N_A$。

单位物质的量的物质所具有的质量称为摩尔质量，用符号 *M* 表示。当物质的质量以克为单位时，摩尔质量的单位是克/摩，读作“克每摩”（符号是“$g \cdot mol^{-1}$”）。例如，水的摩尔质量为 $18\ g \cdot mol^{-1}$，写成 $M(H_2O) = 18\ g \cdot mol^{-1}$。

$$n = N/N_A = m/M \tag{1-6}$$

摩尔质量在数值上等于相对分子质量，但相对分子质量的量纲是“1”，摩尔质量的单位是“$g \cdot mol^{-1}$”。

单位物质的量的气体所占的体积叫作气体的摩尔体积，用 V_m 表示，常用单位为 L/mol。气体的摩尔体积不是固定不变的，它决定于气体所处的温度和压强。在外界条件相同的情况下，不同气体的摩尔体积相同，相同摩尔体积的气体所含有的粒子数也相同。例如，在标准状态下（$T = 0\ ℃ = 273.15\ K$，$p = 1.0 \times 10^5\ Pa$），1 mol 任何理想气体所占的体积都约为 22.4 L，即在标准状态下任何理想气体的摩尔体积均为 $22.4\ L \cdot mol^{-1}$。

$$V_m = \frac{V}{n} \tag{1-7}$$

1.7.2　有关化学反应方程式的计算

物质是由原子、分子或离子等粒子组成的，物质之间的化学反应也是这些粒子按一定的数目关系进行的，基于质量守恒定律配平了的化学反应方程式可以明确地表示出化学反应中这些粒子之间的数目关系。这些粒子之间的数目关系又叫作化学计量数 ν 之间的关系。化学反应方程式中各物质的化学计量数之比等于组成各物质的粒子数之比，等于各物质的物质的量之比，等于气体体积之比（同状态下），但不等于质量之比。

以氢气燃烧生成水的反应为例，化学反应方程式中有关量的关系可表示如下：

	$2H_2(g)$	+	$O_2(g)$	$=\!=\!=$	$2H_2O(l)$
化学计量数 ν 之比：	2	:	1	:	2
扩大 N_A 倍：	$2N_A$	:	N_A	:	$2N_A$
物质的量之比：	2 mol	:	1 mol	:	2 mol
同状态下气体体积之比：	$2 \times V_m$	:	$1 \times V_m$		
质量之比：	4 g	:	32 g	:	36 g

根据以上计量关系，可结合化学反应方程式对反应物和生成物进行定量计算。

例 1－3　现需要 64 g 氧气，若用电解水的方法制取这些氧气，需消耗水的质量为多少？同时可以得到的氢气的质量为多少？

解　设需要消耗水的质量为 *x*(g)，得到氢气的质量为 *y*(g)。

$$
\begin{array}{cccc}
2H_2O & = & O_2\uparrow & + \ 2H_2\uparrow \\
2\times18 & & 32 & 2\times2 \\
x & & 64 & y
\end{array}
$$

$$\frac{2\times18}{x}=\frac{32}{64}=\frac{2\times2}{y}$$

解得：$x=72(\text{g})$，$y=8(\text{g})$。

即需要消耗水的质量为 72 g，同时可以得到的氢气的质量为 8 g。

1.7.3 有关溶液的计算

多数化学反应均在（水）溶液中进行。一种或几种物质分散到另一种液体里，形成的均一、稳定的混合物称为溶液。溶液由溶剂和溶质组成，溶质可以是固体、液体或气体。固体、气体溶于液体时，固体、气体是溶质，液体是溶剂；两种液体互相溶解时，量多的一种是溶剂，量少的一种是溶质；当溶液中有水存在时，不论水的量多少，习惯上都把水当成溶剂，其他为溶质。在一定温度下，在一定量的溶剂里还能再溶解某种溶质的溶液叫作这种溶质的不饱和溶液。在一定温度下，向一定量溶剂里加入某种溶质，当溶质不能继续溶解时，所得的溶液叫作这种溶质的饱和溶液。

1. 溶解度（s）

一定温度下，某固体物质在 100 g 溶剂里达到饱和状态时所溶解的质量叫作这种固体物质在这种溶剂里的溶解度，常用 s 来表示。例如，在 20 ℃时，每 100 g 水只能溶解 36 g 氯化钠，因此 20 ℃时氯化钠在水中的溶解度是 36.0 g。

2. 浓度

生活及化学中常涉及溶液的配制和溶液浓度的计算。浓度是指一定温度、压强下，一定量溶液中所含溶质的量的多少。常见的溶液浓度的表示方法有溶质的质量分数（w）、溶质的物质的量浓度（c）等。

溶质的质量分数（w）为溶质的质量在全部溶液质量中所占的百分比。例如，100 g 氯化钠溶液中溶有 5 g 氯化钠，则该溶液中氯化钠的质量分数为 5%。

溶质的物质的量浓度（c）是以单位体积溶液里所含溶质的物质的量来表示溶液组成的物理量，常用单位为 $\text{mol}\cdot\text{L}^{-1}$。用溶质的物质的量浓度来表示溶液的组成使计算更为方便。假设 B 为溶质，则有

$$c_{\text{B}}=\frac{n_{\text{B}}(\text{mol})}{V(\text{L})}=\frac{\dfrac{m_{\text{B}}(\text{g})}{M_{\text{B}}(\text{g}\cdot\text{mol}^{-1})}}{V(\text{L})} \tag{1-8}$$

饱和溶液中溶质的溶解度（s）与溶质的质量分数（w）的关系：

$$w=\frac{\text{溶质质量}}{\text{溶液质量}}\times100\%=\frac{\text{溶质质量}}{\text{溶质质量+溶剂质量}}\times100\%=\frac{s}{s+100}\times100\% \tag{1-9}$$

例如：在 20 ℃时，每 100 g 水只能溶解 36 g 氯化钠，即 20 ℃时氯化钠在水中的溶解度是 36.0 g，则 20 ℃时该饱和溶液中氯化钠的质量分数为

$$36\ g/(100\ g+36\ g)\approx 0.265=26.5\%$$

溶质 B 的溶解度与物质的量浓度的关系：

$$c_B=\frac{n_B(\mathrm{mol})}{V(\mathrm{L})}=\frac{\dfrac{s_B}{M_B}}{\dfrac{s_B+100\ g}{1000\rho}}=\frac{1000\rho s_B}{M_B(100\ g+s_B)} \tag{1-10}$$

其中 ρ 为溶液的密度，单位为 $g\cdot mL^{-1}$。

溶质 B 的物质的量浓度与质量分数的换算：

$$c_B(\mathrm{mol\cdot L^{-1}})=\frac{1\,000\ mL\times\rho(g\cdot mL^{-1})\times w_B\,/\,M_B(g\cdot mol^{-1})}{1\ L} \tag{1-11}$$

3. 溶液的稀释（或浓缩）

一定浓度溶液的配制可由一定量的溶质溶解于一定量的溶剂中得到，也可往浓溶液中继续加入溶剂即稀释浓溶液得到。溶液的稀释（或浓缩）仅改变溶剂的量，稀释（或浓缩）前后的溶液中溶质的量不发生改变。

例 1－4　工业生产中常用 10%的稀盐酸来清除铁制品表面的铁锈，实验室若要配制该盐酸 200 g，则需要量取溶质质量分数为 38%（密度为 $1.19\ g\cdot mL^{-1}$）的浓盐酸多少毫升？

解　根据稀释前后溶质质量不变及溶液的质量＝溶液的体积×溶液的密度，可列式求解。设需要溶质质量分数为 38%的浓盐酸的体积为 V，则有

$$200\ g\times 10\%=1.19\ g\cdot mL^{-1}\times V\times 38\%$$

解得：$V=44.2\ mL$

4. 溶液中的化学反应

酸碱中和反应等常常在水溶液中发生，溶液中的化学反应计算除了需要进行反应物消耗量和生成物生成量的计算外，还常常需要考虑溶液的浓度、体积等因素。

例 1－5　向盛有 9 g 蒸馏水的烧杯中加入 NaCl 和 NaOH 的固体混合物 1 g，使之全部溶解后，向烧杯中滴加溶质质量分数为 7.3%的稀盐酸，当恰好完全反应时消耗稀盐酸的质量为 10 g。试计算：

（1）原固体混合物中氢氧化钠的质量；

（2）反应后所得溶液中溶质的质量分数。

解　（1）设 NaOH 的质量为 x(g)，NaCl 的质量为 y(g)。

$$\begin{array}{ccccccc} HCl & + & NaOH & = & NaCl & + & H_2O \\ 36.5 & & 40 & & 58.5 & & \\ 10\times 7.3\% & & x & & y & & \end{array}$$

$36.5/40=10\times 7.3\%/x$　　解得：$x=0.8$(g)

$36.5/58.5=10\times 7.3\%/y$　　解得：$y=1.17$(g)

（2）溶质（NaCl）的质量：$1.17\ g+(1\ g-0.8\ g)=1.37\ g$

溶液的质量：$10\ g+1\ g+9\ g=20\ g$

溶液中溶质的质量分数：$(1.37\ g/20\ g)\times 100\%=6.85\%$

习 题

1. 化学变化和物理变化有什么本质区别和联系？

2. 下列说法中正确的是（　　）。

A. 伴随着发光放热的变化一定是化学变化　B. 固体变成气体一定是物理变化

C. 化学变化过程一定伴随着物理变化　D. 物理变化过程一定伴随着化学变化

3. 在下列变化中，属于化学变化的是（　　）。

A. 氧气在一定条件下变为淡蓝色液体　B. 汽油挥发

C. 气体受热体积膨胀　D. 铝箔燃烧

4. 在下列变化中，属于物理变化的是（　　）。

A. 水电解　B. 蜡烛燃烧　C. 呼吸过程　D. 酒精挥发

5. 在下列变化中，属于物理变化的是（　　）。

A. 水结成冰　B. 水通电分解成氢气和氧气

C. 镁条燃烧　D. 加热高锰酸钾制氧气

6. 下列描述中，（　　）是物理变化，（　　）是化学变化，（　　）是物理性质，（　　）是化学性质。

A. 铜绿受热时会分解　B. 纯净的水是无色无味的液体

C. 镁条在空气中燃烧生成了氧化镁　D. 氧气不易溶于水且比空气重

E. 木棒受力折断

7. 在下列性质中，属于化学性质的有（　　）。

A. 导电性　B. 挥发性　C. 可燃性　D. 溶解性

8. 用小刀轻轻把某种金属切下一小块并将其放入盛水的烧杯中，观察到该金属与水剧烈反应，并放出热量，本身熔化成银白色的小圆球并浮在水面上。请根据以上叙述推断该金属的物理性质：

（1）硬度________；（2）熔点__________；（3）密度__________；（4）颜色__________。

9. 下列有关氢气的性质中属于化学性质的是（　　）。

A. 无色、无味　B. 能够燃烧　C. 难溶于水　D. 密度很小

10. 某元素的一种同位素的原子的质子数为 m，中子数为 n，则下列说法中正确的是（　　）。

A. 不能由此确定该元素的相对原子质量

B. 这种元素的相对原子质量为 $m+n$

C. 若碳原子质量为 W_g，则此原子的质量为（$m+n$）W_g

D. 原子核内中子的总质量小于质子的总质量

11. 2011 年 3 月，日本近海强震引发的海啸造成福岛核电站发生核泄漏事件，导致环境出现 ^{131}I 超标，^{131}I 原子的核电荷数为 53，相对原子质量为 131，则 ^{131}I 原子的核外电子数为（　　）。

A. 131　　　　B. 127　　　　C. 78　　　　D. 53

12. 核外电子的排布规律为：(1)每层容纳电子数不超过________(n为电子层数)；(2)最外层电子不超过________个，若最外层为第一层，不超过________个；(3)次外层电子不超过________个。

13. 元素化学性质与________________有密切关系。氯原子结构示意图为________，氯原子的最外层电子数为________。下列粒子结构示意图共表示________种元素，其中与氯元素具有相似化学性质的是________。

A. 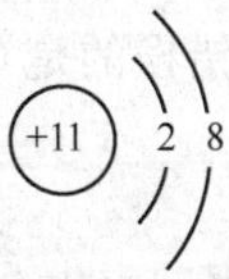

B. 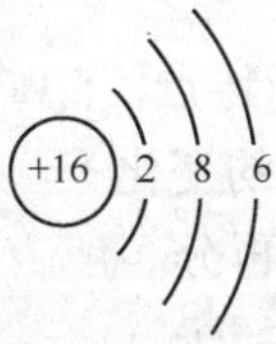

C. 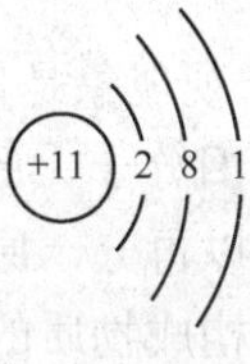

D. 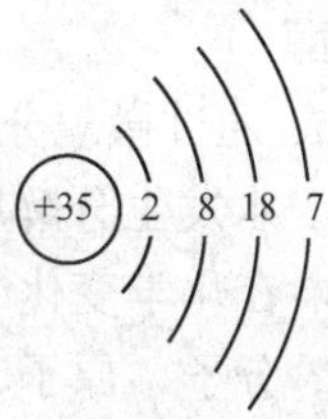

14. 分子和原子的主要区别是（　）。

A. 分子大、原子小

B. 分子间有间隔，原子间没有间隔

C. 在化学变化中，分子可以再分，而原子不可再分

D. 分子在不停运动，原子不运动

15. 为了探究水电解的微观过程，某同学做了一些如下所示的分子、原子模型，若用“”表示氢原子，用“”表示氧原子，则其中能保持氢气化学性质的粒子模型是（　　）。

A. 　B. 　C. 　D. 

16. 在电解水过程中，没有变化的粒子是（　　）。

A. 水分子　　B. 水原子　　C. 氢、氧两种原子　　D. 以上都不是

17. 能证明分子在化学变化中可以再分的事实是（　　）。

A. 水结成冰　　B. 水分蒸发　　C. 水被电解　　D. 水气化

18. 下列说法中正确的是（　　）。

A. 水电解生成氢气和氧气，说明水中含有氢分子和氧分子

B. 同种物质的分子性质相同，不同种物质的分子性质不同

C. 物质都是由分子构成的，分子又由原子构成

D. 同种原子可以构成分子，而不同种原子不能构成分子

19. 下列叙述中错误的有（　　）。

A. 分子、原子和离子都能直接构成物质

B. 原子中原子核与核外电子的电量相等，电性相反，所以整个原子不显电性

C. 决定原子质量大小的主要是质子和电子

D. 原子如果得到或失去电子就变成离子

E. 带电的原子团一定是酸根离子

F. 质子数相同的粒子一定属于同种元素

G. 最外层电子数为 8 的粒子不一定是稀有气体原子

H. 带电的微粒都称为离子

20. 构成物质的微粒有______、______和______。例如：水是由______构成的，铁是由______构成的，氯化钠是由______构成的，它们都能保持各自对应物质的化学性质。

21. 下列物质中由原子构成的是______，由分子构成的是______，由离子构成的是______。

① 氮气 ② 金刚石 ③ 氯化钠 ④ 汞 ⑤ 干冰 ⑥ 氢氧化钠 ⑦ 氯化氢 ⑧ 氦气 ⑨ 乙醇

22. 通过微观分析来解释宏观现象是化学学科的特点，下列有关说法中错误的是（　　）。

A. 水发生分解反应是破坏旧分子、形成新分子的变化

B. 在化学变化中，分子可以再分，原子也可以再分

C. 分子、原子、离子都是构成物质的一种基本粒子

D. 复分解反应的实质是参加反应的物质间离子的互换

23. 关于水的组成的说法中正确的是（　　）。

A. 水是由水元素组成的

B. 水是由氢气和氧气组成的

C. 水是由氢元素和氧元素组成的

D. 水的组成很复杂，至今没有明确的答案

24. 按体积计算，空气中含量最多的气体是______，它大约占空气体积的百分比是______；含量居第二位的气体是______，它大约占空气体积的百分比是______。一位成年人每分钟大约吸入氧气 8 L，大约需要空气______L，在这些空气中氮气约为______L。

25. 下列物质中属于纯净物的是（　　）。

A. 蒸馏水　　B. 雪碧饮料　　C. 河水　　D. 新鲜空气

26. 水是（　　）。

① 单质　② 化合物　③ 纯净物　④ 混合物

A. ①②　　B. ②③　　C. ③④　　D. ①②

27. 下列物质中属于化合物的是（　　）。

A. 空气　　B. 河水　　C. 冰　　D. 红磷

28. 下表中物质分类正确的是（　　）。

	①	②	③	④	⑤
酸	硝酸	硫酸	盐酸	酸式硫酸钠	氢硫酸
碱	烧碱	纯碱	苛性钠	碱式碳酸铜	消石灰
盐	大理石	胆矾	纯碱	蓝矾	石灰石

A. ①③④　　B. ②③⑤　　C. ④⑤　　D. ①③⑤

29. 在下列说法中，错误的是（　　）。

A. 质子数相同的粒子，可能分别是同一种元素的原子和离子，也可能分别是同一种元素的两种离子

B. 只含有一种元素的物质一定不是化合物，可能是混合物

C. 由不同元素组成的物质一定是化合物

D. 任何离子中的质子总数与电子总数一定不相等

30. 写出下列离子符号。

（1）钠离子＿＿＿＿＿＿＿；镁离子＿＿＿＿＿＿＿；铜离子＿＿＿＿＿＿；铁离子＿＿＿＿＿＿；铝离子＿＿＿＿＿＿。

（2）2 个氯离子＿＿＿＿＿＿；2 个硫离子＿＿＿＿＿＿；m 个硫酸根离子＿＿＿＿＿；3 个铵根离子＿＿＿＿；3 个碳酸根离子＿＿＿＿＿＿；4 个硝酸根离子＿＿＿＿＿＿。

31. 下列化学式中既能表示物质的组成又能表示物质分子式的是（　　）。

A. NH_4NO_3　　B. SiO_2　　C. $C_6H_5NO_2$　　D. Cu

32. 我国盛产茶叶，“太平猴魁”“黄山毛峰”等绿茶享誉海内外。绿茶中的单宁酸具有抑制血压上升、清热解毒、抗癌等功效，其化学式为 $C_{76}H_{52}O_{46}$，下列关于单宁酸的说法中不正确的是（　　）。

A. 由碳、氢、氧三种元素组成　　B. 一个分子含 76 个碳原子

C. 碳、氢、氧原子个数比为 76:52:46　　D. 一个分子含 23 个氧分子

33. 设某粒子的结构示意图为 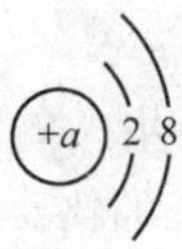

，则：

（1）当 a=＿＿＿时，该粒子是原子；

（2）当 a=11 时，该粒子的符号为＿＿＿＿＿。

34. 已知锶元素的粒子结构示意图和在元素周期表中显示的信息如下所示。

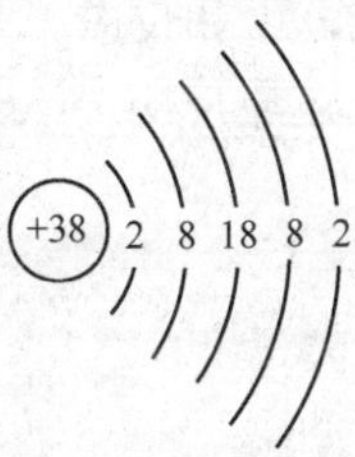

图 1

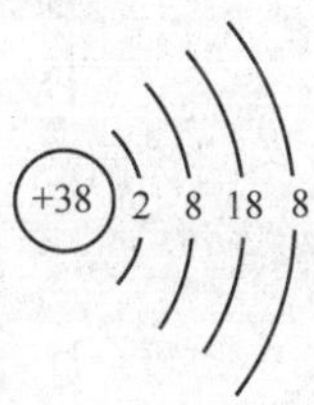

图 2

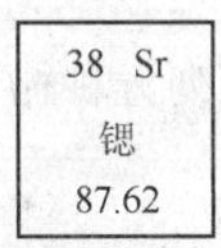

图 3

（1）锶属于＿＿＿＿＿元素（填“金属”或“非金属”）。

（2）锶元素的原子序数为＿＿＿＿＿，相对原子质量为＿＿＿＿＿。

（3）图 2 所表示的粒子的化学符号是＿＿＿＿＿＿。

35.（1）已知 ^{131}I 中含有 53 个质子和 78 个中子，请据此完成下列填空。

① ^{131}I 的核外电子数为＿＿＿＿。

② 自然界中普遍存在另一种稳定的 ^{127}I，它和 ^{131}I 同属于碘元素。^{127}I 的质子数为＿＿＿＿＿。

（2）专家指出，服用碘片（有效成分为 KI）可以治疗 ^{131}I 造成的辐射，但服用碘酒（有效成分为 I_2）却会引起碘中毒。KI 和 I_2 性质不同的原因是＿＿＿＿＿＿＿＿＿＿＿＿。

36. 假设 A、B、C、D 表示四种物质，其微观示意图分别如下所示。其中，“●”表示氢

原子，"○"表示氧原子，""表示氮原子。

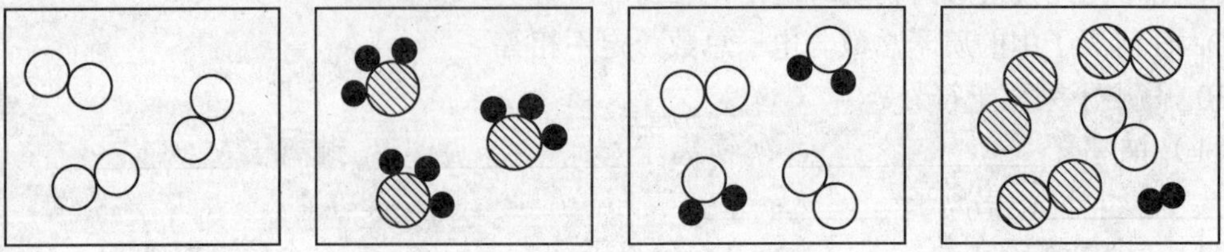

A　　B　　C　　D

（1）从微观角度看，A 图表示＿＿＿＿＿＿（填化学符号），B 图中每个分子由＿＿＿＿＿个原子构成。

（2）从宏观角度看，图中表示混合物的是＿＿＿＿＿＿＿＿（填图序号，下同），表示单质的是＿＿＿＿＿。

37. 氧气中氧元素的化合价为（　　）。

A. −2　　B. −1　　C. 0　　D. 1

38. KNO_3 是农业上常用的一种化肥，KNO_3 中氮元素的化合价是（　　）。

A. +3　　B. +4　　C. +5　　D. +2

39. "毒胶囊"泛指以工业皮革废料为原料而生产的重金属铬（Cr）含量超标的胶囊，其中可能对肝、肾等内脏器官造成伤害的是 +6 价的铬。下列铬的化合物中铬呈 +6 价的是（　　）。

A. $Cr_2(SO_4)_3$　　B. $CrCl_2$　　C. Cr_2O_3　　D. K_2CrO_4

40. 下列反应中，前者一定包括后者的是（　　）。

A. 复分解反应，分解反应　　B. 复分解反应，中和反应

C. 氧化反应，化合反应　　D. 置换反应，还原反应

41. 根据下列五种微粒的结构示意图回答问题。

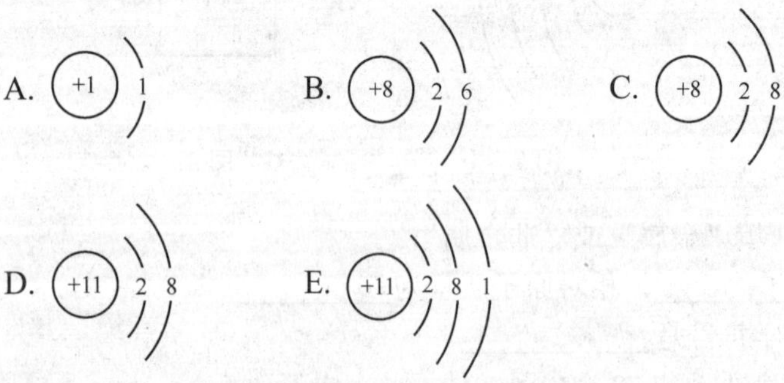

（1）图中粒子结构示意图共表示＿＿＿＿＿种元素，由这几种元素中的两种组成的化合物的化学式为＿＿＿＿＿＿＿。

（2）写出 A_2B_2 在一定条件下分解的化学反应方程式＿＿＿＿＿＿＿＿＿＿＿＿＿＿＿。

（3）图中表示的阴离子是（用离子符号表示）＿＿＿＿＿＿。

42. $KClO_3$ 和浓盐酸在一定温度下反应会生成绿黄色的易爆物二氧化氯，其变化可表述为：

$$KClO_3 + HCl（浓）\longrightarrow KCl + ClO_2\uparrow + Cl_2\uparrow + H_2O$$

（1）请完成该化学反应方程式并配平。

（2）浓盐酸在反应中显示出来的性质是________。

① 只有还原性　② 还原性和酸性　③ 只有氧化性　④ 氧化性和酸性

（3）若产生了 0.1 mol Cl_2，则转移电子的物质的量为________。

（4）ClO_2 具有很强的氧化性，因此，它常被用作消毒剂，其消毒的效率（以单位质量得到的电子数表示）是 Cl_2 的_______倍。

43. 在下列铁的氧化物中，含铁的质量分数由高到低排列的顺序正确的是（　　）。

A. FeO、Fe_2O_3、Fe_3O_4　　B. Fe_2O_3、Fe_3O_4、FeO

C. Fe_3O_4、FeO、Fe_2O_3　　D. FeO、Fe_3O_4、Fe_2O_3

44. 若要使 CO_2 和 CO 两种物质中含有相同质量的氧元素，则 CO_2 和 CO 的质量比应为（　　）。

A. 2:1　　B. 1:2　　C. 14:11　　D. 11:14

45. 当 SO_2 和 SO_3 两种物质的质量比为 1:1 时，SO_2 和 SO_3 两种物质中分子个数之比为（　　）。

A. 2:3　　B. 1:1　　C. 5:4　　D. 6:5

46. 与 50 kg 硝酸铵（NH_4NO_3）里所含氮元素质量相等的碳酸氢铵（NH_4HCO_3）的质量是多少？

47. 高温下，利用焦炭与氧气反应生成的一氧化碳可把铁从铁矿石里还原出来。请问：某炼铁厂用 1 000 t 含氧化铁 80%的赤铁矿石理论上可以炼出多少吨含铁 96%的生铁？（计算结果精确到 0.1）

48. 某三价金属与盐酸反应生成了 m（g）氢气，同时它的质量减少了 w（g），求该金属的相对原子质量。

49. 5 g Zn 在与足量盐酸反应时产生的 H_2 在标准状态下的体积是多少升？

50. 在托盘天平的两个托盘上放有质量相等的 A、B 两烧杯，调至平衡，然后分别倒入质量相等的足量盐酸，继而在 A、B 两烧杯中放入下述各组物质，结果天平仍保持平衡的是（　　）。

A. 0.5 mol Na 和 0.5 mol Mg　　B. 0.1 mol Zn 和 0.1 mol Al

C. 8.4 g $MgCO_3$ 和 8.4 g $NaHCO_3$　　D. 10 g $CaCO_3$ 和 10 g Na_2CO_3

51. 下列关于溶液溶解度的说法中，错误的是（　　）。

A. 不饱和溶液转化为饱和溶液，溶液中溶质的质量分数可能保持不变

B. 温度降低时，原饱和溶液可能不析出晶体

C. 温度一定时，硝酸钾的溶解度及硝酸钾的饱和溶液中溶质的质量分数各有一定值

D. 某溶液析出晶体后，溶液中溶质的质量分数一定减小

52. t（℃）时，某 NaCl 溶液蒸发掉 a（g）水或加入 b（g）NaCl 均恰好成为饱和溶液，则 t（℃）时 NaCl 的溶解度是（　　）。

A. $\frac{b}{a}$（g）　　B. $\frac{100b}{a+b}$（g）　　C. $\frac{100b}{a}$（g）　　D. 无法计算

53. 20 ℃时，NaCl 的溶解度为 36 g，在该温度下将 40 g NaCl 放入 100 g 水中，充分溶解之后形成的溶液中溶质的质量分数是（　　）。

A. 41%　　B. 26.5%　　C. 28.6%　　D. 36%

54. 将标准状态下的 a（L）氯化氢气体溶于 100 g 水中，得到溶液的密度为 b（g · mL^{-1}），则该溶液中氯化氢的物质的量的浓度是（　　）mol · L^{-1}。

A. $\frac{a}{22.4}$　　B. $\frac{ab}{22\,400}$　　C. $\frac{ab}{22\,400+36.5a}$　　D. $\frac{1\,000ab}{2\,240+36.5a}$

55. 溶质质量分数为 10%的稀硫酸与溶质质量分数为 30%的稀硫酸等质量混合后，所得溶液中溶质的质量分数为多少？

56. 溶质质量分数为 10%的稀硫酸与溶质质量分数为 30%的稀硫酸等体积混合后，所得溶液中溶质的质量分数为（　　）。已知溶质质量分数为 10%的溶液密度为ρ_1，溶质质量分数为 30%的溶液密度为ρ_2，且浓度与密度成正比。

A. 20%　　B. 小于 20%　　C. 大于 20%　　D. 无法确定

57. 如何用溶质质量分数为 98%的浓 H_2SO_4（密度为 1.84 g · mL^{-1}）来配制 1.84 mol · L^{-1} 的稀 H_2SO_4 溶液 450 mL？

58. 将铁粉和铜粉的混合物 7 g 加入盛有 58.1 g 稀盐酸的烧杯中，恰好完全反应，此时烧杯内各物质的总质量为 64.9 g。试计算：

（1）原混合物中铁粉的质量分数；

（2）反应后所得溶液中溶质的质量分数；

（3）配制上述反应中所用稀盐酸需要溶质质量分数为 38%的浓盐酸（密度为 1.19 g · mL^{-1}）的体积。

59. 现有等物质的量的 $NaHCO_3$ 和 $KHCO_3$ 的混合物 a（g）与 100 mL 盐酸反应。题中涉及的气体体积均以标准状态计，填空时可以用带字母的公式表示。

（1）该混合物中 $NaHCO_3$ 和 $KHCO_3$ 的质量比为________；

（2）如 $NaHCO_3$ 与盐酸恰好完全反应，则盐酸的浓度为________；

（3）如盐酸过量，生成 CO_2 的体积为________；

（4）如果反应后碳酸氢盐有剩余，盐酸不足量，要计算生成 CO_2 的体积还需要知道____；

（5）若 $NaHCO_3$ 和 $KHCO_3$ 不是以等物质的量混合，则 a（g）固体混合物与足量的盐酸完全反应时生成 CO_2 的体积（V）范围是__________________。

第 2 章 物质的聚集状态

一般情况下，物质都有气态、液态、固态三种聚集状态。气体与液体均可流动，统称为流体。液体的结构最复杂，目前人们对其认识还很不充分；固体的结构较复杂，但粒子排布的规律性较强，目前人们对它的研究已有了较大的进展；气体的运动规律最简单，目前人们对它的研究和认识最为透彻。随着科学技术的进步，人们发现物质存在形态多种多样，如等离子态、液晶态、低温态、超临界态及高密态等。目前，人类已经发现的物质形态有十多种，今后可能还会有更多发现。

2.1 气　体

气体是流体，具有扩散性和压缩性，无一定体积和形状。为讨论方便起见，人们常把气体分为两种类型：理想气体和实际气体。

理想气体是指分子间没有作用力且分子本身没有体积的气体，因此，可将理想气体分子看成是几何上的点，分子之间及分子与器壁之间发生的碰撞是完全弹性碰撞，不造成动能损失。设立理想气体物理模型不但可定性地分析气体的某些热力学现象，还可定量地导出状态参数间存在的简单函数关系。

理想气体是一种实际不存在的假想气体，但当气体处于高温、低压状态时，实际气体可视为理想气体，其相关计算误差一般都在工程计算允许的范围之内，并且真实气体的温度越高、压力越低，其性质就越接近理想气体。除非有具体说明，否则本书讨论的气体均为理想气体或高温、低压气体。

2.1.1 理想气体状态方程

理想气体通常用气体的物质的量、压力、体积与温度来描述其状态。一定量的理想气体，其压力、体积与温度之间存在下列关系：

$$pV = nRT \tag{2-1}$$

式中：p——气体的压力，Pa；

V——气体的体积，m^3；

n——气体的物质的量，mol；

R——摩尔气体常数，$R = 8.314\ J \cdot mol^{-1} \cdot K^{-1}$；

T——热力学温度，K。

式（2-1）称为理想气体状态方程。在任何温度、任何压力下均严格遵守式（2-1）的气体可认为是理想气体。

例 2-1 某气体（由氢、氮两种元素组成）在 293 K 和 9.97×10^4 Pa 时占有体积 0.19 dm^3，质量为 0.132 g。试求该气体的摩尔质量，并指出它可能是什么气体。

解　由理想气体状态方程 $pV = nRT$ 得气体的物质的量为

$$n = \frac{pV}{RT} = \frac{9.97 \times 10^4\ Pa \times 0.19 \times 10^{-3}\ m^3}{8.314\ J \cdot mol^{-1} \cdot K^{-1} \times 293\ K} = 7.776 \times 10^{-3}\ mol$$

$$M = \frac{m}{n} = \frac{0.132\ g}{7.776 \times 10^{-3}\ mol} = 17\ g \cdot mol^{-1}$$

气体的摩尔质量表明，该气体可能为 NH_3。

2.1.2 理想气体混合物

以上讨论的是单纯一种气体的规律，然而在工程中遇到的气体往往是混合气体，如空气、燃气、烟道气等。如果混合气体中各组分气体均具有理想气体的性质，而且各组分气体在一起不发生化学反应，则它们的混合物可以当成是理想气体混合物。根据理想气体的性质，由于理想气体混合物中各组分气体分子本身不占体积及分子间没有作用力，故可认为各组分气体分子相互不影响，如同各自单独存在一样。

1. 分压定律

在理想气体混合物中，每一种气体都均匀地分布在整个容器内，它所产生的压力和它单独占有整个容器时所产生的压力相同。人们把某组分气体单独占有与混合气体相同体积和相同温度时所具有的压力称作分压。

设在一体积为 V 的容器中充有温度为 T 的 r 种互不反应的理想气体，气体的总压力为 p，各组分气体的物质的量分别为 n_1，n_2，…，n_r，分压分别为 p_1，p_2，…，p_r，则混合气体的总物质的量 n 为

$$n = n_1 + n_2 + \cdots + n_r = \sum_{B=1}^{r} n_B \tag{2-2}$$

因为在理想气体混合物中，气体分子间无作用力，各组分气体单独存在时的性质和与其他组分气体混合存在时没有区别，混合气体遵守理想气体状态方程，所以

$$n = \frac{pV}{RT} \tag{2-3}$$

各组分气体均遵守理想气体状态方程，根据分压定义，有

$$n_B = \frac{p_B V}{RT}\ (B = 1,\ 2,\ \cdots,\ r) \tag{2-4}$$

将式（2-3）和式（2-4）代入式（2-2），有

$$\frac{pV}{RT} = \frac{p_1 V}{RT} + \frac{p_2 V}{RT} + \cdots + \frac{p_r V}{RT} \tag{2-5}$$

即

$$p = p_1 + p_2 + \cdots + p_r = \sum_{B=1}^{r} p_B \tag{2-6}$$

式（2-6）称为分压定律的表达式。混合气体的总压力等于各组分气体的分压之和，这一规律被称为分压定律。

将式（2-3）和式（2-4）的等号两边分别相除，整理得

$$p_B = \frac{n_B}{n} p$$

令

$$x_B = \frac{n_B}{n} \tag{2-7}$$

则

$$p_B = x_B p \tag{2-8}$$

称 x_B 为组分 B 的物质的量分数或摩尔分数。混合气体中所有组分的摩尔分数之和应等于 1，即 $\sum_B x_B = 1$。

分压定律只适用于理想气体混合物，实际气体混合物并不严格遵守分压定律，在高压情况下尤其如此。当压力很高时，分子本身所占的体积和分子之间的空隙具有可比性，同时，混合气体中更短的分子间距离使得分子间作用力增强，实际气体混合物中某组分气体对器壁产生的压力不等于它单独存在时所产生的压力，因此，各组分气体的分压之和不等于混合气体的总压。

例 2-2　在 291 K 和 1.013×10^5 Pa 条件下将 2.70 dm^3 含饱和水蒸气的空气通过 $CaCl_2$ 干燥管，完全吸水后，测得干燥空气的质量为 3.21 g。求 291 K 时水的饱和蒸气压。（空气的摩尔质量为 29 g·mol^{-1}。）

解　根据理想气体状态方程，含饱和水蒸气的空气的物质的量为

$$n(\text{总}) = \frac{pV}{RT} = \frac{1.013 \times 10^5\ \text{Pa} \times 2.70 \times 10^{-3}\ \text{m}^3}{8.314\ \text{J} \cdot \text{mol}^{-1} \cdot \text{K}^{-1} \times 291\ \text{K}} = 0.113\ \text{mol}$$

水蒸气的物质的量为

$$n(\text{水}) = n(\text{总}) - n(\text{空气}) = 0.113\ \text{mol} - \frac{3.21\ \text{g}}{29\ \text{g} \cdot \text{mol}^{-1}} = 2.31 \times 10^{-3}\ \text{mol}$$

由分压定律可得

$$p(\text{水}) = \frac{n(\text{水})}{n(\text{总})} \times p(\text{总}) = \frac{2.31 \times 10^{-3}\ \text{mol}}{0.113\ \text{mol}} \times 1.013 \times 10^5\ \text{Pa} = 2.07\ \text{kPa}$$

2. 分体积定律

与分压类似，人们把某组分气体单独占有与混合气体相同压力和相同温度时所具有的体积称作分体积。

根据分体积定义，有

$$n_B = \frac{pV_B}{RT}\quad (B = 1, 2, \cdots, r) \tag{2-9}$$

V_B 为混合气体中组分 B 的分体积。

将式（2-3）和式（2-9）代入式（2-2），得

$$\frac{pV}{RT}=\frac{pV_1}{RT}+\frac{pV_2}{RT}+\cdots+\frac{pV_r}{RT} \tag{2-10}$$

化简后得

$$V=V_1+V_2+\cdots+V_r=\sum_{B=1}^{r}V_B \tag{2-11}$$

即，混合气体的总体积等于各组分分体积之和，这一规律被称为分体积定律。

将式（2-9）和式（2-3）的等号两边分别相除，整理得

$$\frac{V_B}{V}=\frac{n_B}{n}=x_B \tag{2-12}$$

V_B/V 是组分 B 的分体积与混合气体总体积之比，称为体积分数。理想气体混合物中某组分 B 的体积分数等于该组分的摩尔分数。

与分压定律类似，分体积定律同样只适用于理想气体混合物。对于实际气体混合物，分体积定律不再适用。在低压下的实际气体混合物近似服从分体积定律。

例 2-3 某潜水员潜至海下 30 m 深处作业，已知海水的密度为 1.03 $g\cdot cm^{-3}$，温度为 20 ℃。在这种条件下，若维持氧气、氦气混合气中氧气的压力 $p(O_2)=21$ kPa，则氧气的体积分数为多少？以 1.000 L 混合气体为基准，计算氧气的分体积和氦气的质量。（重力加速度取 9.807 $m\cdot s^{-2}$，标准大气压取值为 100 kPa）

解 $T=273.15+20=293.15$（K）

海下 30 m 深处的压力是由 30 m 高的海水和海面的大气共同产生，则有

$$\begin{aligned}p&=g\rho h_w+100\ \text{kPa}\\&=9.807\ \text{m}\cdot\text{s}^{-2}\times1.03\times10^3\ \text{kg}\cdot\text{m}^{-3}\times30\ \text{m}+100\ \text{kPa}\\&=3.03\times10^2\ \text{kg}\cdot\text{m}^{-1}\cdot\text{s}^{-2}+100\ \text{kPa}\\&=303\ \text{kPa}+100\ \text{kPa}\\&=403\ \text{kPa}\end{aligned}$$

$$p(O_2)=21\ \text{kPa}$$

因为 $\frac{V(O_2)}{V}=x(O_2)=\frac{p(O_2)}{p}$

故 $\frac{V(O_2)}{V}=x(O_2)=\frac{21\ \text{kPa}}{403\ \text{kPa}}\times100\%=5.2\%$

当混合气体体积为 1.000 L 时，有 $V(O_2)=0.052\ \text{L}$ 。

由理想气体状态方程 $pV=nRT=\frac{m}{M}RT$ 得 $m=\frac{MpV}{RT}$

故有

$$\begin{aligned}m(\text{He})&=\frac{M(\text{He})\ pV(\text{He})}{RT}\\&=\frac{4.003\ \text{g}\cdot\text{mol}^{-1}\times403\ \text{kPa}\times(1.000-0.052)\ \text{L}}{8.314\ \text{J}\cdot\text{mol}^{-1}\cdot\text{K}^{-1}\times293.15\ \text{K}}\\&=0.63\ \text{g}\end{aligned}$$

2.1.3　实际气体状态方程

实际气体与理想气体比较有一定的偏差，即使在没有碰撞的时刻，实际气体分子之间也有相互作用力，并且实际气体分子也具有一定体积。

1881 年，荷兰物理学家范德华对理想气体状态方程进行修正，引入了压力修正项和体积修正项，得到著名的范德华方程：

$$\left(p+\frac{an^2}{V^2}\right)(V-nb)=nRT \tag{2-13}$$

范德华认为，理想气体分子之间没有引力，而实际气体分子间存在色散力、诱导力、取向力、氢键等引力，因而实际气体的压力比理想气体的压力低。当分子处于容器内部时，分子与其周围分子的作用力对称，可以相互抵消，其合力为零。但当分子靠近器壁时，其周围分子分布不对称，撞向器壁的分子的后面会受其他分子的拉力作用而使分子的动量减少，从而使器壁承受的压力也减小，这种作用力被称为内压力，内压力的大小与单位体积中的分子数成正比，用 an^2/V^2 表示内压力。测得的实际压力需要加上压力修正项才与理想气体的压力相等。

对理想气体来说，分子本身没有体积，其自由运动的体积即为气体的体积，也可认为容器的体积即为气体的体积，因为气体分子总是充满整个容器。而对于实际气体，由于电子云间有斥力的作用，分子不能无限接近，分子不能看作是没有大小的质点，即实际气体分子的体积 nb 不能忽略，且实际气体分子自由运动的体积小于理想气体分子自由运动的体积。容器的体积减去实际气体分子的体积（$V-nb$）才是实际气体能够完全自由运动的空间。

上述 a 为内压力常数，b 为 1 mol 实际气体分子自身体积，统称为范德华常数。不同的气体有不同的 a 值和 b 值，可以通过查气体的范德华常数表（如表 2－1 所示）获得。

表 2－1　一些常见气体的范德华常数

物质	$\frac{a}{\text{Pa}\cdot\text{m}^6\cdot\text{mol}^{-2}}$	$\frac{b\times10^3}{\text{m}^3\cdot\text{mol}^{-1}}$	物质	$\frac{a}{\text{Pa}\cdot\text{m}^6\cdot\text{mol}^{-2}}$	$\frac{b\times10^3}{\text{m}^3\cdot\text{mol}^{-1}}$
H_2	0.025	0.026 6	N_2	0.137	0.038 7
He	0.003 5	0.023 8	O_2	0.138	0.031 9
CH_4	0.230	0.043 1	Ar	0.136	0.032 2
NH_3	0.422	0.037 1	CO	0.147	0.039 5
H_2O	0.554	0.030 5	CO_2	0.366	0.042 9

范德华方程是一个半理论半经验的实际气体状态方程，适用于压力不是太大的中压气体。继范德华方程之后，人们又提出了适合工程实际的上百种实际气体状态方程，如 Virial 方程、Redlich-Kwong 方程、Benedict-Webb-Rubin 方程、Martin-Hou 方程等。当实际气体处于中压状态时，使用这些方程得到的计算结果要比使用理想气体状态方程得到的更准确。

例 2－4　1 mol CO_2 气体在 40 ℃时的体积为 0.381 L。试分别用理想气体状态方程和范德华方程计算 CO_2 气体的压力值，并与实测值 5 066.3 kPa 进行比较。

解　（1）用理想气体状态方程计算 CO_2 气体的压力值

$$p=\frac{nRT}{V}=\frac{1\,\text{mol}\times 8.314\,\text{J}\cdot\text{mol}^{-1}\cdot\text{K}^{-1}\times(40+273.15)\,\text{K}}{0.381\times10^{-3}\,\text{m}^3}=6\,833.41\,\text{kPa}$$

相对误差：

$$E_r=\frac{p_{计算}-p_{实测}}{p_{实测}}\times100\%=\frac{6\,833.41-5\,066.3}{5\,066.3}\times100\%=34.88\%$$

（2）用范德华方程计算 CO_2 气体的压力值

$$p=\frac{nRT}{V-nb}-\frac{an^2}{V^2}$$

$$=\frac{1\,\text{mol}\times8.314\,\text{J}\cdot\text{mol}^{-1}\cdot\text{K}^{-1}\times(40+273.15)\,\text{K}}{0.381\,\text{L}-0.042\,9\,\text{L}\cdot\text{mol}^{-1}\times1\,\text{mol}}-\frac{0.366\,\text{Pa}\cdot\text{m}^6\cdot\text{mol}^{-2}\times(1\,\text{mol})^2}{(0.381\,\text{L})^2}=5179.1\,\text{kPa}$$

同上计算相对误差得 $E_r=2.23\%$。

由例 2-4 可以看出，对于实际气体，按范德华方程计算得到的结果要比按理想气体状态方程计算得到的结果准确得多。

2.2 液　体

液体分子间的距离比气体分子间的小，因此，液体分子间的引力比气体分子间的大，这使液体的可压缩性比气体的小，液体分子不能完全自由运动而具有一定体积。固体质点只能在晶格点附近振动，而液体分子可以在整个液体内自由运动，这使液体具有流动性和各向异性。

2.2.1 液体的蒸气压

在日常生活中，我们会经常发现敞口杯子里的水放置一段时间后会减少，湿衣服经过晾晒会变干等现象，这说明液体分子与气体分子一样在不停运动。在一定温度下，每个液体分子的动能是不同的，有足够高能量的分子可以克服分子间的引力而逸出液体成为气体，这一过程被称为气化或蒸发。液面上的气态分子叫蒸气。液体的蒸发是吸热过程，液体不断从周围环境吸收热量。敞口容器中的液体不断蒸发，直到液体全部蒸发为止。但对于密闭容器中的液体，情况就大不相同。在一定温度下，由于不停的热运动，进入气相中的分子与液面碰撞后又返回液体，这一过程被称为凝结或冷凝。在一定温度下，液体以一定的速率蒸发，凝结速率与气相中的分子数成正比。液体刚放入密闭容器中时，液体上面没有蒸气分子，但随着时间的延长，气相中蒸气分子数不断增加，碰撞液体表面的分子数增加，凝结的速率增加，直至凝结速率与蒸发速率相等，体系达到了动态平衡。从宏观上看，体系达到平衡时液体和蒸气的量不再变化，把在一定温度下液体与其蒸气处于动态平衡时的这种气体称为饱和蒸气，它的压力被称为饱和蒸气压，简称蒸气压。

蒸气压是液体的重要性质之一，与液体的量和蒸气的体积无关，反映了一定温度下液体蒸发的难易。不同液体具有不同的蒸气压–温度曲线。图 2-1 给出了不同液体的蒸气压–温度曲线，由图 2-1 可以看出，在相同温度下，水、乙醇、乙醚的蒸气压依次升高，这是因为随着分子极性依次减弱，分子间引力依次减弱，蒸气压依次升高。一般来说，蒸气压是液体分子间作用力大小的反映，液体分子间作用力越强，液体越难蒸发，蒸气压越低；液体分子间作用力越弱，液体越易蒸发，蒸气压越高。

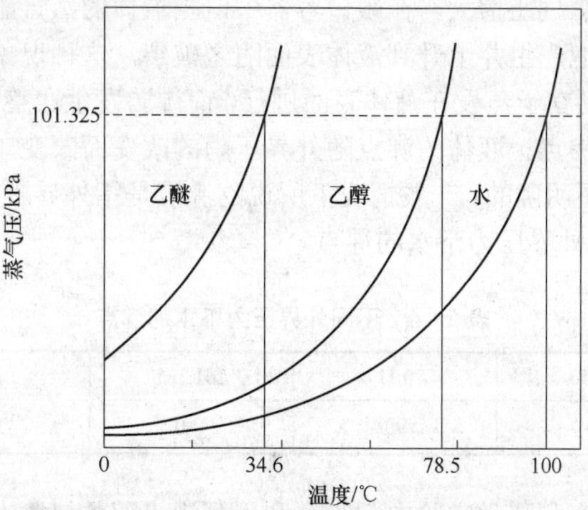

图 2-1　不同液体的蒸气压-温度曲线

对于同一液体，温度不同时，蒸气压也不同。表 2-2 列出了不同温度下水的蒸气压数据。由表中数据可以看出，水的蒸气压随温度的升高而增大，这是因为水的蒸发过程是吸热过程，所以升高温度有利于水的蒸发。

表 2-2　不同温度下水的蒸气压

T/K	p/kPa	T/K	p/kPa
273.15	0.610 6	333.15	19.918 3
278.15	0.871 9	343.15	35.157 4
283.15	1.227 9	353.15	47.342 6
293.15	2.338 5	363.15	70.100 1
303.15	4.242 3	373.15	101.324 7
313.15	7.375 4	423.15	476.026 2
323.15	12.333 6		

不仅仅液体有蒸气压，固体也具有一定的蒸气压（升华），且它随温度的升高而增大。表 2-3 列出了不同温度下冰的蒸气压。

表 2-3　不同温度下冰的蒸气压

T/K	p/kPa	T/K	p/kPa
248.15	0.063 5	268.15	0.401 3
253.15	0.103 5	272.15	0.562 6
258.15	0.165 3	273.15	0.610 6
263.15	0.260 0		

无论是固体还是液体，蒸气压大的称为易挥发性物质，蒸气压小的称为难挥发性物质。

2.2.2 液体的沸腾

升高温度，液体的蒸气压增大。在敞口容器中，当液体的蒸气压增大到与外界压力相等时，液体内会有大量气泡产生并上升到液体表面随之破裂，这种现象被称为沸腾。蒸发和沸腾都是液体的气化，区别在于蒸发在液体表面进行，而沸腾发生在整个液体内部和液体表面。液体沸腾时的温度称为沸点。液体的沸点随外界压力的改变而改变，所以提及沸点时必须要指明外界压力，否则是不明确的，一般情况下所说的沸点是指外界压力为 101.325 kPa 时的沸点。表 2-4 列出了不同外界压力下水的沸点。

表 2-4 不同外界压力下水的沸点

p/kPa	47.373	70.117	101.325	198.48	475.72
T_b/℃	80	90	100	120	150

日常生活、工业生产和科学实验中常常会利用到沸点随外界压力发生变化这一原理。做饭时使用的高压锅就是通过高压提高水的沸点，从而缩短煮熟食物的时间。工业生产和实验室中通过减压降低液体的沸点，以达到在较低温度下分离、纯化那些在正常沸点会分解、氧化的物质或正常沸点很高的物质。

2.3 溶　液

一种或一种以上的物质以分子或离子形式分散于另一种物质中形成的均一、稳定的混合物称为溶液。按照此定义，溶液可以分为固体溶液、液体溶液、气体溶液，但人们一般提到的溶液多指液体溶液。当两种液体相互溶解时，一般把量多的叫作溶剂，量少的叫作溶质。水是最常用的溶剂，以水为溶剂的溶液称为水溶液，习惯上简称为溶液。酒精、汽油、氯仿、丙酮等也经常作为溶剂，所得溶液称为非水溶液。溶解过程是一种特殊的物理化学过程，因此溶液形成的过程总伴随着能量变化、体积变化，有时还伴有颜色变化。例如，H_2SO_4 溶于水放热，NH_4NO_3 溶于水吸热；50 mL 无水乙醇与 50 mL 水相混溶的总体积小于 100 mL，50 mL 醋酸与 50 mL 水相混溶的总体积大于 100 mL；无水硫酸铜是白色粉末，溶于水却形成蓝色硫酸铜溶液，等等。

根据溶质的种类，溶液可分为电解质溶液和非电解质溶液两种。电解质是指在水溶液里或熔融状态下能导电的化合物，酸、碱、盐等离子化合物都是电解质。非电解质这一概念是相对于电解质而言的，非电解质是以典型的共价键结合的化合物，它们在水溶液中不发生电离反应。除羧酸及其盐、酚、胺以外，大多数有机物都是非电解质，如蔗糖、甘油、乙醇等。在无机物中，只有某些非金属的卤化物和所有非金属氧化物（除水）是非电解质。

2.3.1 溶液浓度的表示方法

溶液的浓度有很多表示方法，可以分为两大类：一类是用溶质与溶剂的相对量表示，可以用质量相比，也可以用物质的量相比；另一类是用一定体积溶液中所含溶质的量表示。常用的溶液浓度的表示方法有以下几种。

1. 质量分数

溶质的质量占溶液质量的百分数即为质量分数，用 w 表示。溶质和溶剂的量都用质量表示，这种表示方法非常简便，在生产上经常用到。

$$w=\frac{\text{溶质的质量}}{\text{溶质的质量}+\text{溶剂的质量}}\times 100\%=\frac{\text{溶质的质量}}{\text{溶液的质量}}\times 100\% \tag{2-14}$$

2. 摩尔分数

溶质的物质的量占溶液的物质的量分数即为摩尔分数，用 x 表示。溶质和溶剂的量都用物质的量表示。如果某溶液由 A 和 B 两种组分组成，它们的物质的量分别为 n_A 和 n_B，则它们的摩尔分数分别为

$$x_A=\frac{n_A}{n_A+n_B},\quad x_B=\frac{n_B}{n_A+n_B} \tag{2-15}$$

组成溶液的所有组分的摩尔分数之和等于 1。

3. 质量摩尔浓度

质量摩尔浓度是指 1 kg 溶剂中所含溶质的物质的量，用 b 表示，单位为 $mol \cdot kg^{-1}$。数学表达式为

$$b=\frac{\text{溶质的物质的量}}{\text{溶剂的质量}} \tag{2-16}$$

质量摩尔浓度不受温度的影响，但液体溶剂的质量不容易称量，这给实验室工作带来不便。质量摩尔浓度常用于溶液的沸点和凝固点的计算。

4. 物质的量浓度

物质的量浓度是指 1 L 溶液中所含溶质的物质的量，用 c 表示，单位为 $mol \cdot L^{-1}$。即

$$c=\frac{\text{溶质的物质的量}}{\text{溶液的体积}} \tag{2-17}$$

实验室最常用这种溶液浓度表示方法，其优点是便于配制溶液。溶液的密度随温度略有变化，从而溶液的体积也随温度发生略微变化，物质的量浓度也随温度发生略微变化。

2.3.2　溶解度

溶解度是指在一定温度和压力下一定量饱和溶液中溶质的含量。溶解度表示了一种物质在某种溶剂中的溶解能力，习惯上用 100 g 溶剂中达到饱和状态时所溶解溶质的质量来表示，也可用溶解后形成的溶液的浓度来表示。如果没有指明溶剂，通常所说的溶解度是指物质在水里的溶解度。

1. 气体在液体中的溶解度

气体在一种给定液体中的溶解度是该气体的特定性质。气体的溶解度除与气体和液体性质有关外，还与温度、压力有关。

气体在一种液体中的溶解度随液面上该气体压力的增大而增大。在一定温度下，压力与溶解度之间服从以下关系：

$$c = k_h p \tag{2-18}$$

这一关系被称为亨利定律。式中 c 是气体在液体中的溶解度（$mol \cdot L^{-1}$）；p 是液面上气体的分压（Pa）；k_h 为亨利常数（$mol \cdot L^{-1} \cdot Pa^{-1}$），其数值取决于温度及溶质和溶剂的性质。25 ℃时水中某些气体的亨利常数如表 2－5 所示。

表 2－5　25 ℃时水中某些气体的亨利常数

	k_h/（$mol \cdot L^{-1} \cdot Pa^{-1}$）
O_2	1.263×10^{-8}
CO_2	3.335×10^{-7}
H_2	7.796×10^{-9}
N_2	6.395×10^{-9}
CH_4	1.322×10^{-8}
NO	1.940×10^{-8}

必须注意，亨利定律只适用于不与溶剂发生化学反应的气体，即要求溶质在气相和液相中的分子状态必须是相同的。例如 HCl 气体在水中的溶解度问题，由于 HCl 在水中以 H^+和 Cl^-的形式存在，而在气相中以 HCl 分子的形式存在，所以解答该问题时不能应用亨利定律。

例 2－5　在 0 ℃、平衡压力为 303.9 kPa 时，O_2 在水中的溶解度为 $6.516\times10^{-3}\ mol \cdot L^{-1}$。求在同温度、平衡压力为 202.6 kPa 时 O_2 在水中的溶解度。

解　根据亨利定律得亨利常数：

$$k_h = \frac{c}{p} = \frac{6.516\times10^{-3}\ mol \cdot L^{-1}}{303.9\times10^{3}\ Pa} = 2.144\times10^{-8}\ mol \cdot L^{-1} \cdot Pa^{-1}$$

对于一定气体和溶剂，在一定温度下，k_h 是一个常数，与气体的压力无关。在平衡压力为 202.6 kPa 时，将 k_h 值代入亨利定律表达式中，得 O_2 在水中的溶解度为

$$c = k_h \cdot p = 2.144\times10^{-8}\ mol \cdot L^{-1} \cdot Pa^{-1} \times 202.6\times10^{3}\ Pa = 0.004\,344\ mol \cdot L^{-1}$$

亨利定律在化工生产中得到了广泛应用，例如，利用溶剂对混合气体中各种气体的溶解度差异进行吸收分离，把溶解度大的气体吸收下来，从而达到提纯分离的目的。它在医学上也有一定的应用，例如，高压氧舱中的气体压力为 202.6～253.25 kPa，比常压大，因此，溶于病人血液中的氧气就多，从而达到治疗的目的。

气体溶解度与温度之间的关系比较简单，即气体的溶解度随温度升高而降低，利用这一特点可以通过加热赶走水中的溶解气体。工业用冷却水造成的热污染与氧气溶解度的降低有关。使用后的冷却水温度高，氧气的溶解度小且密度低。当工业用冷却水排放到天然水体中时，温度高的水处在上层，并阻碍下层水的正常的氧吸收，导致底层水生生物缺氧死亡而造成热污染。

2. 固体在液体中的溶解度

在一定温度下，当溶质的溶解速度等于结晶速度时，溶液的浓度达到了最大并保持不变，此时的溶液称为饱和溶液，饱和溶液的浓度就是溶质的溶解度。固体物质在水中的溶解度受

温度影响比较复杂，图 2－2 为部分固体物质在水中的溶解度与温度的关系曲线。从图 2－2 可以看出，大多数固体物质的溶解度随温度升高而增大，表现为曲线陡直，如 $CaCl_2$、KNO_3、$NaNO_3$ 等；少数物质的溶解度随温度升高而略有增大，表现为曲线平缓，如 NaCl；极少数物质的溶解度随温度升高而减小，如 $Ce_2(SO_4)_3$。

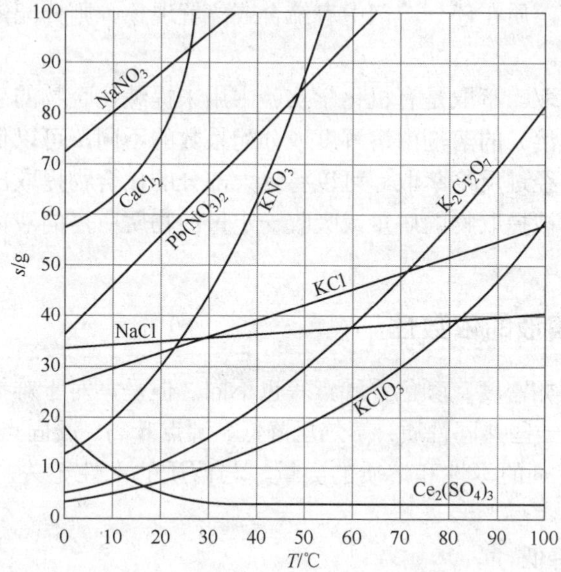

图 2－2　部分固体物质在水中的溶解度与温度的关系曲线

利用不同温度下物质的溶解度不同这一性质可以进行物质的提纯以除去其中杂质，在实际工作中可按以下操作步骤进行提纯：① 将要提纯的物质加热溶解于适当的溶剂中，使其成为饱和或近饱和溶液，趁热滤去不溶性杂质；② 将溶液冷却，这时因物质的溶解度减小，势必从溶液中析出结晶，可溶性杂质由于含量少而远未达到饱和被留在母液中；③ 通过过滤使析出的结晶与母液分离从而得到较纯物质。这一操作被称为重结晶。

值得注意的是，在温度降低时，虽溶液中所含溶质的量超过了该温度下饱和溶液所含溶质的量，但溶质并不会析出，这种溶液被称为过饱和溶液。过饱和溶液是不稳定的体系，稍一振荡或投入一小颗粒结晶，多余的溶质就会立即从溶液中析出，过饱和溶液变为饱和溶液。

3. 一种液体在另一种液体中的溶解度

一种液体在另一种液体中的溶解度几乎不受温度和压力的影响，它主要取决于分子结构的相似性。当两种液体能以任意比例混合时，称它们是完全混溶的。例如，乙醇和水、甘油和水、醋酸和水都是完全混溶的，此时，混合后的液体是均匀的，不会出现分层现象。当一种液体完全不能溶于另一种液体时，称它们是互不混溶的。此时，混合后的液体会分成两层，每一层都是纯液体。例如，汽油和水是互不混溶的。当两种液体互相之间有一定的溶解度时，称它们是部分相互混溶的。例如，乙醚和水是部分相互混溶的。在部分相互混溶的情况下，液体会分层，每一层都是一种液体在另一种液体中的饱和溶液。

当某一种物质溶解在由两种互不混溶的液体组成的混合溶液中时，达到平衡后，若溶质在两种液体中的分子形态相同，则该物质在两种液体中的浓度比等于常数，可表示为：

$$K = \frac{c_\alpha}{c_\beta} \tag{2-19}$$

式中：c_α、c_β分别为某溶质在溶剂 α 和 β 中的溶解度；K 为分配系数，它与温度、压力、溶质和两种溶剂的性质有关。此式常被称为分配定律，当溶液的浓度不大时，此式的计算结果与实验结果相符。如果溶质在任一溶剂中有缔合或离解现象，则分配定律只适用于溶剂中溶质分子形式相同的部分。

分配定律可用于萃取。萃取是有机化学实验中用来提纯化合物的手段之一，利用化合物在两种互不相溶（或微溶）的溶剂中溶解度或分配系数的不同，可以使化合物从一种溶剂中转移到另一种溶剂中。经过反复萃取，可以将绝大部分的化合物提取出来。利用分配定律可定量计算出萃取分离时被提取物的质量或吸收一定量的物质所需的液体量，还可以解决萃取的效率问题。

2.3.3 非电解质稀溶液的依数性

溶液不同，其性质如密度、颜色、沸点等也不同。但是，对于难挥发非电解质稀溶液，较纯溶剂来说，它们有一些共同性质：蒸气压降低、沸点升高、凝固点降低和具有渗透压力。这四个性质只取决于溶剂的本性和溶质的数量，与溶质的本性无关，故称这些性质为非电解质稀溶液的依数性。

1. 溶液的蒸气压降低

溶液是由溶质和溶剂组成的。当一种不挥发的溶质溶解于溶剂后，溶液表面的溶剂分子数目由于溶质分子的存在而减少，因此蒸发出的溶剂分子数目要比纯溶剂时少，即溶液的蒸气压要比纯溶剂的蒸气压低，此现象称为溶液的蒸气压降低。

1887 年，拉乌尔（Raoult）总结了这一方面的规律，称为拉乌尔定律，即：一定温度下，难挥发性溶质稀溶液的蒸气压（溶液表面溶剂的蒸气压）p_A 与溶剂 A 在溶液中的物质的量分数 x_A 成正比，其比例系数是纯溶剂在该温度时的蒸气压 p_A^*。用数学式可表示为

$$p_A = p_A^* x_A \tag{2-20}$$

此式不仅适用于由两种物质构成的溶液，亦可适用于由多种物质构成的溶液。

由于溶质溶于溶剂所引起的溶液蒸气压的降低值为

$$\Delta p = p_A^* - p_A = p_A^*(1 - x_A) \tag{2-21}$$

对二组分溶液来说，溶质 B 在溶液中的物质的量分数为x_B，则有$1 - x_A = x_B$，故拉乌尔定律亦可表示为

$$\Delta p = p_A^* - p_A = p_A^* x_B \tag{2-22}$$

即：溶液蒸气压的降低与溶质在溶液中的物质的量分数成正比。

一般来说，拉乌尔定律只适用于稀溶液。因为在稀溶液中，溶剂分子之间的引力受溶质分子的影响很小，即此时溶剂分子周围的环境与纯溶剂时几乎相同，所以溶液的蒸气压仅与单位体积溶液中溶剂的分子数（浓度）有关，而与溶质分子的性质无关。因此，p_A 正比于 x_A，且比例系数为 p_A^*。但当溶液浓度变大时，溶质分子对溶剂分子之间的引力就有显著的影响，此时溶液的蒸气压不仅与溶剂的浓度有关，还与溶质的性质有关，故溶液的蒸气压与溶剂在

溶液中的物质的量分数不成正比关系，即不遵守拉乌尔定律。

2. 溶液的沸点升高

溶液的沸点升高可以用溶液和纯溶剂的蒸气压与温度之间的关系曲线来说明，如图 2-3 所示。

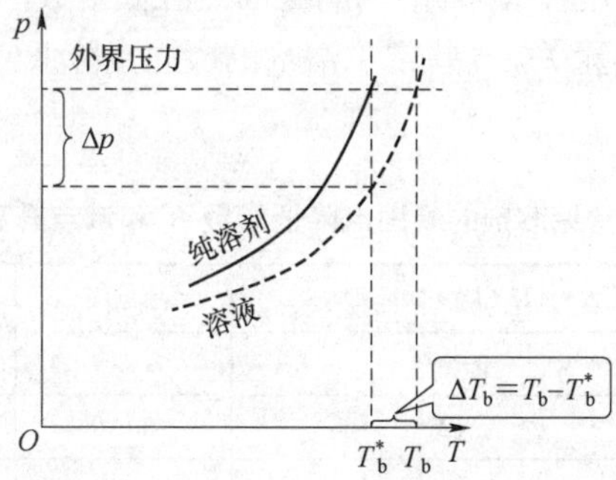

图 2-3　蒸气压与温度之间的关系曲线

当溶液的蒸气压等于外界压力时，溶液就会产生沸腾现象，这时的温度称为溶液的沸点。由于在任意温度下，溶液的蒸气压都低于纯溶剂的蒸气压，当溶液的温度升高到纯溶剂的沸点 T_b^* 时，其蒸气压仍低于外界压力，此时溶液不会沸腾，只有在更高的温度 T_b 下溶液的蒸气压等于外界压力时，溶液才会沸腾，这一现象称为溶液的沸点升高。溶液的沸点 T_b 与纯溶剂的沸点 T_b^* 之差即为溶液的沸点升高值 $\Delta T_b(\Delta T_b = T_b - T_b^*)$。实验发现，稀溶液的沸点升高值与溶液的浓度成正比，即

$$\Delta T_b = K_b b \tag{2-23}$$

式中：ΔT_b 为稀溶液的沸点升高值，单位为 K 或℃；K_b 为溶剂的沸点升高常数，单位为 $K \cdot kg \cdot mol^{-1}$，它只与溶剂的本性有关；$b$ 为溶质的质量摩尔浓度，单位为 $mol \cdot kg^{-1}$。溶液的沸点升高这一性质可用于监测溶液浓度，比如在蔗糖精制过程中，检测沸点可了解蔗糖的浓度。此外，沸点的变化还可以用于测量物质的相对分子质量。

3. 溶液的凝固点降低

溶液的凝固点是指固态纯溶剂和液态溶液呈平衡时的温度，此时溶液的蒸气压与固态纯溶剂的蒸气压相等。由于溶液的蒸气压低于液态纯溶剂的蒸气压（如图 2-4 所示），所以只有在更低的温度下溶液与固态纯溶剂的蒸气压才相等，因此，溶液的凝固点 T_f 比纯溶剂的凝固点 T_f^* 低，这种现象称为溶液的凝固点降低。

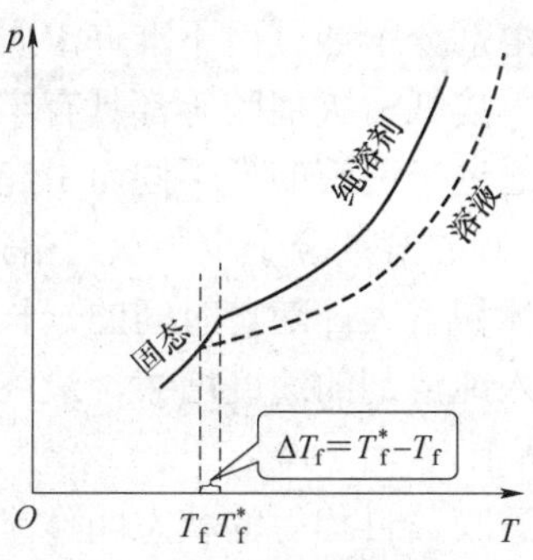

图 2-4　溶液的凝固点降低

和沸点升高一样，对于难挥发非电解质稀溶液，凝固点降低值ΔT_f亦正比于溶液的质量摩尔浓度，而与溶质的本性无关，即

$$\Delta T_f = K_f b \tag{2-24}$$

式中：b 为溶质的质量摩尔浓度；K_f 为溶剂的凝固点降低常数，单位为 $K \cdot kg \cdot mol^{-1}$，它取决于溶剂的本性而与溶质本性无关。一些常见溶剂的凝固点降低常数和沸点升高常数如表 2－6 所示。

表 2－6　常见溶剂的凝固点降低常数 K_f和沸点升高常数 K_b

溶剂	凝固点/℃	K_f/（$K \cdot kg \cdot mol^{-1}$）	沸点/℃	K_b/（$K \cdot kg \cdot mol^{-1}$）
醋酸	16.66	3.90	117.9	2.93
苯	5.53	5.12	80.10	2.64
四氯化碳	－22.95	29.8	76.75	5.26
萘	80.29	6.94	217.96	5.94
水	0	1.86	100.0	0.51

在汽车、坦克的水箱（散热器）中加入乙二醇、酒精、甘油等，在水泥砂浆中加入食盐或氯化钙，这些做法都是利用了溶液的凝固点降低这一性质，这样做可防止冬季产生冰冻现象。

例 2－6　将 0.638 g 尿素溶于 250 g 水中，测得此溶液的凝固点降低值为 0.079 K，试求尿素的摩尔质量。

解　由式（2－24）可推导出

$$M_B = \frac{K_f \cdot m_B}{m_A \Delta T_f}$$

式中：m_A 和 m_B 分别为溶剂和溶质的质量；M_B 为溶质的摩尔质量（$kg \cdot mol^{-1}$）。

查表得：水的凝固点降低常数 $K_f = 1.86\ K \cdot kg \cdot mol^{-1}$，代入数值得

$$M[(CO(NH_2)_2] = \frac{1.86\ K \cdot kg \cdot mol^{-1} \times 0.638\ g}{250\ g \times 0.079\ K} = 0.060\ kg \cdot mol^{-1} = 60\ g \cdot mol^{-1}$$

4. 溶液的渗透压力

如图 2－5（a）所示，容器一侧盛纯溶剂，另一侧盛溶液，中间用一半透膜隔开。随着时间的延长，纯溶剂体积会减少而溶液体积会增大，这种溶剂分子通过半透膜进入溶液的现象称为渗透。半透膜是一种只准许溶剂分子通过而不准许溶质分子通过的薄膜，动植物的细胞膜、动物的膀胱膜及人工制造的羊皮纸、火棉胶等都具有半透膜的性质。渗透现象的产生是由于纯溶剂和溶液中的溶剂分子通过半透膜的量不同而引起的。开始时由于溶液中溶质分子的阻碍，从溶液一侧进入纯溶剂一侧的溶剂分子少于从纯溶剂一侧进入溶液一侧的溶剂分子，净结果是纯溶剂体积减小而溶液体积增大。随着时间的延长，溶液一侧液面升高，液柱产生的额外压力使溶液中溶剂分子进入纯溶剂的速度增大，最终两侧溶剂分子进入对方的数量相等，达到平衡，如图 2－5（b）所示。

单位时间内溶剂分子进出半透膜数目相等的状态叫作渗透平衡，此时，溶液一侧液柱产生的压力称为渗透压力，用符号Π表示，单位为 kPa。渗透压力也可以理解为为了阻止溶剂

进入溶液需要在溶液一侧施加的最小压力，如图 2－5（c）所示。溶液的渗透压力只有在半透膜存在的条件下才能表现出来。若在溶液一侧施加的外压大于渗透压力，则溶液中会有更多的溶剂分子通过半透膜进入纯溶剂一侧，这种使渗透作用逆向进行的过程称为反渗透，它为溶液的浓缩、海水的淡化和污水处理提供了一种重要方法。

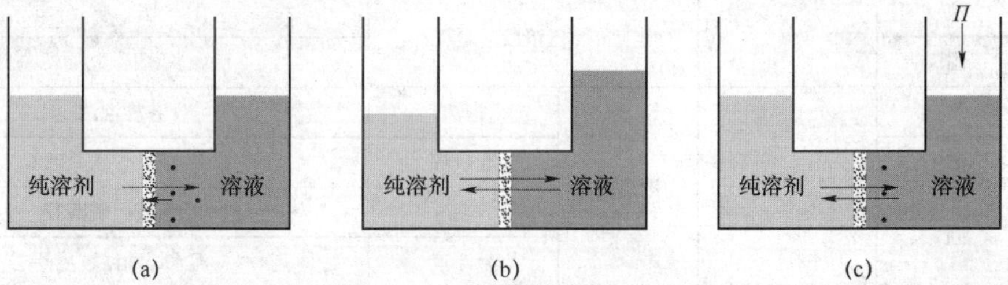

图 2－5　溶液的渗透压力示意图

1886 年荷兰物理化学家范托夫（van't Hoff）通过实验得出稀溶液的渗透压力与稀溶液的浓度、热力学温度的关系：

$$\Pi = cRT \tag{2-25}$$

式中：Π 为稀溶液的渗透压力，单位为 kPa；T 为热力学温度，单位为 K；c 为稀溶液的物质的量浓度，单位为 $mol \cdot L^{-1}$；R 为摩尔气体常数。这一关系式在形式上与理想气体状态方程相同。

渗透现象与生命密切相关。例如，植物的根靠渗透作用把水分输运到枝叶末端；植物的枝、叶富有弹性是因为具有过剩的渗透压力；临床上使用的生理盐水与血液的渗透压力基本相等；等等。

对于电解质稀溶液，与非电解质稀溶液一样，它同样具有蒸汽压降低、沸点升高、凝固点降低等性质。但由于电解质在溶液中发生解离，所以电解质稀溶液的依数性必须引入校正因子 i 以考虑电解质发生解离产生的实际微粒浓度。i 又称为范托夫因子。对于大多数溶解在水中的非电解质，$i=1$。对于大多数溶于水中的离子化合物，i 约等于该物质单位化学式中所含独立离子个数，如极稀 NaCl 溶液的 $i=2$，极稀 $CaCl_2$ 溶液的 $i=3$。例如，对于电解质稀溶液有：$\Delta T_b = iK_b \cdot b$，$\Delta T_f = iK_f \cdot b$，$\Pi = icRT$。

2.4 胶　体

在自然界、工农业生产和日常生活中，常常遇到把一种或几种物质分散在另一种连续分布的物质中所构成的系统，这种系统被称为分散系统，被分散的物质称为分散相，而另一种连续分布的物质称为分散介质。设分散相粒子直径为 d，根据分散相粒子的大小，分散系统可分为真溶液（$d<1$ nm）、胶体分散系统（1 nm$<d<$1 000 nm）和粗分散系统（$d>$1 000 nm）。分散相以分子形式溶于分散介质时形成的分散系统是均相系统，称为溶液。分散相不溶于分散介质时形成的分散系统是多相系统。

根据分散相和分散介质的聚集状态，胶体分散系统分类如表 2－7 所示。习惯上把分散介质为液体的胶体分散系统称为胶体溶液，或简称为溶胶，如把分散介质为水的胶体分散系统称为水溶胶；把分散介质为固体的胶体分散系统称为固溶胶；把分散介质为气体的胶体分散系统称为气溶胶。

表 2–7　胶体分散系统分类表

类别	分散相	分散介质	名称		实例
1	液	气	气溶胶		云、雾
2	固				烟、尘
3	气	液	液溶胶	泡沫	各种泡沫
4	液			乳状液	牛奶、含水原油
5	固			溶胶	金溶胶、硫溶胶
				悬浮液	泥水、油漆、墨汁
6	气	固	固溶胶		泡沫塑料、泡沫橡胶、泡沫陶瓷、沸石
7	固				熔岩、某些合金、有色玻璃
8	液				珍珠、某些宝石、凝胶

2.4.1　胶体的制备与净化

1. 胶体的制备

1）分散法

分散法是利用机械设备将粗分散粒子分散成胶体的一种方法，最常用胶体磨分散法、气流粉碎机分散法、超声波分散法、电弧分散法。

（1）胶体磨分散法：将物料放进胶体磨之前，先将其放入球磨机粉碎至粒子直径为 0.2 mm 左右，再将其放进胶体磨使粒子直径达到 1 000 nm 以下（最小可达 10 nm）。为了防止极微小颗粒聚结，一般还加少量表面活性物质如丹宁或明胶等作稳定剂。工业上常利用此法制备胶体石墨、油漆和矿物颜料等。

（2）气流粉碎机分散法：气流粉碎机是一种高效超细粉碎设备，是在高速气流作用下，通过物料本身颗粒之间的撞击、气流对物料冲击剪切作用以及物料与其他部件的冲击、摩擦、剪切而使物料粉碎。该分散法被广泛用于染料、陶瓷及制药等行业。

（3）超声波分散法：利用超声波振荡将分散相撕碎，实验室常用此法将一种液体分散在另一种液体中形成乳状液。

（4）电弧分散法：主要用于制备金属的水溶胶。以金属为电极并将其插入水中，通电后可产生电弧，在高温下金属被气化，遇水冷凝成胶粒，在水中加少量碱即可形成稳定的溶胶。

2）凝聚法

凝聚法是指采用物理或化学方法使溶质分子、原子或离子自行结合成胶粒而制成凝胶的方法。

（1）物理凝聚法：将分散粒子凝聚成胶粒的物理方法有蒸气骤冷、改变溶剂及骤冷饱和溶液等。例如，将汞蒸气通入冷水可得到汞溶胶；将含松香的酒精溶液滴入水中，由于松香在水中的溶解度低，松香以胶粒大小析出，从而形成松香的水溶胶；用冰骤冷苯的饱和水溶液得到苯的水溶胶；等等。

（2）化学凝聚法：指调控化学反应条件（反应物的浓度、溶剂、温度、pH 等），使生成的不溶物由分子分散状态逐步凝聚达到胶体状态的方法。采用此方法时必须使反应物的浓度很低，并缓慢混合，避免生成沉淀。例如，利用 $AgNO_3$ 稀溶液与 KCl 稀溶液反应可制得稳定的 AgCl 溶胶，将 $FeCl_3$ 溶液缓慢滴入沸水中可获得红棕色的 $Fe(OH)_3$ 溶胶，等等。

2. 胶体的净化

初制备的胶体往往含有过多电解质或其他杂质，它们的存在往往影响胶体的稳定，因此必须要除去它们，即所谓胶体的净化。净化胶体最常用的方法是渗析法。渗析法是用半透膜（羊皮纸、动物膀胱膜、硝酸纤维、醋酸纤维等）将待净化的胶体与溶剂隔开，胶体中的电解质或其他杂质可穿透半透膜进入溶剂。不断更换溶剂，即可将胶体中的电解质或其他杂质除去，达到净化的目的。为了提高渗透速率，可在半透膜两侧加一电场以加速离子迁移，这就是电渗析法。

2.4.2　胶体的性质

胶体与溶液都是分散系统，它们具有某些共同的性质，如凝固点降低、具有渗透压力等，但由于胶体分散相的粒子较大，形成了新相，所以胶体还具有其特殊性质。

1. 光学性质

在暗室中，如果让一束聚焦光线通过胶体物系，在与入射光垂直的方向上可看到一个发光的圆锥体，这就是所谓的丁达尔效应，它是英国物理学家丁达尔于 1869 年发现的。丁达尔效应就是胶体物系对光的散射，这种散射出来的光叫乳光。如图 2-6 所示，让一束聚焦光线通过 $CuSO_4$ 溶液，结果并未出现丁达尔效应，但是让一束聚焦光线通过 $Fe(OH)_3$ 溶胶，结果出现丁达尔效应。

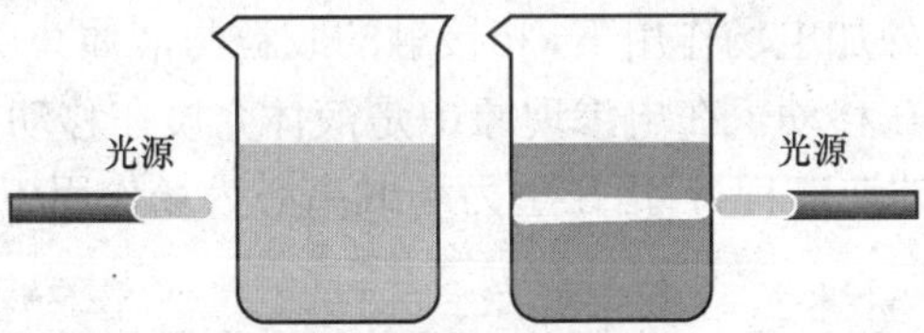

图 2-6　丁达尔效应

其他分散系统也会产生一点散射光，但远不如溶胶显著。丁达尔效应实际上已成为判别溶胶与分子溶液的最简便的方法。

2. 动力性质

1）布朗运动

1827 年植物学家布朗用显微镜观察到悬浮在液面上的花粉粉末不断地做不规则运动，后来人们又发现许多其他物质如煤、化石、金属等的粉末也都有类似的现象。人们称微粒的这种运动为布朗运动。但在很长的一段时间里，这种现象的本质没有得到阐明。直到 1903 年超显微镜的发明，人们才观察到胶粒不断地做不规则“之”字形的运动，并且粒子越小，布朗运动越激烈。布朗运动的激烈程度不随时间而改变，但随温度的升高而增加。1905 年和 1906 年爱因斯坦和斯莫鲁霍夫斯基分别阐述了布朗运动的本质，他们认为布朗运动是因分散介质分子以不同大小和不同方向的力对胶粒进行不断撞击而产生的，由于受到的作用力不平衡，所以胶粒连续以不同方向、不同速度做不规则运动。随着胶粒直径的增大和被撞击次数的增多，胶粒受到的作用力抵消的可能性增大，布朗运动消失的可能性也增大。当粒子半径大于

5 μm 时，布朗运动消失。

2）扩散运动

存在浓度梯度时，物质粒子由于热运动（布朗运动）而发生宏观上的定向迁移，这种现象被称为扩散。粒子扩散的推动力是浓度梯度。粒子的扩散类似溶液中溶质的扩散，粒子越小，粒子的扩散能力越强。胶粒较大，所以胶粒的扩散速率一般要远小于真溶液中溶质的扩散速率。

3）沉降平衡

胶体是高度分散系统，胶粒一方面由于重力作用而下降，另一方面由于布朗运动而促使浓度趋于均一。当这两种效应作用相等时，胶粒的分布达到平衡，胶粒的浓度随高度不同有一定的梯度，但在指定高度上的胶粒的浓度不再随时间变化，这种平衡称为沉降平衡。

平衡时，位置越高，浓度越低；粒子越大，质量越大，浓度梯度越明显。胶粒由于其沉降速率与扩散速率都很慢，因此要达到沉降平衡往往需要很长的时间。在通常情况下，温度的波动即可引起胶体的对流继而妨碍沉降平衡的建立，所以实际上很难看到胶体的沉降平衡。

3. 电学性质

实验发现：在外加电场作用下，固、液两相可发生相对运动；反过来，外力作用可迫使固、液两相进行相对运动，从而产生电势差。胶体的这种与电势差有关的相对运动称为电动现象。胶体电动现象的存在说明胶粒表面是带电的，经研究发现，胶粒表面带电是胶体稳定的重要因素之一。当胶粒与分散介质做相对运动时，会产生如下四种电动现象。

（1）电泳：指在外加电场作用下，胶粒在液体介质中定向移动的现象。

（2）电渗：指在外加电场作用下，液体介质通过多孔材料而定向移动的现象。

电泳和电渗都是指在外加电场作用下，相接触的胶粒与液体介质间发生相对运动的现象，其中在电泳现象中是胶粒在移动，在电渗现象中是液体介质在移动。

（3）沉降电势（电泳的逆过程）：指在重力场或离心力场作用下，带电胶粒相对于液体介质运动所产生的电势。

（4）流动电势（电渗的逆过程）：指液体介质在外力作用下通过毛细管或多孔材料定向流动而产生的电势。

2.4.3 胶团的结构

胶团的结构模型是根据扩散双电层理论推导出来的。胶体的核心部分是不溶于水的固体粒子，称为胶核，胶核上吸附了大量离子。胶核吸附离子是有选择性的，首先吸附与胶核中的某种离子相同的离子，若无相同离子，则首先吸附水化能力较弱的负离子，所以自然界中的胶粒大多带负电，如泥浆水、豆浆等都是负溶胶。

例如，在 $AgNO_3$ 稀溶液中缓慢滴加少量 KI 稀溶液，得到 AgI 溶胶，过剩的 $AgNO_3$ 起稳定剂的作用，其反应方程式为

$$AgNO_3 + KI \longrightarrow KNO_3 + AgI\text{（溶胶）}$$

首先形成胶核，用$(AgI)_m$表示。因 $AgNO_3$ 过量，胶核将从溶液中优先吸附 Ag^+而带正电，带正电的胶核又将吸附 NO_3^-。由于离子的热运动，一部分 NO_3^- 紧密吸附在胶核附近，并与胶核吸附的 Ag^+一起组成紧密层，而另一部分 NO_3^- 则扩散到较远的介质中，形成扩散层。胶核与紧密层构成胶粒，胶粒与扩散层中的反离子构成了胶团。$AgNO_3$ 稀溶液中 AgI 胶团示意图如图 2-7（a）所示。图 2-7（b）为 AgI 胶团的结构表达式，结合图 2-7（a）可知道由

m 个 AgI 组成胶核，胶核吸附了 n 个 Ag^+，带正电的粒子吸附了 $n-x$ 个 NO_3^- 形成胶粒，胶粒与 x 个分布在扩散层中的 NO_3^- 构成了中性的 AgI 胶团。

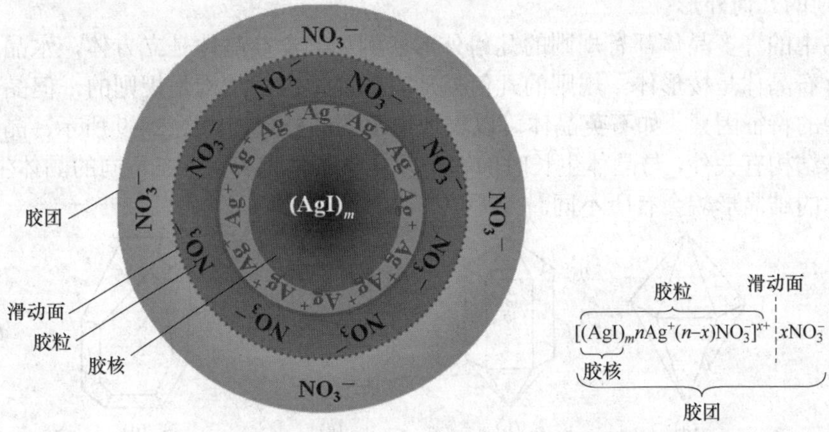

(a) 示意图　　　　(b) 结构表达式

图 2-7　$AgNO_3$ 稀溶液中的 AgI 胶团

如在 KI 稀溶液中缓慢加入少量 $AgNO_3$ 稀溶液，也可得到 AgI 溶胶，此时 KI 过剩，胶核将优先吸附 I^- 而带负电，带负电的胶核又将吸附 K^+。KI 稀溶液中的 AgI 胶团的结构表达式如图 2-8 所示。

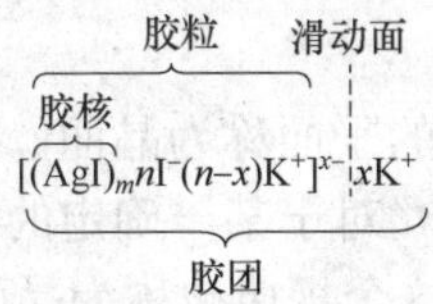

图 2-8　KI 稀溶液中的 AgI 胶团的结构表达式

2.4.4　胶体的稳定性

胶体是热力学不稳定系统，但有些胶体却能够很长时间不发生沉降而稳定存在。胶粒带有电荷是胶体稳定的主要因素，除此之外，溶剂水化作用也是非常重要的原因。若以水为分散介质，胶核吸附的离子都是水化的，在胶粒周围形成了一个具有弹性的水化膜，水化膜的存在势必增加胶粒聚合的机械阻力，从而有利于胶体的稳定。另外，胶粒的布朗运动也有助于克服重力场的影响而保持胶体的稳定。

一旦稳定条件被破坏，胶粒将会聚集成较大的颗粒而沉降下来，这个过程被称为胶体的聚沉。促使胶体聚沉的因素有很多，如加入电解质、加热、混入带有相反电荷的胶体等。

2.5　固　体

固体是粒子的一种有固定体积和几何形状的聚集体。按照粒子的聚集状态，固体有晶体和非晶体之分。晶体中的原子（离子或分子）在空间呈有规则的周期性重复排列；而非晶体的原子（离子或分子）则是无规则排列的。自然界中大多数固体物质是晶体，本节主要介绍晶体。

2.5.1 晶体的特征

1. 规则的几何外形

自然界中的许多晶体都有规则的几何外形。例如，食盐晶体是立方体，水晶晶体是六角棱柱，方解石晶体是棱形体。规则的几何外形表明晶体内部结构是规则的，但晶体的外形不是晶体品种的特征因素，如石英晶体可以表现出不同的外形，如图 2-9 所示。晶体的结晶形貌除与晶体结构有关外，与晶体生长时的物理及化学条件也有关。在不同的晶体生长条件下，同一种晶体的结晶形貌会有所不同。

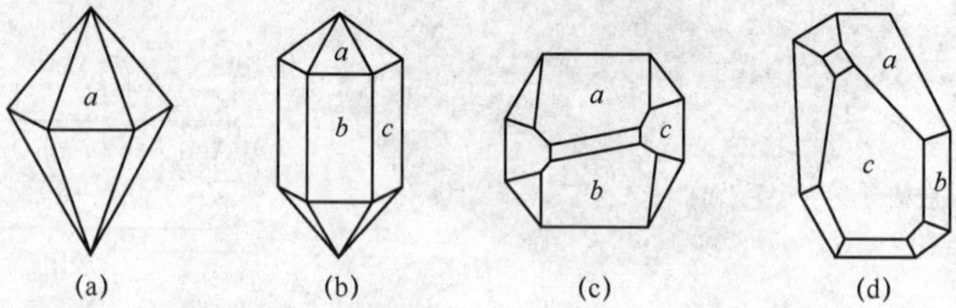

图 2-9 石英晶体的各种几何外形示意图

与晶体相比，非晶体无一定的几何外形，所以非晶体也称无定形体，如玻璃、沥青、石蜡等。不过，几何外形并不是晶体与非晶体的本质区别。由于在形成晶体时受到外界条件的影响，有些物质并不具备整齐的外形，但它们却具有晶体的性质，如很多矿石和土壤的外形不像水晶等那样有规则，但它们基本上属于结晶形态的物质。

2. 晶面角守恒

晶体内部排列有规则的原子构成的平面称为晶面。对于特定的晶体来说，它的晶面与晶面之间的夹角是特定的，称为晶面角。对于某一确定的物质的晶体来说，无论其外形规则与否，其相对应的晶面角总是不变的，这个规律被称为晶面角守恒定律。例如在图 2-9 中，石英晶体晶面的形状、大小尽管不同，但 a 面和 b 面形成的夹角都相等，b 面和 c 面形成的夹角及 a 面和 c 面形成的夹角也都相等。大量测量结果表明，晶面角守恒是一个普遍的规律，因此晶面角可作为识别各种晶体的一种特有常数。

3. 有固定熔点

晶体和非晶体最明显的一个区别是晶体有固定的熔点而非晶体没有，如石英晶体的熔点为 1 713 ℃，而玻璃、沥青等非晶体没有固定的熔点。固体熔化时温度随加热时间的变化曲线如图 2-10 所示。在温度升高到晶体的熔点 T_0 时，晶体由固态变为液态，在熔化过程中，温度始终保持不变；而非晶体由固态变为液态的过程是：随着温度的升高，非晶体先变软，再变稠，再变稀，最后变成液态。

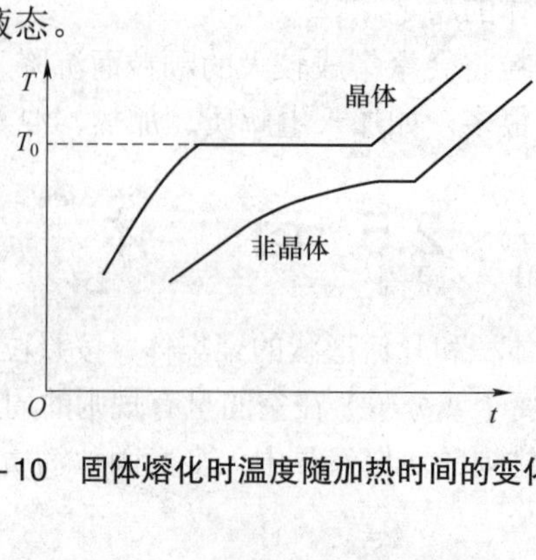

图 2-10 固体熔化时温度随加热时间的变化曲线

4. 某些物理性质的各向异性

晶体的导热、导电、光折射等许多物理性质都表现出各向异性。所谓各向异性就是指晶体的宏观性质因观察方向的不同而有差异。此处以 NaCl 晶体为例说明导致晶体的某些物理性质呈现各向异性的原因，NaCl 晶体结构示意图如图 2－11 所示。

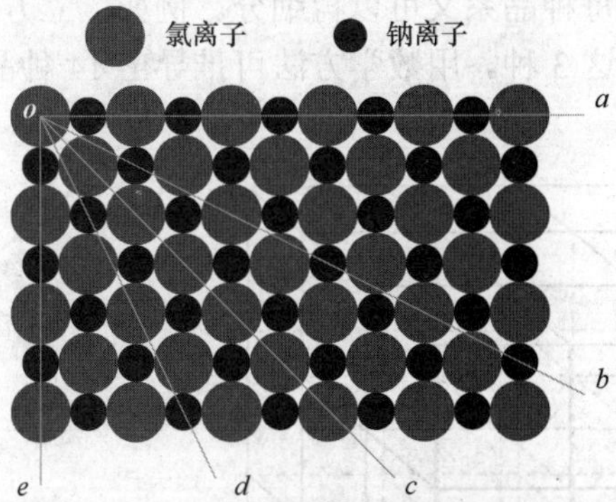

图 2－11　NaCl 晶体结构示意图

在 *oa*、*ob* 和 *oc* 三个方向上，质点的排列方式不同。沿 *oa* 方向是氯离子和钠离子相间排列，沿 *oc* 方向全部排列着氯离子，而 *ob* 方向上则是另外一种情形。因为晶体的性质在一定的外界条件下取决于其成分和内部构成两个因素，因而在不同方向上质点排列方式的差别就直接导致了某些物理性质的差异。但晶体中质点的排列情形可能在几个特定的方向上相同，如图 2－11 中的 *oa* 和 *oe* 方向、*ob* 和 *od* 方向，这样晶体在不同方向上的某些物理性质也有可能相同。

2.5.2　晶体的微观结构及分类

晶体内的离子、原子、分子等微粒在三维空间作规则的排列，微粒堆积示意图如图 2－12 所示。

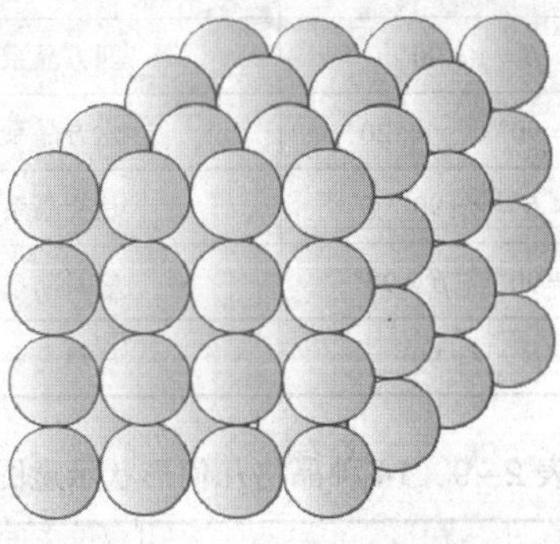

图 2－12　微粒堆积示意图

为了研究晶体内的微粒在空间分布的几何规律，把这些微粒抽象为几何上的点，称为阵点或结点。阵点在三维空间中形成的空间图形称为空间点阵，把这些阵点用直线连接起来形成的空间格架称为晶格，如图 2－13（a）所示。事实证明，对于不同类型的晶体，其内部微粒在空间的排列规律是不同的，但对于同一类型的晶体，这种规律却是相同的。

晶格可以用一个空间单元在空间作重复排列而形成，可以表示晶格几何规律的基本空间单元称为晶胞，如图 2-13（b）所示。晶胞一般是一个平行六面体，可以用三条互不平行的棱 a，b，c 和各棱之间的夹角 α，β，γ 来表示晶胞的特征。a，b，c 及 α，β，γ 称为晶胞常数（也称点阵常数）。根据晶胞常数之间的关系，晶体可分为 7 种晶系，如表 2-8 所示。而每种晶系又具有不同的晶格，故每种晶系又可以再细分。例如，立方晶系分为简单立方晶系、体心立方晶系和面心立方晶系这 3 种。用数学方法可推导出 14 种晶格，这 14 种晶格的几何形状如表 2-9 所示。

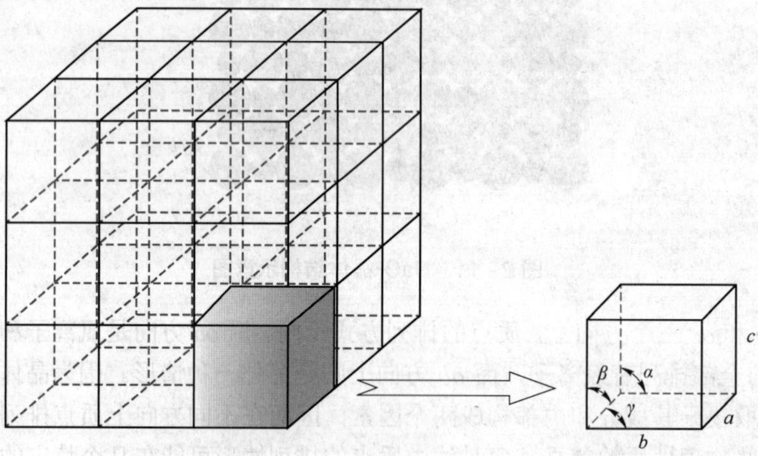

(a) 晶格　　(b) 晶胞

图 2-13　晶格与晶胞

表 2-8　晶胞常数与 7 种晶系

边长	夹角	晶系	晶体实例
$a=b=c$	$\alpha=\beta=\gamma=90°$	立方晶系	NaCl，ZnS
	$\alpha=\beta=\gamma\neq 90°$	三方晶系	Al_2O_3
$a=b\neq c$	$\alpha=\beta=\gamma=90°$	四方晶系	SnO_2，Sn
	$\alpha=\beta=90°$，$\gamma=120°$	六方晶系	AgI，SiO_2（石英）
$a\neq b\neq c$	$\alpha=\beta=\gamma=90°$	正交晶系	$BaCO_3$，$HgCl_2$
	$\alpha=\gamma=90°$，$\beta\neq 90°$	单斜晶系	$KClO_3$
	$\alpha\neq\beta\neq\gamma\neq 90°$	三斜晶系	$CuSO_4\cdot 5H_2O$

表 2-9　14 种晶格几何形状示意图

晶系＼格子	简单格子	体心格子	面心格子	底心格子
立方晶系	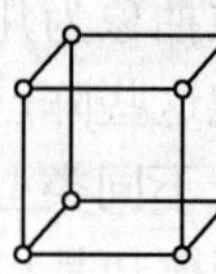	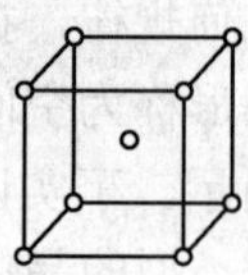	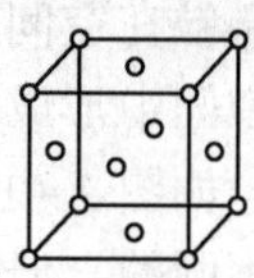	

续表

晶系 \ 格子	简单格子	体心格子	面心格子	底心格子
三方晶系	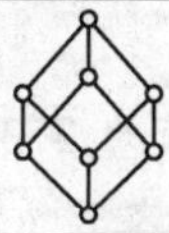			
四方晶系	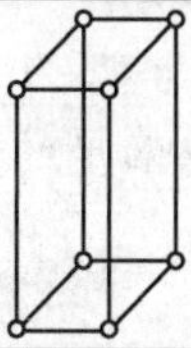	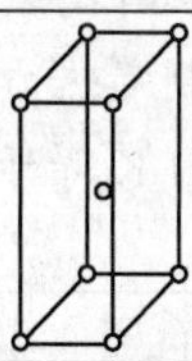		
六方晶系	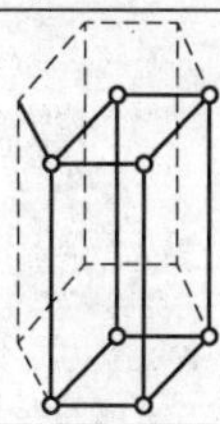			
正交晶系	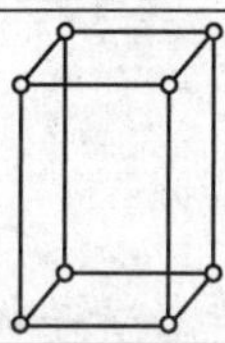	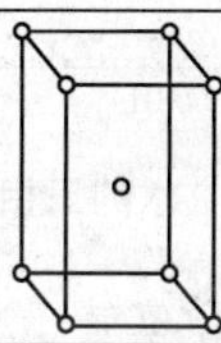	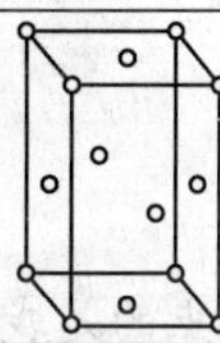	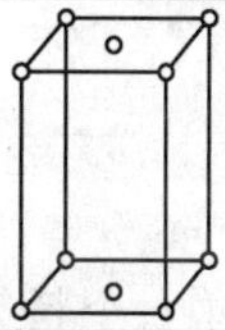
单斜晶系	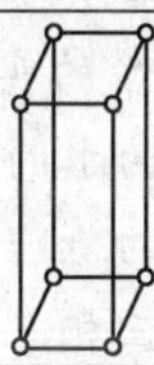			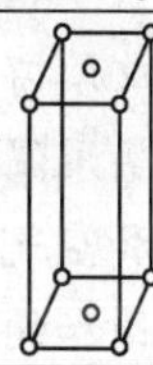
三斜晶系	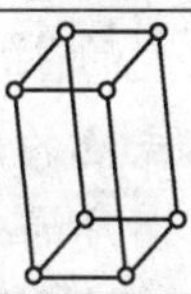			

从晶格点上微粒的种类和作用力的种类角度，又可以将晶体分成金属晶体、原子晶体、离子晶体、分子晶体这 4 种主要类型。不同晶体类型的性质特征如表 2-10 所示。除上述 4 种主要类型外，晶体还包括混合键型晶体，如石墨、氮化硼等。

表 2-10　不同晶体类型的性质特征

	组成粒子	粒子间作用力	物理性质			举例
			熔沸点	硬度	熔融导电性	
金属晶体	金属离子，自由电子	金属键	差异较大	差异较大	好	Cr，K
原子晶体	原子	共价键	高	大	差	SiO_2
离子晶体	离子	离子键	高	大	好	NaCl
分子晶体	分子	分子间力	低	小	差	干冰

拓展视野

水的三相点

水的三相点是水的固、液、气三相平衡共存时的温度，其值为 273.16 K（0.01 ℃），如图 2-14 所示。水的三相点是在一个密封的装有高纯度水的玻璃容器（三相池）内复现的。水的三相点由于有确定的数值，因此可用于制定热力学温度定义。热力学温度是国际单位制基本单位之一，其单位为开尔文（符号 K），1 K 等于水的三相点温度的 1/273.16。

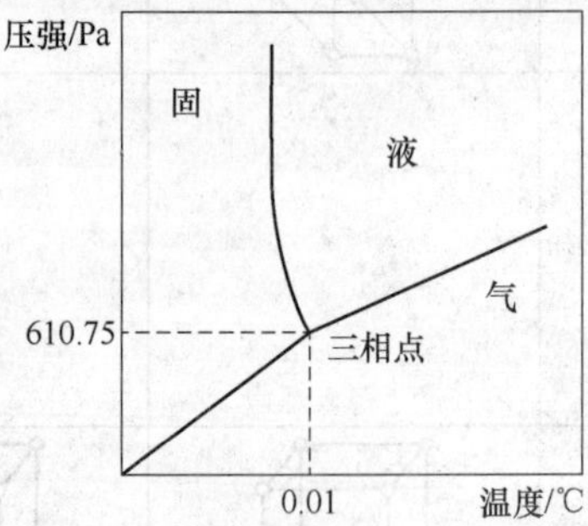

图 2-14　水的三相点

第一个精测水的三相点的是我国物理化学家黄子卿。1934 年，黄子卿教授在美国麻省理工学院攻读博士学位，随著名热力学家 J. A. Beattie 进行热力学温度的实验研究。当时科学界对国际实用温标中选定的冰点的稳定性和准确度已提出怀疑，因为水的冰点是在标准大气压下对饱和空气的水的液-固平衡的温度，它受外界大气压或测量的地理位置影响，并且与水对空气饱和的状况有关。当时物理化学界企图并已开始测定水的三相点，即水在其饱和蒸气压力下气-液-固三相成平衡的温度，以代替冰点作为热力学温度的基准点。测定水的三相点需要测量水的三相池与冰点池温度之差。为得到精确的水的冰点池的固液平衡温度，黄子卿仔细计算大气压力及水液面高度产生的附加压力对冰点池平衡温度的影响；测量水样的电导，折算为盐浓度，按稀溶液的依数性估算杂质造成的水的凝固点的降低；在严格固定条件下以空气饱和水样。这样，达到冰点池温度的精度为 0.5×10^{-4} ℃。黄子卿严格处理水的三相池，精选三相池材料并严格清洗；水样严格纯化去 CO_2；测量三相池水样的电导，估算杂质对平衡温度的影响，并且对水面高度产生的附加压力的影响加以校正；然后采用当时能达到的精确测温手段，并在对体系采取严格的隔热防辐射措施的条件下测定三相池和冰点池的温度差。黄子卿以严谨的科学态度、精密的实验设计，经过长达 1 年的反复测试，终于测得了当时最精确的水的三相点（0.009 80±0.000 05 ℃）。这项工作为热学研究提供了重要标准数据，具有极大的科学价值和实用意义。

黄子卿（1900—1982 年），早在青少年时期就有科学救国的抱负，1921 年毕业于清华大学，远渡重洋去美国研读化学，1924 年获美国威斯康星大学化学系理学学士学位，1925 年获康奈尔大学化学系硕士学位，1935 年获麻省理工学院哲学博士学位，同年回国后回到清华大学任教。1937—1945 年，黄子卿任西南联合大学化学系教授。1945—1952 年，黄子卿任清华大学教授，1948—1949 年曾赴美国加州理工学院任客座教授。新中国成立后，黄子卿立即回到祖国，全力投身到物理化学的教学和科学研究中，1955 年被选聘为中国科学院数理化学部委员（院士）。黄子卿教授教学严谨、学识渊博，毕生从事化学教育事业，不遗余力地培养人才。黄子卿从事电化学、生物化学、热力学和溶液理论等多方面的研究，是中国物理化学的奠基人之一。

习　题

1. 理想气体与实际气体有什么区别？

2. 什么是气体的分压和分体积？

3. 气体范德华常数 a 和 b 各代表什么？

4. 什么是蒸气压、沸点？沸点与外界压力有什么关系？

5. 溶液浓度有哪几种表示方法？

6. 什么是稀溶液的依数性？

7. 静脉注射时为什么要使用含药的生理盐水而不是直接注射药水？

8. 胶体有哪些特殊性质？

9. 晶体分为几个晶系？各晶系有什么特征？

10. 某地空气中含 N_2、O_2 和 CO_2 的体积分数分别为 0.78、0.21 和 0.01，求 N_2、O_2 和 CO_2 的摩尔分数和空气的平均摩尔质量。（空气可视为理想气体）

11. 在 202.650 kPa 和 27 ℃时，某气体（可视为理想气体）的密度为 2.61 kg · m^{-3}，求它的摩尔质量。

12. 合成氨原料气中氢气和氮气的体积比是 3:1，原料气的总压力为 1.52×10^7 Pa。求：

（1）氢气和氮气的分压力；

（2）若原料气中还有 4%（体积分数）气体杂质，原料气总压力不变，则氢气和氮气的分压力各是多少？

13. 将 10 g Zn 加入 100 cm^3 盐酸中，在 20 ℃及 101.325 kPa 条件下收集产生的氢气，其体积为 2.00 dm^3。求气体经干燥后体积为多少？已知 20 ℃时水的饱和蒸气压是 2.34 kPa。

14. 今有 0 ℃、20 265 kPa 的 N_2 气体，分别用理想气体状态方程及范德华方程计算其摩尔体积，并确定两者的相对偏差。

15. 20 ℃时，乙醚的蒸气压为 58.95 kPa，今在 0.1 kg 乙醚中加入某种不挥发性有机物 0.01 kg，乙醚的蒸气压下降到 56.79 kPa，求该有机物的相对分子质量。

16. 101.325 kPa 时，水的沸点为 100 ℃，求 0.09 kg 水与 0.002 kg 蔗糖形成的溶液在 101.325 kPa 时的沸点。已知水的沸点升高常数 K_b = 0.51 K · kg · mol^{-1}，M（蔗糖）= 342 g · mol^{-1}。

17. 将 12.2 g 苯甲酸溶于 100 g 乙醇，所得的乙醇溶液的沸点比纯乙醇的沸点升高了 1.20 ℃；将 12.2 g 苯甲酸溶于 100 g 苯后，所得的苯溶液的沸点比纯苯的沸点升高了 1.32 ℃。分别计算苯甲酸在不同溶剂中的相对分子质量。已知乙醇的沸点升高常数 K_b = 1.23 K · kg · mol^{-1}，

苯的沸点升高常数 $K_b = 2.64\ K \cdot kg \cdot mol^{-1}$。

18. 与人体血液具有相同渗透压力的葡萄糖水溶液的凝固点比纯水的凝固点低 0.543 ℃，求：（1）此葡萄糖水溶液的质量分数；（2）37 ℃条件下血液的渗透压力。已知 M_r（葡萄糖）= 180，水的凝固点降低常数 $K_f = 1.86\ K \cdot kg \cdot mol^{-1}$，葡萄糖水溶液的密度近似为 $1.0\ kg \cdot dm^{-3}$。

第 3 章 化学热力学

化学热力学主要研究物质变化（包括物质的相变化和化学变化）引起的能量转化及化学反应的方向和限度问题，这些问题在科学研究和实际生产中经常遇到，学好化学热力学对于提高生产能力、降低生产能耗及开发新产品有重要的指导意义。化学热力学的理论基础是热力学第一定律和热力学第二定律。热力学第一定律研究各种变化过程中能量相互转化的规律，根据热力学第一定律建立热力学能 U 和焓 H 这两个状态函数，可将其应用于计算化学反应的热效应。热力学第二定律研究在一定条件下自发变化的方向和限度，从热力学第二定律引出熵 S 和吉布斯函数 G 这两个状态函数。本章介绍了如何利用吉布斯函数变ΔG 来推测化学反应的方向及计算标准平衡常数，同时还介绍了影响化学反应方向和限度的因素。

3.1 基本概念

3.1.1 系统与环境

宇宙间各事物总是相互联系的，为明确研究对象，常将被研究的物质或空间划分出来，称之为系统（或体系），系统之外与系统密切相关的相邻部分称之为环境。系统和环境的概念是人为规定的，是为了研究问题的方便而提出的。根据系统与环境之间物质和能量的交换情况，通常将系统划分为以下三类。

（1）孤立系统：系统与环境之间既没有能量交换也没有物质交换；

（2）封闭系统：系统与环境之间有能量交换但是没有物质交换；

（3）敞开系统：系统与环境之间既有能量交换也有物质交换。

例如氢氧化钠和盐酸的反应，如果是在一个敞口的烧杯中进行，则反应可看作是在一个敞开系统中进行；如果反应是在密闭的容器中进行，则反应可看作是在一个封闭系统中进行；如果反应是在外面包裹有绝热层的密闭容器中进行，则反应可看作是在一个孤立系统中进行。化学热力学的研究主要关注封闭系统中的反应过程。

3.1.2 状态与状态函数

系统的状态是系统的所有物理性质和化学性质的综合表现，也就是说，系统的状态是由一系列宏观性质决定的，温度、体积、压力、质量、密度等物理量都属于系统的宏观性质。当系统的宏观性质都具有确定的数值而且不随时间变化时，系统就处于一定的状态。用来描述系统状态的物理量（又称为系统的宏观性质）称为系统的状态函数。系统的状态一定，状态函数的值就一定，系统的状态发生变化，状态函数值也相应地发生变化，即状态函数是系统状态的单值函数。状态函数的变化值只与系统的始态和终态有关，与变化的途径无关。系统中各个状态函数之间相互联系、相互制约，其中可以独立的状态函数的数目是一定的，当几个独立的状态函数确定后，其他状态函数也随之确定。

3.1.3 过程与途径

当系统的状态发生变化时，系统的某些状态函数也会改变，系统从某一状态变化到另一状态的经过称为过程。系统从始态变化到终态所经历的所有过程的总和称为途径。系统从始态变化到终态，可以通过不同的途径来完成。例如，在一定的温度和压力条件下，碳与氧气反应可以直接生成二氧化碳气体，也可以先生成一氧化碳气体，然后一氧化碳气体继续与氧气反应生成二氧化碳气体。因此，系统从始态的碳和氧气变化到终态的二氧化碳气体可以经历两条不同的途径。第一条途径是直接生成二氧化碳气体，该条途径只经历了一个过程；第二条途径是先转化为一氧化碳气体，然后再转化为二氧化碳气体，该条途径经历了两个过程。下面是几种常见的变化过程。

（1）定温过程：当系统的状态发生变化时，系统的温度始终保持不变。

（2）定容过程：当系统的状态发生变化时，系统的体积始终保持不变。

（3）定压过程：当系统的状态发生变化时，系统的压力始终保持不变，而且一直与外界的压力相等。

（4）绝热过程：当系统的状态发生变化时，系统与环境不发生热传递，这种变化过程称为绝热过程。

3.2 热力学第一定律

3.2.1 热和功

热和功都是系统发生状态变化时在某一过程中与环境交换的能量。值得注意的是，热和功都不是状态函数，其数值与具体的过程有关。也就是说，只有当系统经历某一过程时，热和功才会体现出来，没有变化过程就没有热和功。热和功均具有能量的单位，如 J，kJ 等。

热是由于系统和环境之间存在温差而引起的能量传递，一般用符号 Q 表示。Q 的正负号代表热传递的方向：系统从环境吸热时，系统的能量增加，Q 为正值，即 $Q>0$；系统向环境放热时，系统的能量减少，Q 为负值，即 $Q<0$。

系统与环境之间除了热之外以其他形式传递的能量称为功，一般用符号 W 表示。系统对环境做功时，系统的能量减少，W 为负值，即 $W<0$；环境对系统做功时，系统的能量增加，W 为正值，即 $W>0$。

一般可以将功分为体积功和非体积功。系统由于体积变化所做的功为体积功，其他的功

称作非体积功，如电功、表面功等。体积功的简单计算公式为

$$W=-p_{ex}\Delta V \tag{3-1}$$

式中：p_{ex} 为系统受到的外压力；ΔV 是系统体积的变化值，等于系统处于终态时的体积 V_2 减去系统处于始态时的体积 V_1，即 $\Delta V=V_2-V_1$。

3.2.2　热力学能

任何系统都具有能量，一般情况下，化学热力学的研究对象是宏观静止系统，不考虑系统整体运动的动能和系统在外力场（如电磁场、离心力场等）的势能，热力学能是系统内部所有微观粒子的全部能量之和，包括分子的平动能、转动能和振动能，分子之间相互作用的势能，分子内部原子间键能，电子运动能，核内基本粒子间核能等。热力学能一般用符号 U 表示。

当系统的状态确定之后，系统内部能量的总和就有一个确定的数值。当系统的状态发生变化时，系统的总能量也会发生变化，因此热力学能是系统的状态函数，热力学能的变化值 ΔU 只决定于系统的始态和终态，而与变化的具体途径无关。但由于物质结构的复杂性及其内部相互作用的多样性，热力学能的绝对值尚不能确定。虽然热力学能的绝对值无法确定，但实际应用时主要关注其变化量 ΔU 即可，该值可以通过热力学第一定律求得。

3.2.3　热力学第一定律的数学表达式

自然界的一切物质都具有能量，能量有各种不同的存在形式，可以从一种形式转化成另一种形式，且在任何转化过程中能量不会自生自灭，能量的总值保持不变，这就是能量守恒与转化定律，将其应用到热力学系统即称为热力学第一定律。当系统从始态变化到终态时，系统的热力学能发生变化，由于能量的传递方式只有热和功两种形式，根据热力学第一定律，系统热力学能的变化量 ΔU 等于系统和环境之间传递的热 Q 和功 W 之和，用公式表示如下：

$$\Delta U=Q+W \tag{3-2}$$

这就是热力学第一定律的数学表示式，该式适用于封闭系统。

例 3－1　某封闭容器装有氧气 2 L，系统经历一定压过程（$p=100$ kPa），向环境放热 400 J，体积压缩到 1.5 L，计算系统热力学能的变化量 ΔU。

解　根据题意，环境对系统做功为

$$W=-p\Delta V=-100\times10^3\ \text{Pa}\times(1.5-2)\times10^{-3}\ \text{m}^3=50\ \text{J}$$

根据热力学第一定律，系统热力学能的变化量为

$$\Delta U=Q+W=-400\ \text{J}+50\ \text{J}=-350\ \text{J}$$

3.3　化学反应的热效应

化学热力学中，常把反应物和生成物的温度相同，反应过程中系统只做体积功时所吸收和放出的热量称为该温度下化学反应的热效应。化学反应的热效应简称反应热。由于大部分化学反应是在定容或者定压的条件下发生的，因此只需重点关注这两种变化过程的反应热即可。

3.3.1 定容反应热 Q_V

若某封闭系统经历一定容过程，且该封闭系统不做非体积功，则根据热力学第一定律得到

$$Q_V = \Delta U - W$$

式中 Q_V 称作定容反应热。由于是定容过程，故体积功 $W = -p_{ex}\Delta V = 0$，又因为该封闭系统不做非体积功，所以系统做的总功为零，此时有

$$Q_V = \Delta U \tag{3-3}$$

该式表明：在不做非体积功的条件下，封闭系统定容过程的反应热等于系统热力学能的变化量。

在密闭刚性容器中进行的化学反应就是定容反应，可以使用弹式量热计来测量定容反应热。弹式量热计结构示意图如图 3-1 所示，主要由氧弹、量热筒、绝热套、搅拌器和温度计等组成，其核心结构是一个高强度钢制成的氧弹。测量定容反应热时，将一定量的反应物装入氧弹的样品杯中，并将氧弹装置密封，然后在量热筒中加入一定量的水浸没氧弹。用温度计精确测定系统的起始温度后，使用电火花引发反应，反应放出的热被系统吸收，再用温度计测量反应结束后的最终温度。根据水和弹式量热计的热容及反应前后温度的变化就可以计算定容反应热。系统吸收的热量有两部分，一部分是量热筒内水吸收的热量 $Q_水$，另一部分是弹式量热计吸收的热量 $Q_弹$，分别用以下两式计算：

$$Q_水 = C_水 \cdot m_水 \cdot \Delta T \tag{3-4}$$

$$Q_弹 = C_弹 \cdot \Delta T \tag{3-5}$$

式中：$C_水$和 $C_弹$分别为水的比热容（常用单位是 $J \cdot K^{-1} \cdot g^{-1}$）和弹式量热计的热容（常用单位是 $J \cdot K^{-1}$）；ΔT 是燃烧反应前后温度的变化值，$\Delta T = T_末 - T_始$；$m_水$是量热筒内水的质量。系统吸收的总热量应该等于化学反应放出的热量，即定容反应热 Q_V 满足：

$$Q_V = -(Q_水 + Q_弹) \tag{3-6}$$

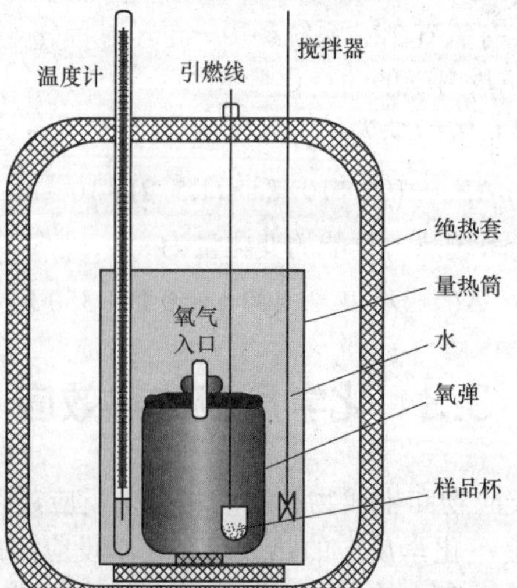

图 3-1 弹式量热计结构示意图

例 3-2 将 0.50 g 萘在弹式量热计中燃烧，量热筒中水的质量是 1 200 g，温度计由 24.00 ℃上升到 26.60 ℃。已知弹式量热计的热容为 850 J・K^{-1}，水的比热容为 4.18 J・K^{-1}・g^{-1}，计算 0.50 g 萘在弹式量热计中燃烧产生的反应热。

解 量热筒内水吸收的热量为

$$Q_{水}=C_{水}\cdot m_{水}\cdot\Delta T=4.18\ \text{J}\cdot\text{K}^{-1}\cdot\text{g}^{-1}\times 1\,200\ \text{g}\times(26.60-24.00)\text{K}=13.04\ \text{kJ}$$

弹式量热计吸收的热量为

$$Q_{弹}=C_{弹}\cdot\Delta T=850\ \text{J}\cdot\text{K}^{-1}\times(26.60-24.00)\text{K}=2.21\ \text{kJ}$$

所以 0.50 g 萘燃烧产生的反应热为

$$Q_V=-(Q_{水}+Q_{弹})=-(13.04+2.21)\text{kJ}=-15.25\ \text{kJ}$$

3.3.2 焓与定压反应热 Q_p

1. 焓

大多数化学反应是在敞口容器中进行的，即在定压条件下发生的，为了计算定压反应的热效应，需要引入一个新的状态函数——焓。焓的定义式为

$$H=U+pV \tag{3-7}$$

式中：H 称作系统的焓；U 是系统的热力学能；p 是系统的压力；V 是系统的体积。由于热力学能、压力和体积都是系统的状态函数，因此焓也是系统的状态函数。若系统的状态确定，则其焓有确定的数值，而且焓的变化值 ΔH 只决定于系统的始态和终态，与变化的具体途径无关。由于系统的热力学能的绝对值无法确定，因此系统的焓的绝对值也无法确定。虽然焓的绝对值无法确定，但实际应用中涉及的都是其变化值 ΔH。焓与热力学能的单位相同。值得注意的是，系统的热力学能有确切的物理意义，但系统的焓却没有明确的物理意义，只是为了方便计算系统在定压过程中的反应热才引入了这个状态函数。

2. 定压反应热 Q_p

若某封闭系统经历一定压过程，且该封闭系统不做非体积功，则根据热力学第一定律有

$$Q_p=\Delta U-W=(U_2-U_1)+p(V_2-V_1)$$

式中 Q_p 称作定压反应热。

$$Q_p=(U_2+pV_2)-(U_1+pV_1)=H_2-H_1=\Delta H$$

即

$$Q_p=\Delta H \tag{3-8}$$

该式表明：在不做非体积功的条件下，封闭系统定压过程的反应热等于系统的焓变。

3.3.3 Q_V 与 Q_p 的关系

热与过程有关，同一个化学反应，其定容反应热和定压反应热不相同，但二者有一定的关系。可以推导出二者满足关系式（推导过程从略）：

$$Q_p=Q_V+RT(\Delta n_g) \tag{3-9}$$

式中：Q_p 是定压反应热；Q_V 是定容反应热；T 是反应温度；R 是摩尔气体常数，一般取值为 8.314 J・mol^{-1}・K^{-1}；Δn_g 是反应前后系统中气态组分物质的量的变化量。如果 2 mol 碳和 1 mol O_2 反应生成 2 mol CO，即 $2C(s)+O_2(g) \longrightarrow 2CO(g)$，反应按照方程式比例进行，反应前后系统中气态组分物质的量的变化量 $\Delta n_g=2-1=1$。若反应前后都是固体、液体，即没有

气体参与反应，则认为$Q_p \approx Q_V$。

例 3－3 在 298 K、100 kPa 时发生反应 $2H_2(g)+O_2(g) \longrightarrow 2H_2O(l)$，各物质按照化学反应方程式的量反应放热 572 kJ，计算该反应的定容反应热Q_V。

解 根据已知条件可知，反应 $2H_2(g)+O_2(g) \longrightarrow 2H_2O(l)$在定压条件下进行时放热 572 kJ，即 $Q_p=-572$ kJ。

反应前后系统中气态组分物质的量的变化量：

$$\Delta n_g = 0-2-1=-3$$

根据定容反应热和定压反应热的关系式 $Q_p=Q_V+RT(\Delta n_g)$得该反应的定容反应热为

$$Q_V=Q_p-RT(\Delta n_g)=-572\ \text{kJ}+8.314\times 298\times 3\times 10^{-3}\ \text{kJ}=-565\ \text{kJ}$$

3.4 反应热的计算

3.4.1 化学反应进度与标准状态

1. 化学反应进度

化学反应进度是用来描述化学反应进行程度的物理量。对于任一化学反应：

$$aA+dD \longrightarrow yY+zZ$$

定义反应进度：

$$\xi=\frac{\Delta n(B)}{\nu(B)} \tag{3-10}$$

式中：$\Delta n(B)$为化学反应方程式中任意一种物质的物质的量的变化量，$\nu(B)$为该物质的化学计量数，即上述化学反应方程式中该物质前的系数，并规定：对于反应物，化学计量数为负数；对于生成物，化学计量数为正数。由上述定义式可以看出反应进度ξ的单位是 mol。

例如反应：

	$2H_2(g)$	$+O_2(g)$	$\longrightarrow 2H_2O(g)$
始态：$n(B)$ / mol	3.0	2.0	0
终态：$n(B)$ / mol	2.0	1.5	1

则反应进度为

$$\xi=\frac{\Delta n(H_2)}{\nu(H_2)}=\frac{2-3}{-2}\ \text{mol}=0.5\ \text{mol}$$

$$\xi=\frac{\Delta n(O_2)}{\nu(O_2)}=\frac{1.5-2.0}{-1}\ \text{mol}=0.5\ \text{mol}$$

$$\xi=\frac{\Delta n(H_2O)}{\nu(H_2O)}=\frac{1-0}{2}\ \text{mol}=0.5\ \text{mol}$$

由上例可知，无论选用反应系统中的哪种物质来计算反应进度ξ，所得到的结果都是相同的。但要注意，由于反应进度ξ与化学计量数有关，因此当同一个化学反应用不同的化学反应方程式来表示时，反应进度ξ的数值是不同的。例如上述反应如果写成：

$$H_2(g)+\frac{1}{2}O_2(g) \longrightarrow H_2O(g)$$

则反应进度为

$$\xi=\frac{\Delta n(H_2)}{\nu(H_2)}=\frac{2-3}{-1}\text{mol}=1\,\text{mol}$$

$$\xi=\frac{\Delta n(O_2)}{\nu(O_2)}=\frac{1.5-2.0}{-1/2}\text{mol}=1\,\text{mol}$$

$$\xi=\frac{\Delta n(H_2O)}{\nu(H_2O)}=\frac{1-0}{1}\text{mol}=1\,\text{mol}$$

化学反应进度$\xi=1\,\text{mol}$时，表示按照该化学反应计量式进行了 1 mol 反应。例如，若反应 $2H_2(g)+O_2(g) \longrightarrow 2H_2O(g)$的反应进度$\xi=1\,\text{mol}$，则表示反应消耗了 2 mol $H_2(g)$和 1 mol $O_2(g)$，生成了 2 mol $H_2O(g)$。

2. 标准状态

许多因素如温度、压力、浓度等都会影响化学反应中的能量变化，因此需要规定一个状态作为比较的基准，这个状态就是标准状态，简称标准态。根据我国国家标准，物质的标准状态是指热力学温度 T 和标准压力（$p^{\ominus}=100\,\text{kPa}$）条件下该物质的状态，用“$\ominus$”表示标准状态。对具体物质而言，标准状态分为以下三种情况。

（1）气体的标准状态：指具有理想气体性质的纯气体处于热力学温度为T、压力为$p^{\ominus}$条件下的状态。

（2）液体（或固体）的标准状态：指纯液体（或固体）处于热力学温度为T、压力为$p^{\ominus}$条件下的状态。

（3）溶液的标准状态：指溶液处于热力学温度为T、压力为$p^{\ominus}$，且浓度$c^{\ominus}=1\,\text{mol}\cdot\text{L}^{-1}$条件下的状态。

应该注意，标准状态没有指定温度，但从化学手册和某些专著中查到的数据大多数都是常温 298.15 K 时的数据。

3.4.2　赫斯定律

1840 年瑞士化学家赫斯（Hess）研究了大量的热化学实验数据，他总结出一条规律：在定容或定压条件下，化学反应无论是一步完成还是分几步完成，其反应热是相等的，这一规律被称为赫斯定律。虽然赫斯定律最初是通过实验得到的一个经验规律，但其实质是热力学第一定律的必然结果。3.3 节中根据热力学第一定律得到了$Q_V=\Delta U$和$Q_p=\Delta H$这两个公式，这表明：在定容或定压条件下，化学反应的热效应等于系统热力学能变ΔU或焓变ΔH，而热力学能和焓都是状态函数，ΔU和ΔH只取决于系统的始态和终态，与变化的具体途径无关，所以在这种条件下，化学反应的热效应也与化学反应的具体途径无关。

可以根据赫斯定律通过已知的反应热来计算未知的反应热，尤其是一些难控制、难测量的化学反应的反应热。例如碳与氧气反应生成一氧化碳的反应热就很难测定，因为很难控制该反应使其只生成一氧化碳而不生成二氧化碳，但是碳与氧气反应生成二氧化碳的反应热很容易测定，一氧化碳氧化成二氧化碳的反应热也是可以测量的，这样根据赫斯定律就可以计算出反应 $2C(s)+O_2(g) \longrightarrow 2CO(g)$的反应热了。

例 3-4 已知 25 ℃时下列反应（1）、（2）、（3）、（4）的热效应分别为ΔH_1、ΔH_2、ΔH_3、ΔH_4。

（1）$Ag_2O(s) + 2HCl(g) \longequal 2AgCl(s) + H_2O(l)$

（2）$2Ag(s) + (1/2)\ O_2(g) \longequal Ag_2O(s)$

（3）$H_2(g) + Cl_2(g) \longequal 2HCl(g)$

（4）$2H_2(g) + O_2(g) \longequal 2H_2O(l)$

求同温度下反应 $2Ag(s) + Cl_2(g) \longequal 2AgCl(s)$的热效应$\Delta H$。

解 设 $2Ag(s) + Cl_2(g) \longequal 2AgCl(s)$为反应（5），由以上可知，反应方程式（5）可由反应方程式（1）、（2）、（3）、（4）得到，即反应方程式

$$（5）\longequal（1）+（2）+（3）-\frac{1}{2}\times（4）$$

根据赫斯定律，有

$$\Delta H = \Delta H_1 + \Delta H_2 + \Delta H_3 - \frac{1}{2}\Delta H_4$$

3.4.3 化学反应的标准摩尔焓变$\Delta_r H_m^{\ominus}$（T）

反应热通常有定压反应热和定容反应热，且二者之间有一定的关系（见式（3-9）)，因此只要得到其中的一个数据即可求出另一个。一般计算化学反应的热效应时常关注定压反应热，即关注反应系统的焓变。由于反应热的数值与反应进度有关，因此引入了标准摩尔焓变的概念。

参与化学反应的所有物质都处于各自的标准状态，化学反应进度$\xi = 1\ \text{mol}$时，化学反应的定压反应热（反应系统的焓变）称为化学反应的标准摩尔焓变，以符号$\Delta_r H_m^{\ominus}(T)$表示，单位是 $kJ \cdot mol^{-1}$。T代表反应温度，但若 $T = 298.15\ K$（常温），一般可以省略不写出。

例如反应

$$2C(石墨, s) + O_2(g) \longrightarrow 2CO(g)\text{，}\ \Delta_r H_m^{\ominus} = -221.06\ kJ \cdot mol^{-1}$$

这表示在 298.15 K 和标准压力（$p^{\ominus} = 100\ kPa$）条件下，2 mol C（石墨，s）和 1 mol $O_2(g)$发生定压反应，生成 2 mol CO(g)，放出 221.06 kJ 的热量。

这种表示化学反应及其反应的标准摩尔焓变关系的化学反应方程式，叫作热化学反应方程式。

3.4.4 物质的标准摩尔生成焓$\Delta_f H_m^{\ominus}$（B, T）

化学反应的标准摩尔焓变可以利用物质的标准摩尔生成焓来计算。物质的标准摩尔生成焓的定义如下：在标准状态下，由稳定单质生成 1 mol 物质 B 时，反应的标准摩尔焓变称为物质 B 的标准摩尔生成焓，以符号$\Delta_f H_m^{\ominus}(B, T)$表示，常用单位是 $kJ \cdot mol^{-1}$。T代表反应温度，但若 $T = 298.15\ K$（常温），一般可以省略不写出。根据上述定义可知，若反应

$$C(石墨, s) + \frac{1}{2}O_2(g) \longrightarrow CO(g)\text{，}\ \Delta_r H_m^{\ominus} = -110.525\ kJ \cdot mol^{-1}$$

在标准压力和 298.15 K 条件下发生，则该反应的标准摩尔焓变$\Delta_r H_m^{\ominus}$就是 CO(g)的标准摩尔

生成焓 $\Delta_f H_m^{\ominus}(CO,g)$。所以，CO(g)的标准摩尔生成焓 $\Delta_f H_m^{\ominus}(CO,g) = -110.525\ kJ \cdot mol^{-1}$。

稳定单质是指每种单质在热力学温度 T 及标准压力 $p^{\ominus}$ 下最稳定的状态，例如碳有多种同素异形体，包括金刚石、石墨、无定形碳和 C_{60} 等，其中最稳定的单质是石墨。根据定义，稳定单质的标准摩尔生成焓的数值均为零。例如，石墨固体的标准摩尔生成焓 $\Delta_f H_m^{\ominus}$(石墨，s) = 0，液态溴的标准摩尔生成焓 $\Delta_f H_m^{\ominus}(Br_2, l) = 0$。

对于水合离子，规定 298.15 K 时水合氢离子的标准摩尔生成焓为零，即 $\Delta_f H_m^{\ominus}(H^+, aq, 298.15\ K) = 0$，以此来推算其他水合离子的标准摩尔生成焓。

利用物质的标准摩尔生成焓（见附录 A）可以计算化学反应的标准摩尔焓变。对于一个定温定压下进行的化学反应 $aA + dD \longrightarrow yY + zZ$，可以设计如图 3－2 所示的反应途径求 $\Delta_r H_m^{\ominus}$。

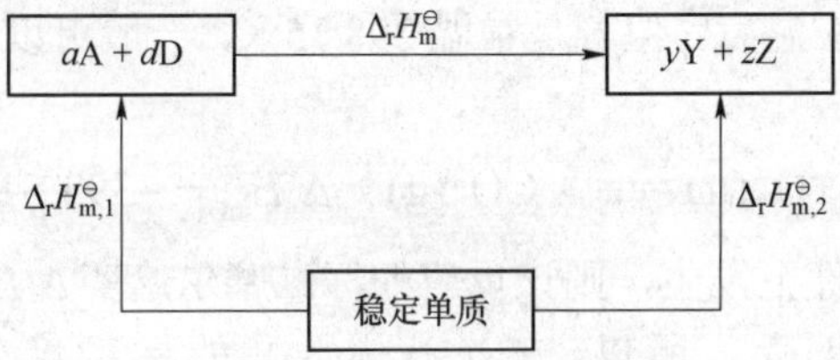

图 3－2　反应途径示意图

根据赫斯定律，有

$$\Delta_r H_{m,1}^{\ominus} + \Delta_r H_m^{\ominus} = \Delta_r H_{m,2}^{\ominus} \tag{3-11.a}$$

式中，$\Delta_r H_{m,1}^{\ominus}$ 是在标准状态下由稳定单质生成反应物 A 和 D 时系统的焓变，而 $\Delta_r H_{m,2}^{\ominus}$ 是在标准状态下由稳定单质生成产物 Y 和 Z 时系统的焓变。根据物质的标准摩尔生成焓的定义可得到：

$$\Delta_r H_{m,1}^{\ominus} = a\Delta_f H_m^{\ominus}(A) + d\Delta_f H_m^{\ominus}(D) \tag{3-11.b}$$

$$\Delta_r H_{m,2}^{\ominus} = y\Delta_f H_m^{\ominus}(Y) + z\Delta_f H_m^{\ominus}(Z) \tag{3-11.c}$$

将式（3－11.b）和式（3－11.c）代入式（3–11.a），可以得到：

$$\Delta_r H_m^{\ominus} = y\Delta_f H_m^{\ominus}(Y) + z\Delta_f H_m^{\ominus}(Z) - a\Delta_f H_m^{\ominus}(A) - d\Delta_f H_m^{\ominus}(D)$$

即

$$\Delta_r H_m^{\ominus} = \sum \nu_B \Delta_f H_m^{\ominus}(B) \tag{3-12}$$

式中的 ν_B 为物质 B 的化学计量数，对于反应物，化学计量数为负数，对于生成物，化学计量数为正数。该式表明，化学反应的标准摩尔焓变等于生成物的标准摩尔生成焓之和减去反应物的标准摩尔生成焓之和。

例 3－5　已知铝热剂的反应为：$2Al(s) + Fe_2O_3(s) \longrightarrow Al_2O_3(am) + 2Fe(s)$，计算该反应在 298.15 K 时的 $\Delta_r H_m^{\ominus}$。已知标准摩尔生成焓的数据为：$\Delta_f H_m^{\ominus}(Al_2O_3, am) = -1\,632\ kJ \cdot mol^{-1}$，$\Delta_f H_m^{\ominus}(Fe_2O_3, s) = -824.2\ kJ \cdot mol^{-1}$。

解　利用物质的标准摩尔生成焓可以计算化学反应的标准摩尔焓变：

$$\Delta_r H_m^{\ominus} = \sum \nu_B \Delta_f H_m^{\ominus}(B) = \Delta_f H_m^{\ominus}(Al_2O_3, am) + 2\Delta_f H_m^{\ominus}(Fe,s) - 2\Delta_f H_m^{\ominus}(Al,s) - \Delta_f H_m^{\ominus}(Fe_2O_3,s)$$
$$= (-1\,632 + 824.2)\ kJ \cdot mol^{-1} = -807.8\ kJ \cdot mol^{-1}$$

即以上铝热剂反应的 $\Delta_r H_m^{\ominus} = -807.8\ kJ \cdot mol^{-1}$ 。

3.4.5 物质的标准摩尔燃烧焓 $\Delta_c H_m^{\ominus}$（B, T）

由于有机物的标准摩尔生成焓的数据较难测定，但其标准摩尔燃烧焓的数据容易通过实验测得，因此经常用物质的标准摩尔燃烧焓来计算有机反应的标准摩尔焓变。物质的标准摩尔燃烧焓的定义如下：在标准状态下，当 1 mol 物质 B 完全燃烧时，反应的标准摩尔焓变称为物质 B 的标准摩尔燃烧焓，以符号 $\Delta_c H_m^{\ominus}(B,T)$ 表示，常用单位是 $kJ \cdot mol^{-1}$。所谓完全燃烧是指被燃烧的物质生成了稳定的氧化物或单质，例如元素碳、氢、硫分别转变为 $CO_2(g)$、$H_2O(l)$、$SO_2(g)$。T 代表反应温度，但若是常温 298.15 K，一般可以省略。根据上述定义可知，若反应

$$C(石墨, s) + O_2(g) \longrightarrow CO_2(g),\ \Delta_r H_m^{\ominus} = -393.51\ kJ \cdot mol^{-1}$$

在标准压力、298.15 K 条件下发生，则该反应的标准摩尔焓变 $\Delta_r H_m^{\ominus}$ 就是 C（石墨，s）的标准摩尔燃烧焓 $\Delta_c H_m^{\ominus}(石墨, s)$ 。所以，C（石墨，s）的标准摩尔燃烧焓 $\Delta_c H_m^{\ominus}(石墨, s) = -393.51\ kJ \cdot mol^{-1}$ 。

根据定义，物质的完全燃烧产物和 $O_2(g)$ 的标准摩尔燃烧焓的数值均为零。即 $\Delta_c H_m^{\ominus}(H_2O,l) = 0$ ，$\Delta_c H_m^{\ominus}(CO_2,g) = 0$ ，$\Delta_c H_m^{\ominus}(O_2,g) = 0$ 等。

利用物质的标准摩尔燃烧焓（见附录 B）也可以计算化学反应的标准摩尔焓变（证明过程从略）：

$$\Delta_r H_m^{\ominus} = -\sum \nu_B \Delta_c H_m^{\ominus}(B) \tag{3-13}$$

式中的 ν_B 为物质 B 的化学计量数。该式表明，化学反应的标准摩尔焓变等于反应物的标准摩尔燃烧焓之和减去生成物的标准摩尔燃烧焓之和。

例 3-6 计算在 298.15 K 时苯的标准摩尔生成焓 $\Delta_f H_m^{\ominus}(C_6H_6, l)$ 。已知数据为：$\Delta_f H_m^{\ominus}(H_2O, l) = -285.83\ kJ \cdot mol^{-1}$ ，$\Delta_f H_m^{\ominus}(CO_2, g) = -393.51\ kJ \cdot mol^{-1}$ ，$\Delta_c H_m^{\ominus}(C_6H_6, l) = -3\,267.60\ kJ \cdot mol^{-1}$

解 根据物质的标准摩尔生成焓的定义，计算苯的标准摩尔生成焓就是计算化学反应

$$6C（石墨,s）+ 3H_2(g) \longrightarrow C_6H_6(l)$$

的 $\Delta_r H_m^{\ominus}$，即 $\Delta_f H_m^{\ominus}(C_6H_6, l) = \Delta_r H_m^{\ominus}$ 。

反应的标准摩尔焓变可以利用物质的标准摩尔燃烧焓来计算，依题意：

$$\Delta_f H_m^{\ominus}(C_6H_6,l) = \Delta_r H_m^{\ominus} = -\sum \nu_B \Delta_c H_m^{\ominus}(B)$$

$$\Delta_f H_m^{\ominus}(C_6H_6,l) = 6\Delta_c H_m^{\ominus}(石墨, s) + 3\Delta_c H_m^{\ominus}(H_2,g) - \Delta_c H_m^{\ominus}(C_6H_6,l)$$

由于石墨和 H_2 的标准摩尔燃烧焓分别等于 CO_2 和 H_2O 的标准摩尔生成焓，故有

$$\Delta_f H_m^{\ominus}(C_6H_6,l) = 6\Delta_f H_m^{\ominus}(CO_2,g) + 3\Delta_f H_m^{\ominus}(H_2O,l) - \Delta_c H_m^{\ominus}(C_6H_6,l)$$

代入数据计算：

$$\Delta_f H_m^{\ominus}(C_6H_6,l) = (-6 \times 393.51 - 3 \times 285.83 + 3\,267.60)\ kJ \cdot mol^{-1} = 49.05\ kJ \cdot mol^{-1}$$

3.5　化学反应的方向

研究化学热力学的另一个重要任务是研究化学反应的可能性。化学反应的可能性是指在一定条件下反应可能进行的方向及反应可能达到的限度。对于一个给定的反应，在一定条件下该反应能否自发进行，反应向哪个方向进行，反应可进行到什么程度，外界条件对反应有什么影响，这些问题的研究都是以热力学第二定律为理论基础。本节引入熵函数和吉布斯函数来预测化学反应进行的方向。

3.5.1　自发过程

自然界中的一切自发过程都有一定的方向。例如，当温度不同的两个物体接触时，热量总是自动地从高温物体传到低温物体，直到二者的温度相等。又如在中间安有双通活塞的两个容器中分别装入具有不同压力的气体，打开活塞后，必然会发生气体自动由压力大的容器扩散到压力小的容器里，直至压力相等。上述这些在无环境影响下，系统能自动发生的过程称之为自发过程。自发过程的特征是单方向性，即其逆过程不能自动实现。例如，热量不能自动地从低温物体传到高温物体，低压气体不能自发扩散到装有高压气体的容器里。要注意的是，自发过程的逆过程不是不能实现，而是不能自动发生，需要借助外力做功才能实现。例如，利用冷冻机做功可以将热量从低温物体传到高温物体。自发过程不仅有一定的方向性，而且还有一定的限度，不会无休止地进行下去。当热量从高温物体传到低温物体时，若两个物体的温度相等了，则这个时候热传递过程就停止了，传热过程的限度就是热平衡；当高压气体自动扩散到装有低压气体的容器中时，若两种气体的压力相等了，则此时扩散过程也就停止了，气体扩散过程的限度是压力平衡。因此，自发过程进行到一定程度就会停止，从宏观上看系统不再会有任何变化，自发过程的限度就是在该条件下系统达到的平衡状态。

如何判断某一过程能否自发进行呢？历史上关于这个问题的研究很多。最初，研究者发现自发过程发生后系统的能量降低，例如许多自发进行的化学反应都是放热的，于是 19 世纪中叶，J. Thomsen 和 M. Berthelot 曾提出用系统的焓变作为判据，认为系统从始态变化到终态的过程如果是放热过程，则该过程能自发进行。但是后来人们发现有些吸热过程也能自发进行，例如在 101.325 kPa 且温度高于 373.15 K 时，液态水可以自发地变成气态水，该过程是吸热过程；在 101.325 kPa 且温度高于 1 113.15 K 时，碳酸钙能自动分解生成 $CaO(s)$和 $CO_2(g)$，该过程也是一个吸热过程。因此，在判断某一过程能否自发进行时，简单地用焓变作判据并不具有普遍意义。

3.5.2　熵函数

1. 熵

19 世纪中叶，蒸汽机的使用对工业发展产生了重要影响。在实际应用中，人们非常希望能提高蒸汽机的效率，即消耗最少的燃料得到最大的机械功。1824 年，卡诺（Carnot）提出了著名的卡诺定理并解决了这一问题。为了证明卡诺定理的正确性，Clausius 和 Kelvin 均提出了热力学第二定律。热力学第二定律引出了具有普遍意义的熵函数，根据熵函数及由此导出的吉布斯函数解决了化学反应的方向性和限度问题。

Bolzman 从微观角度解释了熵的意义。在大量微粒所构成的系统中，熵是描述系统混乱程度的物理量，用符号 S 表示，单位是 $J \cdot K^{-1}$。熵是系统的状态函数，熵值小的状态对应于比较有秩序的状态，熵值大的状态对应于比较混乱的状态。物质的熵值与物质本身的结构有关，在相同条件下，结构越复杂的分子其熵值越大。物质的熵值也与物质的聚集状态有关，对同一物质 B 有 $S(B, g) > S(B, l) > S(B, s)$。因此发生化学反应时，如果是固态物质转变成液态物质，或者是液态物质转变成气态物质，或者是反应后气体的物质的量增加，系统的熵值都会增加，反之则熵值减少。物质的熵值与温度和压力有关，温度越低熵值越小，而压力越小熵值越大。

与热力学能 U 和焓 H 不一样，物质的熵 S 的值是可以确定的。热力学第三定律指出：在绝对零度 0 K 时，任何纯物质完美晶体的熵值为零。根据这一定律可以计算出物质在其他任何热力学温度 T 时的熵值。某物质从 0 K 加热至 T 时，其熵变 ΔS 为

$$\Delta S = S(T) - S(0\ \text{K}) = S(T)$$

$S(T)$ 是温度为 T 时物质的熵值，$S(0\ \text{K})$ 是 0 K 时物质的熵值。根据热力学第三定律，$S(0\ \text{K}) = 0$，所以该过程的熵变 ΔS 就是温度为 T 时物质的熵值 $S(T)$，称之为规定熵。因此理论上物质在任何热力学温度 T 时的规定熵都能计算出来。标准摩尔熵是标准状态下 1 mol 物质的规定熵值，以符号 $S_m^\ominus(B,T)$ 表示，单位是 $J \cdot K^{-1} \cdot mol^{-1}$。一般地，物质在 298.15 K 时的标准摩尔熵值可以在文献中查到（见附录 A）。如果能得到物质的标准摩尔熵的数据，就可以计算化学反应的熵变。

2. 化学反应的标准摩尔熵变 $\Delta_r S_m^\ominus(T)$

对于任意的化学反应，如果参与反应的所有物质都处于标准状态，且化学反应进度 ξ=1 mol，则称该反应的熵变为标准摩尔熵变，记作 $\Delta_r S_m^\ominus(T)$，单位是 $J \cdot K^{-1} \cdot mol^{-1}$。$T$ 代表反应温度，但若 T=298.15 K，一般可以省略不写出。一般地，化学反应的标准摩尔熵变可以通过下式计算：

$$\Delta_r S_m^\ominus(T) = \sum \nu_B S_m^\ominus(B) \tag{3-14}$$

式中的 ν_B 为物质 B 的化学计量数。该式表明，化学反应的标准摩尔熵变等于生成物的标准摩尔熵之和减去反应物的标准摩尔熵之和。

例 3-7 计算 298.15 K 时反应 $2H_2(g) + O_2(g) = 2H_2O(l)$ 的标准摩尔熵变。已知各物质的标准摩尔熵的数据为：$S_m^\ominus(H_2, g) = 130.68\ J \cdot K^{-1} \cdot mol^{-1}$，$S_m^\ominus(O_2, g) = 205.14\ J \cdot K^{-1} \cdot mol^{-1}$，$S_m^\ominus(H_2O, l) = 69.91\ J \cdot K^{-1} \cdot mol^{-1}$。

解 $\Delta_r S_m^\ominus = \sum \nu_B S_m^\ominus(B) = 2S_m^\ominus(H_2O, l) - 2S_m^\ominus(H_2, g) - S_m^\ominus(O_2, g)$

代入数据计算：

$$\Delta_r S_m^\ominus = (2 \times 69.91 - 2 \times 130.68 - 205.14)\ J \cdot K^{-1} \cdot mol^{-1} = -326.68\ J \cdot K^{-1} \cdot mol^{-1}$$

3. 熵判据

将热力学第二定律应用于孤立系统，用系统的熵变作为判据就可以判断过程的自发性。孤立系统中的自发过程总是向着系统的熵增加的方向进行，直至熵增加到某个极大值，系统的熵不再发生变化，系统达到平衡状态。也可以表述为：孤立系统中不可能发生熵减少的过程，这一结论叫作熵增原理，表示为

$$\Delta S_{孤立} \geqslant 0 \tag{3-15}$$

式中 $\Delta S_{孤立}$表示孤立系统的熵变。$\Delta S_{孤立}>0$ 表示孤立系统中的过程是自发进行的；$\Delta S_{孤立}=0$ 表示孤立系统已达到平衡状态；$\Delta S_{孤立}<0$ 表示孤立系统中的过程是不可能发生的。因此，只要计算出孤立系统的熵变就能判断过程的自发性了。

在实际生产和科学研究中将孤立系统作为研究对象的情况比较罕见，一般的研究对象都是封闭系统。因此对于封闭系统应用熵增原理时，应把封闭系统与它所处的环境一起看成一个大的孤立系统，并计算整个大的孤立系统的熵变，即

$$\Delta S_{孤立}=\Delta S_{系统}+\Delta S_{环境} \tag{3-16}$$

式中 $\Delta S_{系统}$是封闭系统的熵变，$\Delta S_{环境}$是环境的熵变。计算封闭系统的熵变时，首先要分别计算 $\Delta S_{孤立}$ 和 $\Delta S_{环境}$这二者的数值，然后由式（3-16）计算出大的孤立系统的熵变，最后以其值判断封闭系统中的过程能否自发进行。

3.5.3 吉布斯函数

对于非孤立系统来说，应用熵增原理有很大的局限性，因为不仅要重新划分系统，而且还要分别计算系统和环境的熵变，并求出整个大的孤立系统的熵变，计算过程非常烦琐，因此人们希望能找到更为实用的判据。通常封闭系统中的大多数化学反应是在定温定压的条件下进行的，针对这一实际情况，美国化学家吉布斯（J.W.Gibbs）引入了一个新的函数——吉布斯函数。

1873 年，吉布斯定义吉布斯函数 $G=H-TS$，单位是 J。吉布斯函数是系统的状态函数，其变化值取决于系统的始态和终态，与变化的具体途径无关。吉布斯将热力学第二定律应用于封闭系统的定温定压过程并得出结论：在定温定压且不做非体积功的条件下，封闭系统中的自发过程总是向系统的吉布斯函数减小的方向进行，直至减小到某个极小值，吉布斯函数值不再发生变化，系统达到平衡状态，系统的吉布斯函数增加的过程是不可能发生的。这一原理又称作吉布斯函数减小原理，可表示为

$$\Delta G\leqslant 0 \tag{3-17}$$

式中 ΔG 表示系统的吉布斯函数变。在不做非体积功的条件下，$\Delta G<0$ 表示封闭系统中的定温定压过程能自发进行；$\Delta G=0$ 表示封闭系统已经达到平衡状态；$\Delta G>0$ 表示封闭系统中的定温定压过程不可能自发进行。

3.5.4 化学反应的标准摩尔吉布斯函数变 $\Delta_r G_m^\ominus(T)$

对于任意的化学反应，如果参与反应的所有物质都处于标准状态，且化学反应进度 ξ=1 mol，则该反应的吉布斯函数的变化称之为标准摩尔吉布斯函数变，以符号 $\Delta_r G_m^\ominus(T)$ 表示，常用单位是 $kJ\cdot mol^{-1}$。T 代表反应温度，但若是常温 298.15 K，一般可以省略不写出。

一定温度下化学反应的标准摩尔吉布斯函数变可以通过以下两种方法计算得到。第一种方法是根据吉布斯函数的定义 $G=H-TS$ 得到

$$\Delta_r G_m^\ominus(T)=\Delta_r H_m^\ominus(T)-T\Delta_r S_m^\ominus(T) \tag{3-18}$$

即只要通过前面讲述的方法计算得到化学反应的标准摩尔焓变 $\Delta_r H_m^\ominus(T)$ 和标准摩尔熵变 $\Delta_r S_m^\ominus(T)$ 就能计算化学反应的标准摩尔吉布斯函数变 $\Delta_r G_m^\ominus(T)$。

忽略温度对 $\Delta_r H_m^\ominus$ 和 $\Delta_r S_m^\ominus$ 的影响，通常可认为 $\Delta_r H_m^\ominus(T)\approx\Delta_r H_m^\ominus(298.15\,K)$,$\Delta_r S_m^\ominus(T)\approx$

$\Delta_r S_m^\ominus(298.15\,K)$。故有

$$\Delta_r G_m^\ominus(T) \approx \Delta_r H_m^\ominus(298.15\,K) - T\Delta_r S_m^\ominus(298.15\,K) \tag{3-19}$$

例 3-8 计算 298.15 K 时反应 $2H_2(g)+O_2(g) \longrightarrow 2H_2O(l)$的标准摩尔吉布斯函数变。已知各物质的标准摩尔熵和标准摩尔生成焓分别为
$S_m^\ominus(H_2,g)=130.7\,J\cdot K^{-1}\cdot mol^{-1}$，$S_m^\ominus(O_2,g)=205.1\,J\cdot K^{-1}\cdot mol^{-1}$，$S_m^\ominus(H_2O,l)=69.9\,J\cdot K^{-1}\cdot mol^{-1}$；$\Delta_f H_m^\ominus(H_2O,l)=-285.83\,kJ\cdot mol^{-1}$，$\Delta_f H_m^\ominus(H_2,g)=0$，$\Delta_f H_m^\ominus(O_2,g)=0$。

解 利用物质的标准摩尔熵可以计算化学反应的标准摩尔熵变：

$$\Delta_r S_m^\ominus = \sum \nu_B S_m^\ominus(B) = 2S_m^\ominus(H_2O,l) - 2S_m^\ominus(H_2,g) - S_m^\ominus(O_2,g)$$

代入数据：

$$\Delta_r S_m^\ominus = (2\times 69.9 - 2\times 130.7 - 205.1)\,J\cdot K^{-1}\cdot mol^{-1} = -326.7\,J\cdot K^{-1}\cdot mol^{-1}$$

利用物质的标准摩尔生成焓可以计算化学反应的标准摩尔焓变：

$$\Delta_r H_m^\ominus = \sum \nu_B \Delta_f H_m^\ominus(B) = 2\Delta_f H_m^\ominus(H_2O,l) - 2\Delta_f H_m^\ominus(H_2,g) - \Delta_f H_m^\ominus(O_2,g)$$

代入数据：

$$\Delta_r H_m^\ominus = -2\times 285.83\,kJ\cdot mol^{-1} = -571.66\,kJ\cdot mol^{-1}$$

该反应的标准摩尔吉布斯函数变为

$$\Delta_r G_m^\ominus = \Delta_r H_m^\ominus - T\Delta_r S_m^\ominus = (-571.66 + 298.15\times 326.7\times 10^{-3})\,kJ\cdot mol^{-1} = -474.25\,kJ\cdot mol^{-1}$$

化学反应的标准摩尔吉布斯函数变$\Delta_r G_m^\ominus(T)$还有另一种计算方法，这种方法与 3.4 节中化学反应的标准摩尔焓变$\Delta_r H_m^\ominus(T)$的计算方法类似，此时首先要定义物质 B 的标准摩尔生成吉布斯函数。在标准状态下，由稳定单质生成 1 mol 物质 B 时，反应的吉布斯函数变就是物质 B 的标准摩尔生成吉布斯函数，记作$\Delta_f G_m^\ominus(B,T)$，常用单位是 $kJ\cdot mol^{-1}$。T 代表反应温度，但若是常温 298.15 K，一般可以省略不写出。

根据定义，稳定单质的标准摩尔生成吉布斯函数的数值均为零。例如，石墨固体的标准摩尔生成吉布斯函数$\Delta_f G_m^\ominus(\text{石墨},s)=0$，液态溴的标准摩尔生成吉布斯函数$\Delta_f G_m^\ominus(Br_2,l)=0$。

利用物质的标准摩尔生成焓可以计算化学反应的标准摩尔焓变，同样，利用物质的标准摩尔生成吉布斯函数（见附录 A）也可以计算化学反应的标准摩尔吉布斯函数变，其计算公式也相似：

$$\Delta_r G_m^\ominus = \sum \nu_B \Delta_f G_m^\ominus(B) \tag{3-20}$$

式中的ν_B为物质 B 的化学计量数。该式表明，化学反应的标准摩尔吉布斯函数变等于生成物的标准摩尔生成吉布斯函数之和减去反应物的标准摩尔生成吉布斯函数之和。

例 3-9 计算 298.15 K 时反应 $CO(g)+H_2O(g) \longrightarrow CO_2(g)+H_2(g)$的标准摩尔吉布斯函数变。已知各物质的标准摩尔生成吉布斯函数的数据：$\Delta_f G_m^\ominus(CO,g)=-137.2\,kJ\cdot mol^{-1}$，$\Delta_f G_m^\ominus(H_2O,g)=-228.6\,kJ\cdot mol^{-1}$，$\Delta_f G_m^\ominus(CO_2,g)=-394.4\,kJ\cdot mol^{-1}$。

解 $\Delta_r G_m^\ominus = \sum \nu_B \Delta_f G_m^\ominus(B) = \Delta_f G_m^\ominus(CO_2,g) + \Delta_f G_m^\ominus(H_2,g) - \Delta_f G_m^\ominus(CO,g) - \Delta_f G_m^\ominus(H_2O,g)$

代入数据：$\Delta_r G_m^\ominus = (-394.4 + 137.2 + 228.6)\,kJ\cdot mol^{-1} = -28.6\,kJ\cdot mol^{-1}$

通常大部分化学反应都不是在标准状态下进行的，因此不能用化学反应的标准摩尔吉布

斯函数变来判断化学反应的方向，而要用化学反应的摩尔吉布斯函数变作为判据。在一定的温度、压力下，化学反应进度 ξ=1 mol 时反应的吉布斯函数的变化称为化学反应的摩尔吉布斯函数变，用符号 $\Delta_r G_m$ 表示，常用单位是 kJ · mol^{-1}。

3.5.5　化学反应等温方程

化学反应的摩尔吉布斯函数变可以根据化学反应等温方程（又称为范托夫等温方程）得到

$$\Delta_r G_m = \Delta_r G_m^{\ominus} + RT\ln Q \tag{3-21}$$

式中 $\Delta_r G_m$ 是化学反应的摩尔吉布斯函数变，$\Delta_r G_m^{\ominus}$ 是化学反应的标准摩尔吉布斯函数变，T 是反应温度，Q 称为反应商，等于生成物的相对浓度（或相对分压）化学计量数次幂的乘积除以反应物的相对浓度（或相对分压）化学计量数次幂的乘积。

对于任一化学反应：$aA(g)+bB(l)+cC(g) \rightleftharpoons yY(aq)+zZ(s)$，定义反应商为

$$Q = \frac{[c(Y)/c^{\ominus}]^y}{[p(A)/p^{\ominus}]^a \cdot [p(C)/p^{\ominus}]^c} \tag{3-22}$$

式中 $p^{\ominus}=100$ kPa，$c^{\ominus}=1$ mol · L^{-1}。

书写反应商时应该注意以下事项。

（1）在反应商的表示式中，物质的浓度或分压是指反应在任一状态时物质的浓度或分压。

（2）反应商与化学反应方程式相对应，化学反应方程式的书写形式不同，反应商的表示式也不同。例如：

$$N_2(g)+3H_2(g) \longrightarrow 2NH_3(g) \qquad Q_1 = \frac{[p(NH_3)/p^{\ominus}]^2}{[p(N_2)/p^{\ominus}] \cdot [p(H_2)/p^{\ominus}]^3}$$

$$\frac{1}{2}N_2(g)+\frac{3}{2}H_2(g) \longrightarrow NH_3(g) \qquad Q_2 = \frac{p(NH_3)/p^{\ominus}}{[p(N_2)/p^{\ominus}]^{1/2} \cdot [p(H_2)/p^{\ominus}]^{3/2}}$$

上述两个化学反应方程式的书写形式不同，反应商的数值也不同，其关系为：$Q_1 = Q_2^2$。

（3）反应物或生成物中如果有纯固体或者纯液体，将其浓度看作是常数，在反应商的表示式中不出现。例如：

$$C(s)+\frac{1}{2}O_2(g) \longrightarrow CO(g) \qquad Q = \frac{p(CO)/p^{\ominus}}{[p(O_2)/p^{\ominus}]^{1/2}}$$

$$CH_3COOH(aq)+CH_3CH_2OH(aq) \longrightarrow CH_3COOC_2H_5(aq)+H_2O(l)$$

$$Q = \frac{c(CH_3COOC_2H_5)/c^{\ominus}}{[c(CH_3COOH)/c^{\ominus}] \cdot [c(CH_3CH_2OH)/c^{\ominus}]}$$

一般地，如果封闭系统中的化学反应是在定温定压（或者定温定容）且非体积功为零的条件下进行的，可以根据化学反应等温方程计算出化学反应的摩尔吉布斯函数变，将其作为判据判断化学反应进行的方向，公式表示如下：

$$\Delta_r G_m \leqslant 0 \tag{3-23}$$

在定温定压（或者定温定容）且非体积功为零的条件下，$\Delta_r G_m < 0$ 表示封闭系统中的化学反应能够自发进行；$\Delta_r G_m = 0$ 表示封闭系统中的化学反应已经达到平衡状态；$\Delta_r G_m > 0$ 表示封闭系统中的化学反应不能自发进行。

3.6 化学平衡

实际上只有极少数化学反应向一个方向几乎进行到底，大多数化学反应都是可逆的。即当化学反应发生时，既发生由反应物生成产物的反应，又发生由产物生成反应物的反应，前者被称为正反应，后者被称为逆反应。可逆反应最终将达到平衡状态，化学平衡是可逆反应进行的限度。

3.6.1 可逆反应与化学平衡

在同一条件下，既能向正反应方向进行同时又能向逆反应方向进行的化学反应称为可逆反应。例如密闭容器中的气相反应：

$$2SO_2(g)+O_2(g) \longrightarrow 2SO_3(g)$$

在 1 000 K 的条件下，$SO_2(g)$与 $O_2(g)$反应生成 $SO_3(g)$，在相同温度下 $SO_3(g)$能分解为 $SO_2(g)$与 $O_2(g)$：

$$2SO_2(g)+O_2(g) \longleftarrow 2SO_3(g)$$

在同一条件下，密闭容器中同时发生上述两个反应，因此该反应是一个可逆反应，可表示为

$$2SO_2(g)+O_2(g) \rightleftharpoons 2SO_3(g)$$

上述反应刚开始进行时，密闭容器中只有 $SO_2(g)$与 $O_2(g)$，此时反应正向进行生成 $SO_3(g)$。随着 $SO_3(g)$的生成，$SO_3(g)$分解为 $SO_2(g)$与 $O_2(g)$的逆反应也开始进行，但由于 $SO_3(g)$的量很少，因此正反应速率大于逆反应速率。随着反应的进行，生成的 $SO_3(g)$越来越多，因此逆反应速率也越来越大，最终正反应速率和逆反应速率相等，从表面上看可逆反应已经停止了，可逆反应达到最大限度。

在一定条件下，可逆反应的正反应速率和逆反应速率相等，系统中各物质的浓度（或分压）不再随时间变化而改变，这种状态称之为化学平衡状态。化学平衡是一种动态平衡，在化学平衡状态，正反应和逆反应仍在进行，但正反应速率和逆反应速率相等，因此系统的组成不再随时间而改变。化学平衡是有条件的，改变反应条件（如温度、压力等），化学平衡状态被破坏，系统将建立新的化学平衡。

3.6.2 标准平衡常数

化学平衡是可逆反应所能达到的最大限度。不同的化学反应所能达到的最大限度是不同的，即使是同一化学反应，在不同条件下进行时它所能达到的最大限度也是不一样的。标准平衡常数可以定量地表示化学反应进行的限度。

1. 标准平衡常数表达式

在一定温度下，可逆反应达到化学平衡时，生成物的相对浓度（或相对分压）化学计量数次幂的乘积除以反应物的相对浓度（或相对分压）化学计量数次幂的乘积是一个常数，称为标准平衡常数，用符号 $K^{\ominus}$ 表示。

对于任一化学反应：$aA(g)+bB(l)+cC(g) \rightleftharpoons yY(aq)+zZ(s)$，其标准平衡常数表达式为

$$K^{\ominus}=\frac{[c(\mathrm{Y})/c^{\ominus}]^{y}}{[p(\mathrm{A})/p^{\ominus}]^{a}\cdot[p(\mathrm{C})/p^{\ominus}]^{c}} \tag{3-24}$$

式中各物质的分压和浓度是反应达到平衡时的分压和浓度，$p^{\ominus}=100\ \mathrm{kPa}$，$c^{\ominus}=1\ \mathrm{mol\cdot L^{-1}}$。

例如反应：

$$N_2(g)+3H_2(g)\rightleftharpoons 2NH_3(g)$$

标准平衡常数表达式为

$$K^{\ominus}=\frac{[p(\mathrm{NH_3})/p^{\ominus}]^{2}}{[p(\mathrm{N_2})/p^{\ominus}]\cdot[p(\mathrm{H_2})/p^{\ominus}]^{3}}$$

从标准平衡常数表达式可以看出，标准平衡常数是量纲一的量，与化学反应方程式相对应，就是化学反应达到平衡时的反应商，因此，书写标准平衡常数表达式的注意事项与书写反应商的注意事项一致，只是有一点需注意：在标准平衡常数表达式中，物质的浓度或分压指化学反应达到平衡时物质的浓度或分压。

标准平衡常数是温度的函数，与参与反应的各物质的浓度或分压无关。$K^{\ominus}$值可以由实验测得，也可以通过有关热力学方程及热力学数据计算得到。

2. 标准平衡常数的计算

化学反应的标准平衡常数$K^{\ominus}$可以由实验直接测得。在一定温度下，当化学反应达到平衡时，测出平衡状态时各组分的平衡压力或平衡浓度，将其代入标准平衡常数表达式（3－24）即可计算$K^{\ominus}$。

例 3－10　氯化铵固体分解反应为：$NH_4Cl(s)\rightleftharpoons NH_3(g)+HCl(g)$，将一定量的氯化铵放入一真空密闭容器中，在900 K条件下反应达到平衡时测得容器内的压力$p=808\,960\ \mathrm{Pa}$，计算该温度下氯化铵固体分解反应的标准平衡常数。（气体可以看成是理想气体）

解　反应达到平衡时容器内的压力为p，$NH_3(g)$和$HCl(g)$的物质的量的比为1:1，则平衡时$NH_3(g)$和$HCl(g)$的分压均为$0.5p$，故有

$$K^{\ominus}=[p(\mathrm{NH_3})/p^{\ominus}]\cdot[p(\mathrm{HCl})/p^{\ominus}]=(0.5p/p^{\ominus})^{2}=(0.5\times808.96/100)^{2}=16.4$$

通过实验测定标准平衡常数$K^{\ominus}$的方法有一定的局限性，甚至有些反应的$K^{\ominus}$无法直接测定，因此需要了解利用热力学方程及相关数据来计算$K^{\ominus}$的方法。

根据化学反应等温方程可知，化学反应达到平衡时有$\Delta_r G_m=\Delta_r G_m^{\ominus}+RT\ln Q=0$，而平衡时的反应商等于标准平衡常数，即$Q=K^{\ominus}$，故有

$$\Delta_r G_m^{\ominus}=-RT\ln K^{\ominus} \tag{3-25}$$

式（3－25）将$K^{\ominus}$和$\Delta_r G_m^{\ominus}$联系起来，因此借助化学反应的标准摩尔吉布斯函数变也可计算标准平衡常数$K^{\ominus}$。

例 3－11　计算298.15 K时反应：$ZnO(s)+CO(g)\rightleftharpoons Zn(s)+CO_2(g)$的标准平衡常数。已知各物质的标准摩尔生成吉布斯函数的数据：$\Delta_f G_m^{\ominus}(\mathrm{CO,g})=-137.17\ \mathrm{kJ\cdot mol^{-1}}$，$\Delta_f G_m^{\ominus}(\mathrm{ZnO,s})=-318.30\ \mathrm{kJ\cdot mol^{-1}}$，$\Delta_f G_m^{\ominus}(\mathrm{CO_2,g})=-394.36\ \mathrm{kJ\cdot mol^{-1}}$。

解　$\Delta_r G_m^{\ominus}=\sum\nu_B\Delta_f G_m^{\ominus}(\mathrm{B})=\Delta_f G_m^{\ominus}(\mathrm{CO_2})+\Delta_f G_m^{\ominus}(\mathrm{Zn})-\Delta_f G_m^{\ominus}(\mathrm{CO})-\Delta_f G_m^{\ominus}(\mathrm{ZnO})$

代入数据计算：$\Delta_r G_m^{\ominus}=(-394.36+137.17+318.30)\mathrm{kJ\cdot mol^{-1}}=61.11\ \mathrm{kJ\cdot mol^{-1}}$

由$\Delta_r G_m^\ominus = -RT\ln K^\ominus = -8.314\times298.15\times10^{-3}\ln K^\ominus = 61.11$，可得：$K^\ominus = 1.97\times10^{-11}$。

3. 多重平衡规则

在很多反应体系中，经常有一种或几种物质（可以是反应物，也可以是产物）同时参与几个不同的化学反应。在一定的条件下，这些化学反应均达到化学平衡，这种现象称为多重平衡，这种体系称为多重平衡体系。若多重平衡体系中某个反应可以由另两个或多个反应相加或相减得到，则该反应的平衡常数就等于另两个或多个反应的平衡常数之积或商，这种关系称为多重平衡规则或多重平衡原理。

例如下列反应：

（1）$CO_2(g) \rightleftharpoons CO(g)+\frac{1}{2}O_2(g)$ $\qquad K_1^\ominus = \dfrac{[p(CO)/p^\ominus][p(O_2)/p^\ominus]^{\frac{1}{2}}}{[p(CO_2)/p^\ominus]}$

（2）$H_2(g)+\frac{1}{2}O_2(g) \rightleftharpoons H_2O(g)$ $\qquad K_2^\ominus = \dfrac{[p(H_2O)/p^\ominus]}{[p(H_2)/p^\ominus]\cdot[p(O_2)/p^\ominus]^{\frac{1}{2}}}$

（3）$CO_2(g)+H_2(g) \rightleftharpoons CO(g)+H_2O(g)$ $\qquad K_3^\ominus = \dfrac{[p(CO)/p^\ominus]\cdot[p(H_2O)/p^\ominus]}{[p(CO_2)/p^\ominus]\cdot[p(H_2)/p^\ominus]}$

可以看出，第（3）个反应方程式由前两个反应方程式相加而得到，它们的标准平衡常数存在如下相乘的关系：$K_3^\ominus = K_1^\ominus K_2^\ominus$。在化学中利用多重平衡规则可间接计算一些未知的平衡常数。

3.6.3 标准平衡常数的应用

1. 判断化学反应的限度

标准平衡常数是反应限度的标志。$K^\ominus$值越大，表明化学反应达到平衡时生成物的浓度（或分压）越大，剩余反应物的浓度（或分压）越低，也就意味着正反应进行得越彻底。$K^\ominus$值越小，表明平衡时生成物的浓度（或分压）越小，也就意味着正反应进行的程度越小。$K^\ominus$值不太大也不太小（$10^{-3} < K^\ominus < 10^3$），表明平衡时生成物和反应物的浓度（或分压）相差不大，反应物部分地转化为生成物。

2. 预测化学反应方向

将式（3－25）代入式（3－21）可以得到

$$\Delta_r G_m = -RT\ln K^\ominus + RT\ln Q \tag{3-26}$$

利用式（3－26）可以更方便地判断定温定压（或定温定容）且非体积功为零的条件下封闭系统中可逆反应进行的方向，即只要比较反应商和标准平衡常数的大小即可。

若$Q < K^\ominus$，则$\Delta_r G_m < 0$，反应自发地正向进行；

若$Q = K^\ominus$，则$\Delta_r G_m = 0$，反应达到化学平衡；

若$Q > K^\ominus$，则$\Delta_r G_m > 0$，反应自发地逆向进行。

这就是化学反应进行方向的反应商判据。反应商Q的数值可以由调整反应系统中各组分的分压或浓度来控制，标准平衡常数$K^\ominus$则随着温度的变化而改变，因此，可以通过改变反应条件（如温度、压力等）来改变$\Delta_r G_m$的值，从而使反应向希望的方向进行。

例 3－12　钢铁在热处理炉中被 CO_2 氧化的反应为：$Fe(s)+CO_2(g) \rightleftharpoons FeO(s)+CO(g)$，该反应在标准压力、1 100 K 条件下进行，反应的 $K^\ominus=2.6$，问：（1）当炉气中 CO 和 CO_2 的体积分数分别为 0.2 和 0.8 时，钢铁能否被氧化？（2）当炉气中 CO 和 CO_2 的体积分数分别为 0.5 和 0.15 且其余为 N_2 时，钢铁能否被氧化？

解　（1）当炉气中 CO 和 CO_2 的体积分数分别为 0.2 和 0.8 时，反应商为

$$Q=\frac{p(CO)/p^\ominus}{p(CO_2)/p^\ominus}=\frac{0.2p/p^\ominus}{0.8p/p^\ominus}=0.25<K^\ominus$$

故该反应能自发地正向进行，钢铁被氧化。

（2）当炉气中 CO 和 CO_2 的体积分数分别为 0.5 和 0.15 时，反应商为

$$Q=\frac{p(CO)/p^\ominus}{p(CO_2)/p^\ominus}=\frac{0.5p/p^\ominus}{0.15p/p^\ominus}=3.3>K^\ominus$$

故该反应不能自发地正向进行，钢铁不被氧化。

3. 计算反应达到平衡时系统的组成

已知反应的标准平衡常数可以计算反应达到平衡时系统的组成，确定反应物的转化率或产物的最大产量，并通过改变反应条件提高产率。计算的时候经常遇到的两个概念是反应物的平衡转化率和产物的平衡产率：

$$\text{反应物的平衡转化率}=\frac{\text{平衡时已转化了的反应物的物质的量}}{\text{开始时反应物的物质的量}} \tag{3-27}$$

$$\text{产物的平衡产率}=\frac{\text{平衡时某产物的物质的量}}{\text{反应物按照计量方程全部转化应得到的某产物的物质的量}} \tag{3-28}$$

例 3－13　已知水煤气中的反应：$CO(g)+H_2O(g) \rightleftharpoons CO_2(g)+H_2(g)$，该反应在 800 K 条件下进行，标准平衡常数 $K^\ominus=6.42$。今将 2 mol CO(g)和 2 mol $H_2O(g)$放入容器中，平衡时测得系统的总压力为 100 kPa，计算 CO(g)的平衡转化率。

解　设反应达平衡时 $CO_2(g)$的物质的量为 n，CO(g)的转化率为 α。

	$CO(g)$ +	$H_2O(g)$ $\rightleftharpoons$	$CO_2(g)$ +	$H_2(g)$
反应开始时	2	2	0	0
平衡时	$2-n$	$2-n$	n	n
平衡分压	$\frac{2-n}{4}p^\ominus$	$\frac{2-n}{4}p^\ominus$	$\frac{n}{4}p^\ominus$	$\frac{n}{4}p^\ominus$

反应的标准平衡常数为

$$K^\ominus=\frac{[p(CO_2)/p^\ominus]\cdot[p(H_2)/p^\ominus]}{[p(CO)/p^\ominus]\cdot[p(H_2O)/p^\ominus]}=\frac{\left[\frac{n}{4}p^\ominus/p^\ominus\right]^2}{\left[\frac{2-n}{4}p^\ominus/p^\ominus\right]^2}=\left(\frac{n}{2-n}\right)^2=6.42$$

计算得到：$n=1.43$ mol，故 CO(g)的平衡转化率：$\alpha=1.43/2=0.715$。

3.6.4　化学平衡的移动

化学平衡是相对的，当外界条件发生变化时，化学反应的平衡状态可能会被破坏，化学

反应会从原来的化学平衡转变到一个新的化学平衡，这一过程称为化学平衡的移动。根据化学反应等温方程可知，化学平衡的条件是 $\Delta_r G_m = -RT\ln K^{\ominus} + RT\ln Q = 0$，当外界条件发生变化时，标准平衡常数或者反应商会发生变化，使得 $\Delta_r G_m \neq 0$，于是原来的化学平衡状态被破坏，化学平衡发生了移动。下面分别讨论浓度、压力、惰性气体和温度对化学平衡的影响。

1. 浓度对化学平衡的影响

浓度变化只影响溶液中的化学反应。对于溶液中的化学反应，达到平衡时有 $\Delta_r G_m = -RT\ln K^{\ominus} + RT\ln Q = 0$，即 $Q = K^{\ominus}$。当改变反应物或生成物的浓度，反应商将发生变化，而标准平衡常数不变，故此时 $Q \neq K^{\ominus}$，化学平衡将发生移动。根据反应商的定义，增加反应物的浓度或减少生成物的浓度均会使反应商减小，此时 $Q < K^{\ominus}$，化学平衡将向正反应方向移动；减少反应物的浓度或增加生成物的浓度均会使反应商增大，此时 $Q > K^{\ominus}$，化学平衡向逆反应方向移动。

2. 压力对化学平衡的影响

压力变化对纯凝聚相反应的化学平衡影响不大，但对于有气体参与的化学反应，压力变化（或体积变化）对化学平衡的影响显著。压力变化不影响标准平衡常数，但会使反应商发生变化，故 $Q \neq K^{\ominus}$，化学平衡发生移动。例如反应 $aA(g) + bB(g) \rightleftharpoons yY(g) + zZ(g)$，达到平衡时：

$$Q = K^{\ominus} = \frac{[p(Y)/p^{\ominus}]^y \cdot [p(Z)/p^{\ominus}]^z}{[p(A)/p^{\ominus}]^a \cdot [p(B)/p^{\ominus}]^b}$$

假定系统被压缩，各物质的分压增大至原分压的 x（$x>1$）倍，这种情况下系统的反应商变为

$$Q = \frac{[xp(Y)/p^{\ominus}]^y \cdot [xp(Z)/p^{\ominus}]^z}{[xp(A)/p^{\ominus}]^a \cdot [xp(B)/p^{\ominus}]^b} = x^{(y+z-a-b)} \cdot K^{\ominus} = x^{\sum \nu_B} \cdot K^{\ominus} \tag{3-29}$$

由式（3-29）可知，若反应的 $\sum \nu_B = 0$，即反应前后气体分子数不变的反应，$x^{\sum \nu_B} = 1$，$Q = K^{\ominus}$，故改变压力时化学平衡不发生移动。例如反应 $C(s) + O_2(g) \rightleftharpoons CO_2(g)$，反应前后气体的分子数不变，改变压力时化学平衡不发生移动。若反应的 $\sum \nu_B > 0$，即反应后气体分子数增加的反应，$x^{\sum \nu_B} > 1$，$Q > K^{\ominus}$，故增大压力时化学平衡向逆反应方向移动。例如反应 $C(s) + 1/2O_2(g) \rightleftharpoons CO(g)$，$x^{\sum \nu_B} = x^{\frac{1}{2}} > 1$，$Q > K^{\ominus}$，增大压力时化学平衡向逆反应方向移动。若反应的 $\sum \nu_B < 0$，即反应后气体分子数减小的反应，$x^{\sum \nu_B} < 1$，$Q < K^{\ominus}$，故增大压力时化学平衡向正反应方向移动。例如反应 $CO(g) + 1/2O_2(g) \rightleftharpoons CO_2(g)$，$x^{\sum \nu_B} = x^{-\frac{1}{2}} < 1$，$Q < K^{\ominus}$，增大压力时化学平衡向正反应方向移动。总结各种情况下压力对化学平衡的影响如表 3-1 所示。

表 3-1　压力对化学平衡的影响

反应类型	压力	平衡移动方向
$\sum \nu_B > 0$	增大	逆反应
	减小	正反应

续表

反应类型	压力	平衡移动方向
$\sum\nu_B < 0$	增大	正反应
	减小	逆反应
$\sum\nu_B = 0$	增大	不移动
	减小	不移动

由表3-1可以得出如下结论：若反应的$\sum\nu_B \neq 0$，无论反应前后气体的分子数如何变化，增大压力时化学平衡都向气体分子数减小的方向移动，减小压力时化学平衡都向气体分子数增大的方向移动。对于反应前后气体的分子数不变的化学反应，改变压力对其化学平衡没有影响。

3. 惰性气体对化学平衡的影响

惰性气体是指系统中不参与化学反应的气体。惰性气体对化学平衡的影响分两种情况来讨论。

（1）定温定容条件下，化学反应已达平衡，引入惰性气体，由于总体积不变，各组分气体的分压不变，$Q = K^\ominus$，故化学平衡不发生移动。

（2）定温定压条件下，化学反应已达平衡，引入惰性气体，系统总体积增大，各组分气体的分压减小，此时与减小压力对化学平衡的影响类似。加入惰性气体不影响$\sum\nu_B = 0$的化学反应，但对于$\sum\nu_B \neq 0$的化学反应，引入惰性气体则使平衡向气体分子数增加的方向移动，即加入惰性气体有利于$\sum\nu_B > 0$的反应。例如乙苯脱氢制苯乙烯的反应：$C_6H_5CH_2CH_3(g) = C_6H_5CHCH_2(g) + H_2(g)$，在制苯乙烯时经常在反应体系中加入水蒸气，就是因为该反应是$\sum\nu_B > 0$的反应，加入惰性气体水蒸气可以使平衡向正反应方向移动，从而可以提高乙苯的平衡转化率。

4. 温度对化学平衡的影响

温度对化学平衡的影响与浓度、压力和惰性气体对化学平衡的影响不同，温度变化，反应商并不发生变化，但反应的标准平衡常数发生变化，此时$Q \neq K^\ominus$，化学平衡发生移动。标准平衡常数与温度的关系可以用范托夫方程来描述（证明从略）：

$$\ln\frac{K_2^\ominus}{K_1^\ominus} = \frac{\Delta_r H_m^\ominus}{R}\left(\frac{1}{T_1} - \frac{1}{T_2}\right) \qquad (3-30)$$

式（3-30）表明温度对标准平衡常数的影响和化学反应的标准摩尔焓变$\Delta_r H_m^\ominus$有关系。对于放热反应，$\Delta_r H_m^\ominus < 0$，升高温度时$T_2 > T_1$，由式（3-30）可知$\ln(K_2^\ominus / K_1^\ominus) < 0$，即$K_2^\ominus < K_1^\ominus$，标准平衡常数减小，表明温度升高化学平衡向逆反应方向移动，即向吸热反应方向移动。对于吸热反应，$\Delta_r H_m^\ominus > 0$，升高温度时$T_2 > T_1$，由式（3-30）可知$\ln(K_2^\ominus / K_1^\ominus) > 0$，即$K_2^\ominus > K_1^\ominus$，标准平衡常数增大，表明温度升高化学平衡向正反应方向移动，即向吸热反应方向移动。根据范托夫方程可以推断各种情况下温度对化学平衡的影响，如表3-2所示。

表 3－2　温度对化学平衡的影响

反应类型	$\Delta_r H_m^\ominus$	温度	平衡移动方向
吸热反应	>0	升高	正反应
		降低	逆反应
放热反应	<0	升高	逆反应
		降低	正反应

由表 3－2 可以得出如下结论：无论吸热反应还是放热反应，若升高温度，化学平衡都向吸热反应方向移动；若降低温度，化学平衡都向放热反应方向移动。

1888 年 Le Chatelier 研究了浓度、压力、惰性气体和温度等因素对化学平衡的影响，总结出了平衡移动的规律：处于平衡状态的系统，当外界条件发生变化时，系统的平衡将发生移动，平衡移动的方向总是削弱或者反抗这种变化，这一规律被称为 Le Chatelier 原理。

拓展视野

太阳能分解水制氢

随着人类社会的快速发展和传统能源的急剧消耗，能源紧缺和环境污染已经成为制约人类社会可持续发展的重要因素，构建清洁的环境友好的可再生新能源体系是当前各国高度关注的焦点和重大战略。在众多绿色环保、可持续新能源选项中，利用清洁可再生的太阳能分解水制取高效清洁氢能，有望完全解决能源紧缺和环境污染问题，成为最有应用前景的技术之一。

太阳能分解水制氢是近 30～40 年才发展起来的。到目前为止，太阳能分解水制氢的方法主要有：热化学法、热化学循环法、光电化学分解法、光催化法和生物制氢。

1. 热化学法

热化学法制氢也称太阳能直接热分解水制氢，就是利用太阳能聚光器收集太阳能直接加热水，使其温度达到 2 500 K 时，水可以直接分解为氢气和氧气。温度越高，水的分解效率越高，到大约 4 700 K 时，水分解反应的吉布斯函数变接近于零。这种方法的主要问题是：① 太阳能集热装置高温的获取；② 高温太阳能反应器的材料问题；③ 高温下氢气和氧气的分离。

2. 热化学循环法

热化学循环法也称间接热化学法，通过在水中加入催化剂，使水的分解过程按多步进行，从而大大降低加热的温度。由于催化剂可以反复使用，因此这种制氢方法被称作热化学循环法。目前，科学家们已研究出 100 多种利用热化学循环制氢的方法，所采用的催化剂为卤族元素、某些金属及其化合物、碳和一氧化碳等。热化学循环法可在低于 1 000 K 的温度下制氢，制氢效率可达 50%左右，所需热量主要来自核能和太阳能。为了适应未来大规模工业制氢的需要，科学家们正在寻找低温下的催化剂，研究催化剂对环境的影响、新的耐腐蚀材料及氧和重水等副产品的综合利用等课题。许多专家认为，热化学循环法是很有发展前景的制氢方法。

Kaneko 等人报道了 $ZnFe_2O_4/Zn/Fe_3O_4$ 复合体系，该反应过程主要包括：

$$3ZnFe_2O_4 \longrightarrow 3Zn + 2Fe_3O_4 + 2O_2 \quad (1)$$

$$3Zn + 2Fe_3O_4 + 4H_2O \longrightarrow 3ZnFe_2O_4 + 4H_2 \quad (2)$$

将载有水蒸气的惰性气体氩气流通过 873 K 的 Zn/Fe_3O_4 混合物，其热解水的制氢效率可高达 93.4%。

3. 光电化学分解法

光电化学分解法也称光电化学池法。自 1972 年 Fujishima 和 Honda 在 TiO_2 电极上光催化分解水首次被报道以来，半导体光催化剂就引起了人们的广泛关注。被普遍接受的光电化学分解水制氢原理是：半导体光催化剂在受到能量等于或大于其禁带宽度的光辐射时，电子从最高电子占据分子轨道（价带）受激发跃迁至最低电子未占据分子轨道（导带），从而在价带留下了光生空穴 h^+，导带中引入了光生电子 e^-。h^+和 e^-分别具有氧化和还原能力。要实现太阳能光解水制氢和氧，光生电子 e^-必须能还原 H_2O 产生 H_2，而光生空穴 h^+必须能氧化 H_2O 产生 O_2，即半导体光催化剂的导带底要在 H_2O/H_2 电位（$E_0=0$ V，pH=0）的上面（导带位置越高，电位越负，还原能力越强），而价带顶要在 O_2/H_2O 电位（$E_{NHE}=+1.23$ V，pH=0）的下面（价带位置越低，电位越正，氧化能力越强）。

光电化学分解法制氢利用了特殊的化学电池，这种电池的电极在光照下将光子能量转移产生电流而将水离解获取氢气。典型的光电化学池与普通的电解池原理一致，光阳极和对极（阴极）组成光电化学池，在电解质存在下光阳极吸光后在半导体导带上产生的电子通过外电路流向对极，水中的质子从对极上接受电子产生氢气（如图 3－3 所示）。光电化学分解法的优点是放氢放氧可以在不同的电极上进行，减少了电荷在空间的复合几率。其缺点是必须加偏压，从而多消耗能量。

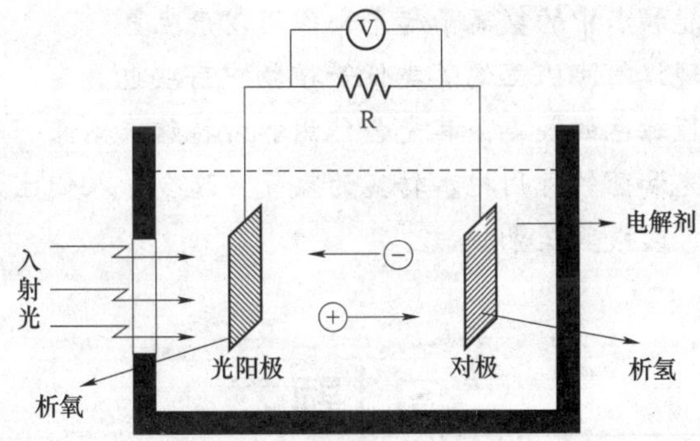

图 3－3　光电化学池结构示意图

光阳极表面（以 TiO_2 为例）：

$$2TiO_2 + 2h\nu \longrightarrow 2TiO_2 + 2h^+ + 2e^-$$

$$2h^+ + H_2O \longrightarrow (1/2)O_2 + 2H^+$$

对极表面：

$$2e^- + 2H^+ \longrightarrow H_2$$

总反应为

$$2TiO_2 + 2h\nu + H_2O \longrightarrow 2TiO_2 + (1/2)O_2 + H_2$$

4. 光催化法

光催化法，即将 TiO_2 或 CdS 等光半导体微粒直接悬浮在水中进行光解水反应。半导体光催化在原理上类似于光电化学池，细小的光半导体颗粒可以被看作是一个个微电极悬浮在水中，它们像光阳极一样在起作用。所不同的是，它们之间没有像光电化学池那样被隔开，甚至对极也被设想是在同一粒子上。在半导体微粒上可以担载铂，有人把铂作为阴极来看待，但从铂的作用机制上看它更像是催化剂。因为在没有“外电路”而只有水作为电解质的情况下，光激发所产生的电子无法像在体系外的导体中一样有序地从“光阳极”流向“对极”，铂的主要功能是聚集和传递电子促进光还原水放氢反应。和光电化学池比较，半导体光催化分解水放氢的反应大大简化，但通过光激发在同一个半导体微粒上产生的电子空穴对极易复合。因此为了抑制氢和氧的逆反应及光激发半导体产生的电子和空穴的再结合，可加入电子给体作为空穴清除剂，以提高放氢效率。废水中许多有机物是良好的电子给体，如果把废水处理与光催化制氢结合起来，可同时实现太阳能制氢和太阳能去污。

光（电）催化分解水的每个步骤在确定制氢的总效率中都起关键作用，如光捕获、电荷分离、电荷传输、电荷利用和表面吸附能力等影响着光催化剂的量子效率。由此可见，光催化剂的选取在光催化法制氢中至关重要。然而，目前用于光催化法制氢的大多数催化剂的可见光响应和量子效率都比较低。因此，为实现光催化法制氢的产业化，必须解决与光催化剂成本和产氢效率相关的问题。

5. 生物制氢

生物制氢的原理是模拟叶绿素植物的光合作用，并使光合作用仅仅停留在分解水的阶段。生物制氢的具体的过程为：首先利用金属络合物使水中分解出电子和氢离子；然后利用太阳能提高电子能量，使它能和水中的氢离子起光合作用以产生氢。

近年来，人们还发现江河湖海里的藻类低等植物中有些也具有以水制氢的能力。如美国科学家加弗隆发现一种蓝绿色的藻类，其光合作用非常特殊，不像一般植物那样把二氧化碳转变为氧气，而是通过光和菌的作用把水转变为氢气。迄今，人们已找到了一些具有类似功能的微生物，如小球藻、固氮蓝藻等。

习题

1. 系统与环境的定义分别是什么？化学热力学的研究主要关注哪一类系统？

2. 如何理解状态函数？状态函数有何特点？为什么要引入焓？

3. 公式 $Q_V = \Delta U$ 和 $Q_p = \Delta H$ 的意义是什么？

4. 如何理解化学反应的标准摩尔焓变、物质的标准摩尔生成焓和物质的标准摩尔燃烧焓？

5. 简单说明本章介绍了哪几种计算反应热的方法。

6. 简单说明如何判断化学反应进行的方向和限度。若某一反应的 $\Delta_r G_m^\ominus = -200\ J \cdot mol^{-1}$，则该反应一定能正向进行吗？

7. 标准平衡常数值改变了，平衡一定会移动。反之，平衡移动了，标准平衡常数值一定改变。这种说法正确吗？

8. 已知水煤气的反应为 $C(s)+H_2O(g)\rightleftharpoons CO(g)+H_2(g)$，该反应在 600 K 时达到平衡，已知该化学反应的标准摩尔焓变 $\Delta_r H_m^\ominus > 0$，试讨论当发生下列条件变化时，化学平衡受到怎样的影响：（1）增加温度；（2）增加水蒸气的分压；（3）定温定容的条件下加入 $H_2(g)$；（4）定温定压的条件下加入 $N_2(g)$；（5）增大压力。

9. 若视 H_2 为理想气体，求下列各过程的体积功：（1）5 mol H_2 由 300 K、100 kPa 定压条件下加热到 800 K；（2）5 mol H_2 由 300 K、100 kPa 定容条件下加热到 800 K；（3）5 mol H_2 在 300 K 条件下由 1.0 MPa 自由膨胀（外压为零）到 1.0 kPa。

10. 计算 25 ℃时 50 g 铁在下列条件下溶解在盐酸中所做的体积功：（1）反应在密闭容器中进行；（2）反应在恒定的压力 100 kPa 下进行，产生的 H_2 视为理想气体，固体和液体体积可忽略（已知 Fe 的摩尔质量为 55.9 $g\cdot mol^{-1}$）。

11. 已知 1 mol $CaCO_3(s)$在 900 ℃、101.325 kPa 下分解为 $CaO(s)$和 $CO_2(g)$时吸热 178 kJ，计算该过程的 Q，W，ΔU 和ΔH。固体的体积可以忽略，气体可视为理想气体。

12. 1 mol 水在 100 ℃、101 325 Pa 条件下蒸发为同温同压下的蒸汽（假设为理想气体）吸热 40.67 kJ，则上述过程的 Q，W，ΔU，ΔH 的值各为多少？液体的体积可以忽略。

13. 298.15 K 时 0.6 g 苯甲酸（C_6H_5COOH）在弹式量热计中燃烧（与 O_2 反应），使得弹式量热计的温度由 24.14 ℃上升到 26.59 ℃。已知弹式量热计的热容为 862 $J\cdot K^{-1}$，水的比热容为 4.18 $J\cdot K^{-1}\cdot g^{-1}$，弹式量热计中水的质量是 1 250 g，计算苯甲酸燃烧反应的定容反应热 Q_V 和定压反应热 Q_p。已知苯甲酸（C_6H_5COOH）的相对分子质量为 122。

14. 已知在 298.15 K 时：

（1）$C_2H_6(g)+(7/2)\,O_2(g)=2CO_2(g)+3H_2O(l)$，$\Delta_r H_{m,1}^\ominus=-1\,559.83\ kJ\cdot mol^{-1}$；

（2）$H_2(g)+(1/2)\,O_2(g)=H_2O(l)$，$\Delta_r H_{m,2}^\ominus=-285.83\ kJ\cdot mol^{-1}$；

（3）$(1/2)\,H_2(g)+(1/2)\,Cl_2(g)=HCl(g)$，$\Delta_r H_{m,3}^\ominus=-92.31\ kJ\cdot mol^{-1}$；

（4）$C_2H_6(g)+Cl_2(g)=C_2H_5Cl(g)+HCl(g)$，$\Delta_r H_{m,4}^\ominus=-112.0\ kJ\cdot mol^{-1}$。

计算298.15 K时反应$C_2H_5Cl(g)+(13/4)\,O_2(g)=(1/2)\,Cl_2(g)+2CO_2(g)+(5/2)\,H_2O(l)$的定压反应热 Q_p 和定容反应热 Q_V。

15. 根据下列数据求乙烯 $C_2H_4(g)$的标准摩尔生成焓与标准摩尔燃烧焓：

（1）$C_2H_4(g)+H_2(g)=C_2H_6(g)$，$\Delta_r H_{m,1}^\ominus=-137\ kJ\cdot mol^{-1}$；

（2）$C_2H_6(g)+(7/2)\,O_2(g)=2CO_2(g)+3H_2O(l)$，$\Delta_r H_{m,2}^\ominus=-1\,559.83\ kJ\cdot mol^{-1}$；

（3）C（石墨）$+O_2(g)=CO_2(g)$，$\Delta_r H_{m,3}^\ominus=-393.5\ kJ\cdot mol^{-1}$；

（4）$H_2(g)+(1/2)\,O_2(g)=H_2O(l)$，$\Delta_r H_{m,4}^\ominus=-285.83\ kJ\cdot mol^{-1}$。

16. 计算气相反应 $A(g)+D(g)=Y(g)$在 298.15 K、100 kPa 条件下进行时的定压反应热 $\Delta_r H_m^\ominus$ 和定容反应热 $\Delta_r U_m^\ominus$。已知数据如下表所示。

物质（B）	$\Delta_f H_m^\ominus(B)/(kJ\cdot mol^{-1})$
A(g)	–235
D(g)	52
Y(g)	–241

17. 为了除去氮气中的杂质氧气，可以将氮气进行脱氧，反应为：$4Cu(s)+O_2(g) = 2Cu_2O(s)$，计算 298.15 K 时该反应的标准摩尔熵变，已知各物质的标准摩尔熵的数据为：

$S_m^\ominus(Cu, s) = 33.15\ J \cdot K^{-1} \cdot mol^{-1}$；

$S_m^\ominus(O_2, g) = 205.14\ J \cdot K^{-1} \cdot mol^{-1}$；

$S_m^\ominus(Cu_2O, s) = 93.14\ J \cdot K^{-1} \cdot mol^{-1}$。

18. 已知氧化银的分解反应为 $2Ag_2O(s) \rightleftharpoons 4Ag(s)+O_2(g)$，在温度 1 000 K 时该反应的标准平衡常数 $K^\ominus = 2.4$，若在此温度将纯银置于 100 kPa 的空气中，纯银能否被氧化？（空气中氧气的体积分数为 0.21）

19. 800 K 时用氢气还原氧化钴发生反应：$CoO(s)+H_2(g) \rightleftharpoons Co(s)+H_2O(g)$，平衡时测得气相中 $H_2(g)$的体积分数为 0.25，系统的总压力为 150 kPa，计算该反应在 800 K 时的标准平衡常数。

20. 计算 298.15 K 时气相反应 $2SO_3(g) \rightleftharpoons 2SO_2(g)+O_2(g)$的标准平衡常数。已知各物质的标准摩尔生成吉布斯函数为：$\Delta_f G_m^\ominus(SO_3, g) = -371.06\ kJ \cdot mol^{-1}$，$\Delta_f G_m^\ominus(SO_2, g) = -300.194\ kJ \cdot mol^{-1}$。

21. 碘化氢气体的分解反应为 $2HI(g) \rightleftharpoons I_2(g)+H_2(g)$，将纯的 1.5 mol HI(g)置于抽空的容器中，在 700 K 进行反应，其标准平衡常数 $K^\ominus = 0.012$，平衡时测得系统的总压力为 200 kPa，计算平衡时系统的组成，并计算 HI(g)的平衡转化率。

第 4 章

化学动力学基础

化学热力学主要研究化学反应过程中能量交换、反应进行的方向和限度等方面的问题，不涉及化学反应速率问题（反应的快慢问题）。化学反应的速率千差万别，炸药的爆炸、水溶液中的酸碱中和反应及沉淀反应、照相底片的感光反应、活泼金属与活泼非金属的化合反应等几乎都是瞬间完成的；而钢铁的生锈、岩石的风化、橡胶及塑料的老化、煤炭及石油的形成均是反应速率较慢的反应。常温下的合成氨反应 $N_2(g)+3H_2(g)=2NH_3(g)$，$\Delta_r G_m^{\ominus}=-32.9\ kJ \cdot mol^{-1}$，从热力学角度来讲该反应可以自发进行，但其反应速率却很慢，在常温常压下相当长的时间内，几乎检测不到氨气的生成。为加快化学反应速率使反应能够真正实现，实际生产中的合成氨反应需要在高温（约 773 K）和高压（约 5×10^7 Pa）条件下进行。

化学反应速率的大小除了决定于反应的本质外，还受到浓度、温度、催化剂等因素的影响。化学动力学就是研究化学反应速率问题的科学，具体研究内容包括化学反应速率、反应机理及温度、压力、催化剂、溶剂和光照等外界因素对化学反应速率的影响等。通过控制化学反应速率可以加速生产过程或延长产品的使用寿命，从而更好地服务于社会，因此化学动力学的研究有重要的实际意义。

4.1 化学反应速率的定义

化学反应速率是衡量化学反应快慢程度的物理量，通常将其定义为单位体积的反应系统中反应进度 ξ 随时间的变化率，用符号 r 表示。对于化学反应：

$$aA+dD \longrightarrow yY+zZ$$

化学反应速率的定义式为

$$r=\frac{1}{V}\cdot\frac{d\xi}{dt} \tag{4-1}$$

式中 V 为系统的体积，化学反应速率的单位常用 $mol \cdot dm^{-3} \cdot s^{-1}$ 或 $mol \cdot L^{-1} \cdot s^{-1}$。将 $d\xi=\frac{dn(B)}{\nu(B)}$ 代入式（4－1），得到：

$$r=\frac{1}{\nu(B)}\cdot\frac{dn(B)}{Vdt} \tag{4-2}$$

对于液相反应和恒容容器中进行的气相反应，系统的体积恒定，式（4－2）可简化为

$$r=\frac{1}{\nu(\mathrm{B})}\cdot\frac{\mathrm{d}c(\mathrm{B})}{\mathrm{d}t} \tag{4-3}$$

需要注意的是，化学反应速率总是正值。

4.2 化学反应速率的测定

对于恒容反应，要想测定其某时刻的化学反应速率，首先须测量不同时刻某一反应物（或产物）的浓度并绘制出其浓度随时间的变化曲线，如图 4－1 所示，然后从中求出某一时刻的曲线斜率 $\mathrm{d}c(\mathrm{B})/\mathrm{d}t$，最后将此斜率除以化学计量数 $\nu(\mathrm{B})$ 即可得到反应在该时刻的化学反应速率。

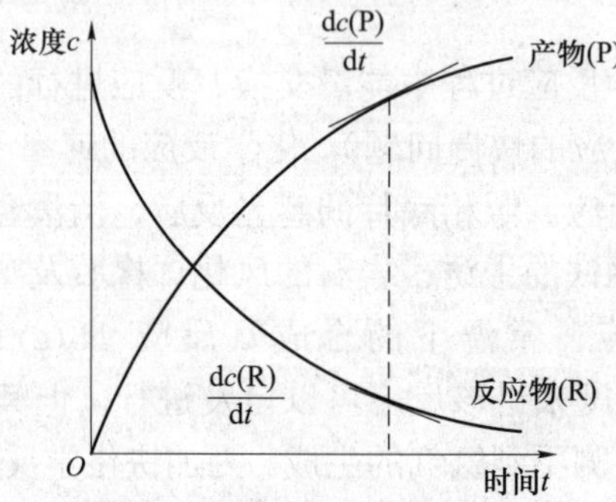

图 4－1　浓度随时间的变化曲线

浓度的测定方法大体可分为化学法和物理法两类。

1. 化学法

化学法一般用于液相反应。当反应进行至某一时刻进行取样，为确保样品中被测物质的浓度为反应进行到该时刻时的浓度，须通过一定手段（如使用骤冷反应系统、稀释、加阻化剂或迅速除去反应物质等）使反应突然终止，然后取样，最后通过化学分析测定样品中物质的浓度。化学法的优点是可以直接得到浓度与时间的关系；缺点是分析速度一般较慢，且由于缺乏合适的终止手段而很难测准指定时刻物质的浓度，误差大且实验操作麻烦。

2. 物理法

物理法是指利用与浓度相关的物理性质快速测定或连续测定浓度的方法。当反应物和生成物的某种物理性质有较大的差别时，随着反应的进行，该物理性质会不断出现显著的变化。测量不同时刻反应系统中这一物理性质的变化情况，就可计算出体系浓度的变化和化学反应速率。通常利用的物理性质有压力、体积、颜色、吸光度、折射率、电导、电动势和光谱等。例如对于 H_2O_2 的分解反应，可以通过用量气管测定 O_2 体积随时间的变化来计算 O_2 的生成量及 H_2O_2 的分解量。物理法的优点是测定速度快，无须中断反应，可进行连续测量和自动连续记录，因而是化学反应速率测定中的常用方法；缺点是不能直接给出浓度与时间的关系，干扰因素多，易扩散误差。

对于化学反应速率很快的反应必须采用快速分析方法测定浓度，如激光闪光光解法、荧光光谱法等，激光的使用已使观测的时间标度降低至 10^{-12} s。

4.3　浓度对化学反应速率的影响

在三个试管中分别加入不同浓度的硫代硫酸钠溶液，再同时加入相同浓度的硫酸，观察三个试管中的实验现象可以看到，反应物硫代硫酸钠的浓度越大，产生沉淀的速率越快。化学反应速率与反应物浓度之间的关系可用化学反应速率方程进行描述。对于化学反应：

$$aA(aq)+dD(aq) \longrightarrow yY(aq)+zZ(aq)$$

$$r=k[c(A)]^{\alpha}[c(D)]^{\beta} \tag{4-4}$$

在化学反应速率方程（4-4）中，$c(A)$、$c(D)$ 分别为反应物 A 和 D 的浓度，单位为 $mol \cdot L^{-1}$，α、β 分别为反应物 A、D 的反应级数，$\alpha+\beta$ 为总反应级数。通常情况下，$\alpha \neq a$，$\beta \neq d$。某反应物的反应级数的大小表示该反应物的浓度对化学反应速率的影响程度，级数越大，该反应物的浓度对化学反应速率的影响越大。具体反应级数需要通过实验确定，它可以是整数、小数或负数。k 称为反应速率系数，是表明化学反应速率相对大小的物理量，可理解为当反应物浓度都为单位浓度（$1\ mol \cdot L^{-1}$）时的化学反应速率。k 由化学反应本身决定，与反应物的浓度无关，是化学反应在一定温度时的特征常数，通常温度升高，k 增大。在相同条件下，k 值越大，化学反应速率越大。

化学反应可按总反应级数分为零级反应、一级反应、二级反应及三级反应等。不同级数的化学反应分别具有各自的特点及特定的浓度－时间关系。下面将着重讨论一级反应并对二级反应和零级反应进行简单介绍。

4.3.1　一级反应

一级反应是指化学反应速率只与反应物浓度的一次方成正比的反应，例如过氧化氢的分解反应、五氧化二氮的分解反应。对于任一一级反应：A$\longrightarrow$产物，其速率方程为

$$r=kc(A)=-\frac{dc(A)}{dt}$$

即　$$\frac{dc(A)}{c(A)}=-kdt$$

等式两边积分：$\int\frac{dc(A)}{c(A)}=\int -kdt$，得到

$$\ln\frac{c_t(A)}{c_0(A)}=-kt \tag{4-5}$$

式（4-5）也可以表示为

$$\ln c_t(A)=-kt+\ln c_0(A) \tag{4-6}$$

式（4-5）和式（4-6）为一级反应的反应物浓度与时间的关系式。其中 $c_0(A)$ 为反应物的初始浓度，$c_t(A)$ 为反应物在 t 时刻的浓度。根据浓度与时间的关系式可以求出任意时刻反应物或生成物的浓度。一级反应的 $\ln c$ 与 t 成线性关系，直线的斜率为 $-k$。一级反应的反应速率系数 k 的单位为时间的负一次方，时间 t 的单位可以是秒（s）、分（min）、时（h）、天（d）和年（a）等。

平衡转化率达到50%时所需要的反应时间称为反应的半衰期，用 $t_{1/2}$ 表示。对于一级反应：

$$t_{1/2} = \ln 2 / k = \frac{0.693}{k} \tag{4-7}$$

可以看出半衰期与反应物的初始浓度无关。

放射性元素的衰变多属一级反应。^{238}U 的半衰期为 4.5×10^9 a，^{223}Fr 的半衰期约为 22 min，^{14}C 的半衰期约为 5 730 a。通过某些放射性元素的衰变可对化石、矿石、陨石及地球年龄进行估算。

例 4-1 对某金属的同位素进行β放射，14 d 后，同位素活性下降了 6.85%。试求该同位素的：（1）反应速率系数；（2）半衰期；（3）分解掉 90%所需的时间。

解 放射性衰变反应为一级反应，因此有

（1）$k = \frac{1}{t}\ln\frac{c_0}{c_t} = \frac{1}{14}\ln\frac{100}{100-6.85}\ \mathrm{d}^{-1} = 0.005\,1\ \mathrm{d}^{-1} = 5.1\times10^{-3}\ \mathrm{d}^{-1}$

（2）$t_{1/2} = \frac{\ln 2}{k} = 135.9\ \mathrm{d}$

（3）$t = \frac{1}{k}\ln\frac{c_0}{c_t} = \frac{1}{k}\ln\frac{1}{1-0.9} = 451.5\ \mathrm{d}$

所以，反应速率系数为 $5.1\times10^{-3}\ \mathrm{d}^{-1}$，半衰期为 135.9 d，分解掉 90%所需的时间为 451.5 d。

例 4-2 室温下，某反应中反应物 A 在不同时刻的浓度数据如表 4-1 所示。

（1）考察此反应是否为一级反应；

（2）计算反应速率系数及半衰期。

表 4-1 不同时刻反应物 A 的浓度数据

t/min	0	5	8	10	13	16
c_t（A）/（mol·L^{-1}）	0.3 200	0.317 5	0.315 9	0.314 9	0.313 3	0.311 6

解 首先作出 $\ln c_t(\mathrm{A})$ 随 t 变化的曲线，如图 4-2 所示。

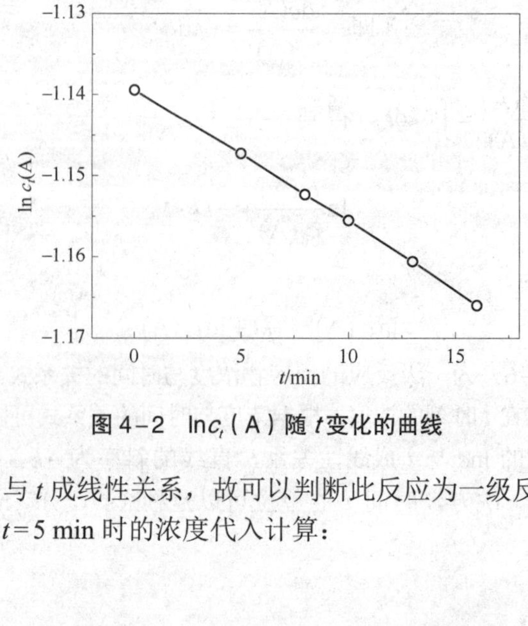

图 4-2 lnc_t（A）随 t 变化的曲线

（1）由于 lnc_t（A）与 t 成线性关系，故可以判断此反应为一级反应。

（2）取初始浓度及 t=5 min 时的浓度代入计算：

$$k = \frac{1}{t}\ln\frac{c_0}{c_t} = \frac{1}{5}\ln\frac{0.320\,0}{0.317\,5}\ \text{min}^{-1} = 1.6\times10^{-3}\ \text{min}^{-1}$$

$$t_{1/2} = \frac{\ln 2}{k} = 433.2\ \text{min}$$

所以，此反应为一级反应，反应速率系数为 $1.6\times10^{-3}\ \text{min}^{-1}$，反应的半衰期为 433.2 min。

4.3.2　二级反应

将化学反应速率与反应物的浓度的平方成正比的反应称为二级反应。这里仅对只有一种反应物的二级反应：A$\longrightarrow$产物进行讨论，其速率方程为

$$r = kc^2(\text{A}) = -\frac{\text{d}c(\text{A})}{\text{d}t}$$

积分得浓度与时间的关系式：

$$\frac{1}{c_t(\text{A})} = kt + \frac{1}{c_0(\text{A})} \tag{4-8}$$

半衰期为

$$t_{1/2} = \frac{1}{kc_0(\text{A})} \tag{4-9}$$

二级反应的 $1/c$ 与 t 成线性关系，直线斜率为反应速率系数 k。二级反应的反应速率系数 k 的单位为 $\text{mol}^{-1}\cdot\text{L}\cdot\text{s}^{-1}$。对于二级反应，开始时反应物的浓度越大，半衰期越短。二级反应最为常见，如乙烯、丙烯、异丁烯的二聚反应，乙酸乙酯的水解，甲醛的热分解等都是二级反应。

4.3.3　零级反应

将化学反应速率与反应物的浓度无关的反应称为零级反应，对任一零级反应：A$\longrightarrow$产物，其速率方程为

$$r = k = -\frac{\text{d}c(\text{A})}{\text{d}t}$$

积分得浓度与时间的关系式：

$$c_t(\text{A}) = -kt + c_0(\text{A}) \tag{4-10}$$

半衰期为

$$t_{1/2} = \frac{c_0(\text{A})}{2k} \tag{4-11}$$

零级反应的化学反应速率与反应物的浓度无关，浓度 c 与时间 t 成线性关系。零级反应的反应速率系数 k 的单位为 $\text{mol}\cdot\text{L}^{-1}\cdot\text{s}^{-1}$。零级反应的半衰期与反应物的初始浓度成正比。金属钠与水的反应可看成零级反应，高压下一些气体在金属催化剂上的分解反应也是典型的零级反应，例如氧化亚氮在细颗粒金表面的热分解反应，这类反应可以匀速进行，其化学反应速率与反应物的浓度变化及反应时间的长短无关。

以上几种简单级数反应的速率方程及特征归纳于表 4－2 中。

表 4-2 几种简单级数反应的速率方程及特征

反应级数	反应速率方程	积分速率方程	线性关系	k 的单位	$t_{1/2}$
0	$r=k$	$c_t(\mathrm{A})=-kt+c_0(\mathrm{A})$	$c_t(A)-t$	[浓度]·[时间]$^{-1}$	$\frac{c_0(\mathrm{A})}{2k}$
1	$r=kc(\mathrm{A})$	$\ln c_t(\mathrm{A})=-kt+\ln c_0(\mathrm{A})$	$\ln c_t(A)-t$	[时间]$^{-1}$	$\frac{0.693}{k}$
2	$r=k[c^2(\mathrm{A})]$ *	$\frac{1}{c_t(\mathrm{A})}=kt+\frac{1}{c_0(\mathrm{A})}$	$\frac{1}{c_t(A)}-t$	[浓度]$^{-1}$·[时间]$^{-1}$	$\frac{1}{kc_0(\mathrm{A})}$

注：*仅适用于只有一种反应物的二级反应。

4.3.4 反应级数的测定

通过浓度随时间变化的曲线可以判断一些反应的总反应级数：零级反应的 $c-t$ 图为一条直线；一级反应的 $\ln c$ 与 t 成线性关系；二级反应的 $1/c$ 与 t 成线性关系。当浓度–时间曲线没有明显的特征可循时，可以通过初始反应速率法确定反应级数并得到速率方程，也可以通过反应机理确定反应级数并得到速率方程。

1. 通过初始反应速率法确定反应级数

在一定条件下，反应开始时的瞬时速率称为初始反应速率。在反应刚刚开始时，逆反应和其他反应的干扰小，对此时的化学反应体系进行研究能较真实地反映出反应物的浓度对化学反应速率的影响。初始反应速率法是指通过反应物的初始浓度的变化确定化学反应速率、反应级数和速率方程的方法，其具体操作是：先保持其他反应物的浓度不变而只改变一种反应物如反应物 A 的浓度将所有反应物配制成一系列混合物，然后使它们均在某一温度下开始反应，获得 $c(\mathrm{A})-t$ 图并确定初始反应速率，在获得至少两个不同初始浓度下的初始反应速率之后即可确定反应物 A 的反应级数α。

$$\begin{matrix} r_1=k[c(\mathrm{A1})]^{\alpha}[c(\mathrm{B})]^{\beta}[c(\mathrm{C})]^{\gamma}\cdots \\ r_2=k[c(\mathrm{A2})]^{\alpha}[c(\mathrm{B})]^{\beta}[c(\mathrm{C})]^{\gamma}\cdots \end{matrix} \Rightarrow \frac{r_1}{r_2}=\left(\frac{c(\mathrm{A1})}{c(\mathrm{A2})}\right)^{\alpha} \Rightarrow \alpha=\frac{\ln\frac{r_1}{r_2}}{\ln\frac{c(\mathrm{A1})}{c(\mathrm{A2})}}$$

同理，可以确定其他反应物的反应级数。

例 4-3 对于反应 $2NO(g)+2H_2(g) \longrightarrow N_2(g)+2H_2O(g)$，测得不同初始浓度下的初始反应速率如表 4-3 所示。试判断该反应的总反应级数，并写出相应的速率方程。

表 4-3 不同初始浓度下的初始反应速率

实验编号	c（NO）/（mol·L^{-1}）	c（H_2）/（mol·L^{-1}）	r/（mol·L^{-1}·s^{-1}）
1	0.001 0	0.006 0	7.9×10^{-7}
2	0.002 0	0.006 0	3.2×10^{-6}
3	0.004 0	0.006 0	1.3×10^{-5}
4	0.004 0	0.003 0	6.4×10^{-6}
5	0.004 0	0.001 5	3.2×10^{-6}

解 将此反应的速率方程表示如下：

$$r = k[c(\text{NO})]^{\alpha}[c(\text{H}_2)]^{\beta}$$

选取实验 1 和实验 2 作对比：

$$7.9\times10^{-7} = k\times0.001\,0^{\alpha}\times0.006\,0^{\beta}$$

$$3.2\times10^{-6} = k\times0.002\,0^{\alpha}\times0.006\,0^{\beta}$$

$$\frac{3.2\times10^{-6}}{7.9\times10^{-7}} = \left(\frac{0.002\,0}{0.001\,0}\right)^{\alpha}$$

可推出$\alpha\approx2$。

选取实验 4 和实验 5 作对比：

$$6.4\times10^{-6} = k\times0.004\,0^{\alpha}\times0.003\,0^{\beta}$$

$$3.2\times10^{-6} = k\times0.004\,0^{\alpha}\times0.001\,5^{\beta}$$

$$\frac{6.4\times10^{-6}}{3.2\times10^{-6}} = \left(\frac{0.003\,0}{0.001\,5}\right)^{\beta}$$

可推出$\beta\approx1$。

因此该反应的反应总级数为$\alpha+\beta=3$，反应速率方程为：$r = k[c(\text{NO})]^2c(\text{H}_2)$。

将表 4－3 中任一组数据代入式中，即可求得反应速率系数。例如将第一组数据代入：

$$k = \frac{r}{[c(\text{NO})]^2c(\text{H}_2)} = \frac{7.9\times10^{-7}}{0.001^2\times0.006}\ \text{mol}^{-2}\cdot\text{L}^2\cdot\text{s}^{-1} = 1.3\times10^2\ \text{mol}^{-2}\cdot\text{L}^2\cdot\text{s}^{-1}$$

通常，取多组 k 的计算值平均值作为反应速率方程中的反应速率系数。

2. 通过反应机理确定反应级数

在反应中反应物通过一步直接转化为产物的反应称为简单反应，又称基元反应或元反应。元反应中没有可用宏观实验方法检测到的中间产物。大量实验证明，在给定的温度条件下，元反应的化学反应速率与各反应物的浓度的幂次方成正比，其中各浓度的方次为化学反应方程式中相应的化学计量数。即通过实验一旦证实某一反应为元反应，就可以根据化学反应方程式直接写出其速率方程。比如对于元反应$\text{NO(g)}+\text{O}_3\text{(g)}\xrightarrow{T>500\ \text{K}}\text{NO}_2\text{(g)}+\text{O}_2\text{(g)}$，其速率方程为：$r = kc(\text{NO})c(\text{O}_3)$，总反应级数为 2。

与元反应相对应的是需要经历若干个步骤才能完成的复合反应，大部分化学反应都属于复合反应。在复合反应中，可用宏观实验方法检测到中间产物的存在，由于中间产物会被后面的一步或几步反应消耗掉，因而它们不出现在复合反应方程式中。

组成复合反应的一系列元反应步骤的集合称为该复合反应的反应历程或反应机理，反应机理必须经过实验来推断和检验。反应机理的研究具有重要意义，若能够清楚地理解反应是如何进行的，就可以有效控制反应以获得目标产物。反应机理的研究一般是采用分子光谱等研究手段检测反应过程中的中间产物并据此推断反应历程，再以实验获得的速率方程加以验证。一个合理的反应机理应满足如下要求：① 全部元反应的加和应为化学反应方程式；② 由反应机理得出的速率方程应与实验所得一致。

例 4－4　一氧化氮可被还原为氮气和水蒸气：

$$2\text{NO(g)}+2\text{H}_2\text{(g)}\longrightarrow\text{N}_2\text{(g)}+2\text{H}_2\text{O(g)}$$

根据光谱学研究提出的反应机理如下：

（1）$2\text{NO}\underset{k_{-1}}{\overset{k_1}{\rightleftharpoons}}\text{N}_2\text{O}_2$ (快，平衡)

（2） $N_2O_2 + H_2 \xrightarrow{k_2} N_2O + H_2O$ (慢)

（3） $N_2O + H_2 \xrightarrow{k_3} N_2 + H_2O$ (快)

试推断该反应的速率方程，并指出各反应物的反应级数。

解 首先选取速率控制步骤（串联反应总速率约等于其最慢的一步的反应速率），由反应机理知第（2）步为速率控制步骤，可写出反应的速率方程为

$$r = k_2 c(N_2O_2) c(H_2)$$

第（1）步反应可快速达到平衡，平衡时：

$$k_1[c(NO)]^2 = k_{-1}c(N_2O_2)$$

则 $$c(N_2O_2) = \frac{k_1}{k_{-1}}[c(NO)]^2$$

代入反应的速率方程得 $$r = k_2 \frac{k_1}{k_{-1}}[c(NO)]^2 c(H_2)$$

整理得到 $$r = k[c(NO)]^2 c(H_2)$$

其中，$k = \frac{k_1 \cdot k_2}{k_{-1}}$。

因此，反应物NO的反应级数为2，反应物H_2的反应级数为1，该反应的总反应级数为3。

4.4 温度对化学反应速率的影响

在化学反应速率方程$r = k[c(A)]^{\alpha}[c(D)]^{\beta}$中，温度对化学反应速率的影响是通过对反应速率系数$k$的影响来体现的。一般来说，无论是吸热反应还是放热反应，温度升高，化学反应速率都会加快。范托夫由实验结果归纳出一个近似的经验规律：对一般反应而言，温度每升高10 ℃，化学反应速率加快2～4倍。1889年，瑞典科学家阿伦尼乌斯（Arrhenius）在总结了大量实验数据后得到了著名的阿伦尼乌斯方程。

4.4.1 阿伦尼乌斯方程

阿伦尼乌斯根据实验结果提出了化学反应速率系数与温度的定量关系：

$$k = k_0 \cdot e^{-E_a/(RT)} \tag{4-12}$$

此方程被称为阿伦尼乌斯方程，式中的k_0为反应的指前因子（也称频率因子），对确定的化学反应为一常数，与k具有相同的单位；E_a为反应的活化能，单位为kJ • mol^{-1}；R为摩尔气体常数，$R = 8.314\ J \cdot mol^{-1} \cdot K^{-1}$。$k_0$与$E_a$是两个非常重要的动力学参量，它们都是反应的特性常数。由于E_a处在指数位置，故它对k的影响很大。当反应的温度区间变化不大时，可以认为E_a值不随温度而改变。k_0与E_a均可由实验求得。对式（4－12）两边取对数可得

$$\ln k = -\frac{E_a}{RT} + \ln k_0 \tag{4-13}$$

ln$k$随T^{-1}的变化曲线如图4－3所示，直线的斜率为$-E_a/R$，截距为lnk_0。利用这一关系可以求得反应的活化能和指前因子。

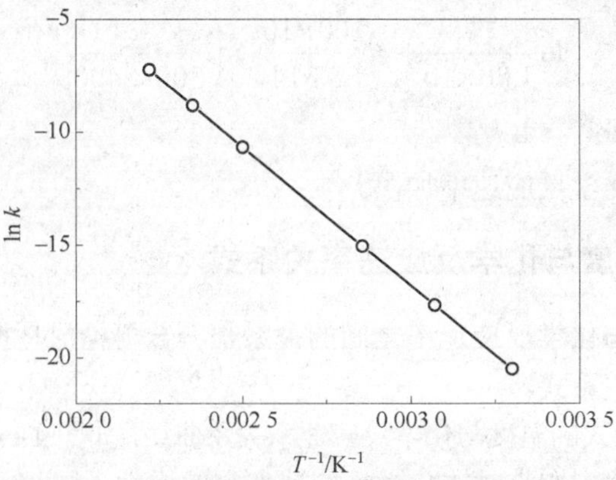

图 4－3　ln$k$ 随 1/T 的变化曲线

4.4.2　阿伦尼乌斯方程的应用

阿伦尼乌斯方程一般适用于温度变化范围不大的情况，此时 k_0 和 E_a 变化不大，阿伦尼乌斯方程有很好的适用性。阿伦尼乌斯方程主要应用在以下两个方面。

（1）已知不同温度下的反应速率系数，求反应的活化能。

$$\left.\begin{aligned}\ln k_1 &= -\frac{E_a}{RT_1} + \ln k_0 \\ \ln k_2 &= -\frac{E_a}{RT_2} + \ln k_0\end{aligned}\right\} \rightarrow \ln\frac{k_2}{k_1} = \frac{E_a}{R}\left(\frac{1}{T_1} - \frac{1}{T_2}\right) \rightarrow E_a = R\frac{T_1T_2}{T_2 - T_1}\ln\frac{k_2}{k_1}$$

例 4－5　对于反应 $2N_2O_5(g) \longrightarrow 2N_2O_4(g) + O_2(g)$，已知两个温度条件下的化学反应速率系数：当 $T_1 = 298.15\ K$ 时，$k_1 = 0.469 \times 10^{-4}\ s^{-1}$；当 $T_2 = 318.15\ K$ 时，$k_2 = 6.29 \times 10^{-4}\ s^{-1}$。求反应的活化能 E_a。

解

$$E_a = R\frac{T_1T_2}{T_2 - T_1}\ln\frac{k_2}{k_1} = 8.314 \times \frac{298.15 \times 318.15}{318.15 - 298.15} \times \ln\frac{6.29 \times 10^{-4}}{0.469 \times 10^{-4}}\ J \cdot mol^{-1} = 102.4\ kJ \cdot mol^{-1}$$

（2）计算反应速率系数 k。

① 作图法求反应速率系数 k。如图 4－3 所示，作出 ln$k$－1/T 曲线后，可求出任一温度下该反应的 k 值。

② 已知反应的活化能，且知道某个温度下的反应速率系数 k_1，根据关系式 $\ln\frac{k_2}{k_1} = \frac{E_a}{R}\left(\frac{1}{T_1} - \frac{1}{T_2}\right)$ 可以求出另一个温度下的反应速率系数 k_2。

例 4－6　已知某反应的活化能为 100 kJ · mol^{-1}，在 300 K 时该反应的反应速率系数 k_1 为 $1.80 \times 10^{-5}\ mol^{-1} \cdot L \cdot s^{-1}$，试求 400 K 时的反应速率系数 k_2。

解　将 $k_1 = 1.80 \times 10^{-5}\ mol^{-1} \cdot L \cdot s^{-1}$，$T_1 = 300\ K$，$E_a = 100\ kJ \cdot mol^{-1} = 100\ 000\ J \cdot mol^{-1}$，$T_2 = 400\ K$ 代入关系式 $\ln\frac{k_2}{k_1} = \frac{E_a}{R}\left(\frac{1}{T_1} - \frac{1}{T_2}\right)$。

得
$$\ln\frac{k_2}{1.80\times10^{-5}}=\frac{100\times10^3}{8.314}\times\left(\frac{1}{300}-\frac{1}{400}\right)$$

可以求出 $k_2=0.41\ \text{mol}^{-1}\cdot\text{L}\cdot\text{s}^{-1}$。

可见，温度升高，化学反应速率加快。

4.4.3 其他形式的温度与化学反应速率关系式

大多数反应的温度与化学反应速率之间的关系都符合阿伦尼乌斯方程，但还有一些特殊的反应存在其他形式的关系式。

现列举出 4 种其他形式的温度与化学反应速率关系曲线，如图 4-4 所示。其中：图 4-4（a）对应爆炸反应，当温度达到燃点时，化学反应速率突然增大；图 4-4（b）对应酶催化反应，温度太高或太低都会降低生物酶的活性，某些由吸附速率控制的多相催化反应的情况与之类似；图 4-4（c）对应某些含碳化合物的氧化反应，温度升高，副反应产生较大影响，温度与化学反应速率的关系变复杂；图 4-4（d）对应某些化学反应速率随温度的升高而下降的反应，如 NO 与 O_2 生成 NO_2 的反应。

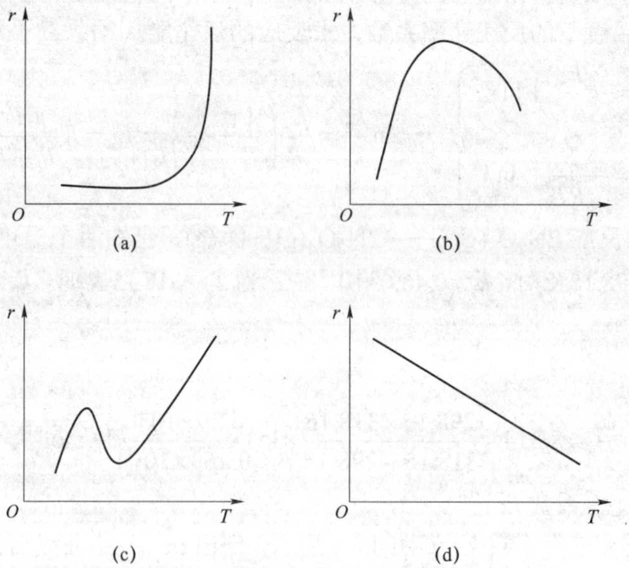

图 4-4 其他形式的温度与化学反应速率关系曲线

4.5 活 化 能

活化能又被称为阈能，这一概念由阿伦尼乌斯在 1889 年引入，用来表示化学反应发生所需要克服的能量壁垒，单位是 $\text{kJ}\cdot\text{mol}^{-1}$。活化能的大小取决于反应物的具体性质，它是决定化学反应速率的内在因素。不同的化学反应速率理论对活化能有不同的解释。

4.5.1 简单碰撞理论

简单碰撞理论以分子运动论为基础，主要适用于气相双分子反应。简单碰撞理论认为，可以将反应物分子（或原子、离子）看成是刚性球体，其无内部结构和相互作用；反应物分子之间必须通过相互碰撞才能发生反应；但并不是所有碰撞都能发生反应，事实上只有少数或极少数分子碰撞时能发生反应；能发生反应的碰撞称为有效碰撞。分子发生有效碰撞所必须具备的最低能量若以 E_c 表示，能量等于或超过 E_c 的分子称为活化分子，能量低于 E_c 的分子称为非活化分子。

通过碰撞，分子间的能量可以交换，能量不高的分子可以转变为活化分子。反应物分子转变为活化分子所需要的能量是反应的活化能（E_a）。由于反应物分子的能量彼此不同，活化分子的能量彼此也不同，按照统计的观点，活化能 E_a 被定义为：活化分子的平均能量 $\overline{E}^*$ 与反应物分子的平均能量 $\overline{E}$ 之差，即

$$E_a = \overline{E}^* - \overline{E} \tag{4-14}$$

每一个反应都有其特有的活化能，一般化学反应的活化能约为 40～400 kJ·mol^{-1}，多数为 60～250 kJ·mol^{-1}。

活化能是决定化学反应速率大小的重要因素。在一定温度下，E_a 越大的反应，活化分子百分数越小，单位时间内有效碰撞次数越少，反应速率越慢；E_a 越小的反应，活化分子百分数越大，单位时间内有效碰撞次数越多，反应速率越快。

简单碰撞理论较好地解释了有效碰撞，但它不能说明反应过程及其能量的变化，为此，过渡状态理论应运而生。

4.5.2　过渡状态理论

过渡状态理论又称活化络合物理论，它建立在统计力学和量子力学的基础上。过渡状态理论认为：化学反应不是只通过简单碰撞就变成产物，而是要经过一个以一定的构型存在的势能较高的过渡态（活化络合物），形成这个过渡态需要一定的能量，称为活化能。活化络合物不稳定，在与反应物分子建立化学平衡的同时，也分解为产物。

对于反应 A+BC ⟶ AB+C，其实际过程是

$$A + BC \underset{}{\overset{慢}{\rightleftharpoons}} [A\cdots B\cdots C] \xrightarrow{快} AB + C$$

当 A 与 BC 发生反应时，A 与 B 接近并产生一定的作用力，同时 B 与 C 之间的键减弱，生成不稳定的[A⋯B⋯C]，称为过渡态，或者活化络合物；反应物 A+BC（能量表示为 $E_{始}$）和生成物 AB+C（能量表示为 $E_{终}$）均是能量低的稳定状态，过渡态（能量表示为 E_{ac}）是能量高的不稳定状态。放热反应过程中的能量变化如图 4-5 所示。

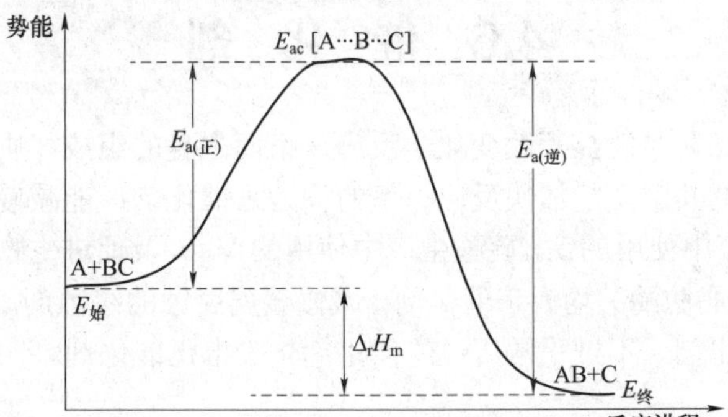

图 4–5　放热反应过程中的能量变化

按照过渡状态理论，过渡态和始态的势能差为正反应的活化能；过渡态和终态的势能差为逆反应的活化能；系统的终态和始态能量之差等于化学反应的摩尔焓变。即

$$E_{a(正)} = E_{ac} - E_{始} \tag{4-15.a}$$

$$E_{a(逆)} = E_{ac} - E_{终} \tag{4-15.b}$$

$$\Delta_r H_m = E_{终} - E_{始} = [E_{ac} - E_{a(逆)}] - [E_{ac} - E_{a(正)}]$$

即

$$\Delta_r H_m = E_{a(正)} - E_{a(逆)} \tag{4-16}$$

由式（4-16）可得出

$E_{a(正)} < E_{a(逆)}$，$\Delta_r H_m < 0$，为放热反应（见图 4-5）

$E_{a(正)} > E_{a(逆)}$，$\Delta_r H_m > 0$，为吸热反应

由以上分析可见，过渡状态理论一方面考虑了分子结构的特点和化学键的特征，较好地揭示了活化能的本质，从原则上来讲，只要知道过渡态的结构，就可以运用光谱数据及统计力学的方法计算化学反应的动力学，如反应速率系数 k 等。另一方面，过渡状态理论建立了反应热力学和动力学之间的联系，体现了该理论的优越性。

4.5.3 活化能对化学反应速率的影响规律

活化能的定义在简单碰撞理论和过渡状态理论中有所不同，但其含义实质上是一样的。根据阿伦尼乌斯方程，活化能越高，化学反应速率越小。对于活化能小于 40 kJ · mol^{-1} 的反应，化学反应速率非常大，反应可瞬间完成；而对于活化能大于 400 kJ · mol^{-1} 的反应，化学反应速率非常小。例如处理汽车尾气时去除 NO 气体的反应的活化能为 611 kJ · mol^{-1}，室温下根本看不到该反应的进行。

在阿伦尼乌斯方程 $k = k_0 \cdot e^{-E_a/(RT)}$ 中，E_a 位于指数项，对 k 有显著影响。在室温下，E_a 每增加 4 kJ · mol^{-1}，k 值降低约 80%。对于同一反应，E_a 在一定温度区间内可以认为是定值，在低温区化学反应速率对温度的变化更加敏感，反应温度升高相同数值（$T_2 - T_1$ 值一定）时，低温区 k 值增大的倍数要大于高温区 k 值增大的倍数，因此对于反应温度不高的化学反应可采用升温的办法有效提高化学反应速率。对于不同反应，E_a 不同，温度升高相同数值时，E_a 值大的反应的反应速率系数增大的倍数多，因此在提高化学反应速率时，升高温度对化学反应速率小的反应有明显的作用。

4.6 催 化 剂

催化剂（又称触媒）是能显著改变化学反应速率而本身的组成、质量和化学性质在反应前后保持不变的物质。其中，能加快反应速率的称为正催化剂；能减慢反应速率的称为负催化剂。例如合成氨生产中使用的铁，硫酸生产中使用的 V_2O_5 及促进生物体化学反应的各种酶（如淀粉酶、蛋白酶、脂肪酶）均为正催化剂；减慢金属腐蚀的缓蚀剂，防止橡胶、塑料老化的防老剂等均为负催化剂。不过平常所说的催化剂一般指正催化剂。

4.6.1　催化剂的作用机理和基本特征

常用过渡状态理论来解释催化剂的作用机理，一般认为，催化剂是通过改变化学反应历程从而降低反应的活化能，以达到加快化学反应速率的目的。例如：

对反应：$A+B \xrightarrow{E_a} AB$

加入催化剂 K 后，反应机理变为：

$$A+K \underset{E_{-1}}{\overset{E_1}{\rightleftharpoons}} AK$$

$$AK+B \xrightarrow{E_2} AB+K$$

催化剂 K 本质上是把一个比较难发生的反应（E_a 较高）变成了两个很容易发生的化学反应（E_a 较低）。在第一个反应中，催化剂扮演反应物的角色，而在第二个反应中催化剂扮演产物的角色，所以从总的反应方程式看，催化剂在反应前后没有变化。催化反应活化能示意图如图 4–6 所示。

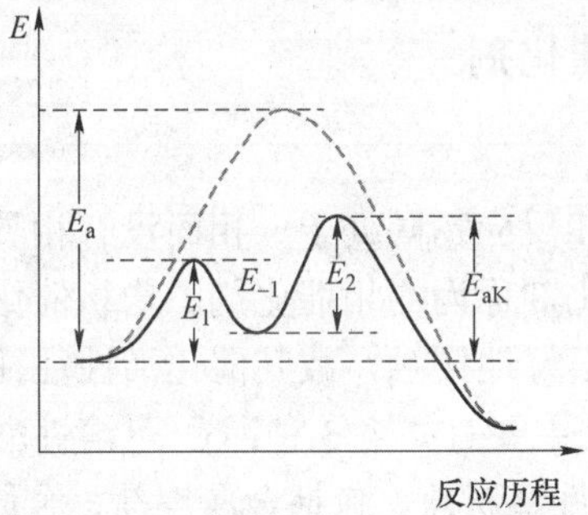

图 4–6　催化反应活化能示意图

催化剂有如下主要特征。

（1）催化剂只能缩短反应平衡到达时间而不能改变化学平衡，即催化剂能同时加快正、逆反应速率，却不能实现热力学上不能自发进行的反应。催化剂只可改变热力学上可行化学反应的反应速率，使可能性变为现实性。

（2）催化剂有特殊的选择性。对于具有众多反应路径的复杂化学反应，优秀的催化剂可以只对其中某一条反应路径具有优异的催化性能，而对其他不需要的反应（副反应）加以抑制。例如，以水煤气（$CO+H_2$）为原料，使用不同的催化剂并配以不同的反应条件，可以得到诸如甲醇、甲烷、合成汽油（烷烃和烯烃混合物）或固体石蜡等不同产物。如图 4–7 所示，在不同催化剂的作用下，乙烯的氧化可得到不同的产物。

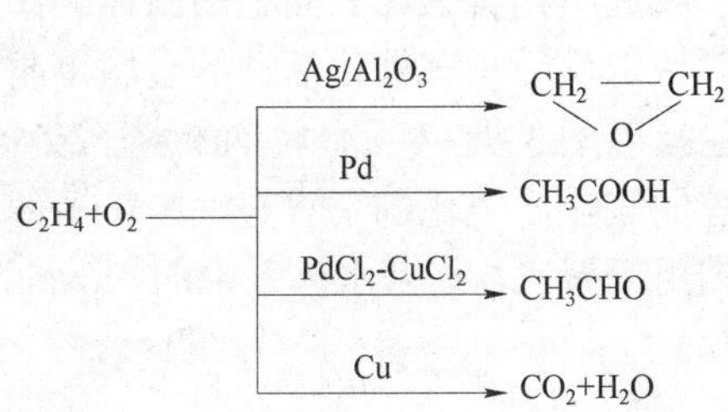

图 4–7　乙烯在不同催化剂作用下的氧化反应

（3）催化剂失活。对于一定催化剂，某些少量杂质的引入可以显著地影响催化剂的催化性能。其中，能增强催化剂活性的物质叫作助催化剂，如在合成氨的铁基催化剂中往往需要加少量的K、Ca、Al等的氧化物作为助催化剂。能使催化剂的活性和选择性降低甚至消失的物质叫作催化剂毒物，比如极少量的含S、N、P的化合物（例如CS_2、HCN、PH_3等）及某些重金属（例如Hg、Pb等）就可以引起一些催化剂中毒而导致催化剂失活。除催化剂毒物造成的催化剂中毒所引起的失活之外，反应条件下催化剂的结焦、堵塞及烧结也可引起催化剂失活。反应条件下催化剂表面生成含碳沉积物的现象称为结焦。由于含碳物质在催化剂孔中沉积导致催化剂孔径减小，使反应物分子难以扩散进入催化剂孔中发生催化反应的现象称为堵塞。有时把堵塞归并在结焦中，将由结焦、堵塞所引起的催化活性衰退称为结焦失活，它是催化剂失活中最普遍、最常见的失活形式。引起催化剂结焦失活的物质要比引起催化剂中毒的物质多得多。催化剂的烧结是指由高温引起的催化剂结构、性能发生变化所导致的失活现象。高温条件除了会引起催化剂的烧结外，还会引起催化剂化学组成和相组成的变化，在高温下所有催化剂都将逐渐发生不可逆的结构变化，直至催化剂失活。

4.6.2 均相催化剂和多相催化剂

1. 均相催化剂

在反应过程中，将催化剂和反应物同处于一相而没有相界面存在的反应称为均相催化反应。能起到均相催化作用的催化剂称为均相催化剂。均相催化剂均匀地分散在催化体系中，所有的活性中心都能和反应物很好地接触，故其催化活性往往都很高，在有机合成领域有着广泛的应用。常见的均相催化剂主要有如下3种：① 可溶性酸或碱，最常见的是硫酸、盐酸、有机胺、氢氧化钠等；② 可溶性金属盐，包括金属镍盐、金属钴盐、金属铬盐等，例如氯化铜和氯化钯能够有效地催化苯胺的氧化羰基化反应；③ 可溶性金属有机配合物，例如菲啰啉络合的醋酸钯能够有效地催化一系列醇的氧化反应。

虽然均相催化剂具有优异的催化活性，但其均相本质也导致均相催化剂在实际使用中具有一定的局限性。例如，均相酸碱催化剂能将反应容器严重腐蚀，产物提纯困难；与反应体系处于一相的均相催化剂的回收和循环利用困难，导致生产成本增加；均相催化生产过程经常排放大量污染物，对环境会造成一定的危害。

2. 多相催化剂

在反应过程中，催化剂和反应物处于不同相，催化反应在相界面上进行，这样的反应被称为多相催化反应。用于多相催化反应体系的催化剂称为多相催化剂。为了增加催化剂活性组分的利用率，实际生产中经常使用特定的惰性载体负载活性组分，制成活性中心高度分散的负载型催化剂。惰性载体一般选用具有大比表面积的固体，如活性炭、惰性金属氧化物、分子筛等，活性中心一般为对特定反应具有催化活性的金属单质和金属氧化物等。最近几年开发比较成功的多相催化剂包括以下3类：① 金属纳米粒子或金属无机物，例如羟基磷灰石负载钯纳米粒子催化剂用于醇的氧化，氧化铈负载金纳米粒子催化剂用于水煤气变换反应，硫酸钡负载钯纳米粒子催化剂用于聚乙二醇–水体系中的Suzuki偶联反应①，碳材料负载金

① 指在零价钯配合物催化下，芳基、烯基硼酸或硼酸酯与卤代芳烃或烯烃发生的交叉偶联反应。

纳米粒子用于烯烃的氧化反应等；② 分子筛催化剂，例如 b 轴取向的介孔 ZSM－5[①]分子筛（ZSM－5－OM）用于大分子的醇醛缩合反应等；③ 负载型金属有机配合物与固体酸催化剂，例如介孔氧化硅负载 Mn－Salen[②] 用于烯烃氧化反应，负载型 Co－Salen 用于环氧丙烷的水解反应等。

与均相催化剂相比，多相催化剂最大的优点就是它们可以通过沉淀、离心或者过滤等简单方法从反应体系中被分离出来，经洗涤或者焙烧即可投入到下一次的使用中。但反应物和产物的传质扩散会对多相催化反应起到一定的限制作用，并且由于多相催化剂上的活性中心并不能像均相催化剂那样和反应物充分接触，多相催化剂的活性通常要低于均相催化剂的活性，其反应条件也不如均相催化剂的反应条件温和。

但最近十几年发展起来的固体超强酸催化剂能在较温和的条件下催化一系列化学反应。超强酸是指比溶质质量分数为 100%的硫酸还要强的酸。固体超强酸大体有两类：一类是将氟化物负载于特定载体上形成的含卤素固体超强酸，另一类是由表面吸附硫酸根的金属氧化物或氢氧化物经烧结形成的无卤素固体超强酸。固体超强酸酸度大，制备方法简单，能在较温和的条件下催化一系列化学反应。固体超强酸催化剂对有机物的分解、烷基化、异构化、酯化和缩聚等反应有很好的催化性能，可以有效降低这些反应的反应温度，甚至于在室温下就可以催化这些反应。固体超强酸催化剂选择性高，副反应少，催化性能好，已逐渐代替传统的酸催化剂而被广泛应用于有机反应中。

目前含卤素固体超强酸的研究和应用相对较少，无卤素固体超强酸的研究较为系统和深入。无卤素固体超强酸可分为单组分固体超强酸与复合固体超强酸。单组分固体超强酸中，锆系固体超强酸可用于催化苯甲醛与乙酸酐的缩醛反应及异丁烯的烷基化反应；钛系固体超强酸可用于乙酸乙酯的合成反应和甲苯硝化反应；铁系固体超强酸可用于纤维素的醋酸酯化反应、乙酸乙酯合成反应及苯的硝基化反应；铝系固体超强酸可用于以苯甲醇和冰乙酸为原料合成乙酸苄酯的反应。单组分固体超强酸虽然有较好的起始催化活性，但其主要活性组分 SO_4^{2-} 在反应中容易流失，特别在较高温度条件下容易失活。以金属氧化物 ZrO_2、TiO_2 和 Fe_2O_3 为母体，加入其他金属或氧化物形成多组元固体超强酸，通过引入稀土元素或特定分子筛及纳米级金属氧化物进行改性形成复合固体超强酸催化剂，从而为催化剂提供合适的比表面积，增加酸中心密度，改变酸种类型，优化催化性能。比如，复合固体超强酸 SO_4^{2-}/ZrO_2-TiO_2 用于合成乙酸乙酯可获得 90.8%的酯化率；复合固体超强酸 SO_4^{2-}/ZrO_2-SiO_2 用于合成丁酸丁酯，酯化率高达 90%；复合固体超强酸 $S_2O_8^{2-}/TiO_2-MoO_3$ 用于丙酸苄酯的合成反应，酯化率可达 96%以上；复合固体超强酸 $S_2O_8^{2-}/ZrO_2-SiO_2$ 负载稀土氧化钐之后用于乙酸与丁醇的酯化反应，酯化率为 99.42%；复合固体超强酸 $SO_4^{2-}/ZrO_2-La_2O_3$ 是催化环己醇脱水生成环己烯的良好催化剂，收率达 80.66%；$SO_4^{2-}/ZrO_2/MCM-41$[③]可用于合成甲基叔丁基醚（MTBE）和正戊烷异构化反应，具有极好的反应选择性。

---

① ZSM–5 沸石是美国莫比尔石油公司于 20 世纪 60 年代末首次用有机胺作模板剂合成出来的一种新型沸石分子筛。

② 一般把两个相同的醛分子和一个二胺分子缩聚生成的螯合席夫碱（Sali-cylaldehydoethylenediamine）简称为 Salen。一开始只是把由乙二胺生成的螯合席夫碱称为 Salen，后来把含有这种结构的配位体统称为 Salen。Salen 的中心位置有四个原子，可以作为某些金属的配位体，形成 M–Salen 配合物（M＝Ti，Zr，Fe，Mn，Ni，V，Cu，Co，Zn，Al，Sm 等），根据金属不同，分别称为某金属–Salen。

③ MCM–41 为一种有序介孔二氧化硅材料。

4.6.3 酶

酶是动植物和微生物体内具有高效催化能力的蛋白质，其相对分子质量一般在 10^4 到 10^6 之间。生物体内的化学反应几乎都是在酶的催化作用下进行的，目前已发现水解酶、异构化酶、胃酶、氧化还原酶等 2 000 多种酶，它们对生物体正常进行各种生化反应及维持生命活动起到至关重要的作用。酶催化比一般催化反应更具特色。

（1）酶的催化活性和催化效率极高，约为均相酸碱催化剂的 10^8～10^{11} 倍。

（2）酶具有高度选择性。例如，蛋白酶只能催化蛋白质水解成多肽；脲酶只能催化尿素 $CO(NH_2)_2$ 水解为 NH_3 和 CO_2，而不能催化尿素的取代物水解反应。

（3）酶催化所需的反应条件温和。例如，大豆植株中的固氮酶在常温常压下就能固定空气中的氮而将其转化为氨，而工业合成氨反应中使用的铁催化剂需要在高温高压条件下才能实现氮的固定。

酶催化这些优于一般催化的特殊性质引起了人们浓厚的研究兴趣，促使化学模拟生物酶方面的研究成为当今催化研究的活跃领域。例如，研究并模拟自然界中的固氮过程和光合作用是可能解决如今农业及能源问题的重大研究方向，具有十分重要的意义。

21 世纪是绿色化学的时代，采用环境友好型催化剂实现生产过程高效、安全、低能耗、高原子经济性及“零排放”的化学工艺，从源头上防止化学化工行业可能带来的环境污染，这是化学工作者追求的目标，也是催化领域研究的热点。

拓展视野

合成氨工业史话

20 世纪初最惊心动魄的化学反应莫过于合成氨反应。合成氨反应之所以重要，是因为它使得人工固氮成为可能。人类利用合成氨再生产尿素等含氮化肥，大大提高了粮食产量，从而解决了人口快速增长带来的吃饭问题。

从总的反应过程来看，合成氨反应非常简单，就是指将氮气和氢气直接合成氨气的过程，可以简单的表示为 $N_2+3H_2 \rightleftharpoons 2NH_3$。然而，要实现这一反应却相当“辛苦”，这是因为该反应是一个体积缩小、放热的反应——在热力学上，低温、高压更有利于反应平衡向右移动，即对合成氨反应是有利的；但从动力学上考虑，反应本身的活化能很高（约 335 kJ/mol），在较低温度和没有催化剂的条件下反应速率极慢以至于无法观察。

人类大约花了 150 年才解决这一重大难题，其中主要是德国物理化学家弗里茨·哈伯（Fritz Haber，1868—1934）的贡献。他采用将氮气与氢气直接混合（反应条件：压力 17.5 MPa 到 20 MPa；反应温度 500 ℃到 600 ℃），关键是选用贵金属锇作为催化剂，顺利得到了 6%到 8%的氨，首次实现了氮气的直接固化。但是，他采用的这个反应要求具备高压、高温及贵金属催化剂的条件，而且锇很容易催化剂中毒；另外，每次通过反应器的氮氢混合气转化为氨的转化产率很低，所以很难实现工业化生产，只能做到几十克级别的反应装置。

为了满足当时迫切的工业化需要，弗里茨·哈伯和德国工程师卡尔·博施（Carl Bosch，1874—1940）一起，对实验进行改进。他们主要进行以下 3 方面的改进。① 铁触媒催化剂的使用。由于金属锇价格十分昂贵，而且反应过程容易发生催化剂中毒，从 1912 年开始，他们分别合成了 2 500 种不同的催化剂并对每个催化剂的催化效果进行了 6 500 次的筛选实验，最终得到一种含有钾和铝氧化物作辅助催化剂的铁触媒催化剂。② 循环反应法的使用。他们将反应过程中未参与反应的气体重新输送回反应器，提高反应的转化率，这一方法后来被德国巴登苯胺纯碱公司所采用。③ 反应容器材料的改进，解决了气体对钢材的腐蚀等难题。问题解决之后，巴登苯胺纯碱公司就在德国奥堡建成世界上第一座日产 30 t 合成氨的装置。后来人们为了纪念哈伯和博施为合成氨所做的努力，就把这种合成氨的方法称为哈伯–博施法。

后来，德国化学家格哈德·埃特尔（Gerhard Ertl）对人工固氮技术的原理提供了详细的解释：认为首先是氮分子在铁催化剂金属表面上进行化学吸附，使氮原子间的化学键减弱进而解离；接着是化学吸附的氢原子不断地跟表面上的解离的氮原子作用，在催化剂表面上逐步生成—NH、—NH_2 和 NH_3，最后氨分子在表面上脱吸而生成气态的氨。格哈德·埃特尔还确定了原有方法中化学反应中最慢的步骤——N_2 在金属表面的解离，这一突破有利于更有效地计算和控制人工固氮技术。

正因为合成氨反应的重要意义和巨大的挑战性，诺贝尔化学奖 3 次授予合成氨相关研究。发明高温高压合成氨过程的弗里茨·哈伯，发展出 Haber-Bosch 过程的卡尔·博施及利用表面科学手段阐明合成氨机理的格哈德·埃特尔分别于 1918 年、1931 年、2007 年获诺贝尔化学奖（见图 4–8）。

（a）弗里茨·哈伯　　（b）卡尔·博施　　（c）格哈德·埃特尔

图 4–8　合成氨相关诺贝尔化学奖获得者

尽管科学家们对合成氨催化过程的认识不断加深，20 世纪合成氨主要使用的催化剂仍属于早期发现的铁基催化剂，直到 1990 年，英国 BP 公司和美国 Kellogg 公司共同研发出了第一个钌基合成氨催化剂 KAAP，并因成本低的优势而在研发成功后迅速投入了生产。总体来说，钌基催化剂具备催化活性强、反应温度低、操作压力小、使用寿命长、对原料要求较低等优点，因此被称为第二代氨合成催化剂。但钌基合成氨催化剂的价格昂贵，又不容易普及。合成氨这种高能耗产业的节能降耗之路还很漫长。

氢和氮催化合成氨，被 Rideal 和 Taylor 认为是“现代物理和工程化学中最重要、最伟大的成功范例之一”，也为多相催化领域开创了更远大的前景。纵观催化发展史，合成氨反应的研究一刻也没有停滞过，一个世纪以来，合成氨催化剂成为多相催化中许多基础理论研究的起点，每当提出关于催化剂的新理论时，合成氨催化剂往往用作第一个试金石。从 1908 年弗里茨·哈伯发现可以利用氮气和氢气直接合成氨开始，合成氨研究的每一次重大突破也都留下了里程碑式的刻印。

工业合成氨的发明过程，包含着化学家伟大的创造性和光辉的科学思想，体现了当时科学家和企业家的远见和激情。三位诺贝尔化学奖获得者对合成氨的研究先后持续了一个世纪，从实验室到工业化，由宏观到微观，从实践到理论，从理论到实践，体现了奋力攻坚的勇气和高度创新的精神。这种精神也将激励后续科学家不断创新。当今生物酶催化、有机金属仿生催化、光催化和电催化等一系列新方法如雨后春笋般涌出，为温和条件下催化合成氨提供了无限可能。伴随着新型催化方式的发现及合成氨工业规模的不断壮大，合成氨催化研究也将迎来新一轮更广阔和长远的发展。

习题

1. 判断以下说法是否正确。

（1）反应 $a\mathrm{A(aq)}+b\mathrm{B(aq)}\longrightarrow g\mathrm{G(aq)}$ 的反应速率方程为 $r=k[c(\mathrm{A})]^a[c(\mathrm{B})]^b$，则此反应一定是一步完成的简单反应。

（2）可根据反应速率系数的单位来确定总反应级数，若 k 的单位是 $\mathrm{mol^{1-n}\cdot L^{n-1}\cdot s^{-1}}$，则总反应级数为 n。

（3）通常升高同样温度，E_a 较大的反应的化学反应速率增大的倍数较多。

（4）所有反应的速率都随反应时间而改变。

2. 当反应温度不同而反应物初始浓度相同时，同一个反应的初始反应速率是否相同？反应速率系数是否相同？总反应级数是否相同？活化能是否相同？

3. 当反应温度相同而反应物初始浓度不同时，同一个反应的初始反应速率是否相同？反应速率系数是否相同？总反应级数是否相同？活化能是否相同？

4. 哪一种反应的速率与浓度无关？哪一种反应的半衰期与浓度无关？

5. 保持热力学温度 T 和体积 V 不变，对于反应 $\mathrm{A(g)}\longrightarrow\mathrm{B(g)}+\mathrm{D(g)}$，当反应物 A 的初始压力 $p_\mathrm{A}=100\ \mathrm{kPa}$ 时，反应的半衰期 $t_{1/2}=25\ \mathrm{min}$；当反应物 A 的初始压力 $p_\mathrm{A}=200\ \mathrm{kPa}$ 时，反应的半衰期 $t_{1/2}=50\ \mathrm{min}$。求此反应的总级数 n 和反应速率系数 k。

6. 在一定温度下，液相反应 $\mathrm{A}\longrightarrow\mathrm{B}+\mathrm{D}$ 的反应速率系数 $k=50\ \mathrm{min^{-1}}$，$c(\mathrm{A})$从 $2\ \mathrm{mol\cdot L^{-1}}$ 变为 $0.5\ \mathrm{mol\cdot L^{-1}}$ 所需的时间为 t_1，$c(\mathrm{A})$从 $0.5\ \mathrm{mol\cdot L^{-1}}$ 变为 $0.25\ \mathrm{mol\cdot L^{-1}}$ 所需的时间为 t_2。求 t_1/t_2。

7. 对于某气相反应 $\mathrm{A(g)}+3\mathrm{B(g)}+2\mathrm{C(g)}\longrightarrow\mathrm{D(g)}+2\mathrm{E(g)}$，某温度下测得如下动力学数据：

$c(A)$/（$mol \cdot L^{-1}$）	$c(B)$/（$mol \cdot L^{-1}$）	$c(C)$/（$mol \cdot L^{-1}$）	$\frac{dc(D)}{dt}$ /（$mol \cdot L^{-1} \cdot min^{-1}$）
0.20	0.40	0.10	X
0.40	0.40	0.10	$4X$
0.40	0.40	0.20	$8X$
0.20	0.20	0.20	X

（1）分别求出该反应对 A，B，C 的反应级数；

（2）写出该反应的速率方程。

8. 473 K 时，测得气相反应 $3A + B \longrightarrow 2D$ 在不同 A、B 反应物初始压力下的初始速率数据如下表所示：

实验编号	$p_0(A)$/Pa	$p_0(B)$/Pa	$-\frac{dp_0(B)}{dt}$ /（$Pa \cdot s^{-1}$）
1	1.33×10^4	133	1.33
2	2.66×10^4	133	5.33
3	5.32×10^4	66.5	10.64

（1）试求速率方程 $r = k[p(A)]^{\alpha}[p(B)]^{\beta}$ 中 α，β，k 的值；

（2）若已知活化能为 188 kJ·mol^{-1}，试计算实验 3 在 673 K 时的化学反应速率。

9. 等容气相反应 $A(g) \longrightarrow B(g)$ 的反应速率系数 k（min^{-1}）与 T（K）具有如下的关系式：$\ln k = 24.00 - \frac{9\,622}{T}$。（1）计算此反应的活化能；（2）欲使 A 在 120 min 内平衡转化率达 90%，则反应温度应控制在多少合适？

10. 某放射性元素的衰变过程是一级反应，半衰期为 10^4 年，问此元素由 100 g 减少到 1 g 需要多少年？

11. 已知反应 $2NO(g) + 2H_2(g) \longrightarrow N_2(g) + 2H_2O(g)$ 对 NO 是二级反应，对 H_2 是一级反应。

（1）写出速率方程；

（2）若浓度以 mol·L^{-1} 表示，反应速率系数 k 的单位是什么？

（3）分别写出用 N_2 和 NO 浓度变化率表示的速率方程，这两个方程中的 k 在数值上是否相等？其所对应的活化能 E_a 值是否相等？

12. 偶氮甲烷的气相分解反应为一级反应：$CH_3NNCH_3(g) \longrightarrow C_2H_6(g) + N_2(g)$，在温度为 287 ℃的密闭容器中（恒体积），偶氮甲烷的初始压强为 21.3 kPa，1 000 s 以后，容器中的总压强为 22.7 kPa，求反应速率系数及半衰期。

13. 气相反应 $Cl_2O(g)+2N_2O_5(g) \longrightarrow NO_3Cl(g)+NO_2Cl(g)+2NO_2(g)+O_2(g)$ 可能的反应历程是：

$$N_2O_5 \underset{k_{-1}}{\overset{k_1}{\rightleftharpoons}} NO_2 + NO_3 \text{（快，平衡）}$$

$$NO_2 + NO_3 \xrightarrow{k_2} NO + O_2 + NO_2 \text{（慢）}$$

$$NO + Cl_2O \xrightarrow{k_3} NO_2Cl + Cl \text{（快）}$$

$$Cl + NO_3 \xrightarrow{k_4} NO_3Cl \text{（快）}$$

试推导这个反应的速率方程。

14. 反应 $CF_3(g)+\frac{1}{2}H_2(g) \longrightarrow CF_3H(g)$ 的活化能 E_a 为 40 kJ・mol^{-1}，400 K 时，$k=4.50\times 10^{-3}$ L・mol^{-1}・s^{-1}，试求 $k=9.0\times10^{-3}$ L・mol^{-1}・s^{-1} 时的反应温度。

15. 已知反应 $2N_2O_5(g) \longrightarrow 2N_2O_4(g)+O_2(g)$ 在 $T_1=298.15$ K 时的反应速率系数 $k_1=0.469\times10^{-4}$ s^{-1}；在 $T_2=318.15$ K 时的反应速率系数 $k_2=6.29\times10^{-4}$ s^{-1}，求在 338.15 K 时的反应速率系数 k_3。

第 5 章

水溶液反应原理

多数化学反应都是在水溶液中进行的，参与这些反应的物质主要是酸碱盐。人们对酸碱的认识经历了一个由浅入深的过程，形成了以酸碱电离理论、酸碱质子理论、酸碱电子理论为主的现代酸碱理论。

1. 酸碱电离理论

1887 年瑞典化学家 Arrhenius 根据电解质溶液理论定义了酸和碱，他认为：电解质在水溶液中能电离，电离时所生成的阳离子全部是 H^+的化合物是酸，电离时所生成的阴离子全部是 OH^-的化合物是碱。酸碱的相对强弱可以根据它们在水溶液中电离出的 H^+或 OH^-浓度的大小来衡量：H^+浓度越大，酸性越强；OH^-浓度越大，碱性越强。酸碱反应的实质是 H^+和 OH^-相互作用生成 H_2O 的反应。酸碱电离理论在一定程度上提高了人们对酸碱本质的认识，对化学科学的发展起了很大作用，但它将酸和碱限制在以水为溶剂的体系中，对于非水溶剂体系和无溶剂体系都不适用，同时又将碱限制为氢氧化物，具有明显的局限性。

2. 酸碱质子理论

1923 年丹麦化学家 Brönsted 和英国化学家 Lowry 提出了酸碱质子理论，他们认为：凡是能够给出质子（H^+）的任何物质都是酸，凡是能够接受质子的任何物质都是碱。简单地说，酸是质子的给予体，而碱是质子的接受体。酸和碱统一在对质子的关系上：酸放出质子后变成了碱，而碱接受质子后变成了酸，常将酸碱之间的这种关系称作共轭关系。根据酸碱质子理论，容易放出质子的物质是强酸，而该物质放出质子后就不容易形成酸，同质子结合的能力弱，因而是弱的碱。换言之，酸越强，它的共轭碱就越弱；反之，碱越强，它的共轭酸就越弱。酸碱质子理论认为酸碱反应的实质是分子或离子间的质子转移。酸碱质子理论扩大了酸和碱的范围，强调了酸碱的共轭关系，不仅适用于水溶液，还适用于气相和非水溶液中的反应。

3. 酸碱电子理论

酸碱质子理论显然无法对不涉及质子转移但却具有酸碱特征的反应做解释，这一不足由美国化学家 Lewis 提出的酸碱电子理论所弥补，但后者直到 20 世纪 30 年代才开始在化学界产生影响。酸碱电子理论认为：凡能接受电子对的物质（分子、离子或原子团）都称为酸，凡能给出电子对的物质（分子、离子或原子团）都称为碱。即酸是电子对的受体，碱是电子对的给体，它们也被称为 Lewis 酸和 Lewis 碱，简称 L 酸和 L 碱。酸碱反应的实质是碱提供电子对与酸形成配位键，反应产物称为酸碱配合物。酸碱电子理论中只有酸、碱和酸碱配合物，没有盐的概念。该理论扩大了酸碱范围，可把酸碱概念用于许多有机反应和无溶剂反应中。但这一理论包罗万象，使酸碱特征不明显，对确定酸碱的相对强弱来说没有统一的标度，对酸碱反应进行的方向难以判断。

酸碱盐都是电解质，在水溶液中能电离为带电离子，因此，酸碱盐之间的反应实质上是离子反应。水溶液中的离子反应可分为酸碱反应、沉淀反应、配位反应和氧化还原反应四大类，这四大类离子反应的平衡被称为四大化学平衡，即酸碱平衡、沉淀溶解平衡、配位平衡和氧化还原平衡。本章以化学平衡及其移动原理和现代酸碱理论为基础，着重介绍酸碱平衡、沉淀溶解平衡和配位平衡。

5.1 酸 碱 平 衡

5.1.1 酸碱质子理论

非水溶液中的气体氯化氢和氨气并不解离，但它们之间能相互反应生成氯化铵，所得到的氯化铵与由水溶液中反应所得到的氯化铵完全相同。酸碱电离理论无法解释这一事实，1923年，Brönsted 和 Lowry 同时独立地提出了酸碱质子理论，该理论能很好地解释上述事实。

1. 质子酸、质子碱

酸碱质子理论定义：凡是能够给出质子的任何物质都是酸，凡是能够接受质子的任何物质都是碱。按照酸碱质子理论，酸碱的范围不再局限于电中性的分子或离子化合物，带电的离子也可称为“酸”或“碱”。例如：HCl、HAc、NH_4^+、$[Al(H_2O)_6]^{3+}$、$H_2PO_4^-$、HPO_4^{2-}等都属于酸，NH_3、$[Al(H_2O)_5OH]^{2+}$、Cl^-、Ac^-、HPO_4^{2-}、PO_4^{3-}等都属于碱。为了区别出酸碱质子理论，有时会将该理论定义的“酸”称作“质子酸”或“B 酸”，将该理论定义的“碱”称为“质子碱”或“B 碱”。

按照酸碱质子理论，物质是酸是碱取决于它如何参与反应，若某物质既能给出质子也能接受质子，那么它既是酸又是碱，这种物质通常被称为两性物质。例如：H_2O、HCO_3^-既能给出质子也能接受质子，因而它们是两性物质。

$$\begin{cases} H_2O \rightleftharpoons H^+ + OH^- \\ H_2O + H^+ \rightleftharpoons H_3O^+ \end{cases}$$

$$\begin{cases} HCO_3^- \rightleftharpoons H^+ + CO_3^{2-} \\ HCO_3^- + H^+ \rightleftharpoons H_2CO_3 \end{cases}$$

2. 共轭酸、共轭碱的概念及其相对强弱

酸和碱之间的关系可表示如下：

$$酸 \rightleftharpoons 质子(H^+) + 碱$$

例如：

$$HAc \rightleftharpoons H^+ + Ac^-$$

$$NH_4^+ \rightleftharpoons H^+ + NH_3$$

$$H_2PO_4^- \rightleftharpoons H^+ + HPO_4^{2-}$$

可以看出，酸和碱是统一在对质子的关系上：酸放出质子后变成了碱，而碱接受质子后

就变成了酸，酸和碱是相互依赖的，常把酸碱之间的这种关系叫作共轭关系。酸放出质子后形成的碱叫作该酸的共轭碱，碱接受质子后形成的酸叫作该碱的共轭酸。把相差一个质子的对应酸碱叫作共轭酸碱对。

根据酸碱质子理论，酸碱的强弱以给出或接受质子的能力的强弱而定。容易放出质子的物质是强酸，而该物质放出质子后形成的碱就不容易同质子结合，因而是弱碱。换言之，酸越强，它的共轭碱就越弱；反之，碱越强，它的共轭酸就越弱。根据酸碱质子理论，酸碱在溶液中所表现出来的强度，不仅与酸碱的本性有关，也与溶剂的本性有关。实际能测定的酸碱的强度是酸碱在一定溶剂中表现出来的相对强度。同一种酸或碱，如果溶于不同的溶剂，它们所表现出来的相对强度就不同。例如，HAc 在水中表现为弱酸，但在液氨中却表现为强酸，这是因为液氨夺取质子的能力（碱性）比水要强得多，这一现象进一步说明了酸碱强度的相对性。在水溶剂中，酸强度取决于酸将质子给予水分子的能力，碱强度则取决于碱从水分子中夺取质子的能力。

3. 酸碱反应的实质

酸碱质子理论认为：酸碱反应是质子转移的反应。

例如，强酸 HCl 在水溶液中发生解离，HCl 给出质子后，得到其共轭碱 Cl^-，而 H_2O 接受 H^+ 生成共轭酸 H_3O^+。酸 HCl 解离反应是由两个酸碱半反应组成的，每一个酸碱半反应中有一对共轭酸碱对。

$$\underset{\text{酸(1)}}{HCl(aq)} \longrightarrow H^+(aq) + \underset{\text{碱(1)}}{Cl^-(aq)}$$

$$H^+(aq) + \underset{\text{碱(2)}}{H_2O(l)} \rightleftharpoons \underset{\text{酸(2)}}{H_3O^+(aq)}$$

(+)

$$\underset{\text{酸(1)}}{HCl(aq)} + \underset{\text{碱(2)}}{H_2O(l)} \rightleftharpoons \underset{\text{酸(2)}}{H_3O^+(aq)} + \underset{\text{碱(1)}}{Cl^-(aq)}$$

上述反应可看作酸 HCl 将质子传递给碱 H_2O，该反应常被称为质子传递反应，可用一个通式表示：

$$\text{酸(1)} + \text{碱(2)} \rightleftharpoons \text{酸(2)} + \text{碱(1)} \tag{5-1}$$

其中，酸（1）和碱（1）、酸（2）和碱（2）是两对共轭酸碱对。

再如弱酸 HAc 在水溶液中的解离：

$$HAc(aq) + H_2O(l) \rightleftharpoons H_3O^+(aq) + Ac^-(aq) \quad (H^+ \text{ 由 } HAc \text{ 转移给 } H_2O)$$

弱碱 $NH_3(aq)$ 在水溶液中的解离：

$$H_2O(l) + NH_3(aq) \rightleftharpoons NH_4^+(aq) + OH^-(aq) \quad (H^+ \text{ 由 } H_2O \text{ 转移给 } NH_3)$$

盐 NaAc 的水解：

$$H_2O(l) + Ac^-(aq) \rightleftharpoons HAc(aq) + OH^-(aq) \quad (H^+ \text{ 由 } H_2O \text{ 转移给 } Ac^-)$$

气相或苯溶液中 HCl 和 NH_3 的中和：

$$HCl + NH_3 \xrightleftharpoons{H^+} NH_4^+ + Cl^-$$

由此可见，按照酸碱质子理论，酸碱电离理论中的酸碱电离反应、盐类的水解反应及酸碱中和反应等均可看作是质子传递反应。

由式（5－1）也可以看出，一种物质是酸还是碱是由它在酸碱反应中的作用而定的。例如，HCO_3^- 与 NaOH 反应时给出质子，此时它是一种酸，而 HCO_3^- 与 HCl 反应时接受质子，此时它是一种碱。又例如，硝酸在水中是一种酸，而溶解在纯硫酸中时却是一种碱。由此可见，酸和碱的概念具有相对性。

为了简化书写，在不引起混淆时，可以把质子传递反应中的 H_3O^+ 简写为 H^+，得到一个类似于酸碱半反应的反应式。例如：

$$HAc(aq) + H_2O(l) \rightleftharpoons H_3O^+(aq) + Ac^-(aq)$$

可简写为

$$HAc(aq) \rightleftharpoons H^+(aq) + Ac^-(aq)$$

该反应式实际上是醋酸与水反应的简写式，并不是酸碱半反应的反应式。

5.1.2 水的解离平衡和溶液的 pH

根据酸碱质子理论，水的解离反应可表示为：

$$H_2O(l) + H_2O(l) \rightleftharpoons H_3O^+(aq) + OH^-(aq)$$

这个反应表明，H_2O 既可给出质子又可接受质子，所以 H_2O 是两性物质。在水分子之间发生的质子传递反应称为 H_2O 的自递反应，标准平衡常数表达式为

$$K_w^{\ominus} = \frac{c(H_3O^+)}{c^{\ominus}} \cdot \frac{c(OH^-)}{c^{\ominus}}$$

通常简写为

$$K_w^{\ominus} = \{c(H_3O^+)\} \cdot \{c(OH^-)\} \text{①}$$

或

$$K_w^{\ominus} = \{c(H^+)\} \cdot \{c(OH^-)\} \tag{5-2}$$

其中，$K_w^{\ominus}$ 被称为水的离子积常数（或自递常数）。298.15 K 时，$K_w^{\ominus} = 1.0 \times 10^{-14}$。就水溶液而言，$c(H^+)$ 和 $c(OH^-)$ 是相互联系的，水的离子积常数正表明了二者的关系。

溶液中 H^+ 浓度或 OH^- 浓度的大小反映了溶液的酸碱性的强弱。当溶液中 $c(H^+)$ 和 $c(OH^-)$ 小于 1 mol · L^{-1} 时，用浓度表示溶液的酸碱性显得不方便，此时可采用 pH 和 pOH 表示：

$$pH = -\lg \frac{c(H^+)}{c^{\ominus}} = -\lg\{c(H^+)\}$$

$$pOH = -\lg \frac{c(OH^-)}{c^{\ominus}} = -\lg\{c(OH^-)\}$$

常温下，在水溶液中

$$K_w^{\ominus} = \{c(H^+)\} \cdot \{c(OH^-)\} = 1.0 \times 10^{-14}$$

将等式两边各项分别取负对数，得

$$-\lg K_w^{\ominus} = -\lg\{c(H^+)\} - \lg\{c(OH^-)\} = 14$$

① $\{c\}$ 是以浓度的单位 mol · L^{-1} 表示的浓度的数值。

即
$$pH + pOH = 14 \tag{5-3}$$

pH 成为表示水溶液酸碱性的一种标度，pH 越小，溶液的酸性越强，碱性越弱；反之，pH 越大，溶液的碱性越强，酸性越弱。溶液的酸碱性和 pH 的关系如下：

酸性溶液　　$c(H^+) > c(OH^-)$　　$pH < 7 < pOH$

中性溶液　　$c(H^+) = c(OH^-)$　　$pH = 7 = pOH$

碱性溶液　　$c(H^+) < c(OH^-)$　　$pH > 7 > pOH$

5.1.3　弱电解质的解离平衡

弱电解质（弱酸、弱碱）在水溶液中大部分以分子的形式存在，只有一部分分子解离成正、负离子。如果一个弱酸分子只能解离出一个 H^+，则这类弱酸被称为一元弱酸，如 HCN、HF 等；如果一个弱酸分子能解离出两个或两个以上 H^+，则这类弱酸被称为多元弱酸，如 H_2S、H_3PO_4 等。弱电解质分子与其解离出的正、负离子之间建立了化学平衡，称为弱电解质的解离平衡，其标准平衡常数称作弱酸或弱碱的解离常数，可用 $K_i^\ominus$ 表示。

弱酸或弱碱在水中的解离程度可以用解离度来表征，解离度一般用 α 表示，是指弱酸或弱碱在水中的解离反应达到平衡时，已解离的弱酸或弱碱浓度与解离前的弱酸或弱碱浓度之比。即

$$\alpha = \frac{\text{已解离的弱酸或弱碱浓度}}{\text{解离前的弱酸或弱碱浓度}} \times 100\% \tag{5-4}$$

一般地，在温度、浓度相同的条件下，解离度较大的弱酸或弱碱，其对应的解离常数 $K_i^\ominus$ 就较大，该弱酸的酸性或弱碱的碱性相对较强。

1. 一元弱酸、一元弱碱的解离平衡

以一元弱酸 HA 为例，HA 在水溶液中的解离平衡为

$$HA(aq) + H_2O(l) \rightleftharpoons H_3O^+(aq) + A^-(aq)$$

解离反应的标准平衡常数表达式为

$$K_a^\ominus(HA) = \frac{[c(H_3O^+)/c^\ominus]\cdot[c(A^-)/c^\ominus]}{c(HA)/c^\ominus} \tag{5-5}$$

其中，$K_a^\ominus(HA)$ 称为一元弱酸 HA 的解离常数。为简便起见，式（5-5）也可简写为

$$K_a^\ominus(HA) = \frac{\{c(H^+)\}\cdot\{c(A^-)\}}{\{c(HA)\}} = \frac{[H^+]\cdot[A^-]}{[HA]}$$

一般 $K_a^\ominus$ 越大，表明该弱酸的解离反应正向进行的程度越大，酸性越强。

以一元弱碱 B 为例，B 在水溶液中的解离平衡为

$$B(aq) + H_2O(l) \rightleftharpoons BH^+(aq) + OH^-(aq)$$

解离反应的标准平衡常数表达式为

$$K_b^\ominus(B) = \frac{\{c(BH^+)\}\cdot\{c(OH^-)\}}{\{c(B)\}} = \frac{[BH^+]\cdot[OH^-]}{[B]} \tag{5-6}$$

同样，$K_b^\ominus(B)$ 称为一元弱碱 B 的解离常数。$K_b^\ominus$ 越大，表明该弱碱的解离反应正向进行的程

度越大，碱性越强。

解离常数 $K_a^\ominus$、$K_b^\ominus$ 本质上均是平衡常数，因此它们与浓度无关而是温度的函数，其值可通过实验测得，也可根据有关热力学数据计算求得，附录C为常温298.15 K条件下一些常见弱酸、弱碱的解离常数值。这里需提出的是，数据来源文献不同或随着研究的深入，不同教材中的解离常数值可能会有些差别。

解离常数和解离度都可以反映弱酸或弱碱的相对强弱，它们之间相互联系。以一元弱酸HA为例：

$$HA(aq) \rightleftharpoons H^+(aq) + A^-(aq)$$

初始浓度/（$mol \cdot L^{-1}$）　　c　　　0　　　0

平衡浓度/（$mol \cdot L^{-1}$）　　$c-c\alpha$　　$c\alpha$　　$c\alpha$

$$K_a^\ominus(HA) = \frac{(c\alpha)^2}{c-c\alpha} = \frac{c\alpha^2}{1-\alpha}$$

一般情况下，平衡常数本身存在百分之几的测定误差，在化学平衡计算中，允许5%左右的计算误差，因此可进行相关的近似处理。一般当 $\frac{c}{K_i^\ominus} \geqslant 500$ 时，即体系浓度较大而弱酸或弱碱的解离常数又较小时，弱酸或弱碱的解离较少，计算时可忽略解离部分。因此上式中，$1-\alpha \approx 1$，此时有

$$K_a^\ominus(HA) = c\alpha^2$$

$$\alpha = \sqrt{\frac{K_a^\ominus(HA)}{c}} \tag{5-7}$$

式（5-7）表示了一元弱酸的浓度、解离度和解离常数间的关系。实际上，一元弱碱的浓度、解离度和解离常数之间也具有类似的数学关系。在一定的温度下，解离常数 $K_i^\ominus$ 保持不变，溶液被稀释时，即上式中 c 减小，解离度 α 将增大，这个规律称为稀释定律。

例5-1　已知298.15 K条件下 $K_a^\ominus(HAc) = 1.8 \times 10^{-5}$，求该温度条件下0.2 $mol \cdot L^{-1}$ HAc的解离度 α 及pH。

解

$$HAc(aq) \rightleftharpoons H^+(aq) + Ac^-(aq)$$

平衡浓度/（$mol \cdot L^{-1}$）　　$0.2(1-\alpha)$　　0.2α　　0.2α

$$K_a^\ominus(HAc) = \frac{\{c(H^+)\} \cdot \{c(Ac^-)\}}{\{c(HAc)\}}$$

$$1.8 \times 10^{-5} = \frac{(0.2\alpha)^2}{0.2(1-\alpha)}$$

由于 $\frac{c(HAc)}{K_a^\ominus(HAc)} = \frac{0.2}{1.8 \times 10^{-5}} > 500$，故有 $1-\alpha \approx 1$，此时：

$$1.8 \times 10^{-5} = \frac{(0.2\alpha)^2}{0.2}$$

解得　　$\alpha = 0.95\%$

$$pH = -\lg\{c(H^+)\} = -\lg(0.2\alpha) = -\lg(0.2 \times 0.009\,5) = 2.72$$

共轭酸碱对的解离常数可相互换算。

例如：一元弱酸 HA 及其共轭碱 A^- 在水中的解离平衡及解离常数如下：

$$HA + H_2O \rightleftharpoons H_3O^+ + A^- \quad K_a^\ominus(HA)$$

$$A^- + H_2O \rightleftharpoons OH^- + HA \quad K_b^\ominus(A^-)$$

将两个反应方程式相加可得到水的自递反应方程式，其平衡常数为 $K_w^\ominus$：

$$H_2O + H_2O \rightleftharpoons H_3O^+ + OH^- \quad K_w^\ominus$$

根据多重平衡原理有

$$K_a^\ominus(HA) \cdot K_b^\ominus(A^-) = K_w^\ominus \tag{5-8}$$

若已知某一温度下某一弱酸（碱）在水中的解离常数，则根据式（5-8）可计算同温度下其共轭碱（酸）在水中的解离常数。

例如：已知 298.15 K 条件下 $NH_3 \cdot H_2O$ 的解离常数 $K_b^\ominus$（$NH_3 \cdot H_2O$）$=1.8\times10^{-5}$，则同温度下其共轭酸 NH_4^+ 的解离常数为

$$K_a^\ominus(NH_4^+) = \frac{K_w^\ominus}{K_b^\ominus(NH_3 \cdot H_2O)} = \frac{1.0\times10^{-14}}{1.8\times10^{-5}} = 5.6\times10^{-10}$$

2. 多元弱酸的解离平衡

多元弱酸在水中的解离是逐级进行的，每级解离都存在对应的解离常数。以 H_2S 为例：

一级解离平衡：

$$H_2S \rightleftharpoons H^+ + HS^-$$

$$K_{a1}^\ominus(H_2S) = \frac{\{c(H^+)\} \cdot \{c(HS^-)\}}{\{c(H_2S)\}}$$

二级解离平衡：

$$HS^- \rightleftharpoons H^+ + S^{2-}$$

$$K_{a2}^\ominus(H_2S) = \frac{\{c(H^+)\} \cdot \{c(S^{2-})\}}{\{c(HS^-)\}}$$

以上 $K_{a1}^\ominus(H_2S)$、$K_{a2}^\ominus(H_2S)$ 分别称为 H_2S 的一级和二级解离常数。

总的解离平衡：

$$H_2S \rightleftharpoons 2H^+ + S^{2-}$$

根据多重平衡原理，总的解离常数为

$$K_a^\ominus(H_2S) = K_{a1}^\ominus(H_2S) \cdot K_{a2}^\ominus(H_2S) = \frac{\{c(H^+)\}^2 \cdot \{c(S^{2-})\}}{\{c(H_2S)\}}$$

多元弱酸的逐级解离常数的关系一般满足：

$$K_{a1}^\ominus > K_{a2}^\ominus > K_{a3}^\ominus > \cdots > K_{an}^\ominus$$

实际上，在多元弱酸溶液中，除了其自身的多级解离平衡外，还存在溶剂水的解离平衡。这些平衡中有相同的离子 H^+，且平衡时溶液中各处的 H^+ 的浓度一致，此时，H^+ 的浓度满足各平衡的平衡常数表达式的数量关系。各平衡的 $K_a^\ominus$ 相对大小不同，它们解离出来的 H^+ 对溶液中的 H^+ 的总浓度贡献也不同。多数情况下，$K_{a1}^\ominus$，$K_{a2}^\ominus$，$K_{a3}^\ominus$ 都相差很大，当 $K_{a1}^\ominus / K_{a2}^\ominus > 10^3$ 时，溶液中的 H^+ 主要来源于多元弱酸的一级解离反应，溶液中的 H^+ 的总浓度的计算可按一元弱酸的解离平衡作近似处理。

例 5-2 已知 18 ℃时 $K_{a1}^\ominus(H_2S)=9.1\times10^{-8}$，$K_{a2}^\ominus(H_2S)=1.1\times10^{-12}$，求该温度下

0.1 mol·L^{-1} H_2S 溶液的 $c(H^+)$、$c(HS^-)$和 $c(S^{2-})$。

解 由于$K_{a1}^{\ominus}(H_2S)/K_{a2}^{\ominus}(H_2S)>10^3$，故由 H_2S 的二级解离反应解离出的 H^+极少，H^+浓度主要来源于一级解离反应，而 S^{2-}浓度主要来源于二级解离反应。设溶液中 H^+浓度为 x（mol·L^{-1}）。

$$H_2S \rightleftharpoons H^+ + HS^-$$

初始浓度/（mol·L^{-1}） 0.1 0 0

平衡浓度/（mol·L^{-1}） $0.1-x$ x x

$$K_{a1}^{\ominus}(H_2S)=\frac{\{c(H^+)\}\cdot\{c(HS^-)\}}{\{c(H_2S)\}}=\frac{x^2}{0.1-x}=9.1\times10^{-8}$$

由于$K_{a1}^{\ominus}(H_2S)$很小，故有$0.1-x\approx0.1$，则$x^2=9.1\times10^{-9}$，$x=9.5\times10^{-5}$。

故 $$c(H^+)=c(HS^-)=9.5\times10^{-5}\,\text{mol}\cdot\text{L}^{-1}$$

$$HS^- \rightleftharpoons H^+ + S^{2-}$$

$$K_{a2}^{\ominus}(H_2S)=\frac{\{c(H^+)\}\cdot\{c(S^{2-})\}}{c(HS^-)}=\{c(S^{2-})\}=1.1\times10^{-12}$$

即 $$c(S^{2-})=1.1\times10^{-12}\,\text{mol}\cdot\text{L}^{-1}$$

由此可见，在 H_2S 溶液中，通常情况下，当 $K_{a1}^{\ominus}(H_2S)\gg K_{a2}^{\ominus}(H_2S)$ 时，S^{2-}浓度近似等于 $K_{a2}^{\ominus}(H_2S)$，与 H_2S 的原始浓度无关。并且在 H_2S 溶液中，$c(H^+)\neq2c(S^{2-})$，这是因为 HS^-并没有完全解离。

例 5－3 18 ℃时，在 0.3 mol·L^{-1} HCl 溶液中通入 H_2S 气体直到饱和（饱和 H_2S 溶液的浓度是 0.1 mol·L^{-1}），求此时溶液中的 S^{2-}的浓度。

解 $$H_2S(aq) \rightleftharpoons 2H^+(aq)+S^{2-}(aq)$$

$$K_a^{\ominus}(H_2S)=K_{a1}^{\ominus}(H_2S)\cdot K_{a2}^{\ominus}(H_2S)=\frac{\{c(H^+)\}^2\cdot\{c(S^{2-})\}}{\{c(H_2S)\}}$$

$$c(S^{2-})=\frac{K_{a1}^{\ominus}(H_2S)K_{a2}^{\ominus}(H_2S)\{c(H_2S)\}}{\{c(H^+)\}^2}=\frac{9.1\times10^{-8}\times1.1\times10^{-12}\times0.1}{0.3^2}=1.1\times10^{-19}\ (\text{mol}\cdot\text{L}^{-1})$$

由例 5－2、例 5－3 可见，在含有强酸 HCl 的 H_2S 溶液中，$c(S^{2-})$在数值上远小于 $K_{a2}^{\ominus}(H_2S)$，这是由于在溶液中加入强酸 HCl，$c(H^+)$增大，H_2S 的解离受到了抑制。二元弱酸酸根离子与溶液中的 H^+浓度的平方成反比，因此可利用调节 pH 的方法来控制 S^{2-}的浓度。

5.1.4 同离子效应与缓冲溶液

1. 同离子效应

在弱电解质溶液中，加入与弱电解质具有相同离子的易溶强电解质后使弱电解质解离度降低的现象叫作同离子效应。例如，在弱电解质溶液 HAc 溶液中加入强电解质 NaAc，由于 NaAc 可全部解离成 Na^+和 Ac^-，溶液中 Ac^-浓度增加，HAc 的解离平衡向左移动，溶液中 H^+浓度减小，HAc 的解离度降低。

$$\mathrm{NaAc(aq)} \longrightarrow \mathrm{Na^+(aq)} + \boxed{\mathrm{Ac^-(aq)}}$$

$$\mathrm{HAc(aq)} \rightleftharpoons \mathrm{H^+(aq)} + \boxed{\mathrm{Ac^-(aq)}}$$

平衡向左移动

例 5－4　298.15 K 条件下，在 0.2 mol・L⁻¹ 的 HAc 溶液中加入 NaAc 固体使溶液中 NaAc 的浓度为 0.2 mol・L⁻¹，计算 HAc 的解离度α与溶液的 pH，并与例 5－1 中的计算结果进行比较。

解
$$\mathrm{HAc(aq)} \rightleftharpoons \mathrm{H^+(aq)} + \mathrm{Ac^-(aq)}$$

初始浓度/（mol・L⁻¹）　0.2　　0　　0.2

平衡浓度/（mol・L⁻¹）　$0.2(1-\alpha)$　　0.2α　　$0.2+0.2\alpha$

$$K_a^{\ominus}(\mathrm{HAc}) = \frac{\{c(\mathrm{H^+})\} \cdot \{c(\mathrm{Ac^-})\}}{\{c(\mathrm{HAc})\}}$$

$$1.8\times10^{-5} = \frac{(0.2\alpha)\cdot(0.2+0.2\alpha)}{0.2(1-\alpha)}$$

由于 HAc 的解离常数很小，故有 $1-\alpha\approx1$，$0.2+0.2\alpha\approx0.2$。

解得
$$\alpha = 0.009\%$$

$$\mathrm{pH} = -\lg\{c(\mathrm{H^+})\} = -\lg(0.2\alpha) = -\lg(0.2\times0.009\%) = 4.74$$

计算结果表明，向 HAc 溶液中加入 NaAc 固体使 NaAc 浓度为 0.2 mol・L⁻¹时，HAc 的解离度由不加 NaAc 时的 0.95%降低至 0.009%，pH 由 2.72 上升至 4.74。由此可见，Ac^-的加入降低了 HAc 的解离度。

同理，在弱碱溶液中加入与弱碱具有相同离子的强电解质时，也会使弱碱的解离度降低。例如，在 $NH_3 \cdot H_2O$ 中加入 NH_4Cl 也会产生同离子效应。

2. 缓冲溶液

人们在实践中发现，含有相同离子的弱酸或弱碱溶液（如弱酸及其共轭碱所组成的溶液、弱碱及其共轭酸所组成的溶液）及两性物质溶液具有一个共同的特点，即当体系适当稀释或加入少量强酸或少量强碱时，溶液的 pH 改变很小。这种能抵抗外加少量强酸、强碱或稀释的影响而 pH 不发生显著变化的溶液称为缓冲溶液，在反应体系中加入这种溶液可达到控制反应体系 pH 的目的。

以弱酸 HA 及其共轭碱 A^-所组成的缓冲溶液为例，pH 的计算公式可简单推导如下：

$$\mathrm{HA(aq)} \rightleftharpoons \mathrm{H^+(aq)} + \mathrm{A^-(aq)}$$

$$K_a^{\ominus}(\mathrm{HA}) = \frac{\{c(\mathrm{H^+})\} \cdot \{c(\mathrm{A^-})\}}{\{c(\mathrm{HA})\}}$$

$$\{c(\mathrm{H^+})\} = K_a^{\ominus}(\mathrm{HA}) \frac{\{c(\mathrm{HA})\}}{\{c(\mathrm{A^-})\}}$$

两边分别取负对数：

$$-\lg\{c(H^+)\} = -\lg K_a^\ominus(HA) - \lg\frac{\{c(HA)\}}{\{c(A^-)\}}$$

即缓冲溶液的 pH 为

$$pH = pK_a^\ominus(HA) - \lg\frac{c(HA)}{c(A^-)} \tag{5-9}$$

同理，对于由弱碱 B 及其弱碱盐 BH^+ 组成的缓冲溶液有：

$$B(aq) + H_2O(l) \rightleftharpoons BH^+(aq) + OH^-(aq)$$

其 pOH 的计算公式为：
$$pOH = pK_b^\ominus(B) - \lg\frac{c(B)}{c(BH^+)} \tag{5-10}$$

其 pH 的计算公式为：
$$pH = pK_w^\ominus - pOH = pK_w^\ominus - pK_b^\ominus(B) + \lg\frac{c(B)}{c(BH^+)} \tag{5-11}$$

以上计算缓冲溶液 pH 的方程称为亨德森–哈塞尔巴尔赫（Henderson-Hasselbalch）方程。由于同离子效应，式中平衡时的 $c(HA)$、$c(A^-)$、$c(B)$、$c(BH^+)$ 近似等于各自的初始浓度 $c_0(HA)$、$c_0(A^-)$、$c_0(B)$、$c_0(BH^+)$，因此可代入初始浓度进行计算。

由亨德森–哈塞尔巴尔赫方程可以看出，缓冲溶液的 pH 与共轭酸碱浓度的比值有关。向缓冲溶液中加入少量强酸或强碱后，共轭酸碱的浓度变化不大，因此它们的比值变化不大，所以加入少量强酸或强碱对该缓冲溶液的 pH 影响不大。

例如，向 100 mL 浓度均为 0.2 mol・L^{-1} 的 HAc 和 NaAc 混合溶液体系中加入 10 mL 0.02 mol・L^{-1}NaOH 溶液，体系中的 HAc 会与 NaOH 作用生成 NaAc。此时：

$$c(HAc) = 0.2\times\frac{100}{110} - 0.02\times\frac{10}{110} = 0.18\ (mol\cdot L^{-1})$$

$$c(Ac^-) = 0.2\times\frac{100}{110} + 0.02\times\frac{10}{110} = 0.184\ (mol\cdot L^{-1})$$

由于 $K_a^\ominus$（HAc）很小，这时的各浓度值可近似看作是平衡时的各浓度值，故平衡时：

$$pH = pK_a^\ominus(HAc) - \lg\frac{c(HAc)}{c(Ac^-)} = -\lg(1.8\times10^{-5}) - \lg\frac{0.18}{0.184} = 4.75$$

以上计算结果与例 5–4 比较可知，向混合溶液体系中加入 10 mL 0.02 mol・L^{-1}NaOH 溶液后，缓冲溶液的 pH 仅改变 0.01。

通过以上讨论，可以得出以下结论。

（1）缓冲溶液的 pH 主要取决于 $pK_a^\ominus$ 或 $14 - pK_b^\ominus$，其次才与 $c(HA)/c(A^-)$ 或 $c(B)/c(BH^+)$ 有关。对于某缓冲溶液，其 $pK_a^\ominus$ 或 $pK_b^\ominus$ 是常数，在一定范围内改变 $c(HA)/c(A^-)$ 或 $c(B)/c(BH^+)$ 就可以在 $pK_a^\ominus$ 或 $14 - pK_b^\ominus$ 值附近的范围内得到不同 pH 的缓冲溶液。

（2）因为稀释对 $c(HA)/c(A^-)$ 或 $c(B)/c(BH^+)$ 无多大影响，因此若将缓冲溶液适当稀释，则缓冲溶液的 pH 基本保持不变。

（3）缓冲溶液的缓冲能力是有限的，向缓冲溶液中加入少量的强酸或强碱时，溶液的 pH

可维持不变，但如果加入的强酸或强碱过多而使得溶液中的$c(HA)$、$c(A^-)$或$c(B)$、$c(BH^+)$有明显变化，溶液就不再表现出缓冲能力了。

衡量缓冲溶液缓冲能力大小的尺度称为缓冲容量。缓冲容量是指单位体积缓冲溶液的 pH 改变 1 个单位时，所需加入一元强酸或一元强碱的物质的量。通过计算可知，缓冲容量与组成缓冲溶液的共轭酸碱对浓度有关，浓度越大，缓冲容量越大。同时，缓冲容量也与缓冲组分的浓度比值有关。当共轭酸碱对的浓度比值为 1 时，缓冲容量最大，此时 $pH = pK_a^\ominus$。共轭酸碱对的浓度比值离 1 越远，则缓冲容量越小。因此缓冲体系中共轭酸碱对的浓度比值通常在 1:10 到 10:1 之间，此时有 $pH = pK_a^\ominus \pm 1$ 或 $pOH = pK_b^\ominus \pm 1$。

缓冲溶液是一种能在加入少量强酸或强碱时抵抗 pH 改变的溶液，在工业、农业、生物学、医学等领域有重要意义。土壤中含有碳酸和碳酸盐、土壤腐殖质及其盐等，它们可使土壤维持在一定的 pH，从而有利于微生物的正常活动及农作物的生长发育。人类血液中含有 H_2CO_3–$NaHCO_3$、NaH_2PO_4–Na_2HPO_4、血浆蛋白–血浆蛋白盐等多种缓冲体系，它们可使血液的 pH 维持在 7.4 左右，从而保证了人体的正常生理活动。在生化研究工作中，常需要使用缓冲溶液来维持实验体系的酸碱度，因为溶液体系 pH 的变化直接影响研究工作的成效。例如，若实验体系的 pH 发生大幅度变动，酶活性就会下降甚至完全丧失。因此，配制缓冲溶液是研究工作中的一个不可或缺的关键步骤。

根据以上分析可知，配制一定 pH 的缓冲溶液可选用 $pK_a^\ominus$ 或 $14 - pK_b^\ominus$ 与 pH 相近的共轭酸碱对缓冲体系（如表 5–1 所示）。例如，如需要 pH 大约为 5 的缓冲溶液，可选用 HAc–NaAc 缓冲体系。在选定具有适当组分的缓冲体系后，再根据溶液的 pH 计算出所需共轭酸碱对的用量。值得注意的是，在为某反应体系选择缓冲溶液时，所用的缓冲体系中的各组分除了可与 H^+ 或 OH^- 发生反应外，不能与反应体系中的其他组分发生副反应。

表 5–1　常用的缓冲体系

缓冲体系	$pK_a^\ominus$ 或 $14 - pK_b^\ominus$	可控制的 pH 范围
邻苯二甲酸–邻苯二甲酸氢钾	2.89	1.9 ~ 3.9
HAc–NaAc	4.74	3.7 ~ 5.7
NaH_2PO_4–Na_2HPO_4	7.20	6.2 ~ 8.2
$NH_3 \cdot H_2O$–NH_4Cl	9.26	8.3 ~ 10.3
$NaHCO_3$–Na_2CO_3	10.25	9.3 ~ 11.3
Na_2HPO_4–Na_3PO_4	12.35	11.3 ~ 13.3

例 5–5　如何用浓 $NH_3 \cdot H_2O$ 溶液（$15\ mol \cdot L^{-1}$）和固体 NH_4Cl 配制 500 mL pH＝9.20、$c(NH_3 \cdot H_2O) = 1.0\ mol \cdot L^{-1}$ 的缓冲溶液？

解　缓冲体系中酸为 NH_4^+，碱为 $NH_3 \cdot H_2O$。

$$K_a^\ominus(NH_4^+) = \frac{K_w^\ominus}{K_b^\ominus(NH_3 \cdot H_2O)} = \frac{1.0 \times 10^{-14}}{1.8 \times 10^{-5}} = 5.56 \times 10^{-10},\quad pK_a^\ominus(NH_4^+) = 9.255$$

$$pH = pK_a^\ominus(NH_4^+) - \lg\frac{c(NH_4^+)}{c(NH_3 \cdot H_2O)}$$

$$9.20 = 9.255 - \lg \frac{c(NH_4^+)}{c(NH_3 \cdot H_2O)}$$

$$\frac{c(NH_4^+)}{c(NH_3 \cdot H_2O)} = 1.135$$

已知 $c(NH_3 \cdot H_2O) = 1.0\ mol \cdot L^{-1}$，则有 $c(NH_4Cl) = 1.135\ mol \cdot L^{-1}$。

由于浓 $NH_3 \cdot H_2O$ 浓度为 $15\ mol \cdot L^{-1}$，欲配制 500 mL 缓冲溶液，则所需浓 $NH_3 \cdot H_2O$ 溶液的体积为

$$V(NH_3 \cdot H_2O) = 1.0\ mol \cdot L^{-1} \times 500\ mL/15\ mol \cdot L^{-1} = 33.33\ mL$$

由于 M（NH_4Cl）$= 53.5\ g \cdot mol^{-1}$，故应称取固体 NH_4Cl 的质量为：

$$m(NH_4Cl) = 1.135\ mol \cdot L^{-1} \times 500 \times 10^{-3}\ L \times 53.5\ g \cdot mol^{-1} = 30.36g$$

根据上述计算结果可知，称取 30.36 g 固体 NH_4Cl 并溶于少量水中，加入 33.33 mL 浓 $NH_3 \cdot H_2O$ 溶液，然后加水至 500 mL 即制得 pH=9.20、$c(NH_3 \cdot H_2O) = 1.0\ mol \cdot L^{-1}$ 的缓冲溶液。

5.2 沉淀溶解平衡

不同于水溶液中的酸碱反应、配位反应这类均相离子反应，水溶液中有一类重要的多相离子反应是难溶电解质在水中的溶解。任何“难溶”的电解质在水中总是或多或少地溶解，绝对不溶的物质是不存在的。在含有固体难溶电解质的饱和溶液中，存在难溶电解质与由它解离产生的离子之间的平衡，这是一种动态的平衡，即难溶电解质的沉淀和溶解这两个过程各自不断地进行，当两个过程进行的速率相等时，便达到了沉淀溶解平衡，这是一种多相离子平衡。

5.2.1 溶度积

与其他化学平衡一样，沉淀溶解平衡也具有相应的标准平衡常数。以 $BaSO_4$ 为例，它在水中的沉淀溶解平衡为

$$BaSO_4(s) \underset{沉淀}{\overset{溶解}{\rightleftharpoons}} Ba^{2+}(aq) + SO_4^{2-}(aq)$$

标准平衡常数表达式： $K_{sp}^{\ominus}(BaSO_4) = [c(Ba^{2+})/c^{\ominus}][c(SO_4^{2-})/c^{\ominus}]$

可简写为 $K_{sp}^{\ominus}(BaSO_4) = \{c(Ba^{2+})\} \cdot \{c(SO_4^{2-})\}$

$K_{sp}^{\ominus}(BaSO_4)$ 被称为 $BaSO_4$ 的溶度积常数（简称溶度积）。

对于一般的沉淀溶解平衡：

$$A_nB_m(s) \underset{沉淀}{\overset{溶解}{\rightleftharpoons}} nA^{m+}(aq) + mB^{n-}(aq)$$

溶度积的通式为

$$K_{sp}^{\ominus}(A_nB_m) = \{c(A^{m+})\}^n \cdot \{c(B^{n-})\}^m \tag{5-12}$$

$K_{sp}^{\ominus}(A_nB_m)$ 本质上是标准平衡常数，只取决于温度。温度升高，多数难溶电解质的溶度积增大。附录 D 为 298.15 K 时常见难溶电解质的溶度积常数。

溶解度和溶度积都可以表示难溶电解质的溶解能力，它们之间可进行相互换算。难溶电解质在水中的溶解度很小，饱和溶液很稀，可以认为溶解了的固体难溶电解质完全解离成了

离子，所以沉淀溶解平衡时难溶电解质离子的浓度可以代表难溶电解质的溶解度，根据难溶电解质的溶解度可以知道沉淀溶解平衡时溶液中离子的浓度，从而计算出它的溶度积。

例 5-6　求 298.15 K 条件下 AgCl 和 Ag_2CrO_4 的溶解度。已知 $K_{sp}^{\ominus}(AgCl)=1.8\times10^{-10}$，$K_{sp}^{\ominus}(Ag_2CrO_4)=1.1\times10^{-12}$。

解　设 AgCl 和 Ag_2CrO_4 的溶解度分别为 s_1（$mol\cdot L^{-1}$）和 s_2（$mol\cdot L^{-1}$）。

$$AgCl(s) \xrightleftharpoons[\text{沉淀}]{\text{溶解}} Ag^+(aq)+Cl^-(aq)$$

平衡浓度/（$mol\cdot L^{-1}$）　　s_1　　s_1

$$K_{sp}^{\ominus}(AgCl)=s_1^2$$

$$s_1=\sqrt{K_{sp}^{\ominus}(AgCl)}=\sqrt{1.8\times10^{-10}}=1.34\times10^{-5}\ (mol\cdot L^{-1})$$

$$Ag_2CrO_4(s) \xrightleftharpoons[\text{沉淀}]{\text{溶解}} 2Ag^+(aq)+CrO_4^{2-}(aq)$$

平衡浓度/（$mol\cdot L^{-1}$）　　$2s_2$　　s_2

$$K_{sp}^{\ominus}(Ag_2CrO_4)=(2s_2)^2 s_2=4s_2^3$$

$$s_2=\sqrt[3]{K_{sp}^{\ominus}(Ag_2CrO_4)/4}=\sqrt[3]{1.1\times10^{-12}/4}=6.5\times10^{-5}\ (mol\cdot L^{-1})$$

5.2.2　溶度积规则

难溶电解质的沉淀溶解平衡与其他动态平衡一样，完全遵循化学平衡移动原理。即改变条件可使沉淀溶解平衡发生移动，沉淀可生成或溶解。对于在一定条件下的某一难溶电解质，可根据溶度积规则来判断沉淀能否生成或溶解。

对于难溶电解质的多相离子平衡：$A_nB_m(s) \xrightleftharpoons[\text{沉淀}]{\text{溶解}} nA^{m+}(aq)+mB^{n-}(aq)$

定义反应商

$$Q=\{c(A^{m+})\}^n\cdot\{c(B^{n-})\}^m \tag{5-13}$$

（1）若 $Q>K_{sp}^{\ominus}$，则平衡向左移动，沉淀析出；

（2）若 $Q=K_{sp}^{\ominus}$，则处于平衡状态，此时的溶液为饱和溶液；

（3）若 $Q<K_{sp}^{\ominus}$，则平衡向右移动，无沉淀析出，若原来有沉淀存在，则沉淀溶解。

以上为沉淀溶解平衡的反应商判据，即溶度积规则。

例 5-7　298.15K 时，在 1.0 L 0.03 $mol\cdot L^{-1}$ $AgNO_3$ 溶液中加入 0.5 L 0.06 $mol\cdot L^{-1}$ 的 $CaCl_2$ 溶液，能否生成 AgCl 沉淀？若能生成，则生成的 AgCl 沉淀的质量为多少？最后溶液中 $c(Ag^+)$ 为多少？

解　由于混合稀释：

$$c(Ag^+)=\frac{0.03\ mol\cdot L^{-1}\times1.0\ L}{1\ L+0.5\ L}mol\cdot L^{-1}=0.02\ mol\cdot L^{-1}$$

$$c(Cl^-)=\frac{0.06\ mol\cdot L^{-1}\times0.5\ L\times2}{1\ L+0.5\ L}mol\cdot L^{-1}=0.04\ mol\cdot L^{-1}$$

此时，$Q=\{c(Ag^+)\}\cdot\{c(Cl^-)\}=0.02\times0.04=8.0\times10^{-4}>K_{sp}^{\ominus}(AgCl)=1.8\times10^{-10}$。

故有 AgCl 沉淀析出。

由于 $c(Cl^-)>c(Ag^+)$，故生成 AgCl 沉淀时 Cl^- 过量。

设平衡时溶液中 Ag^+ 的浓度为 $x(mol \cdot L^{-1})$。

$$AgCl(s) \underset{沉淀}{\overset{溶解}{\rightleftharpoons}} Ag^+(aq) \quad + \quad Cl^-(aq)$$

	$Ag^+(aq)$	$Cl^-(aq)$
开始浓度/（$mol \cdot L^{-1}$）	0.02	0.04
转化浓度/（$mol \cdot L^{-1}$）	$-(0.02-x)$	$-(0.02-x)$
平衡浓度/（$mol \cdot L^{-1}$）	x	$0.040-(0.020-x)$

$$K_{sp}^{\ominus}(AgCl)=x[0.04-(0.02-x)]=x(0.02+x)=1.8\times10^{-10}$$

由于 $K_{sp}^{\ominus}(AgCl)$ 很小，故有 $0.02+x\approx0.02$。

解得
$$x=9.0\times10^{-9}\ mol \cdot L^{-1}$$

即最后溶液中

$$c(Ag^+)=9.0\times10^{-9}\ mol \cdot L^{-1} \ll 0.02\ mol \cdot L^{-1}$$

由于 $M(AgCl)=143.5\ g \cdot mol^{-1}$，故析出 AgCl 沉淀的质量为：

$$m(AgCl)=0.02\ mol \cdot L^{-1}\times1.5\ L\times143.5\ g \cdot mol^{-1}=4.3\ g$$

5.2.3 影响沉淀溶解平衡的因素

1. 同离子效应

在难溶电解质饱和溶液中，加入与难溶电解质含有相同离子的易溶强电解质而使难溶电解质的溶解度降低的作用称为同离子效应。

例 5-8 求 298.15 K 时，Ag_2CrO_4 在 0.05 $mol \cdot L^{-1}$ K_2CrO_4 溶液中的溶解度。已知 $K_{sp}^{\ominus}(Ag_2CrO_4)=1.1\times10^{-12}$。

解 设所求溶解度为 s（$mol \cdot L^{-1}$）。

$$Ag_2CrO_4(s) \underset{沉淀}{\overset{溶解}{\rightleftharpoons}} 2Ag^+(aq)+CrO_4^{2-}(aq)$$

	$2Ag^+(aq)$	$CrO_4^{2-}(aq)$
开始浓度/（$mol \cdot L^{-1}$）	0	0.05
平衡浓度/（$mol \cdot L^{-1}$）	$2s$	$0.05+s$

$$(2s)^2(0.05+s)=K_{sp}^{\ominus}(Ag_2CrO_4)=1.1\times10^{-12}$$

由于 s 很小，$0.05+s\approx0.05$，故

$$4s^2\times0.05=1.1\times10^{-12}$$

解得
$$s=4.7\times10^{-6}\ mol \cdot L^{-1}$$

在例 5－6 中，298.15 K 时，Ag_2CrO_4 在纯水中的溶解度为 $6.5\times10^{-5}\ mol \cdot L^{-1}$。根据本例中的计算结果可见，由于同离子效应，$Ag_2CrO_4$ 在含有 CrO_4^{2-} 的溶液中的溶解度降低了。

2. 盐效应

在某些情况下，易溶强电解质的加入会促进难溶电解质的溶解。例如，AgCl 在 KNO_3 溶液中的溶解度比其在纯水中的溶解度大。这是由于加入易溶强电解质后，溶液中的离子浓度增大了，增强了离子间的静电作用，离子受到牵制从而活动性有所降低，在单位时间内构晶离子与沉淀表面碰撞次数减少，沉淀过程变慢，于是难溶电解质的溶解过程超过了沉淀过

程，平衡向溶解的方向移动，难溶电解质的溶解度就增大了。由于加入易溶强电解质而使难溶电解质溶解度增大的效应叫作盐效应。在难溶电解质中加入具有相同离子的易溶强电解质后，在产生同离子效应的同时也能产生盐效应。

一般来说，若难溶电解质的溶度积很小，则盐效应的影响也很小，可忽略不计；若难溶电解质的溶度积较大，则溶液中各种离子的总浓度也较大，此时就应该考虑盐效应的影响了。

3. 酸效应

1）难溶金属氢氧化物

难溶金属氢氧化物发生如下沉淀溶解平衡：

$$M(OH)_n(s) \underset{沉淀}{\overset{溶解}{\rightleftharpoons}} M^{n+}(aq) + nOH^-(aq)$$

$$K_{sp}^{\ominus}(M(OH)_n) = \{c(M^{n+})\} \cdot \{c(OH^-)\}^n$$

则溶解度 $s = c(M^{n+}) = \dfrac{K_{sp}^{\ominus}(M(OH)_n)}{\{c(OH^-)\}^n} = \dfrac{K_{sp}^{\ominus}(M(OH)_n)\{c(H^+)\}^n}{\{c(OH^-)\}^n\{c(H^+)\}^n} = \dfrac{K_{sp}^{\ominus}(M(OH)_n)}{(K_w^{\ominus})^n}\{c(H^+)\}^n$

由此可见，溶液的酸碱度影响难溶金属氢氧化物沉淀的生成或溶解。

若溶液中存在某种可形成难溶金属氢氧化物的金属离子 M^{n+}，根据溶度积规则，当 $Q > K_{sp}^{\ominus}$，即 $\{c(M^{n+})\} \cdot \{c(OH^-)\}^n > K_{sp}^{\ominus}(M(OH)_n)$ 时，平衡向沉淀方向移动，沉淀析出，此时

$$\{c(OH^-)\} > \sqrt[n]{\frac{K_{sp}^{\ominus}(M(OH)_n)}{\{c(M^{n+})\}}}$$

若溶液中的金属离子逐渐被沉淀，当沉淀至溶液中其浓度小于 $10^{-5}\,mol \cdot L^{-1}$ 时，可认为溶液中金属离子已被沉淀完全，此时

$$\{c(OH^-)\} > \sqrt[n]{\frac{K_{sp}^{\ominus}(M(OH)_n)}{10^{-5}}}$$

例 5－9　298.15 K 时，向 0.5 L 的 $0.5\,mol \cdot L^{-1}\,MgCl_2$ 溶液中加入等体积的 $0.2\,mol \cdot L^{-1}$ 氨水溶液。

（1）是否有 $Mg(OH)_2$ 沉淀生成？

（2）为了不使 $Mg(OH)_2$ 沉淀生成，加入固体 NH_4Cl 的质量最低为多少克？假设加入固体 NH_4Cl 后溶液的体积不变。

解　（1）等体积混合，浓度减半：$c(Mg^{2+}) = 0.25\,mol \cdot L^{-1}$，$c(NH_3 \cdot H_2O) = 0.1\,mol \cdot L^{-1}$，先求 $c(OH^-)$，设其浓度为 $x(mol \cdot L^{-1})$。

$$NH_3 \cdot H_2O(aq) \rightleftharpoons NH_4^+(aq) + OH^-(aq)$$

	$NH_3 \cdot H_2O$	NH_4^+	OH^-
初始浓度/（$mol \cdot L^{-1}$）	0.1	0	0
转化浓度/（$mol \cdot L^{-1}$）	$-x$	$+x$	$+x$
平衡浓度/（$mol \cdot L^{-1}$）	$0.1-x$	x	x

$$K_b^{\ominus}(NH_3 \cdot H_2O) = \frac{x^2}{0.1-x} = 1.8\times10^{-5}$$

$$x = 1.34\times10^{-3}$$

即 $$c(OH^-)=1.34\times10^{-3}\ mol\cdot L^{-1}$$

此时 $Q=\{c(Mg^{2+})\}\cdot\{c(OH^-)\}^2=0.25\times(1.34\times10^{-3})^2=4.5\times10^{-7}>K_{sp}^{\ominus}(Mg(OH)_2)=5.1\times10^{-12}$

故有 $Mg(OH)_2$ 沉淀析出。

（2）为了不使 $Mg(OH)_2$ 沉淀析出，需 $Q=\{c(Mg^{2+})\}\{c(OH^-)\}^2\leqslant K_{sp}^{\ominus}(Mg(OH)_2)$，即

$$c(OH^-)\leqslant\sqrt{\frac{K_{sp}^{\ominus}(Mg(OH)_2)}{\{c(Mg^{2+})\}}}=\sqrt{\frac{5.1\times10^{-12}}{0.25}}mol\cdot L^{-1}=4.5\times10^{-6}mol\cdot L^{-1}$$

设加入的 NH_4Cl 浓度为 c_0，则

$$NH_3\cdot H_2O(aq)\rightleftharpoons NH_4^+(aq)\quad+\quad OH^-(aq)$$

平衡浓度/（$mol\cdot L^{-1}$） $0.1-4.5\times10^{-6}$　　$c_0+4.5\times10^{-6}$　　4.5×10^{-6}

≈0.1　　　　$\approx c_0$

$$\frac{4.5\times10^{-6}c_0}{0.1}=1.8\times10^{-5}\quad 解得\ c_0=0.4\ mol\cdot L^{-1}$$

由于 $M(NH_4Cl)=53.5\ g\cdot mol^{-1}$，溶液总体积为 1 L，故至少需加入固体 NH_4Cl 质量：

$$m(NH_4Cl)=0.4\ mol\cdot L^{-1}\times1\ L\times53.5\ g\cdot mol^{-1}=21.4\ g$$

可以看出，在适当浓度的 $NH_3\cdot H_2O-NH_4Cl$ 缓冲溶液中，$Mg(OH)_2$ 沉淀可不析出。

2）金属硫化物

金属硫化物是弱酸 H_2S 的盐，在实际应用中常利用金属硫化物溶度积的差异及金属硫化物的特征颜色来分离或鉴定某些金属离子。由于 S^{2-} 在水中水解，以 +2 价金属离子 M^{2+} 为例，难溶金属硫化物 MS 的多相离子平衡必须考虑 S^{2-} 的水解：

$$MS(s)\xrightleftharpoons[沉淀]{溶解}M^{2+}(aq)+S^{2-}(aq)$$

$$S^{2-}(aq)+H_2O(l)\xrightleftharpoons[沉淀]{溶解}HS^-(aq)+OH^-(aq)$$

故难溶金属硫化物 MS 的多相离子平衡实际为：

$$MS(s)+H_2O(l)\xrightleftharpoons[沉淀]{溶解}M^{2+}(aq)+OH^-(aq)+HS^-(aq)$$

$$K^{\ominus}=\{c(M^{2+})\}\{c(OH^-)\}\{c(HS^-)\}$$

而难溶金属硫化物 MS 在酸中的沉淀溶解平衡为：

$$MS(s)+2H^+(aq)\xrightleftharpoons[沉淀]{溶解}M^{2+}(aq)+H_2S(aq)$$

$$K^{\ominus}=\frac{\{c(M^{2+})\}\{c(H_2S)\}}{\{c(H^+)\}^2}=\frac{\{c(M^{2+})\}\{c(H_2S)\}}{\{c(H^+)\}^2}\cdot\frac{\{c(S^{2-})\}}{\{c(S^{2-})\}}=\frac{K_{sp}^{\ominus}(MS)}{K_{a1}^{\ominus}(H_2S)K_{a2}^{\ominus}(H_2S)}\quad(5-14)$$

此时的 $K^{\ominus}$ 也称为难溶金属硫化物 MS 在酸中的溶度积，可写作 $K_{spa}^{\ominus}(MS)$。

例 5-10　298.15 K 时，向 $0.05\ mol\cdot L^{-1}$ 的 $ZnCl_2$ 酸性溶液中通 H_2S 气体，当 H_2S 饱和时（饱和 H_2S 的浓度为 $0.1\ mol\cdot L^{-1}$），刚好有 ZnS 沉淀生成。求 $ZnCl_2$ 溶液的 pH。已知 $K_{sp}^{\ominus}(ZnS)=2.5\times10^{-22}$，$K_{a1}^{\ominus}(H_2S)=8.9\times10^{-8}$，$K_{a2}^{\ominus}(H_2S)=7.1\times10^{-19}$。

解　先求出恰好有 ZnS 沉淀生成时的 $c(S^{2-})$：

$$ZnS(s) \xrightleftharpoons[沉淀]{溶解} Zn^{2+}(aq) + S^{2-}(aq)$$

平衡浓度/（mol·L⁻¹）　　0.05　　$c(S^{2-})$

$$K_{sp}^{\ominus}(ZnS) = \{c(Zn^{2+})\}\{c(S^{2-})\} = 2.5\times10^{-22}$$

$$0.05c(S^{2-}) = 2.5\times10^{-22}$$

解得　$c(S^{2-}) = 5\times10^{-21}\ mol\cdot L^{-1}$

当 H_2S 饱和且 $c(S^{2-}) = 5\times10^{-21}\ mol\cdot L^{-1}$ 时，

$$H_2S(aq) \rightleftharpoons 2H^+(aq) + S^{2-}(aq)$$

平衡浓度/（mol·L⁻¹）0.1　　$c(H^+)$　　5×10^{-21}

$$K^{\ominus}(H_2S) = K_{a1}^{\ominus}(H_2S)K_{a2}^{\ominus}(H_2S) = \frac{\{c(H^+)\}^2\cdot\{c(S^{2-})\}}{\{c(H_2S)\}}$$

$$\{c(H^+)\} = \sqrt{\frac{\{c(H_2S)\}K_{a1}^{\ominus}(H_2S)K_{a2}^{\ominus}(H_2S)}{\{c(S^{2-})\}}} = \sqrt{\frac{0.1\times8.9\times10^{-8}\times7.1\times10^{-19}}{5\times10^{-21}}} = 1.12\times10^{-3}$$

$$pH = -\lg\{c(H^+)\} = -\lg(1.12\times10^{-3}) = 2.95$$

5.2.4　两种沉淀之间的平衡

1. 分步沉淀

当溶液中存在多种可沉淀离子时，加入沉淀剂，多种可沉淀离子将依次沉淀，这种依次沉淀的现象叫作分步沉淀或分级沉淀。

例如：往一装有含相同浓度（0.1 mol·L⁻¹）的 S^{2-} 和 CrO_4^{2-} 的混合溶液的试管中逐滴加入 0.1 mol·L⁻¹ 的 $Pb(NO_3)_2$ 溶液，经观察发现，先有黑色的 PbS 沉淀析出，继续滴加 $Pb(NO_3)_2$ 溶液（缓慢滴加并振荡）至一定量，有黄色的 $PbCrO_4$ 沉淀析出。

分步沉淀可用溶度积规则来解释说明：

$$PbS(s) \xrightleftharpoons[沉淀]{溶解} Pb^{2+}(aq) + S^{2-}(aq)\qquad K_{sp}^{\ominus}(PbS) = \{c(Pb^{2+})\}\cdot\{c(S^{2-})\} = 8.0\times10^{-28}$$

$$PbCrO_4(s) \xrightleftharpoons[沉淀]{溶解} Pb^{2+}(aq)+CrO_4^{2-}(aq)\qquad K_{sp}^{\ominus}(PbCrO_4) = \{c(Pb^{2+})\}\cdot\{c(CrO_4^{2-})\} = 2.8\times10^{-13}$$

当 $c(S^{2-}) = 0.1\ mol\cdot L^{-1}$ 时，析出 PbS 沉淀的最低 Pb^{2+} 浓度为

$$\{c(Pb^{2+})\}_{S^{2-}} = \frac{K_{sp}^{\ominus}(PbS)}{\{c(S^{2-})\}} = \frac{8.0\times10^{-28}}{0.1} = 8.0\times10^{-27}$$

当 $c(CrO_4^{2-}) = 0.1\ mol\cdot L^{-1}$ 时，析出 $PbCrO_4$ 沉淀的最低 Pb^{2+} 浓度为

$$\{c(Pb^{2+})\}_{CrO_4^{2-}} = \frac{K_{sp}^{\ominus}(PbCrO_4)}{\{c(CrO_4^{2-})\}} = \frac{2.8\times10^{-13}}{0.1} = 2.8\times10^{-12}$$

当逐滴滴加 0.1 mol·L⁻¹ 的 $Pb(NO_3)_2$ 溶液时，先满足条件 $\{c(Pb^{2+})\}\cdot\{c(S^{2-})\} > K_{sp}^{\ominus}(PbS)$，PbS 沉淀析出，此时 $\{c(Pb^{2+})\}\cdot\{c(CrO_4^{2-})\} < K_{sp}^{\ominus}(PbCrO_4)$，$PbCrO_4$ 沉淀还不能析

出。继续滴加 $Pb(NO_3)_2$ 溶液至 $\{c(Pb^{2+})\}\cdot\{c(CrO_4^{2-})\} > K_{sp}^{\ominus}(PbCrO_4)$，$PbCrO_4$ 沉淀析出。当 $PbCrO_4$ 沉淀开始析出时，$c(Pb^{2+}) = 2.8\times10^{-12}\ mol\cdot L^{-1}$，此时，$\{c(S^{2-})\} = \dfrac{K_{sp}^{\ominus}(PbS)}{\{c(Pb^{2+})\}} = \dfrac{8.0\times10^{-28}}{2.8\times10^{-12}} = 2.86\times10^{-16} < 10^{-5}$，$S^{2-}$ 已被沉淀完全。

例 5－11　某酸性溶液中含有 $0.01\ mol\cdot L^{-1}\ Fe^{3+}$ 和 $0.01\ mol\cdot L^{-1}\ Mg^{2+}$，298.15 K 时应将溶液的 pH 值控制在什么范围内才能使 Fe^{3+} 与 Mg^{2+} 完全分离？已知 $K_{sp}^{\ominus}(Fe(OH)_3) = 2.8\times10^{-39}$，$K_{sp}^{\ominus}(Mg(OH)_2) = 5.1\times10^{-12}$。

解　要想两种离子完全分离，即控制 pH 在一定范围内，实现先沉淀的离子沉淀完全而后沉淀的离子还尚未开始沉淀。

先求各自开始沉淀时的 pH。

$$c(OH^-)_{Fe^{3+}} = \sqrt[3]{\frac{K_{sp}^{\ominus}(Fe(OH)_3)}{\{c(Fe^{3+})\}}} = \sqrt[3]{\frac{2.8\times10^{-39}}{0.01}}\ mol\cdot L^{-1} = 6.54\times10^{-13}\ mol\cdot L^{-1}$$

$$pH_1 = 14 - pOH = 14 - [-\lg(6.54\times10^{-13})] = 1.82$$

$$c(OH^-)_{Mg^{2+}} = \sqrt{\frac{K_{sp}^{\ominus}(Mg(OH)_2)}{\{c(Mg^{2+})\}}} = \sqrt{\frac{5.1\times10^{-12}}{0.01}}\ mol\cdot L^{-1} = 2.26\times10^{-5}\ mol\cdot L^{-1}$$

$$pH_2 = 14 - pOH = 14 - [-\lg(2.26\times10^{-5})] = 9.35$$

因此 Fe^{3+} 先沉淀。

再求 $Fe(OH)_3$ 沉淀完全时的 pH。

$$c(OH^-)'_{Fe^{3+}} = \sqrt[3]{\frac{K_{sp}^{\ominus}(Fe(OH)_3)}{\{c(Fe^{3+})\}}} = \sqrt[3]{\frac{2.8\times10^{-39}}{10^{-5}}}\ mol\cdot L^{-1} = 6.54\times10^{-12}\ mol\cdot L^{-1}$$

$$pH_3 = 14 - pOH = 14 - [-\lg(6.54\times10^{-12})] = 2.82$$

故使两种离子完全分离的 pH 范围为：2.82～9.35。

2. 沉淀的转化

一种沉淀转化为另一种沉淀的过程叫作沉淀的转化。例如，锅炉锅垢中的 $CaSO_4$ 可用饱和的 Na_2CO_3 溶液处理，它会逐渐转化为疏松且可溶于酸的 $CaCO_3$，转化过程可表示如下：

$$CaSO_4(s) + CO_3^{2-}(aq) \rightleftharpoons CaCO_3(s) + SO_4^{2-}(aq)$$

$$K^{\ominus} = \frac{\{c(SO_4^{2-})\}}{\{c(CO_3^{2-})\}} = \frac{\{c(SO_4^{2-})\}}{\{c(CO_3^{2-})\}}\cdot\frac{\{c(Ca^{2+})\}}{\{c(Ca^{2+})\}}$$

$$= \frac{K_{sp}^{\ominus}(CaSO_4)}{K_{sp}^{\ominus}(CaCO_3)} = \frac{7.1\times10^{-5}}{4.9\times10^{-9}} = 1.4\times10^{4}$$

该反应平衡常数较大，说明该转化较完全，即该转化较容易进行。这是溶解度较大的沉淀转化为溶解度较小的沉淀的过程。另外，如果满足一定的溶解试剂浓度，对于溶解度相差不大的两种沉淀，其中溶解度较小的沉淀也可转化为溶解度较大的沉淀。

例 5－12　要使 0.05 mol $BaSO_4$ 完全溶解于 1 L Na_2CO_3 溶液中，则 Na_2CO_3 的浓度至少应

为多少？假设 $BaSO_4$ 溶解后溶液总体积不变。已知 $K_{sp}^{\ominus}(BaSO_4)=1.1\times10^{-10}$，$K_{sp}^{\ominus}(BaCO_3)=2.6\times10^{-9}$。

解　0.05 mol $BaSO_4$ 完全溶解，即平衡时溶液中 SO_4^{2-} 的浓度为 0.05 mol·L^{-1}，设平衡时溶液中 CO_3^{2-} 浓度为 x（mol·L^{-1}），则

$$BaSO_4(s)+CO_3^{2-}(aq) \rightleftharpoons BaCO_3(s)+SO_4^{2-}(aq)$$

平衡浓度/（mol·L^{-1}）　　　x　　　　　　　0.05

$$K^{\ominus}=\frac{\{c(SO_4^{2-})\}}{\{c(CO_3^{2-})\}}=\frac{\{c(SO_4^{2-})\}}{\{c(CO_3^{2-})\}}\cdot\frac{\{c(Ba^{2+})\}}{\{c(Ba^{2+})\}}=\frac{K_{sp}^{\ominus}(BaSO_4)}{K_{sp}^{\ominus}(BaCO_3)}=\frac{1.1\times10^{-10}}{2.6\times10^{-9}}=\frac{0.05}{x}$$

解得

$$x=1.2\ \text{mol}\cdot\text{L}^{-1}$$

即平衡时溶液中 CO_3^{2-} 浓度为 1.2 mol·L^{-1}，而结合 0.05 mol·L^{-1} Ba^{2+} 还需要 0.05 mol·L^{-1} CO_3^{2-}，故 Na_2CO_3 的初始浓度至少为 1.2 mol·L^{-1}+0.05 mol·L^{-1}=1.25 mol·L^{-1}。

由以上分析可知，当一种沉淀转化为另一种沉淀时，转化是否完全一方面和沉淀的溶解度大小有关，另一方面和溶解试剂的浓度也有关。

5.3 配位平衡

5.3.1 配合物

根据 Lewis 酸碱电子理论，Lewis 酸是指能接受电子对的物质，Lewis 碱是指能给出电子对的物质，Lewis 酸碱反应的实质是 Lewis 碱提供电子对并与 Lewis 酸形成配位键。由简单正离子或原子（Lewis 酸）与一定数目的中性分子或负离子（Lewis 碱）以配位键按一定的组成和空间构型所形成的复杂离子叫配离子，如$[Cu(NH_3)_4]^{2+}$，$[Ag(CN)_2]^-$等。若形成的不是复杂离子而是复杂分子，则这类复杂分子叫配位分子，如$[PtCl_2(NH_3)_2]$，$[Ni(CO)_4]$等。含有配离子及配位分子的化合物统称为配位化合物，简称配合物（或络合物）。习惯上将配离子也直接称为配合物。

1. 配合物的组成

配合物往往也这样定义：形成体（中心原子或离子）与一定数目的配位体（又称配体）以配位键按一定的组成和空间构型结合所形成的离子或分子。形成体通常为带正电的金属离子或中性原子，也有少数为高氧化态的非金属元素，如 Cu^{2+}，Ag^+，Fe^{3+}，Fe，Ni，B，P 等。配位体通常为非金属的负离子或中性分子，如 F^-，Cl^-，Br^-，I^-，OH^-，CN^-，H_2O，NH_3，CO 等。在配位体中，与形成体成键的原子叫作配位原子，配位原子具有孤对电子。常见的配位原子有 F，Cl，Br，I，O，S，N，C 等。配位体中只有一个配位原子的为单基（齿）配位体，如 NH_3，Cl^-，OH^-等。具有两个或多个配位原子的配位体称为多基（齿）配位体，如：

乙二胺，简写为 en：$H_2\ddot{N}—CH_2—CH_2—\ddot{N}H_2$（2 个 N 原子为配位原子）

乙二酸根（草酸根）离子 $C_2O_4^{2-}$：

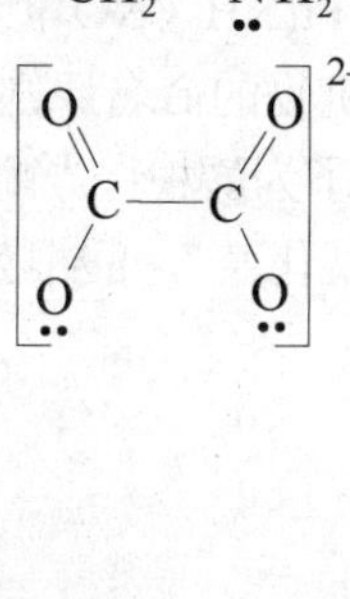

（2 个 O 原子为配位原子）

乙二胺四乙酸根离子（简称 EDTA）：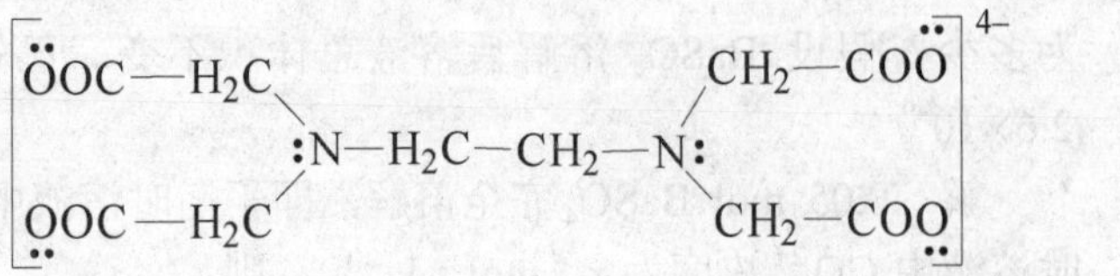

（共 6 个配位原子，包括 2 个 N 原子和 4 个 O 原子）

当多基配位体与同一形成体形成配离子时，会形成环状结构，像螃蟹的螯钳一样，因此该配离子被形象地称为螯合物，多基配位体因而被称为螯合剂。EDTA 是常用的螯合剂，其分子中共有 6 个配位原子，可以与金属离子形成 5 个五元环，图 5－1 为$[Ca(EDTA)]^{2-}$的结构。在配位体中，与形成体成键的配位原子的数目叫作配位数。当配位体为单基配位体时，形成体的配位数等于配位体数，如$[Cu(NH_3)_4]^{2+}$，其中 Cu^{2+} 的配位数为 4。当配位体为多基配位体时，形成体的配位数等于配位体数与基数的乘积，如$[Cu(en)_2]^{2+}$，其中 Cu^{2+} 的配位数为 4。

配合物（含有配离子的化合物）一般被分为内界和外界两个组成部分，配离子属于内界，配离子以外的其他离子属于外界。外界离子所带电荷总数等于配离子的电荷数。配合物$[(Cu(NH_3)_4)]SO_4$组成示意图如图 5－2 所示。

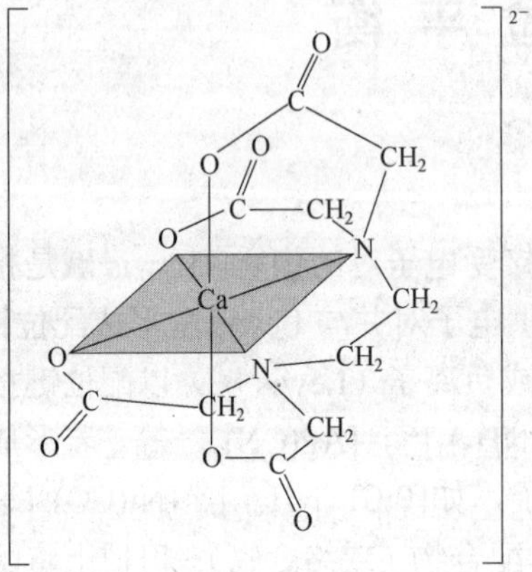

图 5－1　$[Ca(EDTA)]^{2-}$ 的结构

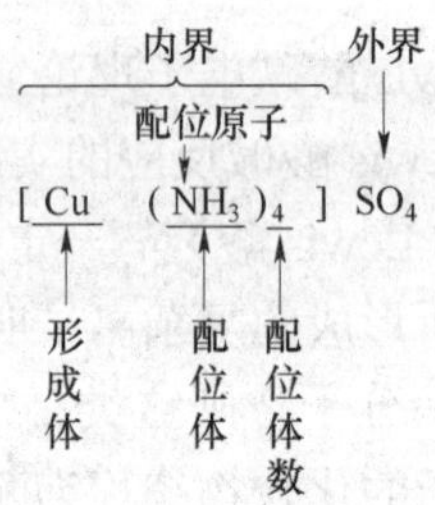

图 5－2　$[Cu(NH_3)_4]SO_4$ 组成示意图

2. 配合物的命名

书写配合物的化学式时，阳离子在前，阴离子在后，配合物内界括在方括号中。书写配合物内界时先列出形成体，再列出配位体。当配合物有多种配位体时，按以下顺序书写：① 无机配位体在前，有机配位体在后，如 $K[PtCl_3(C_2H_4)]$；② 阴离子在前，中性分子在后，如 $K[PtCl_3(NH_3)]$；③ 若为同类配位体（同为离子或同为分子），按配位原子元素符号的英文字母顺序排列，如$[Co(NH_3)_5H_2O]Cl_3$；④ 若同类配位体中配位原子相同，则将含较少原子数的配位体排在前面，含较多原子数的配位体排在后面，如$[Pt(NO_2)(NH_3)(NH_2OH)(Py)]Cl$；⑤ 若配位原子相同，配位体中含原子的数目也相同，则按在结构式中与配位原子相连的原子的元素符号的英文字母顺序排列，如$[Pt(NH_2)(NO_2)(NH_3)_2]$。

配合物的命名方法基本遵循一般无机物的命名原则。① 阴离子名称在前，阳离子名称在后。② 当配离子是阳离子时，外界阴离子为酸根；当配离子是阴离子时，则该配离子为酸根。命名时，酸根为简单外界阴离子时称“某化某”，酸根为配离子时称“某酸某”。③ 配合物内界的命名顺序：配位体数、配位体名称、“合”、形成体名称（氧化数），即：

配位体数（汉字）–配位体名称–合–形成体名称（形成体氧化数）–结尾

配位体数用“一”“二”“三”等表示，通常省略“一”；配合物内界含多种配位体时，按化学式中配位体的书写顺序依次列出，且不同配位体名称之间以黑点“•”隔开，在最后一个配位体名称之后缀以“合”字；形成体氧化数用括号内的罗马数字注明，氧化数为 0 时省略。配离子为阳离子时，以“离子”结尾；配离子为阴离子时，以“酸根离子”结尾。例如，$[Ag(NH_3)_2]^+$命名为“二氨合银（Ⅰ）离子”，SiF_6^{2-}命名为“六氟合硅（Ⅳ）酸根离子”。

例 5–13　指出下列配合物的形成体及其氧化数，配位体，配位数，配位原子，配离子的电荷数和配合物的名称。

（1）$K_4[Fe(CN)_6]$；（2）$[Co(NH_3)_6]Cl_3$；（3）$[CrCl_2(H_2O)_4]Cl$；（4）$CoBr_2Cl(NH_3)_2(H_2O)$；（5）$[Fe(CO)_5]$；（6）$[Cu(en)_2]^{2+}$；（7）$[Co(NO_2)_4(NH_3)_2]^-$。

解

配合物	命名	形成体	形成体氧化数	配位体	配位数	配位原子	配离子的电荷数
$K_4[Fe(CN)_6]$	六氰合铁（Ⅱ）酸钾	Fe^{2+}	+2	CN^-	6	C	–4
$[Co(NH_3)_6]Cl_3$	三氯化六氨合钴（Ⅲ）	Co^{3+}	+3	NH_3	6	N	+3
$[CrCl_2(H_2O)_4]Cl$	氯化二氯・四水合铬（Ⅲ）	Cr^{3+}	+3	Cl^-、H_2O	6	Cl、O	+1
$[CoBr_2Cl(NH_3)_2(H_2O)]$	二溴・氯・二氨・水合钴（Ⅲ）	Co^{3+}	+3	Br^-、Cl^-、NH_3、H_2O	6	Br、Cl、N、O	0
$[Fe(CO)_5]$	五羰基合铁	Fe	0	CO	5	C	0
$[Cu(en)_2]^{2+}$	二乙二胺合铜（Ⅱ）离子	Cu^{2+}	+2	en	4	N	+2
$[Co(NO_2)_4(NH_3)_2]^-$	四硝基・二氨合钴（Ⅲ）酸根离子	Co^{3+}	+3	NO_2^-、NH_3	6	N	–1

3. 几类常见的配合物

1）简单配合物

简单配合物分子或离子中只有一个中心离子，每个配位体只有一个配位原子（单基配位体）与中心离子成键，如$[Ag(NH_3)_2]^+$，BF_4^-，$[CoCl_3(NH_3)_3]$等。

2）螯合物

螯合物是由多基配位体与中心离子成键形成的具有环状结构的配合物。配位体好似螃蟹的蟹钳一样钳牢中心离子，因而形象地称这类环状结构的配合物为螯合物。能与中心离子形成螯合物的配位体称为螯合剂。研究表明，具有五元环或六元环的螯合物很稳定，而且所形成的环越多，螯合物越稳定。例如$[Zn(en)_2]^{2+}$，其结构式为

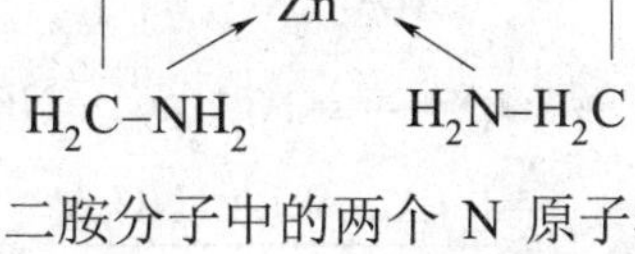

该结构式的特点是：每个乙二胺分子中的两个 N 原子各提供一对孤对电子与 Zn^{2+}形成配位键；每个配位体与中心离子 Zn^{2+}形成一个五元环，两个配位体（en）共形成两个五元环；

Zn^{2+}的配位数为 4。

3）多核配合物

多核配合物含两个或两个以上的中心离子。中心离子由一个或两个配位体连接在一起，连接两个中心离子的基团称为桥边基团，简称桥基，桥基中的配位原子都有多于一对的孤对电子，可以与两个或两个以上的中心离子键合。命名时桥基前加符号“ μ ”，以区分于其他配位体，如四氯化四氨・二乙二胺 $-\mu-$ 羟基 $-\mu-$ 氨基合二钴（Ⅲ），其结构式为

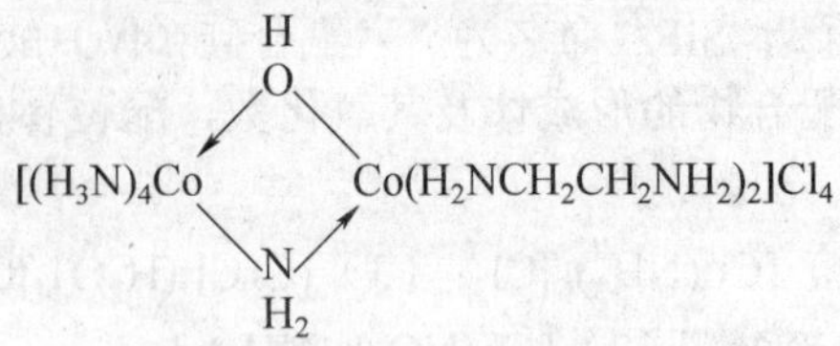

4）羰合物

元素周期表中某些 d 区元素以 CO 为配位体形成的配合物称为羰合物，如$[Ni(CO)_4]$，$[Fe(CO)_5]$等。

5）烯烃配合物

配位体有不饱和烃类的配合物称为烯烃配合物，如$[PdCl_3(C_2H_4)]^-$等。

6）多酸型配合物

多酸是两个或两个以上的含氧酸分子缩合去水而成的酸。例如，两个 H_3PO_4 分子缩合去水而成的焦磷酸 $H_4P_2O_7$ 就是一种双酸。由相同的含氧酸分子缩合得到同多酸，由不同的含氧酸分子缩合得到杂多酸，相应的盐分别称为同多酸盐和杂多酸盐。例如，重铬酸 $H_2Cr_2O_7$ 和重铬酸钾 $K_2Cr_2O_7$ 为同多酸及其盐，十二钼磷酸 $H_3[PMo_{12}O_{40}]$和十二钼磷酸钾 $K_3[PMo_{12}O_{40}]$ 为杂多酸及其盐。多酸根可被看作是多酸型配合物，例如，磷钼酸铵$(NH_4)_3[P(Mo_3O_{10})_4]\cdot 6H_2O$ 可看作是 P 为中心体，$Mo_3O_{10}^{2-}$ 为配位体的多酸型配合物。因此多酸型配合物是一类复杂的无机含氧酸及其盐类，有人认为用金属－氧簇合物来描述此类化合物更确切。

5.3.2 配位平衡

大多数配合物相当于强电解质，在水溶液中可全部解离。但是，对于配离子，它是中心离子与配位体之间以配位键结合的复杂离子，是一种稳定存在的结构单元，与弱电解质一样，它在水溶液中部分解离，存在解离反应和生成反应之间的平衡，这种平衡称为配位平衡。

如同多元弱酸的分级解离反应一样，配离子在水溶液中也发生分级解离，各级解离反应都有相应的标准平衡常数。

例如：

$$[Ag(NH_3)_2]^+(aq) \rightleftharpoons [Ag(NH_3)]^+(aq) + NH_3(aq)$$

$$K_{d1}^{\ominus} = \frac{\{c([Ag(NH_3)]^+)\}\cdot\{c(NH_3)\}}{\{c([Ag(NH_3)_2]^+)\}}$$

$$[Ag(NH_3)]^+(aq) \rightleftharpoons Ag^+(aq) + NH_3(aq)$$

$$K_{d2}^{\ominus} = \frac{\{c(Ag^+)\}\cdot\{c(NH_3)\}}{\{c([Ag(NH_3)]^+)\}}$$

其中 $K_{d1}^{\ominus}$、$K_{d2}^{\ominus}$ 称为 $[Ag(NH_3)_2]^+$ 的分级解离常数或逐级不稳定常数。

各分级解离反应方程式加合在一起就是总解离反应方程式：

$$[Ag(NH_3)_2]^+(aq) \rightleftharpoons Ag^+(aq) + 2NH_3(aq)$$

$$K_d^{\ominus} = K_{d1}^{\ominus} \cdot K_{d2}^{\ominus} = \frac{\{c(Ag^+)\} \cdot \{c(NH_3)\}^2}{\{c([Ag(NH_3)_2]^+)\}} \tag{5-15}$$

其中 $K_d^{\ominus}$ 为 $[Ag(NH_3)_2]^+$ 的总解离常数，又称为配合物的总不稳定常数。

配离子的生成反应是配离子解离反应的逆反应，相应的平衡常数被称为生成常数或稳定常数。

例如：

$$Ag^+(aq) + NH_3(aq) \rightleftharpoons [Ag(NH_3)]^+(aq)$$

$$K_{f1}^{\ominus} = \frac{\{c([Ag(NH_3)]^+)\}}{\{c(Ag^+)\} \cdot \{c(NH_3)\}}$$

$$[Ag(NH_3)]^+(aq) + NH_3(aq) \rightleftharpoons [Ag(NH_3)_2]^+(aq)$$

$$K_{f2}^{\ominus} = \frac{\{c([Ag(NH_3)_2]^+)\}}{\{c(NH_3)\} \cdot \{c([Ag(NH_3)]^+)\}}$$

其中 $K_{f1}^{\ominus}$、$K_{f2}^{\ominus}$ 为 $[Ag(NH_3)_2]^+$ 的分级生成常数或逐级稳定常数。

各分级生成反应方程式加合在一起就是总生成反应方程式：

$$Ag^+(aq) + 2NH_3(aq) \rightleftharpoons [Ag(NH_3)_2]^+(aq)$$

$$K_f^{\ominus} = K_{f1}^{\ominus} \cdot K_{f2}^{\ominus} = \frac{\{c([Ag(NH_3)_2]^+)\}}{\{c(Ag^+)\} \cdot \{c(NH_3)\}^2} \tag{5-16}$$

其中 $K_f^{\ominus}$ 为 $[Ag(NH_3)_2]^+$ 的总生成常数，又称为配合物的总稳定常数或累积稳定常数。

相应的稳定常数与不稳定常数互为倒数：

$$K_{f1}^{\ominus} = \frac{1}{K_{d2}^{\ominus}} \tag{5-17}$$

$$K_{f2}^{\ominus} = \frac{1}{K_{d1}^{\ominus}} \tag{5-18}$$

$$K_f^{\ominus} = \frac{1}{K_d^{\ominus}} \tag{5-19}$$

配合物的总稳定常数的大小反映了配离子在水溶液中的相对稳定性，它与配离子的结构有一定关系。附录 E 列出了常见配离子在 298.15 K 条件下的总稳定常数。

例 5-14　298.15 K 时，将 0.01 mol $AgNO_3$ 固体溶于 1.0 L 0.05 mol · L^{-1} 氨水中（设体积仍为 1.0 L），计算平衡时该溶液中 Ag^+、NH_3 和 $[Ag(NH_3)_2]^+$ 的浓度。已知 $K_f([Ag(NH_3)_2]^+) = 1.67 \times 10^7$。

解　由于 $[Ag(NH_3)_2]^+$ 的 $K_f^{\ominus}$ 值很大，且氨水的初始浓度大，预计生成 $[Ag(NH_3)_2]^+$ 的反应完全，可看成先生成了 0.01 mol · L^{-1} $[Ag(NH_3)_2]^+$，而 $c([Ag(NH_3)]^+)$ 很小，可略去不计。设 0.01 mol · L^{-1} $[Ag(NH_3)_2]^+$ 解离了 x（mol · L^{-1}）。

$$Ag^+(aq) + 2NH_3(aq) \rightleftharpoons [Ag(NH_3)_2]^+(aq)$$

	$Ag^+(aq)$	$2NH_3(aq)$	$[Ag(NH_3)_2]^+(aq)$
初始浓度/（$mol \cdot L^{-1}$）	0	$0.05-0.01\times2$	0.01
转化浓度/（$mol \cdot L^{-1}$）	$+x$	$+2x$	$-x$
平衡浓度/（$mol \cdot L^{-1}$）	x	$0.03+2x$	$0.01-x$

$$K_f^{\ominus}=\frac{\{c([Ag(NH_3)_2]^+)\}}{\{c(Ag^+)\}\cdot\{c(NH_3)\}^2}=\frac{0.01-x}{x(0.03+2x)^2}=1.67\times10^7$$

由于 $K_f^{\ominus}$ 值很大，$K_d^{\ominus}$ 值很小，故有 $0.01-x\approx0.01$，$0.03+2x\approx0.03$。

解得
$$x=6.65\times10^{-7}\ mol \cdot L^{-1}$$

故平衡时 $c(Ag^+)=6.65\times10^{-7}\ mol \cdot L^{-1}$，$c([Ag(NH_3)_2]^+)=0.01\ mol \cdot L^{-1}$，$c(NH_3)=0.03\ mol \cdot L^{-1}$。

5.3.3 配位平衡的移动

和其他化学平衡一样，改变平衡体系的条件，配位平衡会发生移动，并在新的条件下建立新的平衡。下面举几个具体的实例。

（1）向深蓝色的$[Cu(NH_3)_4]^{2+}$溶液中加入少量酸，溶液会变成浅蓝色，这是因为加入的 H^+ 与 NH_3 结合，形成 NH_4^+，溶液中的 NH_3 浓度减小，平衡向$[Cu(NH_3)_4]^{2+}$解离方向移动：

$$[Cu(NH_3)_4]^{2+}(aq) \rightleftharpoons Cu^{2+}(aq) + 4NH_3(aq)$$
$$4NH_3(aq) + 4H^+(aq) \longrightarrow 4NH_4^+(aq)$$

平衡移动方向 →

（2）向深蓝色的$[Cu(NH_3)_4]^{2+}$溶液中加入少量 S^{2-}，可观察到黑色沉淀产生，这是由于中心离子 Cu^{2+} 与 S^{2-} 生成 CuS 沉淀，Cu^{2+} 浓度减小，平衡向$[Cu(NH_3)_4]^{2+}$解离方向移动：

$$[Cu(NH_3)_4]^{2+}(aq) \rightleftharpoons Cu^{2+}(aq) + 4NH_3(aq)$$
$$Cu^{2+}(aq) + S^{2-}(aq) \longrightarrow CuS(s)$$

平衡移动方向 →

（3）向$[Au(CN)_2]^-$溶液中加入金属 Zn，Zn 将 Au^+ 还原为单质 Au，溶液中的 Au^+ 浓度减少，平衡向$[Au(CN)_2]^-$解离方向移动：

$$[Au(CN)_2]^-(aq) \xrightarrow{\text{平衡移动方向}} Au^+(aq) + 2CN^-(aq)$$

（可逆反应 $\rightleftharpoons$）

同时 Zn 被氧化为 Zn^{2+}，另一平衡建立起来：

$$Zn^{2+}(aq) + 4CN^-(aq) \rightleftharpoons [Zn(CN)_4]^{2-}(aq)$$

总反应式为

$$2[Au(CN)_2]^-(aq)+Zn(s) \rightleftharpoons [Zn(CN)_4]^{2-}(aq)+2Au(s)$$

该反应常用于贵金属 Au 的湿法冶金。

（4）在配离子反应中，一种配离子可以转为另一种更稳定的配离子。例如，向血红色的 $[Fe(NCS)]^{2+}$ 中加入 NaF，溶液褪为无色，实际上发生的是 F^- 取代 NCS^- 的反应：

$$[Fe(NCS)]^{2+}(aq)+F^-(aq) \rightleftharpoons [FeF]^{2+}(aq)+NCS^-(aq)$$

$$K^\ominus=\frac{K_f^\ominus([FeF]^{2+})}{K_f^\ominus([Fe(NCS)]^{2+})}=\frac{7.1\times10^6}{9.1\times10^2}=7.8\times10^3$$

许多金属离子在水溶液中都是以水合离子 $[M(H_2O)_n]^{m+}$ 的形式存在的，加入某种配位剂 X 后，它可以取代 $[M(H_2O)_n]^{m+}$ 中的 H_2O，生成新的配合物 $[MX_n]^{m+}$。这类由一种配位体取代配离子内界的另一种配位体而生成新的配合物的反应也称为配位体取代反应。在配位体取代反应中，生成的配合物的稳定常数越大，取代所用的配位剂的浓度越大，取代反应就越完全。

配位平衡的移动问题实质上是配位平衡与其他各种化学平衡的多重平衡问题，如上述配位平衡与酸碱平衡、配位平衡与沉淀平衡、配位平衡和氧化还原平衡、配离子之间的转化等。因此有时配位平衡的移动伴随着电子的转移或溶液 pH 的改变。

例 5－15　298.15 K 时，1 L 0.5 $mol\cdot L^{-1}$ $Na_2S_2O_3\cdot5H_2O$ 溶液可溶解多少克固体 AgBr？设 AgBr 溶解后溶液体积不变。已知 $K_{sp}^\ominus(AgBr)=5.3\times10^{-13}$, $K_f^\ominus([Ag(S_2O_3)_2]^{3-})=2.9\times10^{-13}$ 。

解：设此时 AgBr(s) 的溶解度为 x（$mol\cdot L^{-1}$）。

$$AgBr(s)+2S_2O_3^{2-}(aq) \rightleftharpoons [Ag(S_2O_3)_2]^{3-}(aq)+Br^-(aq)$$

平衡浓度/（$mol\cdot L^{-1}$）　$0.5-2x$　　　　x　　　　x

$$K^\ominus=\frac{\{c(Br^-)\}\{c([Ag(S_2O_3)_2]^{3-})\}}{\{c(S_2O_3^{2-})\}^2}=\frac{\{c(Br^-)\}\{c([Ag(S_2O_3)_2]^{3-})\}}{\{c(S_2O_3^{2-})\}^2}\cdot\frac{\{c(Ag^+)\}}{\{c(Ag^+)\}}$$

$$=K_{sp}^\ominus(AgBr)K_f^\ominus([Ag(S_2O_3)_2]^{3-})=5.3\times10^{-13}\times2.9\times10^{13}=15.37$$

$$\frac{x^2}{(0.5-2x)^2}=15.37$$

解得

$$x=0.22\ mol\cdot L^{-1}$$

由于 $M(AgBr)=188\ g\cdot mol^{-1}$，因此可溶解固体 AgBr 的质量为：$0.22\ mol\cdot L^{-1}\times1\ L\times188\ g\cdot mol^{-1}=41.36\ g$。

5.3.4　配合物的应用

配位化学的发展打破了传统的无机化学和有机化学之间的界限，是当代化学的前沿领域之一。具有特殊性能的种类繁多的配合物在工业、农业和科学研究中有极其广泛的应用。

1. 分析化学领域

鉴定物质的化学组成（元素、离子等）、测定物质的有关组分的含量是分析化学的重要任务。配合物在分析化学领域中有重要的应用。

1）离子的鉴定

一些配位剂可与某些金属离子形成有色配合物，因此，通过颜色的变化可以进行金属离子的鉴定。

（1）在溶液中 NH_3 与 Cu^{2+} 能形成深蓝色的$[Cu(NH_3)_4]^{2+}$，借此配位反应可鉴定 Cu^{2+}：

$$Cu^{2+}(aq)+4NH_3(aq)\longrightarrow \underset{\text{深蓝色}}{[Cu(NH_3)_4]^{2+}(aq)}$$

（2）丁二肟在弱碱性介质中与 Ni^{2+} 可形成鲜红色的难溶二丁二肟合镍（Ⅱ）沉淀，利用此配位反应可鉴定 Ni^{2+}，也可用于 Ni^{2+} 的测定。

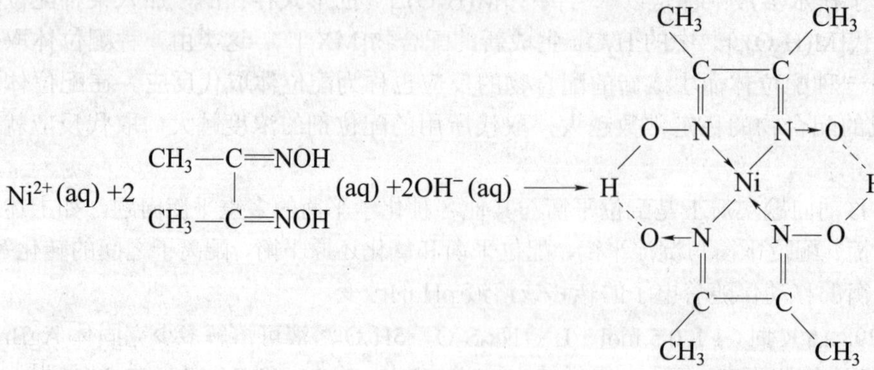

鲜红色沉淀

（3）Co^{2+} 的鉴定可通过加入配位剂 KSCN。Co^{2+} 与配位剂 KSCN 将发生下列反应，颜色有显著变化。

$$\underset{\text{粉红色}}{[Co(H_2O)_6]^{2+}(aq)}+4SCN^-(aq)\xrightarrow{\text{丙酮}}\underset{\text{艳蓝色}}{[Co(NCS)_4]^{2-}(aq)}+6H_2O(l)$$

（4）配离子$[Fe(CN)_6]^{4-}$可用于 Fe^{3+} 的鉴定，$K_4[Fe(CN)_6]$与 Fe^{3+} 反应可生成蓝色沉淀：

$$4Fe^{3+}(aq)+3[Fe(CN)_6]^{4-}(aq)\longrightarrow \underset{\text{蓝色沉淀}}{Fe_4[Fe(CN)_6]_3(s)}$$

2）离子的掩蔽

在前述 Co^{2+} 的鉴定中，如果溶液中同时含有 Fe^{3+}，则 Fe^{3+} 也可与 SCN^- 反应，生成血红色的$[Fe(NCS)]^{2+}$，这就妨碍了对 Co^{2+} 的鉴定。若事先在溶液中先加入足量的配位剂 NaF（或 NH_4F），使 Fe^{3+} 形成更为稳定的无色配离子$[FeF_6]^{3-}$，这样就可以排除 Fe^{3+} 对 Co^{2+} 鉴定的干扰作用。在分析化学上，这种排除干扰作用的效应称为掩蔽效应，所用的配位剂称为掩蔽剂。

3）离子的分离

在含有 Zn^{2+} 和 Al^{3+} 的溶液中加入过量氨水可达到分离 Zn^{2+}、Al^{3+} 的目的：

$$(Zn^{2+}、Al^{3+})\xrightarrow{\text{过量氨水}}\begin{cases}[Zn(NH_3)_4]^{2+}(aq)\\ Al(OH)_3(s)\end{cases}$$

4）离子的测定

水中的 Ca^{2+}、Mg^{2+} 含量常用 EDTA 作螯合剂进行定量分析。例如测定水中的 Ca^{2+} 含量时，可选用钙指示剂进行 EDTA 滴定分析。

钙指示剂（以 H_3In 表示）在水溶液中发生解离：

$$H_3In(aq) \rightleftharpoons 2H^+(aq) + HIn^{2-}(aq)$$

在 pH≥12 的溶液中，HIn^{2-} 与 Ca^{2+} 形成比较稳定的配离子 $CaIn^-$：

$$\underset{\text{纯蓝色}}{HIn^{2-}(aq)} + Ca^{2+}(aq) \rightleftharpoons \underset{\text{酒红色}}{CaIn^-(aq)} + H^+(aq)$$

当用 EDTA 溶液（Na_2H_2EDTA）滴定时，由于 EDTA 能与 Ca^{2+} 形成比 $CaIn^-$ 更稳定的配离子，故在滴定终点附近，$CaIn^-$ 不断转化为 $[Ca(EDTA)]^{2-}$，而钙指示剂则被游离了出来，滴定终点时酒红色变为蓝色。

$$\underset{\text{酒红色}}{CaIn^-(aq)} + H_2EDTA^{2-}(aq) + OH^-(aq) \longrightarrow \underset{\text{无色}}{[Ca(EDTA)]^{2-}(aq)} + \underset{\text{蓝色}}{HIn^{2-}(aq)} + H_2O(l)$$

2. 冶金工业领域

1）贵金属的提取

在贵金属的湿法冶金方面，常利用配离子的生成来分离、制备许多重要物质。例如，从矿石中提取银时，可首先利用 NaCN 溶液处理磨细的矿粉，然后通入空气使矿石中的银生成 $Na[Ag(CN)_2]$ 配合物而溶解，最后在滤液中加锌即可得到银。不过需要注意的是，氰化物有剧毒，使用时需要考虑环境污染问题。该过程的总反应式可写作：

$$4Ag(s) + 8NaCN(aq) + O_2(g) + 2H_2O(l) \rightleftharpoons 4Na[Ag(CN)_2](aq) + 4NaOH(aq)$$

溶液中存在配位平衡：

$$[Ag(CN)_2]^-(aq) \rightleftharpoons Ag^+(aq) + 2CN^-(aq)$$

在滤液中加入 Zn，Ag^+ 被还原为 Ag：

$$2Ag^+(aq) + Zn(s) \rightleftharpoons Zn^{2+}(aq) + 2Ag(s)$$

2）高纯金属的制备

大部分过渡金属与 CO 反应可形成金属羰合物，与常见的相应金属化合物比较，金属羰合物容易挥发，受热易分解成金属和 CO，工业上可利用此特征制备高纯金属。例如，Fe 粉在温和条件下直接与 CO 反应，得到液态的 $Fe(CO)_5$，在稍高温度下分解便可制得纯 Fe 粉。高纯 Fe 粉可用于制造磁铁芯和催化剂。由于金属羰合物大多剧毒、易燃，因此在制备和使用时应特别注意安全。

$$\underset{\text{细粉}}{Fe(s)} + 5CO(g) \xrightarrow{200\ ℃、20\ MPa} [Fe(CO)_5](l) \xrightarrow{200\sim250\ ℃} 5CO(g) + \underset{\text{高纯}}{Fe(s)}$$

3. 电镀工业领域

电镀是通过电解使电解液中的金属离子在阴极上被还原而析出金属层。在电镀过程中，为获取均匀、致密、光亮的金属镀层，通常可选择适当的配位体及其浓度等与金属离子反应来控制金属离子的浓度从而控制还原速度。例如，电镀黄铜（Cu－Zn 合金）时，可利用 CN^- 来控制 Cu^{2+} 和 Zn^{2+} 的浓度，所用电镀液为 $[Cu(CN)_4]^{2-}$ 和 $[Zn(CN)_4]^{2-}$ 的混合液。在同一外加电压下，溶液中的 Cu^{2+} 和 Zn^{2+} 在阴极上同时放电而析出，形成合金镀层。几十年来，镀 Cu、Ag、Au、Zn、Sn 等工艺中常用 NaCN 使有关金属离子转变为氰合配离子，但由于氰化物剧毒，20 世纪 70 年代以来人们开始研究无氰电镀工艺，目前已研究出多种非氰配位剂，例如

1－羟基亚乙基－1，1－二膦酸便是一种较好的电镀通用配位剂，它与 Cu^{2+} 可形成羟基亚乙基二膦酸合铜（Ⅱ）配离子，电镀所得镀层达到质量标准。

4．生物、医学领域

生物体内的许多生命过程都与有机金属配合物密切相关。在 1 000 多种起特殊催化作用的生物酶中，约有三分之一是复杂的金属离子配合物。如图 5－3 所示，叶绿素 a、血红素、维生素 B_{12} 分别是 Mg^{2+}、Fe^{2+}、Co^{2+} 的配合物，配位体均具有卟吩环基本框架（如图 5－3（d）所示）。

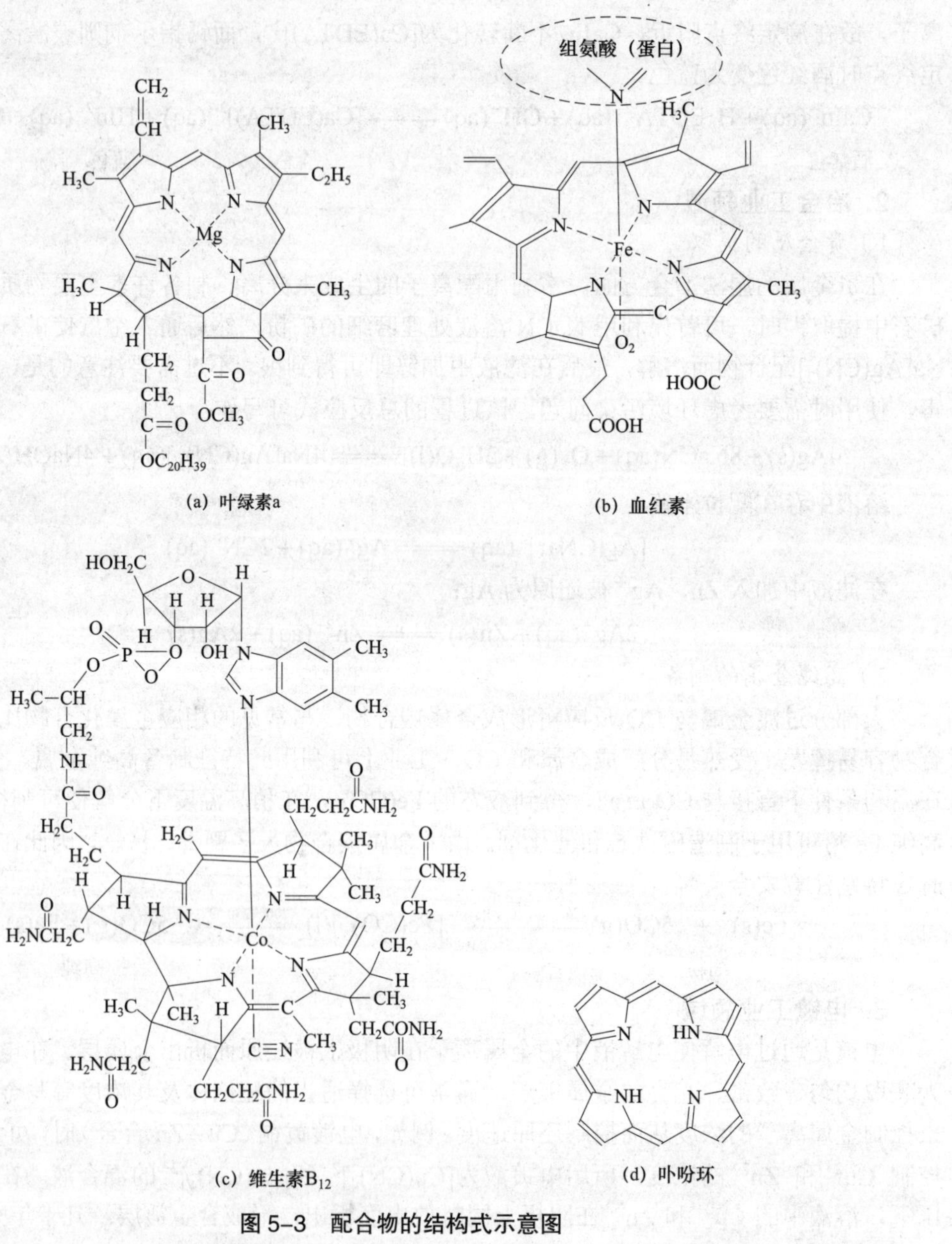

(a) 叶绿素a　(b) 血红素　(c) 维生素B_{12}　(d) 卟吩环

图 5-3　配合物的结构式示意图

在医学上，利用配位反应可以治疗人体某些元素的中毒。例如，EDTA 的钙盐是人体铅中毒的高效解毒剂。对铅中毒病人，可注射溶于生理盐水或葡萄糖溶液的 $Na_2[Ca(EDTA)]$。

$$Pb^{2+}(aq) + [Ca(EDTA)]^{2-}(aq) \longrightarrow [Pb(EDTA)]^{2-}(aq) + Ca^{2+}(aq)$$

$[Pb(EDTA)]^{2-}$ 及剩余的 $[Ca(EDTA)]^{2-}$ 均可随尿排出体外，因而可达到解铅中毒的目的。但是切不能用 Na_2H_2EDTA 代替 $Na_2[Ca(EDTA)]$ 作注射液，因为它会使人体缺钙。另外，治疗糖尿病的胰岛素，治疗血吸虫病的酒石酸锑钾，抗癌药顺铂、二氯茂钛等都属于配合物。现已证实多种顺铂（$[Pt(NH_3)_2Cl_2]$）及其一些类似物对子宫癌、肺癌、睾丸癌有明显疗效。

5. 石油化工领域

在有机合成中，凡利用配位反应而产生的催化作用称为配位催化。由于配位催化活性高，选择性专一，反应条件温和，所以它被广泛应用于石油化工领域中。例如，烯烃的催化是石油化工中极其重要的反应，将乙烯与氧气或空气的混合物通入作为催化剂的 $PdCl_2-CuCl_2-HCl$ 溶液中可制得重要原料乙醛。

$$2C_2H_4(g) + O_2(g) \xrightarrow{PdCl_2-CuCl_2-HCl} 2CH_3CHO(aq)$$

该反应是借助 $[PdCl_3(C_2H_4)]^-$、$[PdCl_2(OH)(C_2H_4)]^-$ 等配合物中间产物的形成，使 C_2H_4 分子活化，使得常温常压下即可比较容易地将 C_2H_4 氧化为 CH_3CHO，并且平衡转化率高达 95%。

另外，某些配合物具有特殊的光电、热磁等功能，这对于高新技术的开发具有重要的意义。

拓展视野

金属－有机框架材料

金属－有机框架（metal-organic frameworks，MOFs）材料是由过渡金属或者稀土金属与含氮、氧等元素的有机配体之间自组装连接而成的多孔晶体材料。MOFs 材料与无机分子筛和沸石等多孔材料不同，研究者可根据实际需求通过改变有机配体的种类或金属离子的类型，来设计与合成出具有不同拓扑结构、比表面积、孔径及孔体积等的多孔晶体材料。因此，MOFs 材料具备相较于一些传统的多孔材料更杰出的特性，其应用前景也更加广泛。

MOFs 材料主要有以下 7 个系列。

（1）IRMOF（isoreticular metal-organic framework）系列。该系列材料是由分离的次级结构单元 $[Zn_4O]^{6+}$ 无机基团与一系列芳香羧酸配体，以八面体形式桥连自组装而成的微孔晶体材料。

（2）Cu－BTC 系列。最初由香港科技大学的 Williams 研究合成的 HKUST－1 具有典型的"孔笼－孔道"（pocket-channel）结构。这种类型的 MOFs 材料的连接方式为 1 个金属簇单元连接到 4 个有机配体单元，而 1 个有机配体单元可以连接到 3 个金属簇单元。

（3）MIL 系列。2005 年，法国拉瓦锡研究所的 Ferey 等人报道了 MIL（materials of institute lavoisier）系列 MOFs 材料。该系列材料使用不同的过渡金属元素和琥珀酸、戊二酸等二羧酸配体合成。其最大的一个特点就是在外界因素的刺激下，材料结构会在大孔和窄孔两种形态之间转变，即呼吸现象。

（4）ZIF 系列。2006 年，美国加州大学的 Yaghi 小组报道了 12 种具有四面体型三维网状结构的沸石咪唑框架材料（zeolitic imidazolate framework，ZIF）。其结构上类似沸石，是使用金属锌或钴来替代沸石中的硅，用咪唑配体替代沸石中的氧桥而形成的类分子筛材料。

（5）PCN 系列。2012 年，美国德州农工大学的周宏才研究组设计合成出了 PCN（porous

coordination network）系列材料。PCN 系列材料是由金属与卟啉类有机配体相互连接构成的具有多个立方八面体孔笼，并在空间上形成孔笼－孔道状拓扑结构的框架材料。

（6）CPL 系列。2006 年，日本京都大学的 Kitagawa 课题组设计合成出 CPL（coordination pillared-layer）系列 MOFs 材料。CPL 系列材料具有层柱状结构，由六配位金属元素与吡嗪类羧酸配体在 4 个配位位置连接成二维平面结构，并在剩下的 2 个位置与另外的线性二齿有机配体进行配位而形成。CPL 系列材料的一个重要特征是：材料在吸附客体分子的过程中，会出现由于晶体骨架的明显膨胀所导致的“gate-opening”现象。

（7）UiO 系列。2008 年，挪威奥斯陆大学 Lillerud 课题组报道了一种超高稳定性的 UiO（university of oslo）系列材料。UiO 系列材料是基于金属 Zr 的新型多孔晶体材料，由 $[Zr_6O_4(OH)_4]$团簇与芳香二羧酸有机配体组成。其中，UiO－66 中，正八面体的$[Zr_6O_4(OH)_4]$与 12 个对苯二甲酸相连，形成包含八面体中心孔笼和 8 个四面体角笼的三维微孔结构。

MOFs 材料具有众多优点，如结构多样性、多孔性、高比表面积及不饱和的金属位点等，从而赋予 MOFs 材料一些出色的物化性质。典型 MOFs 材料如图 5－4 所示。经过长时间的探索，MOFs 材料现已被广泛地应用到气体的存储与分离、催化、药物输送等多个领域。

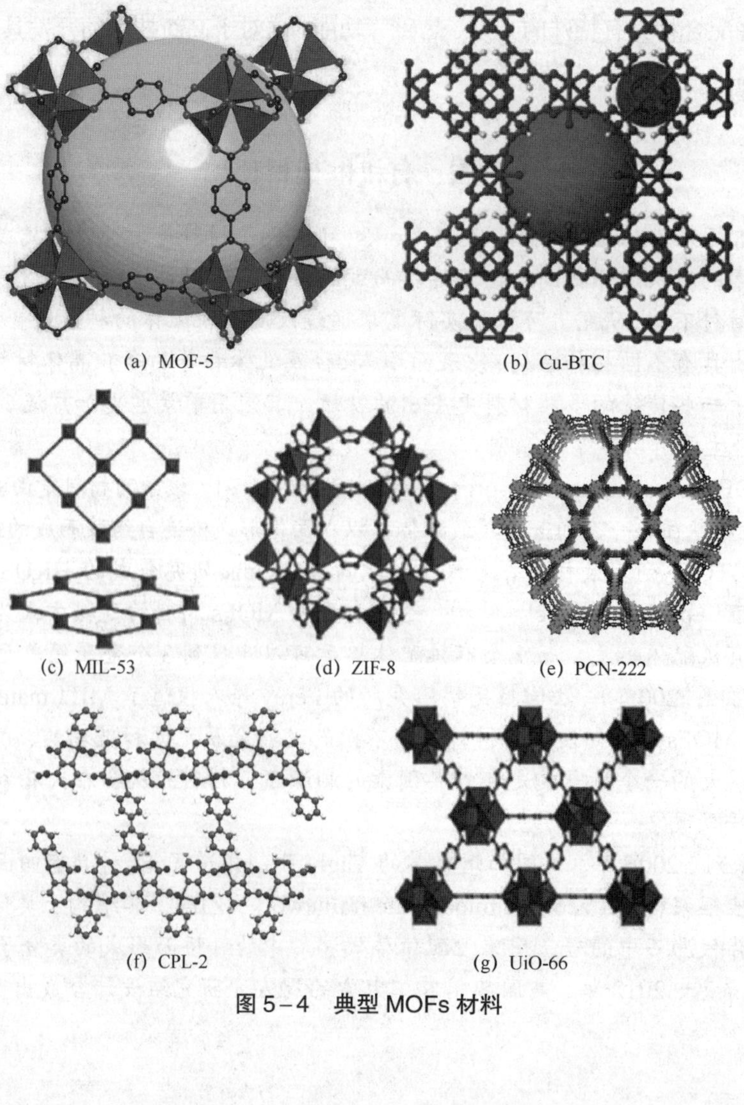

图 5－4　典型 MOFs 材料

习　题

1. 指出下列各物种在水溶液中，哪些是质子酸？哪些是质子碱？哪些是两性物质？它们相应的共轭碱和共轭酸是什么？

① HCN；② H_3AsO_4；③ $HCOO^-$；④ H_3PO_4；⑤ ClO^-；⑥ HIO_3；⑦ S^{2-}；⑧ HSO_4^-；⑨ $P_2O_7^{4-}$；⑩ $[Zn(H_2O)_6]^{2+}$；⑪ $C_2O_4^{2-}$；⑫ CH_3NH_2；⑬ $H_2PO_4^-$；⑭ NH_4^+。

2. 298.15 K 时，有 10 mL 0.100 mol・L^{-1} 次氯酸溶液：

（1）计算该溶液中的 H^+浓度、次氯酸的平衡浓度和次氯酸的解离度；

（2）若要使次氯酸的解离度加倍，需加入水的体积为多少？

3. 某温度下 0.100 mol・L^{-1} 氨水的 pH=10，求该温度下氨水的解离常数和解离度。

4. 计算 298.15 K 时 0.1 mol・dm^{-3} 的 H_2SO_4 溶液中 H^+和 HSO_4^-的浓度。

5. 计算 298.15 K 时 0.05 mol・L^{-1}HCl–0.10 mol・$L^{-1}$$H_2C_2O_4$ 混合溶液中的 $HC_2O_4^-$ 和 $C_2O_4^{2-}$ 的浓度。

6. 在烧杯中盛放 20.00 mL 浓度为 0.10 mol・L^{-1} 的醋酸溶液，逐步加入 0.10 mol・L^{-1} 的 NaOH 溶液，试计算：

（1）当加入 10.00 mL NaOH 后，混合溶液的 pH；

（2）当加入 20.00 mL NaOH 后，混合溶液的 pH；

（3）当加入 30.00 mL NaOH 后，混合溶液的 pH。

7. 室温下，将 0.040 mol・L^{-1} HAc 溶液和 0.10 mol・L^{-1} NaAc 溶液等体积混合成 1 L 缓冲溶液。

（1）求此溶液的 pH？

（2）分别计算加入 0.005 mol HCl、0.005 mol NaOH、100 mL H_2O 后此缓冲溶液的 pH。

8. 现有 6.0 mol・L^{-1} HCOOH 溶液 12 mL，要配成 250 mL pH = 3.8 的酸碱缓冲溶液，应称取固体 HCOONa・$2H_2O$ 多少克？

9. 25℃时 Ag_2CrO_4 的溶解度为 2.16×10^{-2} g・L^{-1}，求同温度下 Ag_2CrO_4 的溶度积。

10. 求 25℃条件下 $Mg(OH)_2$ 饱和溶液的 pH。

11. 根据 AgBr 的溶度积计算 25℃时：

（1）AgBr 在水中的溶解度（mol・L^{-1}）；

（2）AgBr 饱和溶液中 Ag^+和 Br^-的浓度；

（3）AgBr 在 0.02 mol・L^{-1} KBr 溶液中的溶解度（mol・L^{-1}）；

（4）AgBr 在 0.01 mol・L^{-1} 的 $AgNO_3$ 溶液中的溶解度（mol・L^{-1}）。

12. 25 ℃时 PbI_2 和 $PbCrO_4$ 的溶度积分别为 8.4×10^{-9} 和 2.8×10^{-13}，通过计算说明该温度下：

（1）哪种物质在水中的溶解度大？

（2）两种物质在 0.010 mol・L^{-1} 的 $Pb(NO_3)_2$ 溶液中的溶解度各是多少？

13. 室温下 0.001 mol・L^{-1} K_2CrO_4 溶液与等体积、等浓度的 $AgNO_3$ 溶液混合，能否生成 Ag_2CrO_4 沉淀？若能生成沉淀，Ag^+是否沉淀完全？

14. 在 15 mL 的 0.2 mol・L^{-1} $MnSO_4$ 溶液中加入 10 mL 0.15 mol・L^{-1} 的氨水，问有无 $Mn(OH)_2$ 沉淀生成？为了不使 $Mn(OH)_2$ 沉淀析出，至少应加入多少克$(NH_4)_2SO_4(s)$？假设加入$(NH_4)_2SO_4(s)$后溶液总体积不变。

15. 在室温时，将 H_2S 气体通入 0.01 mol・L^{-1} 的 $CdCl_2$ 溶液至饱和，有无 CdS 沉淀生成？如将 H_2S 通入含有 0.3 mol・L^{-1} HCl 和 0.01 mol・L^{-1} $CdCl_2$ 的混合溶液中至饱和，有无 CdS 沉淀生成？

16. 在含有 0.10 mol・L^{-1} Fe^{3+}和 0.10 mol・L^{-1} Cd^{2+}的溶液中逐滴加入 NaOH 溶液，哪一种沉淀先析出？当第二种沉淀析出时，第一种离子是否沉淀完全？计算时忽略由于加入 NaOH 所引起的体积变化。

17. 根据 $SrSO_4$ 和 $SrCO_3$ 的溶度积判断能否将 $SrSO_4$ 转化为 $SrCO_3$。

18. 完成下表：

配合物	中心离子	配位体	配位原子	配位数	名称
$[Co(NH_3)_6]SO_4$					
$[Cu(NH_3)_4](OH)_2$					
$K_3[Ag(S_2O_3)_2]$					
$Na_3[Fe(CN)_5(CO)]$					
$[CrOH(C_2O_4)(H_2O)(en)]$					
$K_3[Fe(NCS)_6]$					
$[Ca(EDTA)]^{2-}$					

19. 写出下列配离子的逐级生成反应方程式和总生成反应方程式，以及相应的稳定常数表达式：

（1）$[Co(NCS)_4]^{2-}$；（2）$[Ni(en)_3]^{2+}$；（3）$[Ag(S_2O_3)_2]^{3-}$。

20. 完成下列各反应方程式：

（1）AgBr(s)溶解于过量氨水；

（2）$CuSO_4$ 与适量氨水反应；

（3）$CuSO_4$ 与过量氨水反应。

21. 写出下列各反应方程式并计算标准平衡常数：

（1）$[Cu(NH_3)_4]SO_4$ 溶液中加入适量 Na_2S；

（2）血红色的$[Fe(NCS)]^{2+}$中加入 NaF；

（3）$ScCl_3$ 溶液中加入 Na_2H_2EDTA。

22. 在 100 mL 0.1 mol・L^{-1} $AgNO_3$ 溶液中加入密度为 0.932 g・mL^{-1} 的含 NH_3 18.2%的氨水 60 mL。

（1）计算该溶液中 Ag^+、$[Ag(NH_3)_2]^+$和 NH_3 的浓度；

（2）若将该混合溶液稀释至 200 mL，求此时溶液中 Ag^+、$[Ag(NH_3)_2]^+$和 NH_3 的浓度。

23. 利用稳定常数分别计算 0.1 mol・L^{-1} $[Ag(NH_3)_2]^+$和同浓度$[Ag(CN)_2]^-$在 0.1 mol・L^{-1} Ag^+存在下的解离度并比较大小。

24. 用化学反应方程式解释贵金属的湿法冶金中金提炼的原理。

25. 室温下存在反应$[Zn(NH_3)_4]^{2+} + 4OH^- \rightleftharpoons [Zn(OH)_4]^{2-} + 4NH_3$，则：

（1）该反应能否正向进行？

（2）在 1.00 $mol \cdot L^{-1}$ 氨水溶液中 Zn^{2+}主要以哪种配离子形式存在？

26. 0.010 $mol \cdot L^{-1}$ 的 Na_2H_2EDTA 溶液的 pH 为 4.46，在 1.0 L 该溶液中加入 0.020 mol $Cu(NO_3)_2(s)$（设溶液总体积没有改变）。当生成螯合物$[CuY]^{2-}$的反应达到平衡后，计算 $c(Cu^{2+})$ 和溶液 pH 的变化量。

27. 室温下，将 AgCl 溶解于 6.0 $mol \cdot L^{-1}$ 氨水溶液中至溶解饱和，然后加入 NaBr 固体，使 Br^-浓度为 0.10 $mol \cdot L^{-1}$，通过计算说明此时有无 AgBr 沉淀生成。

第 6 章

氧化还原反应与电化学

电化学是研究化学反应与电现象之间关系的科学，这种转换是通过氧化还原反应来实现的。氧化还原反应是一类十分普遍的反应，在生产实践和科学技术中有广泛的应用。例如，化学电源的制造、金属的冶炼、燃料的燃烧等过程涉及的反应主要为氧化还原反应。本章将从氧化还原反应出发阐述电化学的一些基本概念、电极电势的应用及能斯特方程，进而讨论金属腐蚀与防护、电解等电化学方面的应用。

6.1 氧化还原反应

6.1.1 氧化数

1970 年国际纯粹与应用化学联合会（IUPAC）明确了氧化数（或氧化数）的定义：氧化数是某一元素的一个原子的荷电数，由“化学键中的电子指定给电负性更大的原子”所求得。对一些常见的元素，一般状态下的氧化数确定规则如下：

（1）单质中，元素的氧化数为零，如 Ag、I_2 中，Ag 和 I 的氧化数均为 0。

（2）在单原子离子中，元素的氧化数等于该离子所带的电荷数，如 Cu^{2+} 中，Cu 元素的氧化数为 +2。

（3）在大多数化合物中，H 的氧化数为 +1，如 H_2O；在金属氢化物中，H 的氧化数为 −1，如 NaH。

（4）通常 O 在化合物中的氧化数为 −2，如 CuO；在过氧化物中，O 的氧化数为 −1，如 H_2O_2；在氟的氧化物中，O 的氧化数为 +2 或 +1，如 OF_2 和 O_2F_2。

（5）中性分子中，各元素原子的氧化数的代数和为零，如 ZnO 中 Zn 和 O 的氧化数代数和为：$(+2)+(-2)=0$。

（6）复杂离子中，各元素氧化数的代数和等于离子所带电荷数，如 SO_4^{2-} 中各元素的氧化数代数和为：$(+6)+(-2\times4)=-2$。

氧化数和化合价是两个不同的概念。氧化数可以是整数，也可以是分数。化合价是两种不同元素原子相化合时的原子数目之间一定的比例关系，其数值是原子在化合时得失电子数或形成共用电子对的数目。化合价只能是整数，可正、可负，不可为分数。例如 Fe_3O_4 中 Fe

的氧化数为+8/3，化合价是+2 和+3 混合价。

6.1.2　氧化与还原

化学反应过程中某物质的某元素氧化数上升，表明该元素原子失去电子或电子对远离该元素原子，这种物质被称为还原剂，该过程称为氧化反应。若某物质的某元素氧化数下降，表明该元素原子得到电子或电子对向该元素原子偏移，这种物质被称为氧化剂，该过程称为还原反应。例如在如下氧化还原反应中：

$$Zn(s)+Cu^{2+}(aq)\longrightarrow Zn^{2+}(aq)+Cu(s)$$

Zn 失去 2 个电子，被氧化为 Zn^{2+}，Zn 为还原剂，此过程称为氧化反应，反应式如下：

$$Zn(s)-2e^{-}\longrightarrow Zn^{2+}(aq)$$

Cu^{2+}得到 2 个电子，被还原为 Cu，Cu^{2+}为氧化剂，此过程称为还原反应，反应式如下：

$$Cu^{2+}(aq)+2e^{-}\longrightarrow Cu(s)$$

由以上分析可以看出，根据元素氧化数的升高和降低，可以将氧化还原反应拆分为氧化和还原两个半反应。

再如，氧化还原反应 $Sn^{2+}(aq)+2Fe^{3+}(aq)\longrightarrow Sn^{4+}(aq)+2Fe^{2+}(aq)$，它可以拆分为如下两个半反应：

$$Sn^{2+}(aq)-2e^{-}\longrightarrow Sn^{4+}(aq) \qquad \text{氧化反应}$$

$$2Fe^{3+}(aq)+2e^{-}\longrightarrow 2Fe^{2+}(aq) \qquad \text{还原反应}$$

在上述每个半反应中，均有同一元素的两个不同氧化数的物种组成了电对，将这种由同一元素的不同氧化数的物种构成的电对称为氧化还原电对，通常表示为：氧化型/还原型（氧化数较高的物种为氧化型，氧化数较低的物种为还原型），如 Zn^{2+}/Zn，Cu^{2+}/Cu，H^{+}/H_2，Sn^{4+}/Sn^{2+}，Fe^{3+}/Fe^{2+}等。氧化还原反应实质上是两个（或两个以上）电对共同作用的结果。

6.1.3　氧化还原反应方程式的配平

配平氧化还原反应方程式有以下两个原则。

（1）电荷守恒：氧化剂得电子数等于还原剂失电子数。

（2）原子守恒：反应前后各元素原子总数相等。

下面主要介绍两种配平氧化还原反应方程式的方法。

1. 氧化数法

采用氧化数法进行配平的基本步骤如下。

（1）写出基本反应方程式，例如：

$$Cu+HNO_3\longrightarrow Cu(NO_3)_2+NO$$

（2）找出氧化剂中元素氧化数降低的数值和还原剂中元素氧化数升高的数值。HNO_3 是氧化剂，N 元素的氧化数从+5 降低到+2。Cu 是还原剂，Cu 元素的氧化数从 0 升高到+2。

$$\overset{0}{Cu}+H\overset{+5}{N}O_3\longrightarrow \overset{+2}{Cu}(NO_3)_2+\overset{+2}{N}O$$

（3）遵循最小公倍数原则对各氧化数的变化值乘以相应的系数，使氧化数降低值和升高值相等。N 元素的氧化数变化值为 3，Cu 元素的氧化数变化值为 2，最小公倍数为 6。

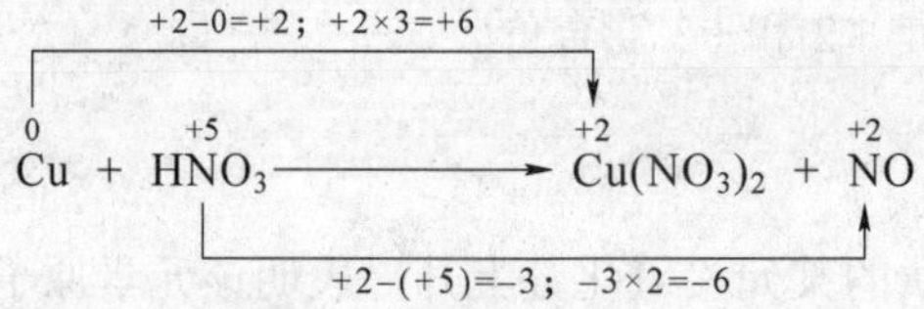

（4）将找出的系数分别乘在氧化剂和还原剂的分子式前面，并配平产物中相应元素原子数。氧化剂 HNO_3 前面乘以系数 2，还原剂 Cu 前面乘以系数 3，NO 前乘以系数 2，$Cu(NO_3)_2$ 前乘以系数 3。

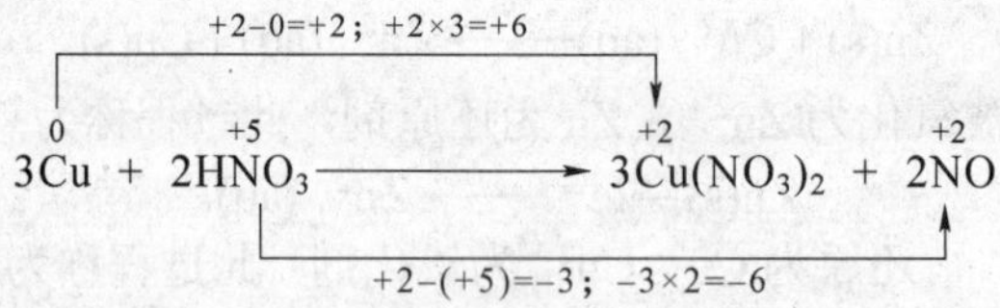

（5）检查反应方程式两边的 H 原子数目，找出参加反应的 H_2O 分子数。由于反应方程式右边 $3Cu(NO_3)_2$ 有 6 个 N 未被还原，因此反应式左边先补上 $6HNO_3$，此时反应方程式左边有 8 个 H 原子，所以反应方程式右边生成 4 个 H_2O 分子。

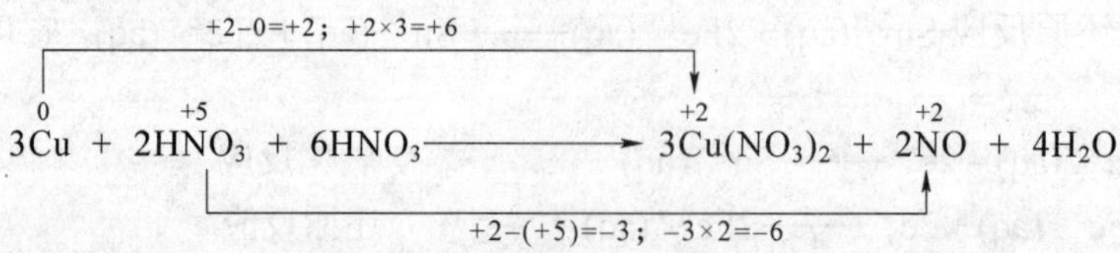

（6）核实反应方程式两边各元素的原子数，配平后的方程式为

$$3Cu+8HNO_3 = 3Cu(NO_3)_2+2NO+4H_2O$$

例 6－1 配平下列氧化还原反应方程式：

$$KClO_3 \longrightarrow KClO_4+KCl$$

此反应不同于前面的氧化还原反应，氧化剂与还原剂均为 $KClO_3$，这类特殊的氧化还原反应称为歧化反应。其配平步骤与普通氧化还原反应方程式的配平步骤相同。

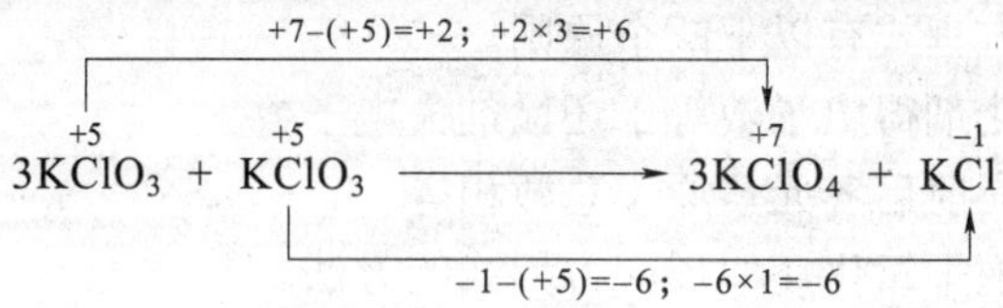

配平后的方程式为

$$4KClO_3 = 3KClO_4+KCl$$

2. 离子－电子法

下面以 MnO_4^- 在酸性介质中与 SO_3^{2-} 的氧化还原反应为例说明离子－电子法配平的基本步骤。

（1）写出主要反应物和产物的离子反应方程式，如：

$$MnO_4^- \longrightarrow Mn^{2+}$$

$$SO_3^{2-} \longrightarrow SO_4^{2-}$$

（2）配平半反应方程式两边相同元素的原子数。

还原反应：$MnO_4^-+8H^+ \longrightarrow Mn^{2+}+4H_2O$

氧化反应：$SO_3^{2-}+H_2O \longrightarrow SO_4^{2-}+2H^+$

还原反应中，MnO_4^- 被还原为 Mn^{2+}，O 原子数目减少 4 个，在酸性介质中，应有 8 个 H^+ 参与反应，生成 4 个 H_2O。

氧化反应中，SO_3^{2-} 被氧化为 SO_4^{2-}，O 原子数目增加 1 个，在酸性介质中，应有 2 个 H^+ 参与反应，生成 1 个 H_2O。

总结以上规律，即对于两边 O 原子数不等的半反应的配平，若是酸性介质，在多 n 个 O 一边加 $2n$ 个 H^+，另一边加 n 个 H_2O；若是碱性介质，则在多 n 个 O 一边加 n 个 H_2O，另一边加 $2n$ 个 OH^-。

（3）用加、减电子数法配平半反应方程式两边电荷数。

还原反应：$MnO_4^- + 5e^- + 8H^+ \longrightarrow Mn^{2+} + 4H_2O$

氧化反应：$SO_3^{2-} + H_2O \longrightarrow SO_4^{2-} + 2e^- + 2H^+$

（4）确定两个半反应方程式得、失电子数目的最小公倍数。在 MnO_4^- 与 SO_3^{2-} 反应中，还原反应得电子数为 5，氧化反应失电子数为 2，最小公倍数为 10。

（5）将两个半反应方程式中各项分别乘以相应的系数，使得、失电子数目相同，将两者合并，就得到配平的氧化还原反应的离子方程式。

$$
\begin{array}{rl}
 & \times 2)\ MnO_4^- + 5e^- + 8H^+ \longrightarrow Mn^{2+} + 4H_2O \\
+) & \times 5)\ SO_3^{2-} + H_2O \longrightarrow SO_4^{2-} + 2e^- + 2H^+ \\
\hline
\multicolumn{2}{l}{2MnO_4^- + 6H^+ + 5SO_3^{2-} = 2Mn^{2+} + 5SO_4^{2-} + 3H_2O}
\end{array}
$$

例 6-2　配平方程式：$ClO^- + Cr(OH)_4^- \longrightarrow Cl^- + CrO_4^{2-}$（碱性介质）。

解　ClO^- 与 $Cr(OH)_4^-$ 在碱性介质的反应中，ClO^- 是氧化剂，$Cr(OH)_4^-$ 是还原剂，按上述规则配平：

$$
\begin{array}{rl}
 & \times 3)\ ClO^- + 2e^- + H_2O \longrightarrow Cl^- + 2OH^- \\
+) & \times 2)\ Cr(OH)_4^- + 4OH^- \longrightarrow CrO_4^{2-} + 3e^- + 4H_2O \\
\hline
\multicolumn{2}{l}{3ClO^- + 2OH^- + 2Cr(OH)_4^- = 3Cl^- + 2CrO_4^{2-} + 5H_2O}
\end{array}
$$

6.2 原 电 池

电化学反应可分为以下两类。

（1）利用自发氧化还原反应产生电流（原电池），反应体系的 $\Delta G < 0$，体系对外做功。

（2）利用电能促使非自发氧化还原反应发生（电解），反应体系的 $\Delta G > 0$，环境对体系做功。

6.2.1　原电池的概念

在氧化还原反应中，氧化剂和还原剂直接接触，电子直接从还原剂传递给氧化剂，从而实现氧化还原过程。例如将锌片直接插入硫酸铜溶液中，可以发现，金属锌不断地给出电子变成 Zn^{2+} 而溶解，而 Cu^{2+} 则获得电子变成单质 Cu 析出，具体反应如下：

$$Zn(s) + CuSO_4(aq) \rightleftharpoons ZnSO_4(aq) + Cu(s)$$

或

$$Zn(s) + Cu^{2+}(aq) \rightleftharpoons Zn^{2+}(aq) + Cu(s)$$

在上述反应中，电子的转移是无序的，因此不会产生电流，反应中释放的化学能转化成热能。如果将上述反应采取如图 6-1 所示的装置来进行，则化学能转变成了电能。

如图 6-1 所示，在一只烧杯中放入 $ZnSO_4$ 电解质溶液和 Zn 片，在另一只烧杯中放入 $CuSO_4$ 电解质溶液和 Cu 片。将两只烧杯中的溶液用盐桥联系起来，用导线连接 Zn 片和 Cu 片，并在导线中间连一只电流计。可以看到，电流计的指针发生偏转，此时，化学能转变为电能。经过一段时间后称重可发现 Zn 片质量减轻，Cu 片质量增加，这说明 Zn 片有部分溶解，而 Cu 片上则有铜析出，这种把氧化还原反应中电子的转移直接转变为电能的装置叫作原电池。处于工作状态的原电池同时发生以下三个过程：

（1）Zn 片和 Cu 片表面分别发生氧化反应和还原反应；

（2）电子流过外电路；

（3）离子流过电解质溶液。

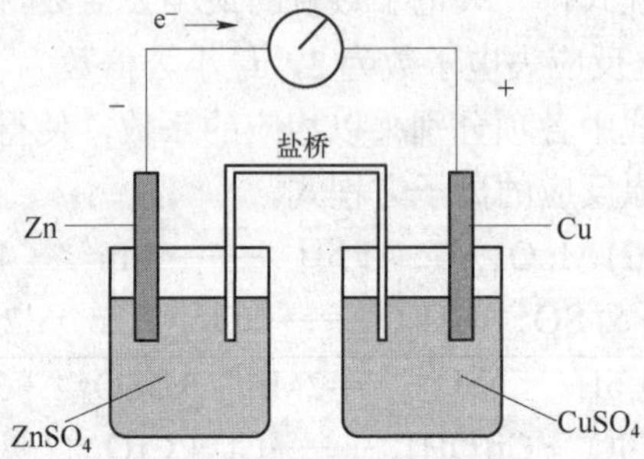

图 6-1　原电池装置示意图

对于任何自发进行的氧化还原反应，只要设计适当，都可以设计成原电池用以产生电流。组成原电池后，氧化反应、还原反应分开进行，可为研究物质的氧化还原能力、氧化还原反应自发进行的方向及氧化还原反应进行的限度等提供重要的信息。

6.2.2　原电池的组成及电极反应

原电池是将化学能转化为电能的一种装置，由两个半电池（电极）组成，每个半电池同时包含由同一种元素的不同氧化数的两个物种所组成的电对。分别在两个半电池中发生的氧化或还原反应，叫作半电池反应或电极反应。氧化和还原的总反应称为电池反应。

Ⅰ. 正极（电子流入极）：氧化剂得电子发生还原过程

电极反应：氧化型 $+ ne^- \rightleftharpoons$ 还原型

Ⅱ. 负极（电子流出极）：还原剂失电子发生氧化过程

电极反应：还原型 $- ne^- \rightleftharpoons$ 氧化型

用盐桥连接两个半电池，通常盐桥内盛有饱和 KCl 溶液或 NH_4NO_3 溶液（用琼脂做成冻胶作为支撑物质）。盐桥的主要作用是用来在两种溶液中转移离子，使它连接的两个溶液始终保持电中性，从而使电极反应得以继续进行。在两种溶液之间插入盐桥以代替原来的两种溶液的直接接触，还可以消除原电池中的液接电势。当组成不同的两种电解质接触时，在溶液接界处由于正负离子扩散通过界面的离子迁移速度不同造成正负电荷分离而形成双电层，这样产生的电位差称为液体接界扩散电势，简称液接电势，它影响电极电势的精确测量。

例如，在 Cu-Zn 原电池中，电池反应为

$$Zn(s) + Cu^{2+}(aq) \rightleftharpoons Zn^{2+}(aq) + Cu(s)$$

在负极上发生 Zn 的氧化反应：$Zn(s)-2e^- \rightleftharpoons Zn^{2+}(aq)$

在正极上发生 Cu^{2+}的还原反应：$Cu^{2+}(aq)+2e^- \rightleftharpoons Cu(s)$

而在 Cu 片和 $CuSO_4$ 溶液与 Ag 片和 $AgNO_3$ 溶液组成的 Ag－Cu 原电池中，由于 Cu 比 Ag 要活泼，故 Cu 片为负极、Ag 片为正极，电池反应为

$$Cu(s)+2Ag^+(aq) \rightleftharpoons Cu^{2+}(aq)+2Ag(s)$$

在负极上发生 Cu 的氧化反应：$Cu(s)-2e^- \rightleftharpoons Cu^{2+}(aq)$

在正极上发生 Ag^+的还原反应：$2Ag^+(aq)+2e^- \rightleftharpoons 2Ag(s)$

6.2.3　电极类型

任何一个原电池由两个半电池即两个电极组成，电极可以按照氧化态物质、还原态物质的状态分为以下类型。

1. 第一类电极：金属－金属离子电极和气体－离子电极

1）金属－金属离子电极

这类电极由金属与含有其离子的溶液构成，如锌与锌离子溶液，铜与铜离子溶液，银与银离子溶液等，电极符号分别为：$Zn \mid Zn^{2+}$、$Cu \mid Cu^{2+}$、$Ag \mid Ag^+$，相应的氧化还原电对分别为 Zn^{2+}/Zn、Cu^{2+}/Cu、Ag^+/Ag。

2）气体－离子电极

这类电极是将气体物质通入含其相应离子的溶液中，气体与溶液中的离子组成平衡体系。例如，氯气通入氯化钠溶液中、氢气通入盐酸溶液中等。由于气体不导电，需借助不参与电极反应的惰性电极（如铂或石墨）起导电作用，这样的电极叫气体－离子电极。例如氢电极，电极符号为 $H^+ \mid H_2 \mid Pt$，相应的氧化还原电对为 H^+/H_2；又如氯电极，电极符号为 $Cl^- \mid Cl_2 \mid C$，相应的氧化还原电对为 Cl_2/Cl^-。

2. 第二类电极：金属－金属难溶盐及金属－金属难溶氧化物电极

这类电极的构成是在金属表面上覆盖一层该金属难溶盐或该金属难溶氧化物，然后将其浸入含有该盐阴离子的溶液中。最常见的第二类电极有银－氯化银电极，电极符号为 $Ag \mid AgCl \mid Cl^-$，相应的氧化还原电对为 $AgCl/Ag$，电解质溶液为含 Cl^-的溶液，如 KCl 溶液、NaCl 溶液、HCl 溶液等。此外，实验室常用的甘汞电极也属此类电极。甘汞电极的符号为 $Hg(l) \mid Hg_2Cl_2 \mid Cl^-$。KCl 溶液的浓度不同，对应的甘汞电极不同。最通用的是饱和甘汞电极，它使用的是饱和 KCl 溶液。

3. 第三类电极：离子型氧化－还原电极

从广义上说，任何电极都包含氧化态物质及还原态物质，故它们都是氧化还原电极，但习惯上仅将其还原态不是金属的电极称为氧化－还原电极。它是将惰性导体（如铂或石墨）浸入含有同一元素的两种不同氧化数的离子的溶液中构成的。例如，将 Pt 插入含有 Fe^{3+}及 Fe^{2+}的溶液中，即构成离子型氧化－还原电极，电极符号为 Fe^{3+}，$Fe^{2+} \mid Pt$，相应的氧化还原电对为 Fe^{3+}/Fe^{2+}；将石墨插入含有 MnO_4^- 及 Mn^{2+}的溶液中构成离子型氧化－还原电极，该电极符号为 MnO_4^-，$Mn^{2+} \mid C$（石墨），相应的氧化还原电对为 MnO_4^-/Mn^{2+}。

6.2.4　原电池符号

原电池装置可用图式来表示，但为书写简便，原电池的装置常用方便而科学的符号来表

示，称为原电池符号。书写原电池符号时习惯上遵循如下几点规定。

（1）一般把负极（如 Cu－Zn 原电池中，Zn 片与 Zn^{2+}溶液）写在原电池符号表示式的左边，正极（如 Cu－Zn 原电池中，Cu 片与 Cu^{2+}溶液）写在原电池符号表示式的右边。

（2）以化学式表示电池中各物质的组成，溶液要标上浓度或活度（$mol \cdot L^{-1}$），若为气体物质应注明其分压(Pa)，还应标明当时的温度。如上述参数没有标出，则默认温度为 298.15 K，气体分压为 100 kPa，溶液浓度为 1 $mol \cdot L^{-1}$。

（3）以符号"｜"表示不同相之间的接界，用"‖"表示盐桥。同一相中的不同物质之间用","隔开。

（4）若有气体－离子电极或离子型氧化－还原电极，则需外加惰性导体（如铂或石墨等）做电极导体。其中，惰性导体不参与电极反应，只起导电（输送或接送电子）的作用，故称为惰性电极。

按上述规定，Cu－Zn 原电池可用如下符号表示：

$$(-)Zn \mid Zn^{2+}(c_1) \parallel Cu^{2+}(c_2) \mid Cu(+)$$

例 6－3 写出反应 $2KMnO_4 + 5H_2C_2O_4 + 3H_2SO_4 \rightleftharpoons K_2SO_4 + 2MnSO_4 + 10CO_2 + 8H_2O$ 的原电池符号和电极反应。

解 先确定正极反应、负极反应及相应的氧化还原电对，然后按照相关规则写出原电池符号。如果 H^+及 OH^-参与电极反应，则将 H^+及 OH^-列入原电池符号中。

正极反应：$MnO_4^-(aq) + 5e^- + 8H^+(aq) \rightleftharpoons Mn^{2+}(aq) + 4H_2O(l)$

负极反应：$H_2C_2O_4(aq) - 2e^- \rightleftharpoons 2CO_2(g) + 2H^+(aq)$

原电池符号：$(-)Pt \mid CO_2(p) \mid H_2C_2O_4(c_1), H^+(c_2) \parallel MnO_4^-(c_3), H^+(c_4), Mn^{2+}(c_5) \mid Pt(+)$

例 6－4 将下列反应设计成原电池并以原电池符号表示：

$$2Fe^{2+}(1.0\ mol \cdot L^{-1}) + Cl_2(101\ 325\ Pa) \longrightarrow 2Fe^{3+}(0.1\ mol \cdot L^{-1}) + 2Cl^-(2.0\ mol \cdot L^{-1})$$

解 正极反应：$Cl_2(g) + 2e^- \rightleftharpoons 2Cl^-(aq)$

负极反应：$Fe^{2+}(aq) - e^- \rightleftharpoons Fe^{3+}(aq)$

原电池符号：$(-)Pt \mid Fe^{2+}(1.0\ mol \cdot L^{-1}), Fe^{3+}(0.1\ mol \cdot L^{-1}) \parallel Cl^-(2.0\ mol \cdot L^{-1}) \mid Cl_2(101\ 325\ Pa) \mid Pt(+)$

例 6－5 写出原电池 $(-)Ag \mid AgCl \mid Cl^-(c_1) \parallel Fe^{2+}(c_2), Fe^{3+}(c_3) \mid Pt(+)$的电极反应和电池反应。

解 正极反应：$Fe^{3+}(aq) + e^- \rightleftharpoons Fe^{2+}(aq)$

负极反应：$Ag(s) + Cl^-(aq) - e^- \rightleftharpoons AgCl(s)$

电池反应：$Ag(s) + Cl^-(aq) + Fe^{3+}(aq) \rightleftharpoons AgCl(s) + Fe^{2+}(aq)$

6.3 电极电势

6.3.1 电极电势的产生

1889 年能斯特提出"双电层"的概念：按金属的自由电子理论，金属晶体中有金属原子、金属阳离子和自由电子，当将 M 金属板插入含有该金属离子 M^{n+}的溶液中时，会有两种倾向：

一种是金属原子 M 受到水分子的作用而溶解，形成 M^{n+}进入溶液中，将电子留在了极板上；另一种是溶液中的金属离子 M^{n+}受到金属板上电子的吸引而沉积到极板上，当沉积与溶解的速度相等时，达到平衡状态，最终建立如下平衡：

$$M(s) \rightleftharpoons M^{n+}(aq) + ne^-$$

上述两种倾向中哪种倾向为主要倾向，这取决于金属的本质和溶液中金属离子的浓度。当金属的活泼性较弱或溶液中金属离子的浓度较大时，则以沉积为主，平衡时极板上带有过多的正电荷，溶液中靠近极板附近带有过多的负电荷，即产生了“双电层”，如图 6-2（a）所示。相反，当金属的活泼性较强或溶液中金属离子的浓度较小时，则以溶解为主，平衡时极板上带有过多的负电荷，溶液中靠近极板附近带有过多的正电荷，也产生了“双电层”，如图 6-2（b）所示。

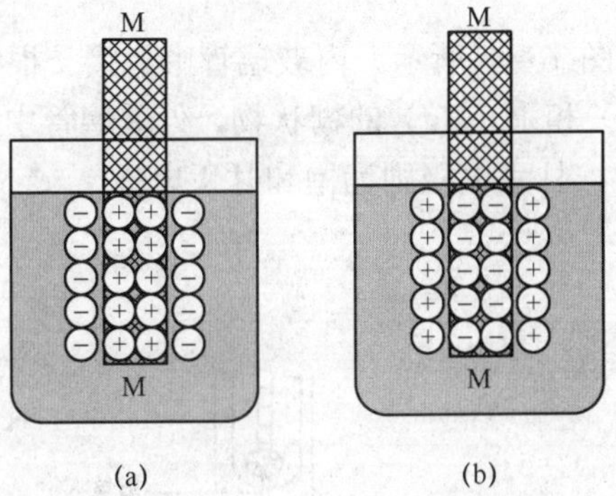

图 6-2　金属的电极电势（“双电层”示意图）

“双电层”的产生使金属表面与含该金属离子的溶液间产生一定的电势差，这个电势差称为金属的平衡电势，又叫作金属的电极电势，用 φ 表示。电极电势除了与金属的本质和溶液中该金属离子的浓度有关外，还与温度等有关。当金属的活泼性越强或溶液中该金属离子的浓度较小时，溶解的趋势越大，平衡时电极电势越低。当金属越不活泼或溶液中该金属离子的浓度较大时，沉积的趋势越大，平衡时电极电势越高。

由于原电池的两极间存在电势差，电路连通后电子由电势低的负极流向电势高的正极。原电池两极间的最大电势差称为电池的电动势（E），可表示为

$$E = \varphi(+) - \varphi(-) \tag{6-1}$$

到目前为止，单个电极的电极电势的绝对值还无法测量，但两个电极相连构成的原电池的电动势则可以利用电位计测量。

6.3.2　参比电极

单个电极的电极电势的绝对值尚无法测定，通常要选定一个参比电极，以其电极电势为基准，将其他电极与其相比较，从而确定其他电极的电极电势相对值。常用的参比电极有标准氢电极、甘汞电极及银-氯化银电极。

1. 标准氢电极（standard hydrogen electrode，SHE）

通常选取标准氢电极作为比较的基准，标准氢电极的电极符号为

$$Pt \mid H_2(100\ kPa) \mid H^+(1\ mol \cdot L^{-1})\ \text{或}\ H^+(1\ mol \cdot L^{-1}) \mid H_2(100\ kPa) \mid Pt$$

规定在任何温度下，标准氢电极的电极电势为零（氢标），以 $\varphi^{\ominus}(H^+/H_2) = 0.000\ 0\ V$ 表示。标准氢电极结构示意图如图 6-3 所示。

标准氢电极是将镀有一层疏松铂黑的 Pt 片插入含 1 mol·L^{-1} H^+的酸溶液中，并不断通入压力为 100 kPa 的纯 H_2 流。这时溶液中的氢离子与铂黑所吸附的氢气之间建立起下列动态平衡：

$$2H^+(aq) + 2e^- \rightleftharpoons H_2(g)$$

虽然标准氢电极用作其他电极的电极电势的基准相对而言比较稳定，但是标准氢电极要求 H_2 纯度很高、压力稳定，并且 Pt 片在溶液中易吸附其他组分而中毒、失去活性，因此，实际上常采用易于制备、使用方便且电极电势稳定的甘汞电极或银-氯化银电极作为参比电极。

2. 甘汞电极

甘汞电极结构示意图如图 6-4 所示。内玻璃管中封接一根铂丝，铂丝插入纯汞（Hg）中，下置一层甘汞（Hg_2Cl_2）和汞（Hg）的糊状物，外玻璃管中装入 KCl 溶液。若保持玻璃管底部有未溶解的 KCl 固体，甘汞电极则为饱和甘汞电极。

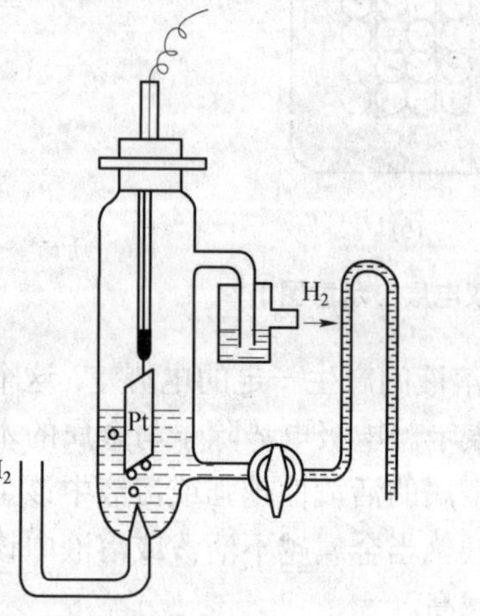

图 6-3 标准氢电极结构示意图

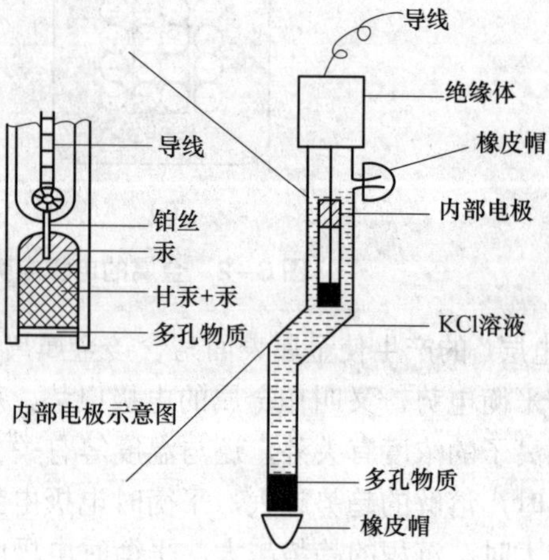

图 6-4 甘汞电极结构示意图

甘汞电极的电极符号为

$$Hg(l) \mid Hg_2Cl_2(s) \mid Cl^-(aq)\ \text{或}\ Cl^-(aq) \mid Hg_2Cl_2(s) \mid Hg(l)$$

甘汞电极的电极反应为

$$Hg_2Cl_2(s) + 2e^- \rightleftharpoons 2Hg(l) + 2Cl^-(aq)$$

25 ℃时甘汞电极的电极电势如表 6-1 所示。

表 6-1 25 ℃时甘汞电极的电极电势（对 SHE）

电极名称	KCl 溶液浓度/（mol·L^{-1}）	电极电势 φ/V
0.1 mol·L^{-1} 甘汞电极	0.1	+0.336 5
标准甘汞电极	1.0	+0.282 8
饱和甘汞电极	饱和溶液	+0.243 8

若在其他温度下使用，应对其电极电位进行校正。例如，饱和甘汞电极的电极电势校正公式为

$$\varphi = 0.243\,8 - 7.6 \times 10^{-4}(t-25) \qquad (6-2)$$

式中，t 的单位为℃，φ的单位为 V。

3. 银－氯化银电极

银－氯化银电极结构示意图如图 6－5 所示。在银丝上镀一层 AgCl 沉淀，并将其浸在一定浓度的 KCl 溶液中即构成了银－氯化银电极。银－氯化银电极的电极符号为

$$Ag(s) \mid AgCl(s) \mid Cl^-(aq)\text{或}\ Cl^-(aq) \mid AgCl(s) \mid Ag(s)$$

银－氯化银电极的电极反应为

$$AgCl(s) + e^- \rightleftharpoons Ag(s) + Cl^-(aq)$$

当 $c(Cl^-) = 1\ mol \cdot L^{-1}$，温度为 298.15 K 时，银－氯化银电极的电极电势为 0.222 2 V。

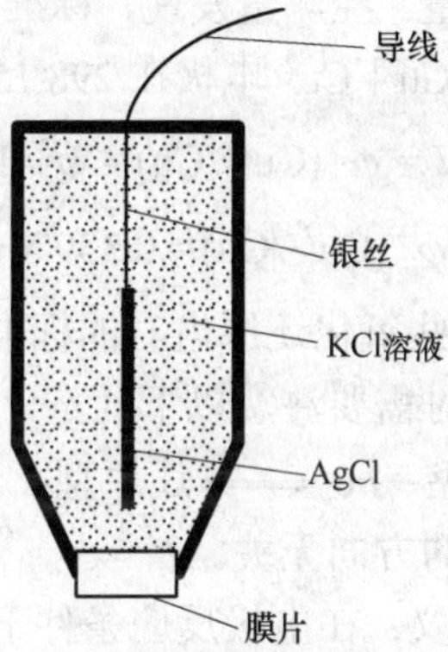

图 6－5　银－氯化银电极结构示意图

6.3.3　标准电极电势的测定

电极电势的绝对值无法测量，但是两极间的电势差——电池电动势（E）可测。选定一个参比电极（$\varphi_{参比}$），将待测电极与这个参比电极相连组成原电池，测得两极间的最大电势差 E，即可求得待测电极的电极电势 φ。

热力学标准状态下某电极的电极电势称为该电极的标准电极电势，记作 $\varphi^\ominus$（氧化型/还原型），如 $\varphi^\ominus(Cu^{2+}/Cu)$。将待测的标准电极与标准氢电极组成原电池，用检流计确定原电池的正、负极，然后用电位计测定原电池电动势 E，根据 $E^\ominus = \varphi^\ominus(+) - \varphi^\ominus(-)$可确定该电极的标准电极电势。

例如，欲测量 $Zn \mid Zn^{2+}$电极的标准电极电势，可将 Zn 片插入 $1\ mol \cdot L^{-1}$ $ZnSO_4$ 溶液中组成标准电极，然后将其与标准氢电极用盐桥连接起来组成原电池即可，$Zn \mid Zn^{2+}$电极的标准电极电势测量装置如图 6－6 所示。

在 298.15 K 时用电位计测量该原电池的电动势，此时标准氢电极为正极，$Zn \mid Zn^{2+}$电极为负极，原电池电动势为 0.763 V。$Zn \mid Zn^{2+}$电极在 298.15 K 时的标准电极电势可由下式求得

$$0.763\ V = \varphi^\ominus(H^+/H_2) - \varphi^\ominus(Zn^{2+}/Zn)$$

$$\varphi^\ominus(Zn^{2+}/Zn) = -0.763\ V$$

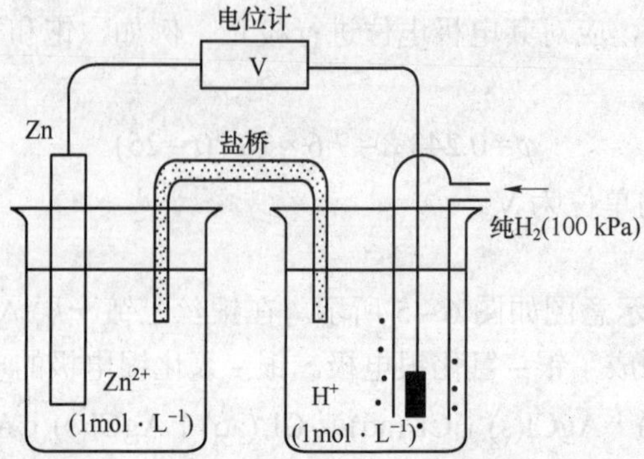

图 6-6 Zn | Zn^{2+}电极的标准电极电势测量装置

测定 Cu | Cu^{2+}电极的标准电极电势时，同样可通过用盐桥将标准 Cu | Cu^{2+}电极和标准氢电极连接起来组成原电池进行测量。经测量发现，标准 Cu | Cu^{2+}电极为正极、标准氢电极为负极，电池电动势为 0.339 V，则 Cu | Cu^{2+}电极在 298.15 K 时的标准电极电势可由下式求得

$$0.339\ \mathrm{V} = \varphi^{\ominus}(Cu^{2+}/Cu) - \varphi^{\ominus}(H^+/H_2)$$

$$\varphi^{\ominus}(Cu^{2+}/Cu) = 0.339\ \mathrm{V}$$

附录 F 列出了 298.15 K 时的一些氧化还原电对的标准电极电势，它们是按代数值递增的顺序排列的。使用标准电极电势表时需要注意以下几点。

（1）电极反应按规定写为氧化型 + ne^- $\rightleftharpoons$ 还原型。$\varphi^{\ominus}$ 值的大小、正负号与组成电极的物质种类有关，而与电极反应进行的方向无关。

（2）标准电极电势 $\varphi^{\ominus}$ 的物理意义：在电极反应条件下，对某物质氧化型得电子或还原型失电子能力的量度。$\varphi^{\ominus}$ 值越大，则标准状态下氧化还原电对中氧化型物质得电子的能力越强，氧化性越强，其还原型物质的还原性越弱；$\varphi^{\ominus}$ 值越小，则标准状态下还原型物质失电子的能力越强，还原性越强，其氧化型物质的氧化性越弱。

（3）$\varphi^{\ominus}$ 是在水溶液中测得的，对非水溶液、高温和固相反应均不适用。

（4）某些物种随介质的酸碱性不同而有不同的存在形式，其 $\varphi^{\ominus}$ 值也不同。例如 Fe^{3+}/Fe^{2+} 电对，在酸性介质中 $\varphi^{\ominus}(Fe^{3+}/Fe^{2+}) = 0.769$ V；而在碱性介质中，$\varphi^{\ominus}(Fe(OH)_3/Fe(OH)_2) = -0.547$ V。

（5）电极电势呈现负值，表明当该电极与标准氢电极相连时作负极；电极电势呈现正值，表明该电极与标准氢电极相连时作正极。这里的正与负是相对于标准氢电极而言的。

（6）$\varphi^{\ominus}$ 是强度性质，与反应方程式的书写无关。如：

电极反应 $Zn^{2+}(aq) + 2e^- \rightleftharpoons Zn(s)$ $\varphi^{\ominus}(Zn^{2+}/Zn) = -0.762$ V

$2Zn^{2+}(aq) + 4e^- \rightleftharpoons 2Zn(s)$ $\varphi^{\ominus}(Zn^{2+}/Zn) = -0.762$ V

6.4 电极电势的影响因素

6.4.1 能斯特方程

标准电极电势是在标准状态及 298.15 K 时测得的。电极电势的大小不仅与电极的本性有关，离子的浓度、气体的分压和温度等也是影响电极电势的主要因素。

电极电势与浓度（或压力）、温度间的定量关系遵循能斯特方程。

对于任意电极，氧化型物质（Ox）得到 n 个电子转变为还原型物质（Red）的电极反应为：

$$a\mathrm{Ox} + ne^- \rightleftharpoons b\mathrm{Red}$$

能斯特方程为

$$\varphi = \varphi^\ominus + \frac{RT}{nF}\ln\frac{[c(\mathrm{Ox})/c^\ominus]^a}{[c(\mathrm{Red})/c^\ominus]^b} \qquad (6-3)$$

式中：φ——任意条件下氧化还原电对的电极电势，V；

$\varphi^\ominus$——该氧化还原电对的标准电极电势；

R——摩尔气体常数，$R = 8.314\ \mathrm{J \cdot mol^{-1} \cdot K^{-1}}$；

n——电极反应的电子转移数；

T——热力学温度，K；

F——法拉第常数，$F = 96\,500\ \mathrm{C \cdot mol^{-1}}$；

$c(\mathrm{Ox})$——电极反应式中氧化型物质的浓度，$\mathrm{mol \cdot L^{-1}}$；

$c(\mathrm{Red})$——电极反应式中还原型物质的浓度，$\mathrm{mol \cdot L^{-1}}$。

未特殊标明，一般默认反应在常温条件下进行，故 298.15 K 时，将各常数代入式（6-3）有

$$\varphi = \varphi^\ominus + \frac{0.059\,2\ \mathrm{V}}{n}\lg\frac{[c(\mathrm{Ox})/c^\ominus]^a}{[c(\mathrm{Red})/c^\ominus]^b} \qquad (6-4)$$

在使用能斯特方程时须注意以下两点。

（1）若电极反应中某物质是固体或液体纯物质，其方程式中的对应项为 1；如果是分压为 p 的气体，则应以 $p/p^\ominus$ 代替 $c/c^\ominus$。

（2）公式中$[c(\mathrm{Ox})/c^\ominus]^a$和$[c(\mathrm{Red})/c^\ominus]^b$分别表示电极反应中氧化型一侧各物质相对浓度的计量系数幂次方之积和还原型一侧各物质相对浓度的计量系数幂次方之积。例如：

$$\mathrm{Cu^{2+}(aq) + 2e^- \rightleftharpoons Cu(s)}$$

$$\varphi(\mathrm{Cu^{2+}/Cu}) = \varphi^\ominus(\mathrm{Cu^{2+}/Cu}) + \frac{0.059\,2\ \mathrm{V}}{2}\lg[c(\mathrm{Cu^{2+}})/c^\ominus]$$

$$\mathrm{Br_2(l) + 2e^- \rightleftharpoons 2Br^-(aq)}$$

$$\varphi(\mathrm{Br_2/Br^-}) = \varphi^\ominus(\mathrm{Br_2/Br^-}) + \frac{0.059\,2\ \mathrm{V}}{2}\lg\frac{1}{[c(\mathrm{Br^-})/c^\ominus]^2}$$

$$\mathrm{O_2(g) + 4H^+(aq) + 4e^- \rightleftharpoons 2H_2O(l)}$$

$$\varphi(\mathrm{O_2/H_2O}) = \varphi^\ominus(\mathrm{O_2/H_2O}) + \frac{0.059\,2\ \mathrm{V}}{4}\lg\{[p(\mathrm{O_2})/p^\ominus][c(\mathrm{H^+})/c^\ominus]^4\}$$

$$\mathrm{MnO_4^-(aq) + 8H^+(aq) + 5e^- \rightleftharpoons Mn^{2+}(aq) + 4H_2O(l)}$$

$$\varphi(\mathrm{MnO_4^-/Mn^{2+}}) = \varphi^\ominus(\mathrm{MnO_4^-/Mn^{2+}}) + \frac{0.059\,2\ \mathrm{V}}{5}\lg\frac{[c(\mathrm{MnO_4^-})/c^\ominus][c(\mathrm{H^+})/c^\ominus]^8}{c(\mathrm{Mn^{2+}})/c^\ominus}$$

6.4.2　浓度对电极电势的影响

由能斯特方程可知，氧化型物质和还原型物质的浓度对电极电势有较大影响。

例 6－6 已知$\varphi^{\ominus}(Fe^{3+}/Fe^{2+})=0.769\ V$，计算 298.15 K 时下列情况下电对 Fe^{3+}/Fe^{2+}的电极电势。

（1）$c(Fe^{3+})=1.0\ mol\cdot L^{-1}$，$c(Fe^{2+})=1.0\times10^{-3}\ mol\cdot L^{-1}$；

（2）$c(Fe^{3+})=0.1\ mol\cdot L^{-1}$，$c(Fe^{2+})=1\ mol\cdot L^{-1}$。

解 电极反应：$Fe^{3+}(aq)+e^- \rightleftharpoons Fe^{2+}(aq)$

由能斯特方程可得

$$\varphi(Fe^{3+}/Fe^{2+})=\varphi^{\ominus}(Fe^{3+}/Fe^{2+})+0.059\ 2\ V\lg\frac{c(Fe^{3+})/c^{\ominus}}{c(Fe^{2+})/c^{\ominus}}$$

（1）$\varphi(Fe^{3+}/Fe^{2+})=0.769+0.059\ 2\times\lg\dfrac{1.0}{1.0\times10^{-3}}=0.947$（V）

（2）$\varphi(Fe^{3+}/Fe^{2+})=0.769+0.059\ 2\times\lg\dfrac{0.1}{1}=0.710$（V）

计算结果表明，电对中氧化型物质与还原型物质的浓度比降低，电极电势减小，即氧化型物质的氧化能力减弱而还原型物质的还原能力增强；反之，氧化型物质与还原型物质的浓度比增大，电极电势增大，则氧化型物质的氧化能力增强而还原型物质的还原能力减弱。

例 6－7 已知$\varphi^{\ominus}(Ag^+/Ag)=0.799\ 1\ V$，若向电极中加入 NaBr，当 AgBr 沉淀达平衡时，若使得$c(Br^-)=1\ mol\cdot L^{-1}$，问这时的$\varphi(Ag^+/Ag)$为多少？

解 $Ag^+(aq)+e^- \rightleftharpoons Ag(s)$ $\quad\varphi^{\ominus}(Ag^+/Ag)=0.799\ 1\ V$

$$Ag^+(aq)+Br^-(aq) \rightleftharpoons AgBr(s) \quad K_{sp}^{\ominus}(AgBr)=5.3\times10^{-13}$$

平衡时，

$$c(Ag^+)=K_{sp}^{\ominus}(AgBr)/c(Br^-)=5.3\times10^{-13}\ mol\cdot L^{-1}$$

$$\varphi(Ag^+/Ag)=\varphi^{\ominus}(Ag^+/Ag)+0.059\ 2\ V\lg\{c(Ag^+)/c^{\ominus}\}$$
$$=0.799\ 1+0.059\ 2\times\lg(5.3\times10^{-13})=0.072\text{（V）}$$

由此可见，因难溶化合物的生成，氧化型物质的浓度减小，电极电势降低，氧化型物质的氧化能力减弱，还原型物质的还原能力增强。若生成难溶化合物使还原型物质浓度减小，则结果与上述描述正好相反。

6.4.3 酸碱性对电极电势的影响

如果 H^+或 OH^-参与了电极反应，则介质的酸碱性对电对的电极电势也有较大影响。

例 6－8 试计算当 pH=5 时，氧化还原电对 MnO_4^-/Mn^{2+}的电极电势为多少？（其他条件同标准状态）

解 电极反应：$MnO_4^-(aq)+8H^+(aq)+5e^- \rightleftharpoons Mn^{2+}(aq)+4H_2O(l)$

查表有$\varphi^{\ominus}(MnO_4^-/Mn^{2+})=1.512\ V$，已知$c(MnO_4^-)=c(Mn^{2+})=1.0\ mol\cdot L^{-1}$。

由能斯特方程可得

$$\varphi(MnO_4^-/Mn^{2+})=\varphi^{\ominus}(MnO_4^-/Mn^{2+})+\frac{0.059\ 2\ V}{5}\lg\frac{[c(MnO_4^-)/c^{\ominus}][c(H^+)/c^{\ominus}]^8}{c(Mn^{2+})/c^{\ominus}}$$

$$=1.512+\frac{0.059\ 2}{5}\lg(10^{-5})^8=1.038\text{（V）}$$

例 6-9　已知电极反应：$NO_3^-(aq)+4H^+(aq)+3e^- \rightleftharpoons NO(g)+2H_2O(l)$，$\varphi^\ominus(NO_3^-/NO)=0.96\ V$。计算 298.15 K，$c(NO_3^-)=1.0\ mol\cdot L^{-1}$，$p(NO)=100\ kPa$，$c(H^+)=1.0\times10^{-7}\ mol\cdot L^{-1}$ 时，氧化还原电对 NO_3^-/NO 的电极电势。

解

$$\varphi(NO_3^-/NO)=\varphi^\ominus(NO_3^-/NO)+\frac{0.059\,2\ V}{3}\lg\frac{[c(NO_3^-)/c^\ominus][c(H^+)/c^\ominus]^4}{p(NO)/p^\ominus}$$

$$=0.96+\frac{0.059\,2}{3}\lg\frac{1.0\times(1.0\times10^{-7})^4}{100/100}$$

$$=0.41\ (V)$$

可见，介质对含氧酸盐的氧化性影响较大，酸性条件下表现出较强的氧化性。所以浓 HNO_3 的氧化能力很强，而中性的硝酸盐溶液氧化能力很弱。

溶液酸碱性不仅影响电极电势的数值，有时也会影响氧化还原反应的产物。例如，若 MnO_4^- 作为氧化剂氧化 SO_3^{2-}，溶液的酸碱性不同，则产物也不同：

$$2MnO_4^-(aq)+5SO_3^{2-}(aq)+6H^+(aq) \xrightleftharpoons{酸性} 2Mn^{2+}(aq)+5SO_4^{2-}(aq)+3H_2O(l)$$

$$2MnO_4^-(aq)+3SO_3^{2-}(aq)+H_2O(l) \xrightleftharpoons{中性} 2MnO_2(s)+3SO_4^{2-}(aq)+2OH^-(aq)$$

$$2MnO_4^-(aq)+SO_3^{2-}(aq)+2OH^-(aq) \xrightleftharpoons{强碱性} 2MnO_4^{2-}(aq)+SO_4^{2-}(aq)+H_2O(l)$$

6.5　电极电势的应用

电极电势数值是电化学中很重要的数据，除了可用于计算原电池电动势外，还可以用于比较氧化剂和还原剂的氧化还原能力的相对强弱，判断氧化还原反应进行的方向和限度等。

6.5.1　比较氧化剂和还原剂的氧化还原能力相对强弱

电极电势的大小反映了氧化还原电对中的氧化型物质和还原型物质在水溶液中氧化还原能力的相对强弱。氧化还原电对的电极电势越小，则该氧化还原电对中的还原型物质越易失去电子，是越强的还原剂；其对应的氧化型物质越难得到电子，是越弱的氧化剂。氧化还原电对的电极电势越大，则该氧化还原电对中氧化型物质是越强的氧化剂，其对应的还原型物质是越弱的还原剂。

例如：I_2/I^-、Fe^{3+}/Fe^{2+}、Br_2/Br^-这三个氧化还原电对的电极反应及标准电极电势如下：

氧化还原电对	电极反应	标准电极电势 $\varphi^\ominus$/V
I_2/I^-	$I_2(s)+2e^- \rightleftharpoons 2I^-(aq)$	+0.535
Fe^{3+}/Fe^{2+}	$Fe^{3+}(aq)+e^- \rightleftharpoons Fe^{2+}(aq)$	+0.769
Br_2/Br^-	$Br_2(l)+2e^- \rightleftharpoons 2Br^-(aq)$	+1.077

从标准电极电势可以看出，在离子浓度为 $1.0\ mol\cdot L^{-1}$ 的条件下，I^-是其中最强的还原剂，它可以还原 Fe^{3+}或 Br_2；而其对应的 I_2 是其中最弱的氧化剂，它不能氧化 Br^-或 Fe^{2+}。Br_2 是其中最强的氧化剂，它可以氧化 Fe^{2+}或 I^-；而其对应的 Br^-是其中最弱的还原剂，它不能还原 I_2 或 Fe^{3+}。Fe^{3+}的氧化性比 I_2 的要强而比 Br_2 的要弱，因而它只能氧化 I^-而不能氧化 Br^-；Fe^{2+}

的还原性比 Br^- 的要强而比 I^- 的要弱，因而它可以还原 Br_2 而不能还原 I_2。

一般来说，当氧化还原电对的氧化型或还原型离子浓度不是 1.0 mol·L^{-1} 时，或者还有 H^+ 或 OH^- 参加电极反应时，应考虑离子浓度或溶液酸碱性对电极电势的影响，运用能斯特方程计算 φ 值后，再比较氧化剂或还原剂的氧化还原能力的相对强弱。然而，对于简单的电极反应，离子浓度的变化对 φ 值的影响不大，因而若两个氧化还原电对在标准电极电势表中的位置相距较远时（如大于 0.2 V），通常也可直接用 $\varphi^\ominus$ 来进行比较。而对于含氧酸盐，因为 H^+ 浓度对 φ 值影响较大，所以在 H^+ 浓度不为 1.0 mol·L^{-1} 时必须先计算 φ 值再进行比较。

例 6-10 在标准状态下，指出下列三个氧化还原电对中最强的氧化剂。若将 $KMnO_4$ 溶液的 pH 变为 5，则它们的氧化性相对强弱次序将发生怎样的改变？

$$MnO_4^-/Mn^{2+}，Hg^{2+}/Hg，Cl_2/Cl^-$$

解 查表可得：$\varphi^\ominus(MnO_4^-/Mn^{2+})=1.512\ V$

$\varphi^\ominus(Hg^{2+}/Hg)=0.851\ 9\ V$

$\varphi^\ominus(Cl_2/Cl^-)=1.360\ V$

（1）在标准状态下可用 $\varphi^\ominus$ 值的相对大小进行比较，$\varphi^\ominus$ 值的相对大小次序为

$$\varphi^\ominus(MnO_4^-/Mn^{2+})>\varphi^\ominus(Cl_2/Cl^-)>\varphi^\ominus(Hg^{2+}/Hg)$$

所以在上述物质中，MnO_4^-（或 $KMnO_4$）是最强的氧化剂。

（2）当 $KMnO_4$ 溶液的 pH=5，即 $c(H^+)=1.00\times10^{-5}$ mol·L^{-1} 时，根据能斯特方程进行计算（见例 6-8），得 $\varphi(MnO_4^-/Mn^{2+})=1.038\ V$。此时 $\varphi^\ominus$ 相对大小次序为

$$\varphi^\ominus(Cl_2/Cl^-)>\varphi(MnO_4^-/Mn^{2+})>\varphi^\ominus(Hg^{2+}/Hg)$$

故氧化性相对强弱次序为：$Cl_2>MnO_4^->Hg^{2+}$。

由此可见，当由 pH=0 变为 pH=5，即酸性减弱时，$KMnO_4$ 的氧化性减弱了。

6.5.2 判断氧化还原反应进行的方向

一个氧化还原反应能否自发进行，可用反应的吉布斯函数变 ΔG 来判断。若反应的 $\Delta G<0$，反应就能自发进行；若反应的 $\Delta G>0$，反应就不能自发进行；若反应的 $\Delta G=0$，反应处于平衡状态。

氧化还原反应的吉布斯函数变 ΔG 与原电池电动势 E 的关系为

$$\Delta G=-nFE \tag{6-5.a}$$

其中 n 取正值，为氧化还原反应中得失电子数；F 为法拉第常数，$F=96\ 500$ C·mol^{-1}。如果可逆电池反应是在标准状态下进行的，则有

$$\Delta G^\ominus=-nFE^\ominus \tag{6-5.b}$$

式（6-5）是联系化学热力学和电化学的主要桥梁，表明化学能与电能转化的定量关系。

从式（6-5a）容易看出，只有当原电池电动势 $E>0$ 时，ΔG 才能小于零。因此只有当 $E>0$ 时，即当作为氧化剂电对的电极电势大于作为还原剂电对的电极电势时，反应才能自发进行。也就是说，只有当 $\varphi(+)>\varphi(-)$ 时，反应才能自发进行。这样，根据组成氧化还原反应的两氧化还原电对的电极电势，就可以判断氧化还原反应进行的方向。即

$E>0$ 时，即 $\varphi(+)>\varphi(-)$，反应自发进行；

$E<0$ 时，即 $\varphi(+)<\varphi(-)$，反应非自发进行；

$E=0$ 时，即 $\varphi(+)=\varphi(-)$，反应处于平衡状态。

对于简单的电极反应，由于离子浓度对电极电势影响不大，当两个氧化还原电对的标准电极电势数值相差较大（如大于 0.2 V）时，则即使离子浓度发生变化也还不会使 E 值的正负号发生变化，因此对于非标准状态下的反应仍可以用 $E^{\ominus}$ 或 $\varphi^{\ominus}(+)-\varphi^{\ominus}(-)$ 来判别反应进行的方向。但如果还有 H^+ 或 OH^- 参加反应，则必须用 E 或 $\varphi(+)-\varphi(-)$ 来进行判别，即首先利用能斯特方程求出非标准状态下的电极电势 φ，然后再判断反应进行的方向。

例 6－11 判断下列氧化还原反应进行的方向：

（1）$Sn+Pb^{2+}$（$1.0\ mol\cdot L^{-1}$）$\rightleftharpoons Sn^{2+}$（$1.0\ mol\cdot L^{-1}$）$+Pb$；

（2）$Sn+Pb^{2+}$（$0.1\ mol\cdot L^{-1}$）$\rightleftharpoons Sn^{2+}$（$1.0\ mol\cdot L^{-1}$）$+Pb$。

解 查表可得各氧化还原电对的标准电极电势：

$$\varphi^{\ominus}(Sn^{2+}/Sn)=-0.141\ V，\ \varphi^{\ominus}(Pb^{2+}/Pb)=-0.126\,6\ V$$

（1）当 $c(Sn^{2+})=c(Pb^{2+})=1.0\ mol\cdot L^{-1}$ 时，可用 $\varphi^{\ominus}$ 值直接比较，因为 $\varphi^{\ominus}(Pb^{2+}/Pb)>\varphi^{\ominus}(Sn^{2+}/Sn)$，此时 Pb^{2+} 作氧化剂、Sn 作还原剂。反应按下列反应正向进行：

$$Sn+Pb^{2+}(1.0\ mol\cdot L^{-1})\rightleftharpoons Sn^{2+}(1.0\ mol\cdot L^{-1})+Pb$$

（2）因两个氧化还原电对的标准电极电势相差甚小（0.014 4 V），所以当 $c(Sn^{2+})=1.0\ mol\cdot L^{-1}$，$c(Pb^{2+})=0.1\ mol\cdot L^{-1}$ 时，要考虑离子浓度对 φ 值的影响，此时：

$$\varphi(Pb^{2+}/Pb)=\varphi^{\ominus}(Pb^{2+}/Pb)+\frac{0.059\,2\ V}{2}\lg[c(Pb^{2+})/c^{\ominus}]$$

$$=-0.126\,6+\frac{0.059\,2}{2}\times\lg 0.1=-0.156\,2\text{（V）}$$

此时 $\varphi(Sn^{2+}/Sn)=\varphi^{\ominus}(Sn^{2+}Sn)>\varphi(Pb^{2+}/Pb)$，所以反应按下列反应正向进行：

$$Pb+Sn^{2+}(1.0\ mol\cdot L^{-1})\rightleftharpoons Pb^{2+}(0.1\ mol\cdot L^{-1})+Sn$$

例 6－12 判断 pH＝7 时，反应 $Cr_2O_7^{2-}+14H^++2Br^-\rightleftharpoons Br_2+2Cr^{3+}+7H_2O$ 能否正向自发进行（其他条件为标准状态）？

解 查表得：$\varphi^{\ominus}(Cr_2O_7^{2-}/Cr^{3+})=1.33\ V$，$\varphi^{\ominus}(Br_2/Br^-)=1.077\,4\ V$。

电极反应：$Cr_2O_7^{2-}+14H^++6e^-\rightleftharpoons 2Cr^{3+}+7H_2O$

根据能斯特方程，在 pH＝7 时有

$$\varphi(Cr_2O_7^{2-}/Cr^{3+})=\varphi^{\ominus}(Cr_2O_7^{2-}/Cr^{3+})+\frac{0.059\,2\ V}{6}\lg\frac{[c(Cr_2O_7^{2-})/c^{\ominus}]\cdot[c(H^+)/c^{\ominus}]^{14}}{[c(Cr^{3+})/c^{\ominus}]^2}$$

$$=1.33+\frac{0.059\,2}{6}\times\lg(1.0\times10^{-7})^{14}$$

$$=0.3631\text{（V）}$$

电极反应：

$$Br_2+2e^-\rightleftharpoons 2Br^-$$

$$\varphi(Br_2/Br^-)=\varphi^{\ominus}(Br_2/Br^-)=1.077\,4\ V$$

所以

$$E=\varphi(Cr_2O_7^{2-}/Cr^{3+})-\varphi(Br_2/Br^-)$$

$$=0.363\,1-1.077\,4=-0.714\,3(V)$$

因为 $E<0$，所以反应不能正向自发进行。

6.5.3 衡量氧化还原反应进行的限度

氧化还原反应进行的最终程度就是氧化还原反应达到平衡，此时，生成物相对浓度与反应物相对浓度之比可由氧化还原反应的标准平衡常数 $K^{\ominus}$ 的大小来衡量。对于水溶液中任一氧化还原反应：

$$aA(g)+bB(aq)+dD(s) \rightleftharpoons gG(l)+yY(aq)+zZ(aq)$$

其电动势的能斯特方程与电极电势的能斯特方程类似，298.15 K 时为

$$E=E^{\ominus}-\frac{0.0592\text{ V}}{n}\lg Q \tag{6-6}$$

反应商

$$Q=\frac{\left[\frac{c(Y)}{c^{\ominus}}\right]^{y}\left[\frac{c(Z)}{c^{\ominus}}\right]^{z}}{\left[\frac{p(A)}{p^{\ominus}}\right]^{a}\left[\frac{c(B)}{c^{\ominus}}\right]^{b}}$$

当反应达到平衡时，系统的 $\Delta G=0$，由 $\Delta G=-nFE$ 可知，原电池的电动势 $E=0$，此时，反应商 Q 即为标准平衡常数 $K^{\ominus}$，故：

$$E^{\ominus}=\frac{0.0592\text{ V}}{n}\lg K^{\ominus} \tag{6-7.a}$$

或

$$\lg K^{\ominus}=\frac{nE^{\ominus}}{0.0592\text{ V}} \tag{6-7.b}$$

可以看出，在 298.15 K 时氧化还原反应的标准平衡常数只与标准电动势 $E^{\ominus}$ 有关，而与溶液的起始浓度无关。同时，只要知道由氧化还原反应所组成的原电池的标准电动势，就可以计算出氧化还原反应可能进行的限度。

例 6－13 计算例 6－11 中反应（1）在 298.15 K 时的标准平衡常数，并分析该反应能进行的限度。

解 反应方程式为 $Sn(s)+Pb^{2+}(aq) \rightleftharpoons Sn^{2+}(aq)+Pb(s)$

由例 6－11 可知，该反应在标准状态下能自发进行，并算得该原电池的标准电动势 $E^{\ominus}=0.0144\text{ V}$，则有

$$\lg K^{\ominus}=\frac{nE^{\ominus}}{0.0592\text{ V}}=\frac{2\times0.0144}{0.0592}=0.486$$

即

$$\lg K^{\ominus}=\lg\frac{c(Sn^{2+})/c^{\ominus}}{c(Pb^{2+})/c^{\ominus}}=0.486$$

$$K^{\ominus}=\frac{c(Sn^{2+})}{c(Pb^{2+})}=3.062$$

从计算结果可知，当溶液中 Sn^{2+}浓度等于 Pb^{2+}浓度的 3.062 倍时，反应便达到平衡状态。

平衡常数较小，此反应进行得不很彻底。

例 6－14　计算下列反应在 298.15 K 时的标准平衡常数 $K^{\ominus}$。

$$Cu(s)+2Ag^{+}(aq) \rightleftharpoons Cu^{2+}(aq)+2Ag(s)$$

解　先设想按上述氧化还原反应所组成的一个标准状态下的原电池：

负极　$Cu(s)-2e^{-} \rightleftharpoons Cu^{2+}(aq)$，$\varphi^{\ominus}(Cu^{2+}/Cu)=0.339\,4\ V$

正极　$2Ag^{+}(aq)+2e^{-} \rightleftharpoons 2Ag(s)$，$\varphi^{\ominus}(Ag^{+}/Ag)=0.799\,1\ V$

原电池的标准电动势为

$$E^{\ominus}=\varphi^{\ominus}(+)-\varphi^{\ominus}(-)=\varphi^{\ominus}(Ag^{+}/Ag)-\varphi^{\ominus}(Cu^{2+}/Cu)$$

$$=0.799\,1-0.339\,4=0.459\,7\ (V)$$

则标准平衡常数满足

$$\lg K^{\ominus}=\frac{nE^{\ominus}}{0.059\,2\ V}=\frac{2\times0.459\,7}{0.059\,2}=15.53$$

$$K^{\ominus}=3.392\times10^{15}$$

从计算结果可以看出，该反应进行得很彻底。一般来说，当 $n=1$ 时，$E^{\ominus}>0.41\ V$ 的氧化还原反应的 $K^{\ominus}$ 值大于 10^{7}；当 $n=2$ 时，$E^{\ominus}>0.20\ V$ 的氧化还原反应的 $K^{\ominus}$ 值大于 10^{7}，在这两种情况下均可认为反应进行得很彻底。

应当指出，以上对氧化还原反应进行的方向和程度的判断都是从化学热力学的角度进行讨论的，并未涉及反应速率问题。对于一个具体的氧化还原反应的可行性，还需要同时考虑反应速率的大小。

6.5.4　元素电势图及其应用

大多数非金属元素和过渡金属元素往往有几种氧化态，各氧化态之间都有相应的电极电势，例如碘元素，仅在酸性介质中就有

$\varphi^{\ominus}(H_5IO_6/IO_3^{-})=1.60\ V$　　$\varphi^{\ominus}(IO_3^{-}/HIO)=1.13\ V$

$\varphi^{\ominus}(HIO/I_2)=1.431\ V$　　$\varphi^{\ominus}(I_2/I^{-})=0.535\ V$

$\varphi^{\ominus}(IO_3^{-}/I_2)=1.209\ V$　　$\varphi^{\ominus}(HIO/I^{-})=0.99\ V$

从这些标准电极电势值很难看出这一系列氧化还原电对之间的关系，使用起来也相当不方便。1952 年，物理学家拉蒂默将同一种元素的不同氧化态，按照氧化数依次降低的顺序排列起来，每两者之间用一条直线连接，并将相应氧化还原电对的标准电极电势写在直线上（直线下可标明对应两种氧化态的氧化数之差）。例如，氧元素在酸性溶液中的电极电势图可表示为

$$O_2 \underset{(n=1)}{\overset{0.694\,5\ V}{\text{———}}} H_2O_2 \underset{(n=1)}{\overset{1.763\ V}{\text{———}}} H_2O$$

$$O_2 \underset{(n=2)}{\overset{1.229\ V}{\text{————————}}} H_2O$$

这种表示一种元素各种氧化态之间标准电极电势关系的图叫作元素电势图，它清楚地表明了同一元素各种不同氧化态物质的氧化还原能力的相对大小。元素电势图省去了介质及其产物的化学式，若将对应的两氧化态物种（电对）放于反应式两侧，并用介质配平，则可以

得到完整的半反应式，如在酸性溶液中：

$$O_2(g)+2H^+(aq)+2e^- \rightleftharpoons H_2O_2(aq) \qquad \varphi^\ominus=0.694\,5\ \text{V}$$

$$H_2O_2(aq)+2H^+(aq)+2e^- \rightleftharpoons 2H_2O(aq) \qquad \varphi^\ominus=1.763\ \text{V}$$

$$O_2(g)+4H^+(aq)+4e^- \rightleftharpoons 2H_2O(aq) \qquad \varphi^\ominus=1.229\ \text{V}$$

对一种确定的元素来说，其元素电势图并不是唯一的，在介质不同、溶剂不同及沉淀剂和络合剂不同的条件下，该元素的元素电势图是完全不同的。元素电势图对于了解元素的单质及化合物的性质非常有用，主要表现在如下几个方面。

1. 计算未知氧化还原电对的标准电极电势

根据元素电势图可以用某些已知的氧化还原电对的标准电极电势求算另一未知的氧化还原电对的标准电极电势。

假设有一元素电势图

$$\underbrace{A \xrightarrow[(n_1)]{\varphi_1^\ominus} B \xrightarrow[(n_2)]{\varphi_2^\ominus} C \xrightarrow[(n_3)]{\varphi_3^\ominus} D}_{\varphi_x^\ominus\ (n_x)}$$

相应的电极反应可表示为

$$
\begin{array}{lll}
 & A+n_1e^- \rightleftharpoons B & \Delta_r G_{m(1)}^\ominus=-n_1F\varphi_1^\ominus \\
 & B+n_2e^- \rightleftharpoons C & \Delta_r G_{m(2)}^\ominus=-n_2F\varphi_2^\ominus \\
+) & C+n_3e^- \rightleftharpoons D & \Delta_r G_{m(3)}^\ominus=-n_3F\varphi_3^\ominus \\
\hline
 & A+n_xe^- \rightleftharpoons D & \Delta_r G_{m(x)}^\ominus=-n_xF\varphi_x^\ominus
\end{array}
$$

$$n_x=n_1+n_2+n_3$$

$$\Delta_r G_{m(x)}^\ominus=\Delta_r G_{m(1)}^\ominus+\Delta_r G_{m(2)}^\ominus+\Delta_r G_{m(3)}^\ominus$$

$$-n_xF\varphi^\ominus=-n_1F\varphi_1^\ominus-n_2F\varphi_2^\ominus-n_3F\varphi_3^\ominus$$

$$n_x\varphi_x^\ominus=n_1\varphi_1^\ominus+n_2\varphi_2^\ominus+n_3\varphi_3^\ominus$$

$$\varphi_x^\ominus=\frac{n_1\varphi_1^\ominus+n_2\varphi_2^\ominus+n_3\varphi_3^\ominus}{n_x} \tag{6-8}$$

根据式（6–8），结合元素电势图，可以很简便地计算出未知电对的 $\varphi^\ominus$ 值。

例 6–15 溴元素的部分电势图如下所示，试求 $\varphi_x^\ominus$ 的值。

$$\underbrace{BrO_3^- \xrightarrow[(n_1)]{0.54\ \text{V}} BrO^- \xrightarrow[(n_2)]{0.45\ \text{V}} Br_2 \xrightarrow[(n_3)]{1.08\ \text{V}} Br^-}_{\varphi_x^\ominus\ (n_x)}$$

解 根据式（6–8），有

$$\varphi_x^\ominus=\frac{n_1\varphi^\ominus(BrO_3^-/BrO^-)+n_2\varphi^\ominus(BrO^-/Br_2)+n_3\varphi^\ominus(Br_2/Br^-)}{n_x}$$

$$=\frac{4\times0.54+1\times0.45+1\times1.08}{6}=0.615\ (\text{V})$$

2. 判断能否发生歧化反应

氧化反应和还原反应同时发生在同一分子内的同一氧化态的元素上，使该元素的原子（或离子）一部分被氧化，另一部分被还原，这种自身的氧化还原反应被称为歧化反应。下面介绍判断一种元素的某一氧化态能否发生歧化反应的一般规则。对于元素电势图

$$A \xrightarrow{\varphi^{\ominus}_{左}} B \xrightarrow{\varphi^{\ominus}_{右}} C$$

若 $\varphi^{\ominus}_{右} > \varphi^{\ominus}_{左}$，则标准状态下 B 能发生歧化反应，生成氧化数较低的物种 C 和氧化数较高的物种 A；若 $\varphi^{\ominus}_{右} < \varphi^{\ominus}_{左}$，则 B 不能发生歧化反应。

例如在酸性溶液中，铜元素的电势图为

$$Cu^{2+} \xrightarrow{0.160\,7\ V} Cu^{+} \xrightarrow{0.518\,0\ V} Cu$$

因为 $\varphi^{\ominus}(Cu^{2+}/Cu^{+}) < \varphi^{\ominus}(Cu^{+}/Cu)$，所以 Cu^{+}能发生歧化反应。

3. 解释元素的氧化还原特性

根据元素电势图，还可以描绘出某一元素的一些氧化还原特性。例如，金属铁在酸性介质中的元素电势图为

$$\varphi^{\ominus}_{A}/V \quad Fe^{3+} \xrightarrow{+0.769} Fe^{2+} \xrightarrow{-0.408\,9} Fe$$

利用此电势图，可以预测金属铁在酸性介质中的一些氧化还原特性。因为 $\varphi^{\ominus}(Fe^{2+}/Fe)$ 为负值，而 $\varphi^{\ominus}(Fe^{3+}/Fe^{2+})$ 为正值，故在稀盐酸或稀硫酸等非氧化性稀酸中，Fe 主要被氧化为 Fe^{2+} 而非 Fe^{3+}。

$$Fe(s) + 2H^{+}(aq) \longrightarrow Fe^{2+}(aq) + H_2(g)$$

但是在酸性介质中，Fe^{2+} 是不稳定的，易被空气中氧气所氧化。

因为 $$Fe^{3+}(aq) + e^{-} \rightleftharpoons Fe^{2+}(aq);\quad \varphi^{\ominus}(Fe^{3+}/Fe^{2+}) = +0.769\ V$$

$$O_2(g) + 4H^{+}(aq) + 4e^{-} \rightleftharpoons 2H_2O(l);\quad \varphi^{\ominus}(O_2/H_2O) = +1.229\ V$$

所以 $$4Fe^{2+}(aq) + O_2(g) + 4H^{+}(aq) \longrightarrow 4Fe^{3+}(aq) + 2H_2O(l)$$

由于 $\varphi^{\ominus}(Fe^{2+}/Fe) < \varphi^{\ominus}(Fe^{3+}/Fe^{2+})$，故 Fe^{2+}不会发生歧化反应，却可以发生歧化反应的逆反应：

$$Fe(s) + 2Fe^{3+}(aq) \longrightarrow 3Fe^{2+}(aq)$$

因此，在 Fe^{2+}盐溶液中，加入少量金属铁，能避免 Fe^{2+}被空气中氧气氧化为 Fe^{3+}。由此可见，在酸性介质中铁最稳定的离子是 Fe^{3+}，而非 Fe^{2+}。

6.6　电化学应用

6.6.1　化学电源

借助自发的氧化还原反应将化学能直接转变为电能的装置叫作化学电源。从理论上来讲，任何得失电子的系统都可以组成电极，每两个电极便可以组成电池。实际上，制备供电用的化学电源必须符合一定的要求，即具有较高的电压、较大的电容量，制作容易，携带方便。常用的化学电源有一次电池（干电池）、二次电池（蓄电池）、燃料电池等。

1. 一次电池（干电池）

这类电池中的反应物质在进行电化学放电全部耗尽后，不能通过充电使电池复原，故名一次电池，也称干电池，常见的干电池有以下两种。

1）锌锰干电池

负极：锌片（锌皮）

正极：MnO_2、碳棒

电解质：NH_4Cl、$ZnCl_2$、淀粉

电极反应：负极，$Zn-2e^- \rightleftharpoons Zn^{2+}$

正极，$2MnO_2+2NH_4^++2e^- \rightleftharpoons Mn_2O_3+2NH_3+H_2O$

总电池反应：$Zn+2MnO_2+2NH_4^+ \rightleftharpoons Zn^{2+}+Mn_2O_3+2NH_3+H_2O$

电池符号：(–)Zn | $ZnCl_2$，NH_4Cl | MnO_2 | C(+)

锌锰干电池结构示意图如图 6–7 所示，其电动势为 1.5 V，与电池的大小无关。锌锰干电池的缺点是产生的 NH_3 能被碳棒吸附，引起极化，从而导致电动势的下降。若将普通锌锰干电池中的电解质 NH_4Cl 换成 KOH，就得到了碱性锌锰干电池，其稳定性增强，使用寿命有较大增加。碱性锌锰干电池的电池符号为：(–)Zn | $ZnCl_2$，KOH | MnO_2 | C(+)。

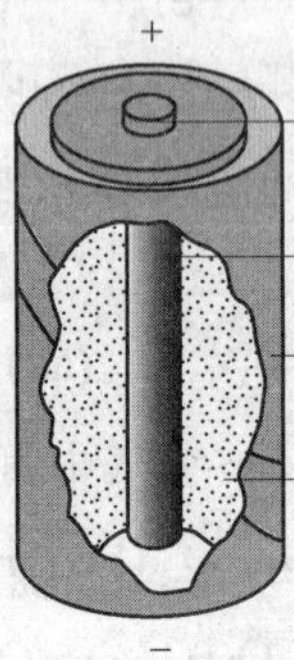

图 6–7 锌锰干电池结构示意图

2）锌汞电池

负极：Zn（汞齐）

正极：HgO、碳粉

电解质：饱和 ZnO、KOH 糊状物

电极反应：负极，Zn（汞齐）$+2OH^--2e^- \rightleftharpoons Zn(OH)_2$

正极，$HgO+H_2O+2e^- \rightleftharpoons Hg+2OH^-$

总电池反应：Zn(汞齐)$+HgO+H_2O \rightleftharpoons Zn(OH)_2+Hg$

电池符号：(–)Zn(汞齐) | KOH(糊状,含饱和 ZnO) | HgO | Hg | C(+)

锌汞电池的特点是工作电压稳定，整个放电过程中电压变化不大，保持在 1.34 V 左右。锌汞电池可制成纽扣形状（纽扣电池），用作助听器、心脏起搏器等小型装置的电源。

2. 二次电池（蓄电池）

二次电池也称蓄电池，能多次重复使用，电池中的反应物质在进行电化学放电后能通过充电使其复原，进而可以重新放电。蓄电池广泛应用于汽车、电动车、坦克及飞机等，最常用的蓄电池有以下三类。

1）铅蓄电池

负极：Pb－Sb 隔板中填充海绵状 Pb

正极：Pb－Sb 隔板的孔穴中填充红棕色 PbO_2

电解质：稀硫酸（30%，密度为 1.2～1.3g • cm^{-3}）

电极反应：负极，$Pb + SO_4^{2-} - 2e^- \rightleftharpoons PbSO_4$

正极，$PbO_2 + 4H^+ + SO_4^{2-} + 2e^- \rightleftharpoons PbSO_4 + 2H_2O$

总电池反应：$PbO_2 + Pb + 2H_2SO_4 \rightleftharpoons 2PbSO_4 + 2H_2O$

电池符号：$(-)Pb \mid H_2SO_4(1.2\sim1.3\ g \cdot cm^{-3}) \mid PbO_2(+)$

铅蓄电池结构示意图如图 6－8 所示。铅蓄电池的优点是原料易得，价格相对低廉，高倍率放电性能良好，温度性能良好，可在－40～＋60 ℃的环境下工作，适合于浮充电（连续、长时间的恒电压充电方法）使用，使用寿命长，无记忆效应，废旧电池容易回收，有利于保护环境。其不足之处是比能量低，一般为 30～40 Wh/kg，使用寿命不及镉镍电池，且其制造过程容易污染环境，必须配备三废处理设备。铅蓄电池主要用作汽车和柴油机车的启动电源及搬运车辆、矿山车辆和潜艇的动力电源及变电站的备用电源。

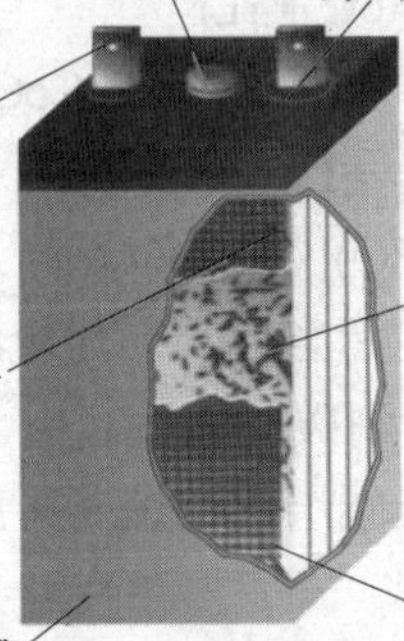

图 6－8　铅蓄电池结构示意图

2）金属氢化物镍电池（Ni－MH 电池）

电极反应：负极，$MH + OH^- - e^- \rightleftharpoons M + H_2O$

正极，$NiO(OH) + H_2O + e^- \rightleftharpoons Ni(OH)_2 + OH^-$

总电池反应：$MH + NiO(OH) \rightleftharpoons Ni(OH)_2 + M$

电池符号：$(-)MH \mid KOH(20\%) \mid NiO(OH)(+)$

金属氢化物镍电池是在镉镍电池技术的基础上发展起来的新型无污染的二次电池，正极采用氧化镍物质，负极采用吸收氢的合金，电解质由 KOH 水溶液组成，圆柱形金属氢化物镍电池的结构示意图如图 6－9 所示。

金属氢化物镍电池具有以下优点：能量密度大，无镉污染，是一种绿色电池，可大电流快速充放电，电池工作电压也为 1.2 V，与镉镍电池有互换性。它们在小型便携电子器件、电动工具、电动车和混合动力车上逐步得到了应用。

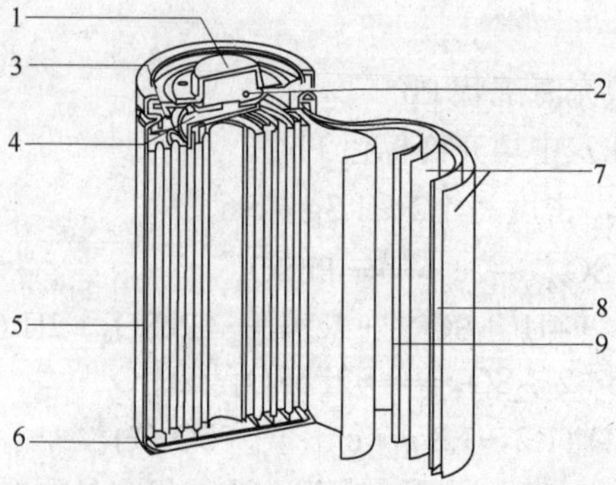

图 6-9　圆柱形金属氢化物镍电池的结构示意图

1—正极；2—密封阀；3—密封圈；4—正极集电体；5—壳体（负极）；
6—负极集电体；7—绝缘膜；8—负极板；9—正极板

3）锂离子电池

锂离子电池已经成为日常生活中应用最广泛的可充电电池。

负极：碳

正极：$LiCoO_2$ 或 $LiFePO_4$ 或 $LiNi_xCo_{1-x-y}Mn_yO_2$ 等

电极反应：负极，$Li_xC_6 - xe^- \rightleftharpoons 6C + xLi^+$

正极，$Li_{1-x}CoO_2 + xLi^+ + xe^- \rightleftharpoons LiCoO_2$

总电池反应：$Li_{1-x}CoO_2 + Li_xC_6 \rightleftharpoons LiCoO_2 + 6C$

电池符号：(-) C | $LiPF_6$-(EC+DEC) | $LiCoO_2$(+)①

图 6-10 给出了锂离子电池充放电示意图，当对电池进行充电时，锂离子从正极经电解液运动到负极，达到负极的锂离子嵌入到碳层的微孔中，嵌入的锂离子越多，充电容量越高。同理，当对电池进行放电时，嵌在负极碳层中的锂离子脱出，经电解液又运动回正极，回到正极的锂离子越多，放电容量越高。

锂离子电池的优点包括能量密度大、平均输出电压高、输出功率大、自放电小、无记忆效应、循环性能优越、可快速充放电、充电效率高、工作温度范围宽、没有环境污染（绿色电池）、使用寿命长等，它已得到各汽车厂商和电池生产厂商的认可，被视为 21 世纪的理想能源。

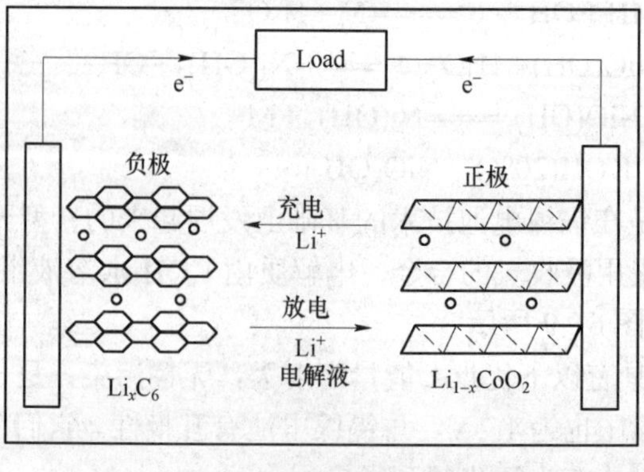

图 6-10　锂离子电池充放电示意图

① $LiPF_6$-(EC+DEC)为电解液，与 C 负极有良好的相溶性。锂离子电池电解液中常用的溶剂有碳酸乙烯酯（EC）、碳酸二乙酯（DEC）等。

锂离子电池的缺点为：电池的容量会缓慢衰退，一致性差，安全性差，需要多重保护机制。

3. 燃料电池

燃料电池不是把还原剂、氧化剂全部贮藏在电池内，而是在工作时不断从外界输入氧化剂和还原剂，同时将电极反应产物不断排出电池。因此，燃料电池是名副其实地将能源中燃料燃烧反应的化学能直接转化为电能的“能量转换机器”。

负极：还原剂（燃料），如 H_2、NH_2-NH_2、CH_3OH、CH_4 等

正极：氧化剂，如 O_2、空气等

电极材料：多孔碳、多孔镍及 Pt、Pd、Ag 等贵金属（催化剂）

电解质：碱性溶液、酸性溶液、固体电解质等

氢氧燃料电池的电极反应：负极，$2H_2+4OH^--4e^-\rightleftharpoons 4H_2O$

正极，$O_2+2H_2O+4e^-\rightleftharpoons 4OH^-$

总电池反应：$2H_2+O_2\rightleftharpoons 2H_2O$

电池符号：(−) C | H_2 | KOH | O_2 | C(+)

燃料电池可分为碱性燃料电池、酸性燃料电池、熔融碳酸盐燃料电池、固体氧化物燃料电池和质子交换膜燃料电池。燃料电池的类型如表 6−2 所示。

表 6−2　燃料电池的类型

种类	碱性	磷酸型	熔融碳酸盐型	固体氧化物型	质子交换膜型
电解质	KOH	H_3PO_4	$LiCO_3$、K_2CO_3	YSZ	质子交换膜
导电离子	OH^-	H^+	CO_3^{2-}	O^{2-}	H^+
工作温度/℃	50～150	170～200	600～700	−1 000	RT～90
特征	低温工作，高发电效率	低温工作	高发电效率，内部可改性	高发电效率，内部可改性	低温工作，高输出密度

注：“YSZ”表示钇稳定氧化锆，“RT”表示室温（room temperature）。

碱性燃料电池是以 KOH 水溶液为电解质的燃料电池，是研究最早并在航天飞行中得到成功应用的燃料电池，图 6−11 给出了碱性燃料电池的工作原理。

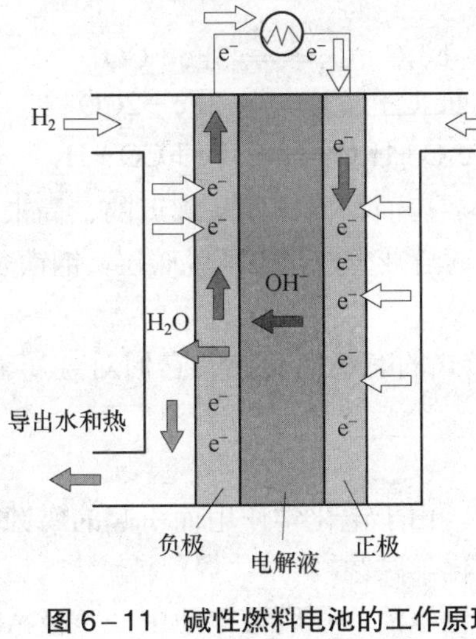

图 6−11　碱性燃料电池的工作原理

燃料电池是继水力、火力、核能之后的第四代连续供电能源，它具有以下独特的优点。

（1）能量转换率高，可达80%以上，而燃料燃烧的化学能转变为电能的效率一般小于40%。

（2）燃料电池工作时的反应生成物为水，不像火力发电那样产生大量的有害气体、烟尘、污水等，因此不会污染环境。同时，燃料电池实现能量转换的主要装置为无运动部件，噪声极小。

（3）操作简便且效率与负荷无关，设备可靠性高，电池过载运行或欠载运行都能承受而效率基本不变。

（4）燃料来源广，可使用多种燃料，例如甲醇、煤气、沼气、天然气、轻油、柴油等。

然而要想实现燃料电池的广泛实际使用，还有一些技术问题有待解决，如燃料储存体积过大、材料的腐蚀、电极的催化作用等。一旦这些问题获得重大突破，燃料电池将会在航天、军事、海洋开发、交通运输等领域大显身手。

6.6.2 金属腐蚀与防护

当金属与周围介质接触时，由于发生化学作用或电化学作用而引起的破坏叫作金属腐蚀。金属腐蚀现象十分普遍，例如，钢铁制件在潮湿空气中生锈，钢铁在加热炉中加热时会生成一层氧化皮，地下的金属管道发生穿孔，铝制品在潮湿空气中使用后表面出现了一层白色粉末等都属于金属腐蚀现象。金属遭到腐蚀后会使机器设备和仪器仪表等不能使用而造成经济上的巨大损失，此外，由于机械的局部腐蚀损坏还会引起如锅炉爆炸、石油管道破裂等重大安全事故。因此，了解腐蚀发生的原理及防护方法有十分重要的意义。

1. 金属腐蚀的分类

根据金属腐蚀过程的不同特点，可将其分为化学腐蚀和电化学腐蚀两大类。

1）化学腐蚀

单纯由化学作用引起的腐蚀叫作化学腐蚀。金属在干燥气体或无导电性的非水溶液中的腐蚀属于化学腐蚀。例如，金属和干燥气体（如 O_2、H_2S、SO_2、Cl_2 等）接触时会在金属表面生成相应的化合物（如氧化物、硫化物、氯化物等）。温度对化学腐蚀的影响很大，例如，钢材在常温和干燥的空气里并不易腐蚀，但在高温下就容易被氧化，生成一层由 FeO、Fe_2O_3 和 Fe_3O_4 组成的氧化皮，同时还会发生脱碳现象，这主要是钢铁中的渗碳体（Fe_3C）与气体介质作用所产生的结果：

$$Fe_3C + O_2 \rightleftharpoons 3Fe + CO_2$$

$$Fe_3C + CO_2 \rightleftharpoons 3Fe + 2CO$$

$$Fe_3C + H_2O \rightleftharpoons 3Fe + CO + H_2$$

反应生成的气体产物离开金属表面，而碳便从邻近的、尚未反应的金属内部逐渐扩散到这一反应区，于是金属层中的碳逐渐减少，形成了脱碳层，钢铁表面由于脱碳致使硬度减小、疲劳极限降低。

此外，在原油中含有多种形式的有机硫化物，它们对金属输油管及容器也会产生化学腐蚀。

2）电化学腐蚀

当金属与电解质溶液接触时，由于电化学作用而引起的腐蚀叫作电化学腐蚀。金属在大气、土壤、海水中的腐蚀都是电化学腐蚀。

电化学腐蚀的特点是形成腐蚀电池。在腐蚀电池中，负极常叫作阳极，负极上进行氧化过程；正极常叫作阴极，正极上进行还原过程。

电化学腐蚀可分为析氢腐蚀、吸氧腐蚀和差异充气腐蚀，其阳极上发生的反应均是金属阳极溶解。

（1）析氢腐蚀

负极（Fe）：$Fe - 2e^- \rightleftharpoons Fe^{2+}$

$$Fe^{2+} + 2H_2O \rightleftharpoons Fe(OH)_2 + 2H^+$$

正极（杂质）：$2H^+ + 2e^- \rightleftharpoons H_2$

总电池反应：$Fe + 2H_2O \rightleftharpoons Fe(OH)_2 + H_2\uparrow$

由于电池反应过程中有氢气放出，所以该电化学腐蚀被称为析氢腐蚀。

（2）吸氧腐蚀

负极（Fe）：$Fe - 2e^- \rightleftharpoons Fe^{2+}$

正极：$O_2 + 2H_2O + 4e^- \rightleftharpoons 4OH^-$

总电池反应：$2Fe + O_2 + 2H_2O \rightleftharpoons 2Fe(OH)_2$

由于电池反应过程中吸收氧气，所以该电化学腐蚀被称为吸氧腐蚀。

发生析氢腐蚀与吸氧腐蚀而生成的 $Fe(OH)_2$ 均能被氧气所氧化生成 $Fe(OH)_3$，脱水后生成 Fe_2O_3 铁锈。

$$4Fe(OH)_2 + O_2 + 2H_2O \rightleftharpoons 4Fe(OH)_3$$

一般在工业生产中，钢铁在大气中的腐蚀主要是吸氧腐蚀。尽管钢铁表面处于一些酸性水膜中，但是只要空气中的氧气不断溶解于水膜并扩散到阴极，则由于 O_2/OH^- 电对的电极电势大于 H^+/H_2 电对的电极电势，吸氧腐蚀仍然是主要的。纯铁即使处在浓度为 $0.5\ mol \cdot L^{-1}$ 的硫酸溶液水膜下，吸氧腐蚀仍然是主要的腐蚀途径。但是如果将纯铁完全浸没在 $0.5\ mol \cdot L^{-1}$ 硫酸溶液中时，铁与酸的反应速率快，空气中的氧气来不及进入水溶液中，这时便可能发生析氢腐蚀。所以，钢铁在酸洗时可能发生析氢腐蚀。

（3）差异充气腐蚀

土壤有砂土部分和黏土部分，对砂土部分而言，氧气比较容易渗入，这样，铁管埋在地下时，埋在砂土部分的那一端铁管接触到的氧气分压比埋在黏土部分的那一端要大，根据能斯特方程，在氧气分压较大处，相应电极电势值较大（可作为阴极），而在氧气分压较小处，相应电极电势值较小（可作为阳极），这样就形成了一个腐蚀电池，靠近黏土部分铁管作为腐蚀电池的阳极而被腐蚀。这种腐蚀可称为差异充气腐蚀，它常常发生在地下管道、石油井架、轮船水线上下等地方。

2. 金属腐蚀的防护

防止金属腐蚀的方法一般有以下几种。

1）正确选用金属材料，合理设计金属结构

金属材料的耐蚀性能与所接触的介质有着密切的关系，因此，应当根据金属结构和周围介质的性质来正确地选择适当的材料。设计金属结构时，应当注意避免使电位差别很大的金属材料互相接触，以免产生电化学腐蚀。

2）覆盖保护层

可通过电镀、喷镀、化学镀、真空镀等方式获得金属保护层，通过将塑料、搪瓷、油漆等涂在金属表面获得非金属保护层。保护层将基底材料与腐蚀介质隔离开来，达到防止腐蚀的目的。

3）缓蚀剂保护

在腐蚀介质中加入很少量的化学物质就能够降低金属在介质中的腐蚀速率，或阻止腐蚀的继续发生，所加入的这种很少量的物质就叫作缓蚀剂，这种用缓蚀剂来防止金属腐蚀的方法是防腐蚀中应用最广泛的方法之一。例如，将聚磷酸盐、锌盐及铬酸盐的复合物用于循环冷却水中作为碳钢的缓蚀剂。

4）阳极保护

为防止金属腐蚀，基于金属钝化原理，给浸在腐蚀介质中的金属材料加上适当的阳极极化电流，使其表面形成耐腐蚀的钝化膜并维持钝化状态，从而显著降低金属腐蚀速率，这种电化学保护措施被称为阳极保护。金属阳极溶解时，在一般情况下，阳极电极电势越正，阳极溶解速率越大。但在有些情况下，当正向极化超过一定数值后，由于表面某种吸附层或新的成相层的形成，金属的溶解速率非但不增加反而急剧下降。

用控制电势法测定阳极极化曲线可以清楚地了解金属的钝化过程，图 6－12 为典型的恒电势阳极极化曲线。*AB* 段是活性溶解区，此时金属进行正常的阳极溶解。当电势达到$\varphi_{钝}$时，金属发生了钝化过程，此时金属的溶解速率急剧降低，故$\varphi_{钝}$为临界钝化电势。*BC* 段是过渡钝化区，金属表面由活化状态过渡到钝化状态。*CD* 段是稳定钝化区，这一段电势区通常达 1～2 V，有的金属甚至可达几十伏，在此电势范围内金属的钝化达到稳定状态，金属的溶解速率达到最低值，且在整个 *CD* 段几乎保持不变。*DE* 段是过钝化区，当进入 *DE* 段时金属的溶解速率又重新加快，造成这一现象有两种可能的原因：一种是金属的高价态溶解，另一种是可能发生了其他的阳极反应，如氧的析出等。

根据以上分析可知，如果把浸在腐蚀介质中的金属材料和另一辅助电极组成电池，用恒电位仪把金属材料的电势控制在 *CD* 段内，这样就可以把金属材料在腐蚀介质中的腐蚀降低到最小限度。

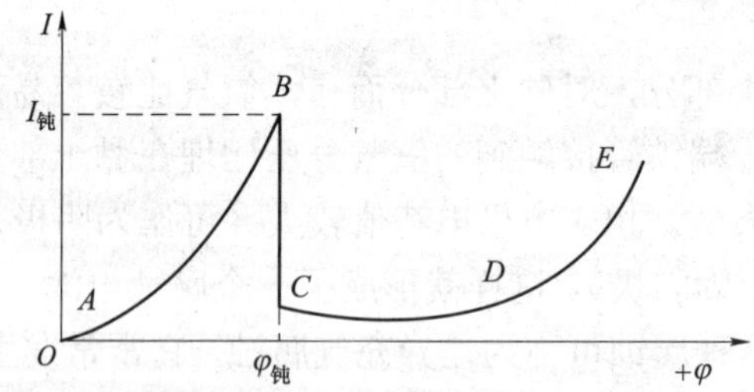

图 6－12　恒电势阳极极化曲线

5）阴极保护

阴极保护是电化学保护技术的一种，其原理是向被腐蚀金属表面施加一个外加电流，被保护金属成为阴极，从而抑制电子迁移，避免或减弱金属腐蚀的发生。阴极保护又分为牺牲阳极保护、外加电流阴极保护和气相中阴极保护。

（1）牺牲阳极保护

在腐蚀系统上连接电势更负的金属，即将更容易进行阳极溶解的金属作为更有效的阳极，该金属称为保护器，例如在铁容器外加一锌块。这时，保护器的溶解基本上代替了原来腐蚀系统中阳极的溶解，从而保护了原有的金属。此法的缺点是用作保护器的阳极消耗较多。

（2）外加电流阴极保护

目前对于闸门、地下金属设备（如地下贮槽、输油管、电缆等）、受海水及淡水腐蚀的金属设备、化工设备的结晶槽、蒸发罐等多采用这种方法来防止金属腐蚀，它是目前公认的最经济、有效的防腐蚀方法之一。该法是将被保护金属与外电源的负极相连，并在系统中引入另一辅助阳极，使其与外电源的正极相连。电流由辅助阳极（由金属或非金属导体组成）进入腐蚀电池的阴极和阳极区，再回到直流电源。当腐蚀电池中的阴极区被外部电流极化到腐蚀电池中阳极的开路电势时，所有金属表面处于同一电势，腐蚀电流消失。因此，只要维持一定的外电流，金属就可不再被腐蚀。

（3）气相中阴极保护

将电化学方法运用在气相环境中是人们一直希望解决的问题。1988 年，中国研究出了气相环境中的阴极保护技术，可用于架空金属管道、桥梁、铁轨、海洋工程构件上的飞溅区保护。气相阴极保护原理与溶液中的阴极保护原理相同，只是用固体电介质代替溶液，成为阴极保护电流从阳极层流向阴极层的主要离子迁移通道。外加阴极电流从辅助阳极流入，经过固体电介质至阴极（被保护的金属材料），从而使处于气相环境中的金属材料得到保护。

拓展视野

改变世界的锂离子电池

2019 年诺贝尔化学奖颁给了美国德州大学奥斯汀分校的约翰.B. 古迪纳夫（John B. Goodenough）、美国纽约州立大学宾汉姆顿分校的斯坦利·惠廷厄姆（M. Stanley Whittingham）和日本旭化成株式会社的吉野彰（Akira Yoshino）三位科学家，表彰他们对锂离子电池研发的卓越贡献。

锂离子电池能量密度高、寿命长、没有记忆效应，已广泛用于手机、笔记本计算机及众多与人们生活密切相关的消费电子领域。它向智能化的设备提供能源，更重要的是，使电动汽车、电动船舶和电动飞机的发展成为可能。不仅如此，它还能大规模储存太阳能、风能和电网的低谷电，创建一个无化石燃料的社会。它已经全面渗入人类的生活。锂离子电池的这些重要作用，正是此次诺贝尔化学奖的意义所在。

1. 锂离子电池的研发历史

20 世纪 70 年代，石油危机直接促成了锂电池的研发。1972 年，完成斯坦福大学博士后研究（合作教授是著名的 R. Huggins）的斯坦利·惠廷厄姆加入了埃克森美孚公司，研究具有层状结构过渡金属的硫化物，以期发现新的超导材料。他虽未发现超导体，却意外发现了 Li^+ 可以嵌入 TiS_2，于是用 TiS_2 作为锂电池的正极材料，用 Li 作负极，构成一种全新的可充电电池，电压高达 2.5 V。1976 年，斯坦利·惠廷厄姆在 *Science* 期刊发表了文章，并申报了欧洲和美国专利。他将插层反应的概念应用到锂电池中，创新思路是：TiS_2 是层状结构材料，由 Ti 和 S 构成的层间由弱的范德华力联系，Li^+ 能嵌入 TiS_2 层间，形成层间化合物 Li_xTiS_2，其组成 x 在 0～1 连续变化。电池放电时，负极的一部分 Li 变成 Li^+，向正极运动并插入正极层间；充电时，Li^+ 离开正极，又回到负极。这样就可以实现多次反复充放电。然而，随着充放电次数的增加，该电池容量越来越小，可能原因是正极材料结构稳定性较差，更严重的是，在充放电过程中负极表面出现锂枝晶的生长，甚至与正极接触形成短路，带来安全风险。但斯坦利·惠廷厄姆提出的这种嵌入反应，无疑成为锂离子电池成功商业化的基石。

约翰.B.古迪纳夫认为，金属氧化物的稳定性比金属硫化物更好。1980年，斯坦利·惠廷厄姆发现以$LiCoO_2$为代表的含锂层状氧化物可以作为锂离子电池正极材料，在自身层状化学结构稳定的前提下，可以向负极输送近一半的Li^+。这是一个重要突破，表明可以不需要金属锂负极提供Li^+。

就职于日本旭化成株式会社的吉野彰在得知约翰.B.古迪纳夫的研究结果后，于1985年利用聚乙炔作负极，钴酸锂作正极，发明了锂离子电池的原型。但是聚乙炔在空气中的稳定性差，所以，他在1986年又采用VGCF（一种碳纤维）作负极，研制出具有实用意义的锂离子电池样品。

1991年，索尼公司宣布实现锂离子电池量产，正极是$LiCoO_2$，负极是石油焦。至此，打开了锂离子电池商业化的大门。

2. 锂离子电池关键材料

锂离子电池的组成符合化学电池的基本结构，包含正极、负极和电解质，另外还有隔膜和外壳等辅助材料。纵观锂离子电池的研发史，关键电池材料的发现大大加速了锂离子电池商用的进程。

目前已成熟应用的正极材料主要有$LiCoO_2$、$LiMn_2O_4$、$LiFePO_4$和三元镍钴锰酸锂系列等。$LiCoO_2$电池具有较高的工作电压，比能量高，放电倍率大，制备工艺简单；但是钴储量少、价格高，抗过充电性能差。$LiFePO_4$电池的材料结构稳定，不易发生相变，放电容量高，过充承受能力好，所以在循环寿命和安全性能上是目前锂离子电池中最好的，而且价格便宜，其不足之处是能量密度相对较低。三元电池比$LiFePO_4$电池的能量密度高、性能可调节、低温性能好，但三元材料易发生相变，安全隐患比$LiFePO_4$电池高。表6-3为不同正极材料的锂离子电池的关键参数。

表6-3 锂离子电池的关键参数

正极材料	$LiCoO_2$	$LiNiO_2$	$LiMn_2O_4$	$LiFePO_4$	三元材料
工作电压/V	3.7	2.5～4.2	2.5～4.2	3.2～3.4	3.0～4.2
理论比容量/实际比容量（mAh/g）	274/（140～160）	274/（190～210）	148/（90～120）	170/（110～190）	200
正极材料稳定性	180 ℃左右	与$LiCoO_2$接近	分解温度高于$LiCoO_2$	800 ℃	分解温度高于$LiCoO_2$
循环寿命	最短	一般	一般	最长	较长

负极材料主要采用石油焦、石墨、钛酸锂等碳材料，这些材料在自然界含量丰富，且无毒，当Li^+插入碳层后，能够制约锂的活性，不易再析出锂晶体，降低了安全隐患。

电解质采用的是非水电解质，主要有碳酸酯类、六氟磷酸锂的有机溶剂等。隔膜主要有聚乙烯、聚丙烯高分子膜等。

3. 我国锂离子电池的研发及应用

中国工程院陈立泉院士是我国首位锂电池材料领域的院士。陈立泉最初于1976年底赴德国马普学会固体物理研究所 A. Rabenau 教授实验室进修，开始研究可用作固体锂电池电解质的超离子导体，1978 年回国后在中国科学院物理研究所设立了中国第一个固体离子学实验室。1987年，作为国家863计划二次锂电池专题负责人，陈立泉院士主持了专题研究计划的制定、实施及全国11个子课题研究的协调。这些工作为我国锂电池的研究、开发和产业化群体的形成奠定了坚实的基础。我国锂离子电池的整体水平步入国际先进行列。2018年，有6个锂离子电池企业位居动力电池世界市场占有率前10，其中宁德时代新能源科技有限公司以37.23%稳居第1，日本松下排名第2，市场占有率只有21.54%。

根据应用领域的不同，我国锂离子电池可分为消费电池、动力电池和储能电池3种。消费电池主要是 $LiCoO_2$ 电池，用于3C产品中，如笔记本计算机、手机、可穿戴智能设备等，配套电池越来越小型化、轻型化，能量密度大，待机时间长。动力电池根据正极材料不同主要指 $LiFePO_4$ 电池和三元锂离子电池，主要用于新能源汽车、家用电动车，目前又出现了一个销量大的新领域，就是共享电动单车，此外还用于机器人、无人机及一些无绳电动工具中，电池输出功率高，电压平稳，比较安全。$LiFePO_4$ 电池在热稳定性、循环性能和安全性能方面都超越三元锂离子电池，而三元锂离子电池在协同效应、能量密度和低温性能上又比 $LiFePO_4$ 电池更有优势，二者在动力电池运用方面存在竞争。储能电池主要用于通信基站电源、风力光伏发电储能电源等。

市场的需求、社会的呼唤对锂离子电池特别是动力电池的综合性能提出了更高的要求，也将进一步推动以锂离子电池为代表的电化学器件朝着能量密度更高、循环寿命更长、安全性能更好、价格更低的方向不断向前发展。

习题

1. 用离子-电子法配平下列方程式。

（1）酸性介质中：

① $KClO_3 + FeSO_4 \longrightarrow Fe_2(SO_4)_3 + KCl$

② $H_2O_2 + Cr_2O_7^{2-} \longrightarrow Cr^{3+} + O_2$

③ $MnO_4^{2-} \longrightarrow MnO_2 + MnO_4^-$

（2）碱性介质中：

④ $Al + NO_3^- \longrightarrow Al(OH)_3 + NH_3$

⑤ $ClO_3^- + MnO_2 \longrightarrow Cl^- + MnO_4^{2-}$

⑥ $Fe(OH)_2 + H_2O_2 \longrightarrow Fe(OH)_3$

2. 如何用原电池符号表示原电池？

3. 标准电极电势值是否与电极反应的写法有关？

4. 判断氧化还原反应进行的方向的原则是什么？

5. 举例说明电极电势的用途。

6. 什么是元素电势图？它有哪些用途？

7. 什么叫一次电池、二次电池？请分别举例说明。

8. 说明锌锰干电池、铅蓄电池的工作原理，并写出相应的电极反应和总电池反应。

9. 将下列反应配装成电池，并写出电极反应及电池符号。

（1）$2Al + 3Pb^{2+}(aq) \rightleftharpoons 2Al^{3+}(aq) + 3Pb$

（2）$Zn(s) + Au^{3+}(aq) + Cl^{-}(aq) \rightleftharpoons Zn^{2+}(aq) + AuCl(s)$

（3）$Sn^{2+}(aq) + 2Fe^{3+}(aq) \rightleftharpoons Sn^{4+}(aq) + 2Fe^{2+}(aq)$

（4）$MnO_4^-(aq) + 5Fe^{2+}(aq) + 8H^+(aq) \rightleftharpoons Mn^{2+}(aq) + 5Fe^{3+}(aq) + 4H_2O$

10. 写出下列电池的电极反应和总电池反应。

（1）$(-)Ni \mid Ni^{2+}(0.01\ mol \cdot L^{-1}) \parallel Pb^{2+}(1.0\ mol \cdot L^{-1}) \mid Pb(+)$

（2）$(-)Pt \mid Br_2 \mid Br^-(0.01\ mol \cdot L^{-1}) \parallel Cl^-(1.0\ mol \cdot L^{-1}) \mid Cl_2(100\ kPa) \mid Pt(+)$

（3）$(-)Pt \mid Cl_2(100\ kPa) \mid Cl^-(0.01\ mol \cdot L^{-1}) \parallel MnO_4^-(0.1\ mol \cdot L^{-1}), Mn^{2+}(0.1\ mol \cdot L^{-1}), H^+(0.1\ mol \cdot L^{-1}) \mid Pt(+)$

（4）$(-)Zn \mid Zn^{2+}(0.01\ mol \cdot L^{-1}) \parallel Fe^{3+}(1.0\ mol \cdot L^{-1}),\ Fe^{2+}(0.1\ mol \cdot L^{-1}) \mid Pt(+)$

11. 当溶液中 $c(H^+)$减小时，下列氧化剂的氧化能力是增强、减弱还是不变？

（1）Cl_2；（2）$Cr_2O_7^{2-}$；（3）Fe^{3+}；（4）MnO_4^-。

12. 写出下列电池的电极反应和总电池反应，并计算电池电动势。

$$(-)Cu \mid Cu^{2+}(1.0\ mol \cdot L^{-1}) \parallel Cu^{2+}(2.5\ mol \cdot L^{-1}) \mid Cu(+)$$

13. 已知下列电极反应在 298.15 K 时 $\varphi^{\ominus}$ 的值，求 AgSCN 的 $K_{sp}^{\ominus}$。

$Ag^+ + e^- \rightleftharpoons Ag(s)$，　　$\varphi^{\ominus}(Ag^+/Ag) = 0.799\,1\ V$

$AgSCN(s) + e^- \rightleftharpoons Ag(s) + SCN^-$，　　$\varphi^{\ominus}(AgSCN/Ag) = 0.088\,7\ V$

14. 参考附录 F 中标准电极电势值，判断下列反应能否进行。

（1）I_2 能否使 Mn^{2+} 氧化为 MnO_2？

（2）在酸性溶液中，$KMnO_4$ 能否使 Fe^{2+} 氧化为 Fe^{3+}？

（3）Sn^{2+} 能否使 Fe^{3+} 还原为 Fe^{2+}？

（4）Sn^{2+} 能否使 Fe^{2+} 还原为 Fe？

15. 在 pH = 7 时，判断下列反应进行的方向（其他离子浓度为标准浓度）。

（1）$Sn^{4+} + 2Fe^{2+} \rightleftharpoons Sn^{2+} + 2Fe^{3+}$

（2）$2MnO_4^- + 6I^- + 4H_2O \rightleftharpoons 3I_2 + 2MnO_2 + 8OH^-$

16. 在 25 ℃，1 个标准大气压下，若 Fe^{3+}、Fe^{2+}、Ag^+的浓度均为 0.1 $mol \cdot L^{-1}$，现将氧化还原电对 Fe^{3+}/Fe^{2+}、Ag^+/Ag 组成原电池。

（1）求上述原电池的电动势；

（2）写出电池符号；

（3）写出电极反应和总电池反应；

（4）求电池反应的平衡常数。

17. 已知 298 K 时反应 $H_2(g) + 2AgCl(s) = 2H^+(aq) + 2Cl^-(aq) + 2Ag(s)$ 的 $\Delta_r H_m^{\ominus} =$

$-80.80\ \mathrm{kJ \cdot mol^{-1}}$，$\Delta_r S_m^{\ominus} = -127.20\ \mathrm{J \cdot K^{-1} \cdot mol^{-1}}$，计算电对 AgCl/Ag 的标准电极电势 $\varphi^{\ominus}$。

18. 碘在碱性介质中的元素电势图为

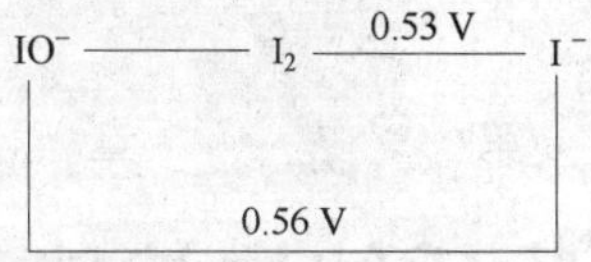

求 $\varphi^{\ominus}(IO^-/I_2)$，并判断 I_2 能否歧化成 IO^- 和 I^-。

第 7 章

物质结构基础

7.1 原子结构

人类对原子、分子的认识经历了漫长的历史阶段。因为原子、分子非常微小，过去人们无法用肉眼直接观察，只能根据实验现象提出理论模型，再由新的实验验证其正确与否。直到 20 世纪 80 年代，科学家们才在扫描隧道电镜和原子力显微镜下观察到原子和分子的排布情况。在化学变化中，只有核外电子的运动状态发生变化，原子核并不发生变化。因此，了解原子内部结构，特别是核外电子的运动状态非常重要。

7.1.1 原子核外电子的运动状态

电子是带负电荷的微粒，其质量极轻、体积极小。电子在原子核外很小的空间内做高速运动，它的运动规律和普通宏观物体的不同，不能用经典力学来研究，有其独特性。

电子具有波粒二象性，它不像宏观物体那样有确定的运动轨道，因此人们画不出它的运动轨迹，不能预言它在某一时刻究竟出现在核外空间的哪个地方，只能知道它在某处出现的机会有多少。为此，在量子力学中，常采用统计的方法统计出电子在一定时间内在核外空间各处出现机会的多少，这在数学上被称为概率密度，概率密度大的地方表明电子在该核外空间处的单位体积内出现的机会多；反之，则表明电子出现的机会少。例如，氢原子核外有一个电子，这个电子在原子核外好像毫无规律地运动，一会儿出现在这里，一会儿出现在那里，但通过对电子运动状态的统计发现，该电子在原子核外的运动是有一定规律的，经常出现在一个球形区域里，看上去好像是带负电荷的云笼罩在原子核的周围，人们形象地称它为“电子云”。图 7-1 所示为 1s 电子云。电子云是电子在原子核外空间出现的概率密度分布的一种形象描述。在电子云中，原子核位于中心，小黑点的疏密程度表示核外电子出现的概率密度的大小，每一个小黑点表示电子出现在核外空间的一次概率（不表示一个电子），概率密度越大，电子云中的小黑点越密。

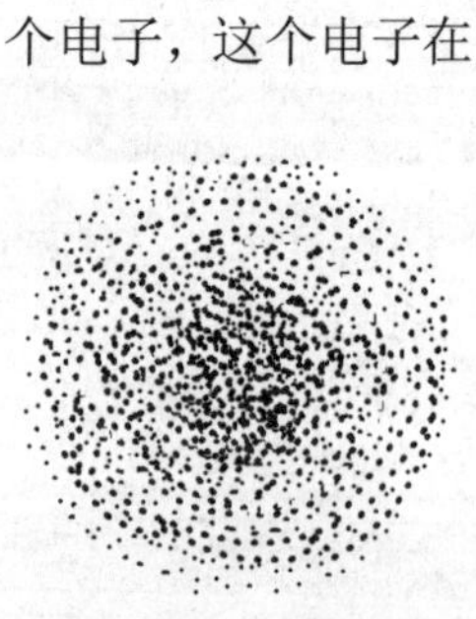

图 7-1 1s 电子云

7.1.2　四个量子数

在量子力学中用四个量子数来描述核外电子的运动状态，即核外电子的运动状态可以用四个量子数来规定：主量子数 n，角量子数 l，磁量子数 m 和自旋量子数 m_s。其中 n，l，m 三个量子数确定电子在空间运动的轨道，称为原子轨道。电子不仅在核外空间不停地运动，而且还做自旋运动，自旋量子数 m_s 规定电子自旋运动状态。当然，电子并不是真有确定的运动轨道，量子力学理论认为电子在整个原子空间都有可能出现，只是在各处出现的概率密度不同，因而运动状态也不同。所以，电子通常由 n，l，m 三个量子数决定其轨道运动状态，由 m_s 决定其自旋运动状态。

主量子数 n 表示核外电子离原子核的远近和电子能量的高低。n 可取正整数 1，2，3，4，5，6，7，…，习惯上也可以用 K，L，M，N，O，P，Q，…来表示。n 越大，表示电子离原子核越远，能量越高。反之，n 越小，表示电子离原子核越近，能量越低。由于 n 只能取正整数，所以电子的能量是不连续的，或者说是量子化的。这也相当于把核外电子分为不同的电子层，化学上将主量子数 n 相同的电子称为同一能级或同一电子层的电子。

角量子数 l 决定原子轨道（或电子云）的形状，l 由主量子数 n 来限定，给定了 n，l 就可确定，通常取小于 n 的自然数，即 0，1，2，…，$n-1$，也可以用相应的原子轨道符号 s，p，d，f，…来表示。角量子数 l 的数值不同，电子云的形状就不同。例如，当 $l=0$ 时，电子云的形状是球形；当 $l=1$ 时，电子云的形状是哑铃形。此外，在多电子的原子中，角量子数 l 与主量子数 n 一起确定电子能量的高低。当 n 相同时，l 越大，电子的能量越高。因此，常把 n 相同 l 不同的状态称为电子亚层。例如，当主量子数 $n=2$ 时，角量子数 $l=0$，1，此时有两个亚层，相应的符号为 2s 和 2p，2s 亚层电子的能量低于 2p 亚层电子的能量；当主量子数 $n=3$ 时，角量子数 $l=0$，1，2，此时有三个亚层，相应的符号为 3s，3p，3d；依次类推。

磁量子数 m 决定了原子轨道（或电子云）在空间的伸展方向。当 l 给定时，m 的取值为从 $-l$ 到 $+l$ 之间的一切整数，即 0，±1，±2，±3，…，$\pm l$，共有 $2l+1$ 个取值，即原子轨道（或电子云）在空间有 $2l+1$ 个伸展方向。原子轨道（或电子云）在空间的每一个伸展方向称作一个轨道。当 $l=0$ 时，1s 电子云呈球形对称分布，没有方向性，m 只能有一个取值，即 $m=0$，说明 s 亚层只有一个轨道（1s 轨道）。当 $l=1$ 时，m 可有±1，0 三个取值，说明 p 轨道（电子云）在空间有三种取向，即 p 亚层中有三个以 x，y，z 轴为对称轴的轨道 p_x，p_y，p_z。当 $l=2$ 时，m 可有 0，±1，±2 五个取值，即 d 轨道（电子云）在空间有五种取向，即 d 亚层中有五个不同伸展方向的轨道，表示为 d_{z^2}，d_{xz}，d_{yz}，d_{xy}，$d_{x^2-y^2}$。

原子中的电子除绕核做高速运动外，还绕自己的轴做自旋运动。电子的自旋运动用自旋量子数 m_s 表示。m_s 的取值有两个，即 $+1/2$ 和 $-1/2$，表示电子的自旋有两个方向，即顺时针方向和逆时针方向，通常分别用“↓”和“↑”表示。

综上所述，原子中每个电子的运动状态可以用 n，l，m，m_s 四个量子数来描述。主量子数 n 决定电子出现概率最大的区域离核的远近（或电子层），并且是决定电子能量的主要因素；角量子数 l 决定原子轨道（或电子云）的形状，同时也影响电子的能量；磁量子数 m 决定原子轨道（或电子云）在空间的伸展方向；自旋量子数 m_s 决定电子自旋的方向。因此当四个量子数确定之后，电子在核外空间的运动状态也就确定了。

7.1.3 原子核外电子的排布

原子核外电子的运动状态可以用四个量子数来描述，原子核外的电子总是有规律地排布在各自的轨道上，如钠原子的电子排布式（电子层结构）为 $1s^22s^22p^63s^1$。多电子原子核外电子排布遵循以下原理和规则。

1. 泡利不相容原理

在同一个原子中没有两个电子具有完全相同的四个量子数，这就是泡利不相容原理。根据这个原理，如果两个电子处于同一原子轨道，那么，这两个电子的自旋方向必定相反。也就是说，每一个原子轨道上最多只能容纳两个自旋方向相反的电子。根据泡利不相容原理可知：s 亚层的轨道最多可以容纳 2 个自旋方向相反的电子（s^2），p 亚层的轨道最多可以容纳 6 个电子（p^6），因此可以总结出第 n 层最多可以容纳 $2n^2$ 个电子。

2. 能量最低原理

在满足泡利不相容原理前提下，电子首先占据能量较低的原子轨道，使整个原子体系能量处于最低，这就是能量最低原理。原子轨道能量的高低由主量子数 n 和角量子数 l 来决定。当主量子数 n 相同时，角量子数 l 越小，原子轨道的能量越低，如 $E_{3s}<E_{3p}<E_{3d}$。当角量子数 l 相同时，主量子数 n 越小，原子轨道的能量越低，如 $E_{1s}<E_{2s}<E_{3s}<E_{4s}$。当主量子数 n 和角量子数 l 都不同时，情况比较复杂。美国化学家鲍林根据光谱实验的数据及理论计算结果提出了多电子原子轨道近似能级图，如图 7-2 所示，用小圆圈代表原子轨道，并将其按能量高低顺序排列起来，可以根据这种能级图将电子依次填入原子轨道中。

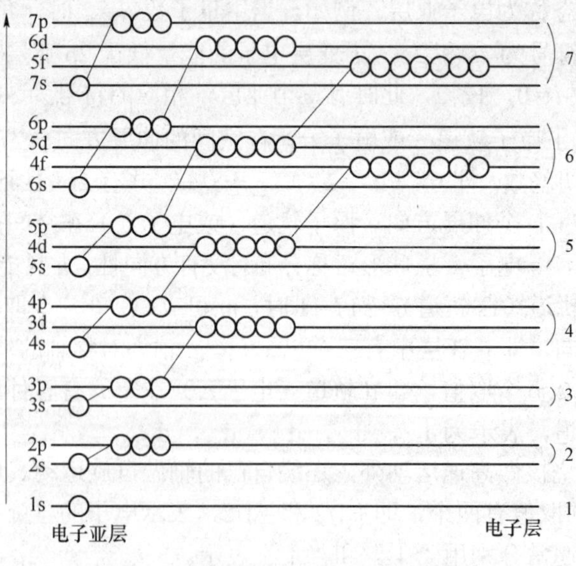

图 7-2 多电子原子轨道近似能级图

3. 洪特规则

从光谱实验结果总结出来的洪特规则有两方面的含义。

（1）在能量相等的原子轨道上，自旋平行的电子数目最多时，原子的能量最低，所以电子在原子核外排布时将尽可能分别占据不同的原子轨道且自旋平行。例如，碳原子核外有 6

个电子，按照能量最低原理和泡利不相容原理，首先有 2 个电子排到第一层的 1s 轨道上，另外两个电子排到第二层的 2s 轨道上，剩余 2 个电子排到第二层的 2 个 2p 轨道上且具有相同的自旋方向，而不是剩余 2 个电子填充到一个 2p 轨道上且自旋方向相反。

（2）对于能量相等的原子轨道，当电子排布处于全充满（s^2、p^6、d^{10}、f^{14}）、半充满（s^1、p^3、d^5、f^7）或全空（s^0、p^0、d^0、f^0）时比较稳定。

上述原子核外电子的排布规律是总结了大量的实验结果后提出的一般规律，所以利用这些规律给出的大多数原子的核外电子的排布与实际排布是一致的。然而对于有些个别元素，其原子的核外电子的排布并不能用这些规律得到圆满的解释，因此，只有遵循原子核外电子的排布规律和结合光谱实验的结果，才能确定原子的核外电子排布。

7.2　元素的性质与原子结构的关系

7.2.1　元素周期律

元素周期律指元素的性质随着元素原子序数（核电荷数）的增加呈周期性变化的规律，这个规律的发现是近代化学史上的又一座里程碑，对元素基本性质的周期性的认识使得化学成为一门系统的科学。虽然门捷列夫早在 1869 年就提出了元素基本性质的周期性，但直至 20 世纪 30 年代发展了量子力学并清楚了各元素原子的核外电子排布之后，人们才明白：元素原子的核外电子排布的周期性决定了元素基本性质的周期性，这导致与原子结构有关的一些元素基本性质呈现周期性的变化。

7.2.2　原子半径

根据量子力学的观点，核外电子没有严格固定的运动轨道，所以原子的大小没有严格的边界，无法精确测定一个单独原子的半径。通常所说的原子半径是指当原子处于某种特定的环境中时借助相邻两原子的核间距来确定的半径，因此根据原子的不同存在环境，原子半径可以分为共价半径、金属半径和范德华半径。

同种元素的两个原子以共价单键结合时，两个原子的核间距的一半叫作该原子的共价半径。在金属单质晶体中，两个最近邻原子的核间距的一半称之为该原子的金属半径。在分子晶体中，原子之间靠范德华力结合，两个同种原子的核间距的一半叫作范德华半径。

图 7－3 是各元素原子半径数据，其中金属元素对应的为金属半径，稀有气体元素对应的为范德华半径，其余元素对应的为共价半径，由图中数据可以看出原子半径的变化规律如下。

（1）在同一周期中，如果是短周期，则随着原子序数的增加，原子半径以较大幅度逐渐缩小；如果是长周期，则随着原子序数的增加，原子半径以较小幅度逐渐缩小。对于镧系元素来说，随着原子序数的增加，原子半径在总趋势上以更小的幅度逐渐缩小，这种现象称为镧系收缩。到稀有气体元素时，原子半径突然变大，这主要是因为稀有气体元素的原子半径不是共价半径，而是范德华半径。

在同一周期中，原子半径的大小主要受两个因素的影响：一是核电荷数，核电荷数越多，原子核对核外电子的引力越大（使电子向核收缩），则原子半径越小；二是核外电子数，核外电子数越多，原子半径越大，这是因为电子运动要占据一定空间而使原子半径趋向增加。

在 1，2，3 短周期中，随着原子序数的增加，原子半径以较大幅度逐渐缩小，这是因为增加的核电荷对原子半径的缩小作用大于增加的电子对原子半径的增大作用。在 4，5，6 长周期中，随着原子序数的增加，原子半径以较小幅度逐渐缩小，这是由于新增加的电子填入了次外层的（$n-1$）d 轨道上。由于内层电子对外层电子产生排斥力，这使得原子核对外层电子的引力减小，有效核电荷数增大得比较缓慢。因此，在副族元素区内，从左向右，原子半径只是略有缩小，缩小程度不大。对于镧系元素来说，由于新增加的电子填入倒数第三层的（$n-2$）f 轨道上，这对核电荷的抵消作用比填入次外层的（$n-1$）d 轨道上时更大，有效核电荷的变化更小，因此镧系元素从左向右原子半径减小的幅度更小，这就是镧系收缩。

（2）在同一族内，影响原子半径的主要因素是电子层数，电子层越多原子半径越大。在主族元素区内，从上到下，尽管核电荷数增多，但由于电子层数增多的因素起主导作用，因此原子半径显著增大。在副族元素区内，从上到下，原子半径一般只是稍有增大。其中第 5 与第 6 周期的同族元素之间原子半径非常接近，化学性质也极相似，这主要是镧系收缩所造成的结果。

H 37																	He 122
Li 152	Be 111											B 88	C 77	N 70	O 66	F 64	Ne 160
Na 186	Mg 160											Al 143	Si 117	P 110	S 104	Cl 99	Ar 191
K 227	Ca 197	Sc 161	Ti 145	V 132	Cr 125	Mn 124	Fe 124	Co 125	Ni 125	Cu 128	Zn 133	Ga 122	Ge 122	As 121	Se 117	Br 114	Kr 198
Rb 248	Sr 215	Y 181	Zr 160	Nb 143	Mo 136	Tc 136	Ru 133	Rh 135	Pd 138	Ag 144	Cd 149	In 163	Sn 141	Sb 141	Te 137	I 133	Xe 217
Cs 265	Ba 217	Lu 173	Hf 159	Ta 143	W 137	Re 137	Os 134	Ir 136	Pt 136	Au 144	Hg 160	Tl 170	Pb 175	Bi 155	Po 153		

La 188	Ce 183	Pr 183	Nd 182	Pm 181	Sm 180	Eu 204	Gd 180	Tb 178	Dy 177	Ho 177	Er 176	Tm 175	Yb 194

图 7-3　元素的原子半径（单位：pm）

7.2.3　电离能

在正常状态下，原子处于最低能级，这时电子在离核最近的轨道上运动，这种状态叫基态。某元素的处于基态的一个气态原子失去一个电子形成一个+1 价的气态阳离子时所需要的能量，叫作这种元素的第一电离能，用 I_1 表示。使某元素的一个+1 价的气态阳离子失去一个电子形成一个+2 价的气态阳离子时所需要的能量，叫作这种元素的第二电离能，用 I_2 表示。依次类推，还有元素的第三电离能、第四电离能等，通常所说的电离能一般指第一电离能。电离能的大小可以用来衡量元素的原子失电子的难易程度，电离能越小，失电子越容易，金属性越强。一般地，同一元素随着原子失去电子数的增加，失电子越来越难，因此同一元素的各级电离能依次升高，即 $I_1<I_2<I_3<\cdots$。电离能的大小与原子的有效核电荷数、原

子半径和原子的电子层结构有关。图 7-4 是各元素的第一电离能数据，由图 7-4 可以看出电离能呈现周期性的变化。

H 1312																	He 2372
Li 520	Be 900											B 801	C 1087	N 1402	O 1314	F 1681	Ne 2081
Na 496	Mg 738											Al 578	Si 787	P 1012	S 1000	Cl 1251	Ar 1521
K 419	Ca 590	Sc 633	Ti 659	V 651	Cr 653	Mn 717	Fe 763	Co 760	Ni 737	Cu 746	Zn 906	Ga 579	Ge 762	As 944	Se 941	Br 1140	Kr 1351
Rb 403	Sr 550	Y 600	Zr 640	Nb 652	Mo 684	Tc 702	Ru 710	Rh 720	Pd 804	Ag 731	Cd 868	In 558	Sn 709	Sb 831	Te 869	I 1008	Xe 1170
Cs 376	Ba 503	Lu 524	Hf 659	Ta 728	W 759	Re 756	Os 814	Ir 865	Pt 864	Au 890	Hg 1007	Tl 589	Pb 716	Bi 703	Po 812		Rn 1037
		La 538	Ce 534	Pr 527	Nd 533	Pm 538	Sm 545	Eu 547	Gd 593	Tb 566	Dy 573	Ho 581	Er 589	Tm 597	Yb 603		

图 7-4　元素的第一电离能（单位：$kJ \cdot mol^{-1}$）

（1）在同一周期中，从整体趋势上来看，随着原子序数增加，元素的电离能变大，元素的金属性减弱。这是由于在同一周期中随着核电荷数的增多，原子半径变小，原子核对外层电子的引力增强，失电子更困难，因此电离能增加。在每一周期中，稀有气体元素的电离能最大，因为它的原子具有稳定的电子层结构；碱金属元素（指 IA 族元素中的金属元素）电离能最小；其他元素的电离能则介于这两者之间。

（2）在每一族中，自上而下，电离能依次减小，元素的金属性增强。这是因为对于每一族中的元素，虽然最外层电子数相同，但随着原子序数的增加，电子层数增多，原子半径增大，原子核对外层电子的引力减弱，失电子更容易，因此电离能减小。

（3）某些元素的电离能比同周期中相邻元素的高，这是由于它具有全充满或者半充满的电子层结构，稳定性较高。例如，N、P、As 具有半充满的电子层结构，而 Zn、Cd、Hg 具有全充满的电子层结构，因此它们的电离能要高于同周期相邻元素的电离能。

7.2.4　电子亲和能

某元素的处于基态的一个气态原子得到一个电子形成气态阴离子时所放出的能量称之为该元素的电子亲和能，用 A_1 表示。电子亲和能也包括第一电子亲和能、第二电子亲和能等，通常所说的电子亲和能一般指第一电子亲和能。电子亲和能的大小可以用来衡量元素的原子得电子的难易程度。元素的电子亲和能数值越负，表示它的原子越容易获得电子，非金属性也就越强。电子亲和能的大小也与原子的有效核电荷数、原子半径和原子的电子层结构有关。图 7-5 是主族元素电子亲和能数据，由图中数据可以看出电子亲和能也呈现一定的周期性。

H −72.7							He +48.2
Li −59.6	Be +48.2	B −26.7	C −121.9	N +6.75	O −141.0	F −328.0	Ne +115.8
Na −52.9	Mg +38.6	Al −42.5	Si −133.6	P −72.1	S −200.4	Cl −349.0	Ar +96.5
K −48.4	Ca +28.9	Ga −28.9	Ge −115.8	As −78.2	Se −195.0	Br −324.7	Kr +96.5
Rb −46.9	Sr +28.9	In −28.9	Sn −115.8	Sb −103.2	Te −190.2	I −295.1	Xe +77.2

图 7–5　主族元素的电子亲和能（单位：$kJ \cdot mol^{-1}$）

（1）在同一周期中，随着原子序数的增加，电子亲和能的数值变得更负，元素的非金属性增强。这是由于在同一周期中，随着核电荷数的增多，原子半径变小，原子核对外层电子的引力增强，得电子更容易，因此电子亲和能的数值变得更负。在每一周期中，稀有气体元素的电子亲和能呈现最大正值，这是因为它的原子具有稳定的电子层结构，难以结合电子；碱土金属元素（指ⅡA 族元素）由于具有 ns^2 电子层结构，得电子困难，所以其电子亲和能也为正值。

（2）在同一族中，电子亲和能的变化规律不是很明显。大部分同族元素从上到下电子亲和能的代数值增加，这是因为在每一族中，随着原子序数的增加，电子层数增多，原子半径增大，原子核对外层电子的引力减弱，得电子更难，因此电子亲和能的代数值增加。但第二周期 N、O、F 三元素反而分别比第三周期的 P、S、Cl 三元素的电子亲和能更负，这是因为 N、O、F 三元素的原子半径很小，电子间斥力增大，得电子困难。

7.2.5　电负性

元素的电离能和电子亲和能都仅从一个方面反映了某原子得失电子的能力，只从电离能或电子亲和能的大小来衡量金属、非金属的活泼性是有一定局限性的，因此，1932 年鲍林引入了电负性的概念：原子在分子中吸引电子的能力叫作元素的电负性，用χ表示。元素的电负性越大，吸引电子的倾向越大，非金属性也越强。

电负性的计算方法有多种，采用不同方法计算得出的电负性数值不同，比较有代表性的有以下 3 种。① 鲍林 1932 年提出的标度。根据热化学数据和分子的键能，指定氟的电负性，计算其他元素的相对电负性。② 密立根 1934 年根据电离能和电子亲和能计算得出的绝对电负性。③ A.L.Allred 等 1957 年提出的建立在原子核对电子的静电作用基础上的电负性。电负性标度不同，相应的电负性数据也不同，但在周期表中电负性的变化规律是一致的。比较常用的是根据鲍林电负性标度计算得到的各元素电负性数据（如图 7–6 所示）。

由图 7–6 可见元素的电负性呈现周期性变化。一般来说，非金属元素的电负性大于 2.0，金属元素的电负性小于 2.0。根据元素电负性的大小可以衡量元素的金属性和非金属性的强弱，但应注意，元素的金属性和非金属性之间并没有严格的界限。总体而言，周期表右上方的典型非金属元素都有较大电负性值，周期表左下方的金属元素的电负性值都较小。同一周期从左至右，有效核电荷数递增，原子半径递减，对电子的吸引能力逐渐增强，因而电负性值递增，元素的非金属性逐渐增强；同族元素从上到下，元素电负性值递减，元素的非金属性逐渐减弱。副族元素的电负性值没有明显的规律。

元素周期律揭示了元素之间的内在联系，反映了元素基本性质与它的原子结构之间的关系。门捷列夫曾用元素周期律来预言未知元素并获得了证实，此后，人们在元素周期律的指导下对元素的性质进行了系统的研究，这对物质结构理论的发展起了一定的推动作用，因此元素周期律对学习化学知识是至关重要的。

H 2.18																
Li 0.98	Be 1.57											B 2.04	C 2.55	N 3.04	O 3.44	F 3.98
Na 0.93	Mg 1.31											Al 1.61	Si 1.90	P 2.19	S 2.58	Cl 3.16
K 0.82	Ca 1.00	Sc 1.36	Ti 1.54	V 1.63	Cr 1.66	Mn 1.55	Fe 1.8	Co 1.88	Ni 1.91	Cu 1.90	Zn 1.65	Ga 1.81	Ge 2.01	As 2.18	Se 2.55	Br 2.96
Rb 0.82	Sr 0.95	Y 1.22	Zr 1.33	Nb 1.60	Mo 2.16	Tc 1.9	Ru 2.28	Rh 2.2	Pd 2.20	Ag 1.93	Cd 1.69	In 1.78	Sn 1.96	Sb 2.05	Te 2.10	I 2.66
Cs 0.79	Ba 0.89	Lu 1.2	Hf 1.3	Ta 1.5	W 2.36	Re 1.9	Os 2.2	Ir 2.2	Pt 2.28	Au 2.54	Hg 2.00	Tl 2.04	Pb 2.33	Bi 2.02	Po 2.0	At 2.2

图7-6　元素的电负性

7.3 化 学 键

化学键是指分子或晶体内相邻两个或多个原子（或离子）间强烈的相互作用力。通过化学键，粒子可组成多原子的化学物质。化学变化过程就是旧化学键断裂和新化学键形成的过程。本节将重点介绍最基本的三种化学键：离子键、共价键和金属键。

7.3.1 离子键

离子键，又称盐键，是化学键的一种。下面以 NaCl 的生成为例介绍离子键的形成。从原子结构看，Na 原子的最外电子层有 1 个电子，容易失去；Cl 原子的最外电子层有 7 个电子，容易得到 1 个电子。当 Na 原子与 Cl 原子相遇时，Na 原子失去最外层的 1 个电子，成为 Na^+，带正电；Cl 原子得到钠原子失去的电子，成为带负电的 Cl^-。Na^+与 Cl^-通过静电作用相互吸引，当离子间的吸引力与原子核之间、电子之间的排斥作用力达到平衡时，就形成了稳定的离子键。像这种由于原子间发生电子转移而形成正、负离子，并通过静电作用而形成的化学键就叫离子键。通过离子键形成的化合物就是离子晶体。

离子的电荷是呈球形对称分布的，故只要空间条件允许，它可以从不同的方向尽可能多地同时吸引多个带异号电荷的离子，因此离子键没有饱和性。带异号电荷的离子可沿任何方向靠近，可在任何位置相互吸引，故离子键也没有方向性。

离子键一般在金属元素原子与非金属元素原子间形成，失去电子的是金属元素原子，而获得电子的是非金属元素原子，但不是所有的金属元素原子与非金属元素原子之间都能形成离子键。电负性差别越大的元素原子间越容易形成离子键，通常用两元素的电负性差$\Delta\chi$来判断元素原子之间能否形成离子键。一般认为，当$\Delta\chi > 1.7$ 时，元素原子之间能够发生电子转移，可以形成离子键。此外，形成离子键的另一个条件是元素原子能形成稳定的离子。例如，Na 原子很容易失去最外层的 1 个电子成为具有稳定结构的 Na^+，而 C、Si 原子要失去最外层的 4 个电子（或得到 4 个电子）才能形成稳定离子，比较困难，所以 Na 原子和 C、Si 原子之间一般不能形成离子键。

离子键的强度可以用晶格能的大小来表示。互相远离的气态正、负离子结合生成 1 mol 离子晶体的过程中所释放的能量的绝对值就是晶格能。晶格能越大，离子键强度越大，离子晶体越稳定。影响晶格能大小的因素有离子的电荷数和离子之间的距离。当晶体结构类型相同时，离子的电荷数越高，晶格能越大。例如，MgO 的晶格能是 3 791 $kJ \cdot mol^{-1}$，大于 NaCl 的晶格能（786 $kJ \cdot mol^{-1}$）。当晶体结构类型相同时，离子的半径越小，晶格能越大。例如，MgO 的晶格能大于 CaO 的晶格能（3 401 $kJ \cdot mol^{-1}$）。

由于晶格能的大小代表了离子键的强弱，因而晶格能的大小会影响离子晶体的性质。例如，晶格能越大，晶体中的离子键越强，晶体的熔点就越高，硬度就越大。此外，晶格能的大小还会影响离子晶体在水中的溶解度、溶解热等性质。

要说明的是，化合物中不存在 100%的离子键，两元素的电负性差$\Delta\chi > 1.7$，实际上是指此时离子键的百分数为大于 50%而非 100%。例如，在 NaF 的化学键之中，也有下面将要介绍的共价键。

7.3.2 共价键

1. 共价键的形成

1927 年，德国物理学家 Heitler 和 London 用量子力学中的薛定谔方程研究了两个氢原子结合成为氢分子时形成化学键的本质。他们研究了两个氢原子相互作用时的能量（E）和两个氢原子的核间距（R）之间的关系，得到了如图 7－7 所示的两条曲线。

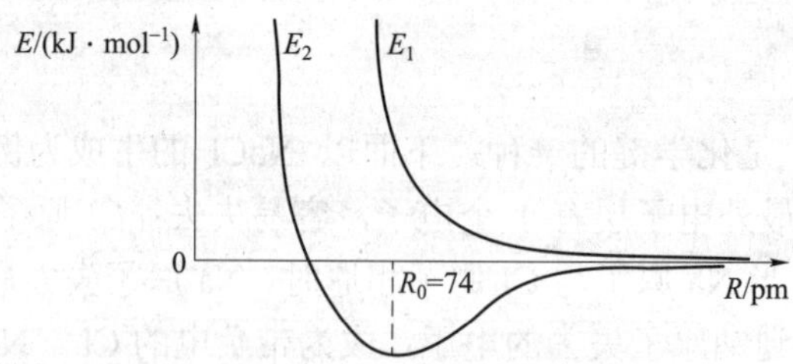

图 7－7 氢分子形成过程的能量曲线

当两个原子相距很远时，彼此间的作用力忽略不计，将此状态作为体系能量的相对零点。当电子运动状态完全相同（自旋方向相同）的两个氢原子相距很远时，它们之间基本上不存在相互作用力。但当它们互相趋近时，它们之间逐渐产生了排斥作用，能量随着核间距的减小而急剧上升（E_1 曲线），系统能量始终高于两个氢原子单独存在时的能量，故不能形成稳定的化学键。这种状态称为氢分子的排斥态。

如果两个氢原子的电子运动状态不同（自旋方向相反），当它们相互趋近时，两原子产生了吸引作用，整个系统的能量降低（E_2 曲线）。当两个氢原子的核间距为 74 pm 时，系统能量达到最低，这表明两个氢原子在此平衡位置（$R = R_0 = 74$ pm）处成键，形成了稳定的氢分子。这种状态称为氢分子的基态。如果两个氢原子继续接近，则原子间的排斥力将迅速增加，能量曲线急剧上升，排斥作用又将氢原子推回平衡位置。因此氢分子中的两个氢原子在平衡距离 R_0 附近振动，R_0 即为氢分子单键的键长。氢分子在平衡距离 R_0 时的能量与两个氢原子相距很远时的能量相比，能量降低的数值近似等于氢分子的键能 436 kJ · mol^{-1}。因此，两个氢原子是否能够配对成键而形成稳定的氢分子的关键在于参与配对的电子的自旋方向是否相反。

由量子力学的原理可以知道，当电子自旋方向相反的两个氢原子相互靠近时，随着核间距 R 的减小，两个 1s 原子轨道发生重叠，两个原子核之间的电子概率密度远远大于处于排斥态的分子中原子核之间的电子概率密度，从而削弱了两核间的正电排斥力，体系能量降低，形成稳定的共价键。共价键的本质就是原子共享电子，被共享的电子就像一座带负电荷的桥梁而把两个带正电荷的原子核吸引在一起，从而形成了稳定的分子。

2. 共价键理论的要点

Heitler 和 London 在建立氢分子成键理论之后，便将其推广到其他分子体系，最后发展成为价键理论（valence bond theory），又称 VB 法或电子配对法，其基本要点如下。

（1）两原子接近时，为了增加体系的稳定性，两原子的价层轨道上的未成对电子可以通过自旋反平行的方式配对成键，形成最多数目的化学键。若 A、B 两个原子各有一个自旋方向相反的未成对价电子，则它们可以互相配对形成稳定的共价单键（A—B）。He 原子无未成对价电子，故不可能形成 He 分子。若 A、B 两个原子各有两个或三个自旋方向相反的未成对价电子，则可以形成双键（A＝B）或三键（A≡B）。例如，N 原子外层有三个 2p 轨道电子，分别占据 $2p_x$、$2p_y$、$2p_z$ 轨道，它们可以和另一个 N 原子的三个自旋方向相反的未成对价电子配对，形成共价三键而形成 N_2 分子。

（2）在原子或分子中已经配对的电子不能再与其他原子中的未成对价电子成键。一个原子可能与其他原子形成的共价键数，决定于该原子的未成对价电子数。例如，Cl 原子最外层有一个未成对的 3p 轨道电子，与另一个 Cl 原子 3p 轨道上的未成对价电子配对形成 Cl_2 分子后，即使再有一个 Cl 原子也不会形成 Cl_3 分子。

（3）共价键的稳定性决定于原子轨道的重叠程度，两个原子轨道重叠越大，形成的键就越稳定。在原子轨道电子云密度最大的方向上，两个原子轨道可能发生最大程度的重叠。例如，在形成 HF 分子时，H 原子的 1s 轨道电子与 F 原子的一个未成对 $2p_x$ 轨道电子形成共价键。1s 轨道与 2p 轨道只有沿着 x 轴方向才能发生最大程度的重叠，形成稳定的共价键。又如，形成 H_2S 分子时，S 原子的最外层电子结构是 $3s^23p_x^13p_y^13p_z^2$，成单的电子是 $3p_x$ 轨道电子和 $3p_y$ 轨道电子，因此两个 H 原子的 1s 轨道只有沿 x 轴和 y 轴方向接近 S 原子并发生较大程度的重叠后才能与 S 原子形成共价键，其键角约等于 90°（实际是 92°）。

3. σ 键和π键

按原子轨道重叠方式不同，共价键可分为σ 键和π键两类（如图 7－8 所示）。原子轨道沿着原子核间连线方向以“头碰头”方式发生同号重叠而形成的共价键称为σ 键。如 H_2 分子中的 s－s 轨道重叠、HCl 分子中的 s－p_x 轨道重叠、Cl_2 分子中的 p_x－p_x 轨道重叠都是以“头碰头”方式进行，因此 H_2 分子、HCl 分子、Cl_2 分子中均存在σ 键。σ 键的特点是轨道重叠程度大，形成的化学键比较牢固。相互平行的两个 p_y 轨道或 p_z 轨道沿着原子核间连线方向按“肩并肩”方式发生同号重叠而形成的共价键称为π键。π键的轨道重叠程度比σ 键的小，因此π

键没有σ键稳定。一般地，若成键原子只有一个未成对价电子，则在形成分子时只形成σ键，所以共价单键都是σ键；若成键原子有多个未成对价电子，则在形成分子时只形成一个σ键，其余为π键，因此共价双键包括一个σ键和一个π键，共价三键包括一个σ键和两个互相垂直的π键。

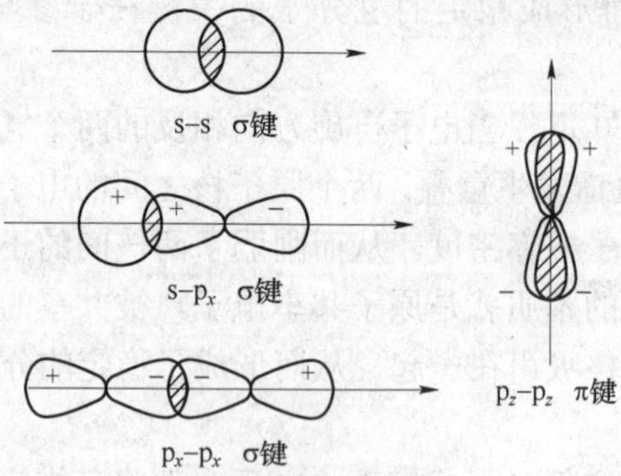

图 7–8 σ键和π键

例如，N_2 分子中两个 N 原子，各以三个 2p 轨道（$2p_x$，$2p_y$，$2p_z$）相互重叠形成共价三键。N 原子的电子结构为 $1s^2 2s^2 2p_x^{\ 1} 2p_y^{\ 1} 2p_z^{\ 1}$，当两个 N 原子结合时，每个 N 原子的未成对 $2p_x$ 轨道电子彼此沿 x 轴方向以“头碰头”方式重叠，形成一个σ键。而 N 原子的 $2p_y$ 和 $2p_z$ 轨道与 x 轴方向垂直，不能再沿着 x 轴方向以“头碰头”方式重叠，只能分别在 y 轴和 z 轴方向以互相平行的“肩并肩”方式进行重叠，形成两个π键。N_2 分子化学键形成示意图如图 7–9 所示。

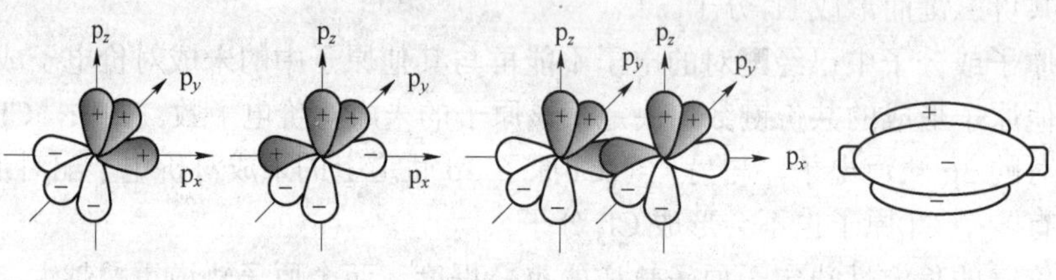

图 7–9 N_2 分子化学键形成示意图

4. 共价键的饱和性和方向性

在共价键理论建立之后就能够对共价键的两个特征（饱和性和方向性）做一个满意的解释了。一个原子可能与其他原子形成的共价键数是一定的，这种性质就是共价键的饱和性。原子在形成共价分子时所形成的共价键数目，取决于它所具有的未成对价电子的数目。因此，一个原子只要有几个未成对价电子（包括激发后形成的未成对价电子），便可与几个自旋方向相反的未成对价电子配对成键，未成对价电子用完了，其成键能力就饱和了。例如，两个 H 原子的 1s 轨道电子配对形成 H—H 单键而结合成 H_2 分子后，就不能再与第三个 H 原子的未成对价电子配对了。N 原子有三个未成对价电子，可与三个 H 原子的自旋方向相反的未成对价电子配对形成三个共价单键，结合成 NH_3 分子。

根据原子轨道最大重叠原理，在形成共价键时，原子轨道只有在电子云密度最大的方向上才能发生最大的重叠而形成稳定的共价键。所以共价键指向原子轨道电子云密度最大的方向，这就是共价键的方向性。轨道重叠越多，电子在两核间的概率密度越大，形成的共价键就越稳定。除 s 轨道呈球形对称外，p、d、f 轨道在空间都有一定的伸展方向。在成键时为了达到原子轨道的最大程度重叠，形成的共价键必然会有一定的方向性。

限于历史认识的原因，共价键理论还存在不少缺点，它不能解释某些实验现象。例如，C 原子基态电子结构中有两个未成对价电子，应只生成两个共价键，但 CH_4 分子却为四面体结构。但是共价键理论简单实用，作为化学史上不可磨灭的重要理论，它在很多时候仍然发挥着重要的作用。

7.3.3　金属键

在 100 多种化学元素中，有 80%的元素为金属元素。除金属 Hg 在室温下为液态外，其他所有金属在室温下都是固态的晶体，其共同特性是：有金属光泽，不透明，有良好的导热性、导电性和延展性等，这些特性都由金属内部特有的化学键的性质所决定。金属键理论主要包括自由电子理论及能带理论。

1. 自由电子理论

自由电子理论最早是 1900 年 Drude 等人为解释金属的导电、导热性能所提出的一种金属键的自由电子模型，又被称为经典自由电子理论。该理论认为金属中的电子分为两类：一类是内层电子，它们受到原子核较强的束缚，在较狭窄的区域内运动；另一类是最外层的价电子，由于金属原子的电离能小，电负性也较小，它们容易脱离原子核的束缚，可在整个晶体范围内自由地运动，形成自由电子（或称离域电子）。自由电子是共有化的，不属于某一个原子，自由电子的运动遵守经典力学的运动规律，遵守气体分子运动论。失去价电子的金属原子成为正离子。自由电子与正离子紧紧地吸引胶合在一起形成了金属键，金属键没有方向性和饱和性。自由电子理论经 Lorentz、Sommerfeld 等人的改进和发展而成为量子自由电子理论，其主要观点与自由电子理论是一致的，认为金属离子所形成的电势场是均匀的，价电子是共有化的，它们不束缚于某个原子上，可以在整个金属内自由地运动，电子之间没有相互作用。但量子自由电子理论认为电子的运动服从量子力学原理，电子的能级是分立的、不连续的，这是与自由电子理论最本质的区别。

自由电子理论可在一定程度上解释金属的许多重要性质。在金属晶体中，由于自由电子能在整个晶粒中运动，所以金属有良好的导电性、导热性；由于自由电子可以吸收几乎所有波长的可见光，并能立即发射出来，使得光线无法穿透金属，因此金属不透明而且具有金属光泽；当金属晶体受外力作用时，尽管金属离子发生了位移，但自由电子的连接作用并没变，金属虽然发生了形变，但金属键没有被破坏，因此，金属一般有良好的延展性和可塑性。

但是，金属的自由电子理论过于简单化，例如该理论认为金属中的价电子之间没有相互作用，因此不能很好地解释诸如铁磁性、相结构及结合力等一些问题。随着科学和生产的发展，主要是量子理论的发展，人们又建立了能带理论。

2. 能带理论

能带理论是由 Bloch 和 Brillouin 首先提出的，该理论利用量子力学的观点来说明金属键的形成。能带理论认为，在实际金属晶体中，金属离子按点阵结构有规则地排列着，每个离子带有一定的正电荷，电子是在金属原子形成的呈周期性变化的势场中运动。形成金属键的电子遍布整个金属，但其能量不是任意的，因而它们并非完全自由，而是处在具有一定能量宽度的能带中。在金属晶体中，所有原子的能量相近的轨道组合成新的分子轨道，由于这些分子轨道之间的能量差小，这些小能级连成一片，从而形成了一个能带。例如，在一块由 n 个原子构成的金属 Li 中，金属 Li 的 1s 能带是由 n 个 Li 原子的 n 个 1s 轨道构成的 n 个分子轨道，这 n 个分子轨道之间的能量差小，这些能量相近的能级组成一个能带。能带的形成示意图如图 7-10 所示。

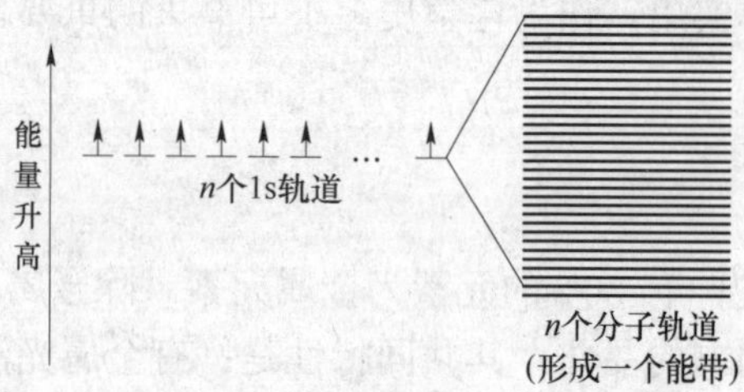

图 7-10　能带的形成示意图

能带理论的基本要点如下。

（1）能带理论是按照分子轨道的处理方法，将整个金属看作是一个大分子，而金属中的价电子为整个体系所共有，不再属于哪个原子，此时称电子是离域的。

（2）金属晶体中的分子轨道是由数目非常多（约 10^{23} 个）的具有相同能量的原子轨道线性组合得到的，n 个原子轨道可以组合成 n 个分子轨道。分子轨道各能级间隔极小，形成一个能带。每个能带的能量在固定的范围内，内层原子轨道形成的能带较窄，外层原子轨道形成的能带较宽，各个能带按能级高低排列起来，成为能带结构。金属的价电子按分子轨道理论的基本原理填充在这些能带中。金属 Li 中的能带结构示意图如图 7-11 所示。Li 原子电子层结构为 $1s^22s^1$，在金属 Li 中，n 个 Li 原子的 n 个 1s 轨道构成的 n 个分子轨道形成一个较低能量的能带，该能带都被电子充满；n 个 Li 原子的 n 个 2s 轨道构成的 n 个分子轨道形成另一个能量较高的能带，该能带只有一半填充了电子。

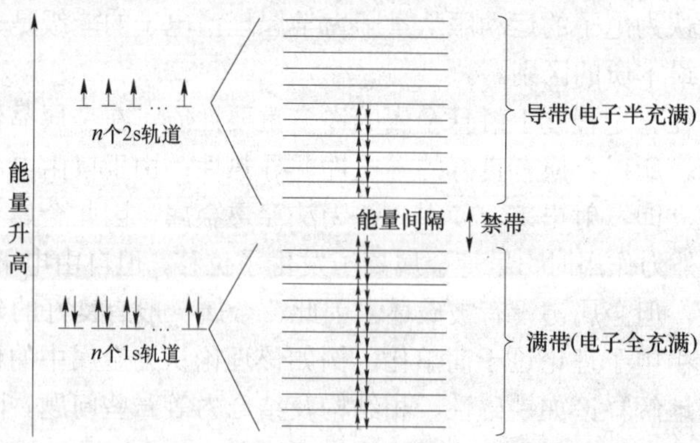

图 7-11　金属 Li 中的能带结构示意图

（3）根据原子轨道能级的不同，金属可以有不同的能带（如上述金属 Li 中的 1s 能带和 2s 能带）。由已充满电子的原子轨道能级所形成的低能量能带叫作满带（又称为价带），由未充满电子的原子轨道能级所形成的高能量能带叫作导带。这两类能带之间的能量差很大，以致低能带中的电子几乎不可能向高能带跃迁，把这两类能带间的能量间隔叫作禁带（如

图 7－11 所示）。例如，Li 原子的 1s 轨道已充满电子，由 1s 轨道形成的 1s 能带是个满带，Li 原子的 2s 轨道未充满电子，由 2s 轨道形成的 2s 能带是个导带，二者之间的能量差比较大，它们之间的能量间隔是个禁带，是电子不能逾越的，即电子不能从 1s 能带跃迁到 2s 能带。但是 2s 能带中的电子却可以在接受外来能量的情况下，在带内相邻能级中自由运动，跃迁到未充填电子的更高能级上去。

（4）金属晶体中相邻近的能带有时可以互相重叠，即能量范围有交叉，重叠的区域为重带。例如，Be 原子（电子层结构为 $1s^22s^2$）的 2s 轨道已充满电子，2s 轨道形成的 2s 能带是个满带，而 2p 轨道未充填电子，所形成的 2p 能带是个空带，但由于 Be 原子的 2s 能带和 2p 能带能量很接近，因而它们可以重叠形成重带（如图 7－12 所示）。通过重叠，2s 能带上的电子可以跃迁到 2p 能带上去。

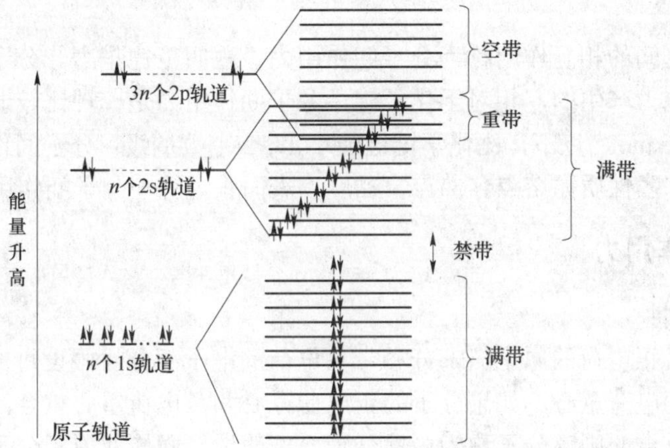

图 7－12　金属 Be 中的能带重叠

根据金属键的能带理论可以很好地说明导体、绝缘体和半导体之间的区别（如图 7－13 所示）。如果一种物质的能带是部分被电子充满或能带虽然被电子全充满但可与能量间隔不大的空带发生部分重叠，即晶体中具有导带和重带，这样在外电场存在时，导带（或重带）中的价电子便会在能带内向较高能级跃迁，并沿着外加电场方向通过晶格产生运动，因而能导电，该物质是导体。如果物质中的所有电子都处于满带，即晶体中只有满带和空带，而且能带间的能量间隔很大，禁带较宽，满带上的电子不能进入空带，这种物质就不能导电，是绝缘体。半导体的能带结构与绝缘体是相似的，所有电子都处于满带，即晶体中只有满带和空带，但能带间的能量相差很小，禁带较窄，因此低温时半导体是绝缘体，高温时电子被激发而很容易跃迁到空带上去，使原来的空带也充填部分电子而变成导带，此时半导体能导电。

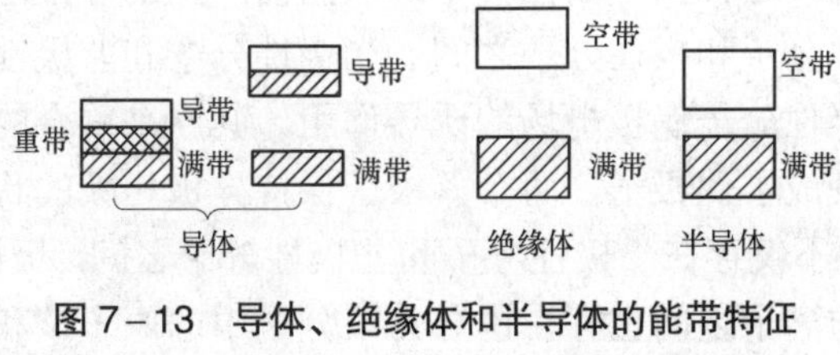

图 7－13　导体、绝缘体和半导体的能带特征

能带理论也能很好地说明金属的一些其他物理性质。给金属施加应力时，由于在金属中

电子是离域的，一个地方的金属键被破坏，在另一个地方又可以形成金属键，因此机械加工不会破坏金属结构，而仅能改变金属的外形，这也就是金属具有良好的延展性和可塑性的原因。电子可以传输热能，这表明金属有导热性。金属原子能提供的用于形成能带的未成对价电子越多，金属键就越强，反映在物理性质上表现为熔点和沸点越高，密度和硬度越大。但是能带理论还难以解释某些问题，如某些过渡金属具有高硬度、高熔点等性质。

本节讨论了三种不同类型的化学键：离子键、共价键和金属键，它们之间是相互联系的。离子键和共价键之间并不能严格区分，化合物中不存在 100%的离子键，如 NaF 的化学键之中有共价键。掌握化学键的知识有助于认识化学变化的本质和规律。

7.4 分子间作用力和氢键

分子和分子之间的相互作用称为分子间作用力，也叫范德华力。分子间作用力是由分子之间很微弱的静电力产生的，相对于化学键，分子间作用力是一种比较弱的相互作用力，其能量一般在 $10\ kJ \cdot mol^{-1}$ 以下，比化学键键能小 1～2 个数量级。分子间作用力没有饱和性和方向性。物质的许多性质如熔点、沸点、黏度、表面张力等与分子间作用力有关。

7.4.1 分子间作用力

1. 分子的极性

分子中都有带正电荷的原子核部分和带负电荷的电子部分，假设每一种电荷都可以集中于一点，该点称为电荷重心。如果分子的正电荷重心和负电荷重心重合，则该分子称为非极性分子；如果不重合，则该分子称为极性分子。一般地，同核双原子分子是非极性分子，如 H_2、O_2、N_2 分子等；异核双原子分子是极性分子，如 HF、HCl、HBr 分子等。对于多原子分子，如果分子的结构是对称的，则为非极性分子，否则为极性分子。例如，CO_2 分子呈直线型对称结构，所以是非极性分子，而 NH_3 分子呈三角锥形，N 原子位于锥顶，三个 H 原子位于锥底，结构不对称，分子的正、负电荷重心不重合，所以是极性分子。

分子极性的大小可以用偶极矩来衡量。1912 年 Debye 提出了偶极矩的概念，非极性分子的偶极矩等于零，极性分子的偶极矩大于零。偶极矩越大，分子的极性越大。

2. 分子间作用力的分类

根据产生的原因和特性，分子间作用力可分为三种：取向力、诱导力和色散力。极性分子的正、负电荷重心不重合，具有正负两极，又称为偶极子。当两个极性分子相互接近时，由于偶极子具有同极相斥、异极相吸的特点，分子的运动有一定的取向，分子接近到一定距离时成为异极相邻的状态，这种由于极性分子的取向而产生的分子之间的吸引作用称为取向力。取向力只存在于极性分子和极性分子之间。当极性分子和非极性分子相互接近到一定距离时，非极性分子受到极性分子偶极电场的诱导作用，其原来重合的正、负电荷重心发生相对位移，非极性分子也变成了偶极子，两个偶极子保持异极相吸的状态，由此产生的静电引力被称为诱导力。诱导力不仅存在于极性分子和非极性分子之间，极性分子与极性分子之间、离子与分子之间、离子与离子之间也存在诱导力。分子中的原子核和电子都在不停地运动，这可以使得某一瞬间分子中正、负电荷重心发生相对位移而产生瞬时偶极。瞬时偶极存在的时间虽短，但它会重复出现，这种由瞬时偶极产生的静电引力被称为色散力。在非极性分子之间只存在色散力，在极性分子和非极性分子之间存在色散力和诱导力，而在极性分子之间这三种分子间作用力都存在。因此，色散力是三种分子间作用力中最主要的，它在所有分子之间都存在。只有当分子的极性非常大的时候，取向力才是主要的。

分子间作用力对物质的性质有较大的影响，尤其是物理性质如熔点、沸点等。分子晶体中存在分子间作用力，分子间作用力越大，分子的熔点、沸点就越高。由于色散力随着相对分子质量的增加而增大，因此稀有气体和卤素单质的熔点、沸点都随着相对分子质量的增加而升高。

7.4.2 氢键

氢键概念的重要性体现在生命化学中，在生物体内存在大量氢键，例如蛋白质和核酸中都有大量的氢键存在。氢键是一种特殊的分子间作用力。当H原子和电负性很强、半径很小的X原子形成共价键以后，又与另外一个电负性很强、半径很小的Y原子产生比较弱的静电引力，这种静电引力就是氢键，可以表示为

$$X—H\cdots Y$$

X和Y可以是同一种元素，也可以是不同的元素。由此可见，氢键的形成条件是：① 分子中有一个H原子，且该H原子与一个电负性很强、半径很小的X原子形成共价键；② 有一个电负性很强、半径很小且有孤电子对的Y原子。元素X和Y的电负性越强，原子半径越小，形成的氢键就越强。

氢键有两种，一种是分子内氢键，在X—H···Y结构中，X和Y处于同一个分子中。例如，在有机物邻羟基苯甲酸中就存在分子内氢键，邻羟基苯甲酸分子结构示意图如图7-14所示。另一种是分子间氢键，在X—H···Y结构中，X和Y处于不同分子中。例如，水分子中存在的氢键就属于分子间氢键。

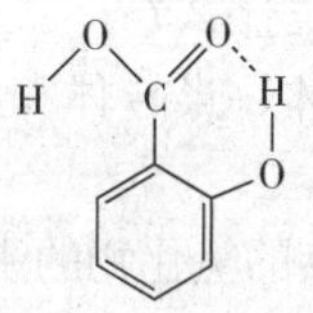

图7-14 邻羟基苯甲酸分子结构示意图

氢键具有饱和性和方向性，这是氢键和范德华力的主要区别。氢键的饱和性是指H原子只能与一个Y原子形成氢键，这是由于H原子与Y原子形成氢键之后，H原子周围已经有两个电负性强的原子，当再有一个电负性强的原子靠近H原子时，它所受到的来自X原子和Y原子的排斥力大于来自H原子的吸引力，因而H原子不能和第三个电负性强的原子形成氢键，故氢键具有饱和性。氢键的方向性是指已经与X原子形成共价键的H原子与Y原子形成氢键时，将尽可能地使X—H···Y三个原子保持在一条直线上，从而使得X原子和Y原子的距离最远，系统的能量最低，系统最稳定。

物质的许多性质可以用氢键的概念加以解释。例如，ⅦA族的氢化物HF、HCl、HBr、HI的沸点分别是19.54 ℃、−85.0 ℃、−66.7 ℃、−35.4 ℃，从理论上来分析，HF的相对分子质量最小，分子间作用力也最小，因此其沸点应该最低，但是实际上在卤化氢分子中HF的沸点最高，原因就是由于HF分子间形成了氢键，分子之间的相互作用增强，从而导致HF

的沸点升高。分子内氢键的形成使得熔点、沸点降低。例如，邻位水杨酸的熔点是 159 ℃，而间位水杨酸和对位水杨酸的熔点分别为 201.3 ℃和 213 ℃，这是由于间位水杨酸和对位水杨酸能形成分子间氢键，熔化时不仅要破坏分子间作用力，还要破坏氢键，需要的能量较高，所以熔点较高；而邻位水杨酸已经形成分子内氢键，不能再形成分子间氢键，所以熔点较低。

习题

1. 用电子云的概念说明原子核外电子的运动特点。

2. 在量子力学中常用四个量子数来描述原子核外电子的运动状态，请说明这四个量子数的物理意义及取值规定。

3. 当主量子数 $n=4$ 时，角量子数可以取哪些值？用原子轨道符号表示之。

4. 原子核外电子的排布遵循哪些规则，请详细说明。

5. 共价半径、金属半径和范德华半径的定义分别是什么？请说出元素周期表中元素原子半径的变化规律并说明原因。

6. 按照第一电离能从大到小的顺序排列下面各组元素，并说明理由。

（1）Li、Na、K；（2）Be、B、C、N、O。

7. 解释元素的电负性，并说明元素周期表中元素电负性的变化规律。

8. 什么是化学键？它主要有哪几种类型？比较说明之。

9. 比较σ键和π键的异同，并解释共价键的饱和性和方向性。

10. 用金属键的自由电子理论解释金属的导电性、导热性、金属光泽及良好的延展性。

11. 金属键的能带理论的基本要点是什么？

12. 根据金属键的能带理论说明导体、半导体和绝缘体之间的区别。

13. 简要说明范德华力的类型。

14. 说明氢键的形成条件，解释VA族的氢化物的沸点顺序为何为 $NH_3 > PH_3 < AsH_3 < SbH_3$。

第 8 章

危险货物基础知识

目前，全世界化学品已超过 1 000 万种，日常使用的有 700 多万种，且每年大约有上千种新化学物质问世。这些化学品中有相当一部分因它们固有的特性和人类的防护不当给人类社会带来了危害，于是世界各国都在关注和积极进行着相关的控制和防护研究。这种研究的主要流程是：首先划定属于“危险货物”的范围和标准，其次研究应对的安全防护措施，最后制定约束性的规章及监督执行。

8.1 危险货物的定义、分类及编号

8.1.1 危险货物的定义

化学品种类众多，将过多的化学品纳入危险货物将会给安全防护措施的采取带来困难，并且将会使许多化学品在生产、储存、使用、流通中受限。因此，正确定义危险货物具有十分重要的意义。

《关于危险货物运输的建议书·规章范本》（以下简称《规章范本》）提出了全球关于危险货物运输的统一规定，它对危险货物的定义、分类、包装检验及托运程序等做了详细的规定。依据联合国危险货物运输专家委员会制定的《规章范本》中对危险货物的阐述，中国国家标准《危险货物分类和品名编号》（GB 6944—2012）中明确将危险货物定义为具有爆炸、易燃、毒害、感染、腐蚀、放射性等危险特性，在运输、储存、生产、经营、使用和处置中容易造成人身伤亡、财产损毁或环境污染而需要特别防护的物质和物品。

危险货物也称危险物品或危险品。危险货物不仅包含化学品，也包含非化学品，如矿石、毒性植物、毒素等。

8.1.2 危险货物的分类

联合国危险货物运输专家委员会在出版《规章范本》的同时，发布了《关于危险货物运输的建议书·试验和标准手册》（以下简称《试验和标准手册》）作为《规章范本》的补充。《试验和标准手册》主要包括：第 1、3、4、5、8、9 类的分类程序、试验方法和标准，它适用于危险化学品的分类定级，是最具权威性的国际标准。《试验和标准手册》中对相关分类试

验均从试验目的、认可程序、试验类型、试验系列、试验条件、试验结果（实例）等方面作了详细规定。

联合国危险货物运输专家委员会把危险货物分为九大类，又按类分成了若干项。现将危险货物的类别和项别分列如下。

第 1 类：爆炸品

1.1 项：有整体爆炸危险的物质和物品

1.2 项：有迸射危险，但无整体爆炸危险的物质和物品

1.3 项：有燃烧危险并有局部爆炸危险或局部迸射危险或这两种危险都有，但无整体爆炸危险的物质和物品

1.4 项：不呈现重大危险的物质和物品

1.5 项：有整体爆炸危险的非常不敏感物质

1.6 项：无整体爆炸危险的极端不敏感物品

第 2 类：气体

2.1 项：易燃气体

2.2 项：非易燃无毒气体

2.3 项：毒性气体

第 3 类：易燃液体

第 4 类：易燃固体、易于自燃的物质、遇水放出易燃气体的物质

4.1 项：易燃固体、自反应物质、固态减敏爆炸品和聚合物质

4.2 项：易于自燃的物质

4.3 项：遇水放出易燃气体的物质

第 5 类：氧化性物质和有机过氧化物

5.1 项：氧化性物质

5.2 项：有机过氧化物

第 6 类：毒性物质和感染性物质

6.1 项：毒性物质

6.2 项：感染性物质

第 7 类：放射性物质

第 8 类：腐蚀性物质

第 9 类：杂项危险物质和物品，包括危害环境物质

8.1.3　危险货物的编号

为了识别一种物质或一类特定物质，联合国危险货物运输专家委员会为危险货物编制了由四位阿拉伯数字组成的编号，即联合国编号（又称 UN 号）。UN 号只反映识别代码，无特性标识。例如，硫化氢的 UN 号为 UN1053，乙醇的 UN 号为 UN1170，黄磷的 UN 号为 UN1381。为了与国际统一，中国国家标准《危险货物分类和品名编号》（GB 6944—2012）采用了 UN 号，并规定每一危险货物对应一个编号，但对性质基本相同，运输、储存条件和灭火、急救、处置方法相同的危险货物，也可使用同一编号。例如，UN2512 可对应邻氨基苯酚、间氨基苯酚、对氨基苯酚。

中国铁路运输的危险货物的编号（以下简称“铁危编号”）由五位阿拉伯数字及一位英文大写字母组成，标示危险货物所属的类别、项别、顺序号等。铁危编号的表示方法如图 8－1 所示。

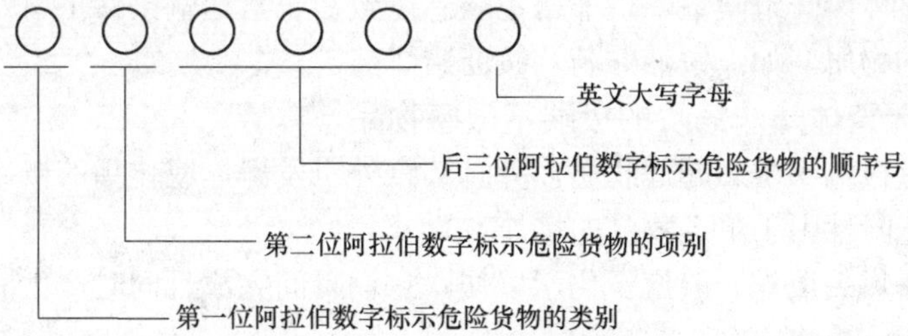

图 8－1　铁危编号的表示方法

顺序号小于 500（001～499）表明该危险货物为该项一级危险货物，顺序号大于 500（501～999）表明该危险货物为该项二级危险货物，一级危险货物的危险性大于二级危险货物。铁危编号后的英文大写字母表示同一品名编号中因货物的状态、组成成分等不同而需要不同运输条件的危险货物。例如，氢气的铁危编号为 21001A。

铁危编号能明确标示该危险货物的类别、项别和特性，为便于与《规章范本》进行对照参考，在《铁路危险货物品名表》中，每一危险货物均标注了《规章范本》中的对应的 UN 号。

8.2　危险货物的分类标准

8.2.1　第 1 类：爆炸品

爆炸品是指受到高热、摩擦、撞击、震动或其他外界作用，能迅速发生剧烈化学反应，瞬间产生大量气体和热量，形成巨大的压力发生爆炸，对周围环境造成破坏的物质和物品。爆炸品包括爆炸性物质和以爆炸性物质为原料制成的爆炸性物品，除此之外，还包括为产生爆炸或烟火实际效果而制造的其他爆炸性物质和爆炸性物品。爆炸品共分为以下 6 项。

1. 1.1 项：有整体爆炸危险的物质和物品

整体爆炸是指瞬间能影响到几乎全部载荷的爆炸。本项爆炸品爆炸速度极大，爆炸威力极大，其危险性大。如：叠氮化铅、TNT、苦味酸等。

2. 1.2 项：有进射危险，但无整体爆炸危险的物质和物品

该项爆炸品爆炸时放出大量气体和热量，产生巨大推动力，导致进射（抛射）。如：炮弹雷管、火箭弹头（装有炸药），也包括武器弹药、民用火药、烟花制品等。

3. 1.3 项：有燃烧危险并有局部爆炸危险或局部进射危险或这两种危险都有，但无整体爆炸危险的物质和物品

本项包括可产生大量辐射热的物质和物品，或相继燃烧产生局部爆炸或进射效应或两种效应兼而有之的物质和物品。如：二亚硝基苯、硝化纤维素等。

4. 1.4 项：不呈现重大危险的物质和物品

本项包括包装件万一点燃或引发时仅出现小危险的物质和物品，其影响主要限于包装件本身，并预计射出的碎片不大，射程也不远，外部火烧不会引起包装件内全部内装物的瞬间爆炸。如：导火索、空中照明弹等。

5. 1.5 项：有整体爆炸危险的非常不敏感物质

本项包括有整体爆炸危险性，但非常不敏感以致在正常运输条件下引发或由燃烧转为爆炸的可能性很小的物质。如：铵油炸药、铵沥蜡炸药等。

6. 1.6 项：无整体爆炸危险的极端不敏感物品

本项包括含有极端不敏感起爆物质，并且其意外引发爆炸或传播的概率可忽略不计的物品。该项物品的危险性限于单个物品的爆炸。

危险货物中爆炸品爆炸一般属于化学爆炸，它们瞬间完成且同时产生大量气体和热量，不同于物理爆炸和核爆炸。

8.2.2 第 2 类：气体

本类气体是指在 20 ℃、101.3 kPa 下完全为气体或 50 ℃时蒸气压力大于 300 kPa 的物质。本类气体包括压缩气体、液化气体、溶解气体、冷冻液化气体、一种或多种气体与一种或多种其他类别物质的蒸气混合物、充有气体的物品和气雾剂。本类气体分为 3 项。

1. 2.1 项：易燃气体

本项包括在 20 ℃和 101.3 kPa 条件下符合下述两种情况之一的气体：

（1）爆炸下限小于或等于 13%的气体；

（2）不论爆炸下限如何，其爆炸极限（燃烧范围）大于或等于 12%的气体。

如：氢气、乙烷、乙烯、液化石油气等。

2. 2.2 项：非易燃无毒气体

本项包括在 20 ℃，压力不低于 280 kPa 条件下贮存、运输或以冷冻液体状态贮存、运输，既不属于 2.1 项又不属于 2.3 项的气体。如：液氮、压缩氧等。

3. 2.3 项：毒性气体

本项包括符合下述两种情况之一的气体：

（1）已知对人类具有的毒性或腐蚀性强度达到对健康造成危害的气体；

（2）急性半数致死浓度 LC_{50} 值小于或等于 5 000 $mL \cdot m^{-3}$ 的毒性或腐蚀性气体。

如：氯气、液氨、光气、硫化氢等。

8.2.3 第 3 类：易燃液体

易燃液体是指闭杯试验闪点不高于 60 ℃或开杯试验闪点不高于 65.6 ℃的液体或液体混合物，或在液体及悬浮液中含有固体的液体。

如：汽油、丙酮、酒精（乙醇）、苯、甲苯、二硫化碳、乙醚、丙酮、松香水、油漆、清漆等。

8.2.4 第 4 类：易燃固体、易于自燃的物质、遇水放出易燃气体的物质

此类物质按其燃烧特性分为如下 3 项。

1. 4.1 项：易燃固体、自反应物质、固态减敏爆炸品和聚合物质

（1）易燃固体：指易于燃烧的固体和摩擦可能起火的固体。这类物质是指：在标准试验

中，粉状、颗粒状或糊状物质燃烧时间小于 45 s 或燃烧速度大于 2.2 mm • s^{-1} 的非金属类固体；如能够被点燃，并在 10 min 以内可使燃烧蔓延到试样全部长度的金属或金属合金粉末。常见的易燃固体如：火柴、硝化棉、赛璐珞、红磷、硫黄、樟脑、铝粉、镁粉、生松香等。

（2）自反应物质：指即使没有氧气（空气）也容易发生激烈放热分解的热不稳定物质。该类物质主要类型有：脂肪族偶氮化合物（—C—N═N—C—）、有机叠氮化合物（—C—N_3）、重氮盐（—CN_2+Z—）、N-亚硝基化合物（—N—N═O）、芳族硫代酰肼（—SO_2—NH—NH_2）。

（3）固态减敏爆炸品：指用水或醇类润湿或其他物质稀释后形成均匀固态混合物以抑制其爆炸性的物质。如：含水量不低于 30%的三硝基甲苯。

（4）聚合物质：指在不添加稳定剂的情况下，正常条件运输时可能发生强烈放热反应，导致生成较大分子或形成聚合物的物质。

2. 4.2 项：易于自燃的物质

本项包括发火物质和自热物质。这些物质自燃点低，在空气中易于发生氧化反应而放出热量，自行燃烧。

发火物质是指即使只有少量与空气接触，但不到 5 min 时间便燃烧的物质。如：黄磷、硫化钠（无水或含结晶水小于 30%）、甲醇钠等。

自热物质是指自燃物质以外的与空气接触不需要能源供应便能够自己发热的物质，这类物质只有当数量很大（几千克）并经过长时间（几小时或几天）发热，且产生的热量散发不出去时才会燃烧，如：油纸，动、植物油，潮湿的棉花，硝化纤维胶片，废影片，钙粉等。

3. 4.3 项：遇水放出易燃气体的物质

本项物质指与水接触或受潮可能放出易燃气体，且这种气体与空气混合能够形成爆炸性混合物的物质。这种混合物极易被引燃，所产生的冲击波和火焰可能对人和环境造成危害。如：钾、钠、锂及其合金，金属氢化物，碳磷化合物，电石（碳化钙）等。

8.2.5　第 5 类：氧化性物质和有机过氧化物

本类物质按其组成分为以下 2 项。

1. 5.1 项：氧化性物质

氧化性物质是指本身未必燃烧，但通常因放出氧可能引起或促使其他物质燃烧的物质。这类物质多为碱金属、碱土金属的盐和由过氧基组成的无机物，其特点是氧化价态高，金属活泼性强，易分解，有较强的氧化性，本身不燃烧，但与可燃物作用能发生着火和爆炸。如：硝酸盐类（硝酸钾、硝酸钠、硝酸锂等），氯的含氧酸及其盐类（高氯酸、氯酸钾、次亚氯酸钙等），高锰酸盐类（高锰酸钾、高锰酸钠等），无机过氧化物类（过氧化氢、过氧化钠、过氧化钾等），银、铝催化剂，有机硝酸盐类（硝酸胍、硝酸脲等），重铬酸盐类（重铬酸钠、重铬酸钾等）。

2. 5.2 项：有机过氧化物

有机过氧化物是指分子组成中含有过氧基（—O—O—）的有机物，属热不稳定物质，可能发生放热、自加速分解等。主要特性包括：① 可能发生爆炸性分解；② 迅速燃烧；③ 对碰撞或摩擦敏感；④ 可与其他物质起危险反应；⑤ 会损害眼睛。如：过氧化二乙酰、过氧化二苯甲酰、过氧化氢尿素、过氧化乙酸叔丁酯等。

有些有机过氧化物在运输、储存时必须加入稳定剂。对在常温下会自行加速分解的有机过氧化物，必须控制储存和运输温度。

8.2.6 第 6 类：毒性物质和感染性物质

本类物质按其致病的机理分为以下 2 项。

1. 6.1 项：毒性物质

毒性物质是指在吞食、吸入或与皮肤接触后，可能造成死亡或严重受伤或损害人类健康的物质。

毒性物质的衡量标准根据施毒的途径，按半数致死剂量（LD_{50}、LC_{50}）来确定，包括如下三种。

（1）急性口服毒性的 LD_{50} 值。

急性口服毒性的 LD_{50} 值是经过统计学方法得出的一种物质的单一剂量，该剂量可使青年白鼠口服后在 14 天内造成 50%死亡。LD_{50} 值用试验物质的质量与试验动物质量的比值表示，单位为 $mg \cdot kg^{-1}$。

（2）急性皮肤接触毒性的 LD_{50} 值。

急性皮肤接触毒性的 LD_{50} 值是指使白兔的裸露皮肤持续接触某种物质 24 小时后，最可能引起这些试验动物在 14 天内造成 50%死亡的剂量。试验动物的数量必须足够大，这样得出的结果才具有统计意义，才能与良好的药理实践相一致。LD_{50} 值用试验物质的质量与试验动物质量的比值表示，单位为 $mg \cdot kg^{-1}$。

（3）急性吸入毒性的 LC_{50} 值。

急性吸入毒性的 LC_{50} 值是使雌、雄青年白鼠连续吸入 1 小时后，可能引起这些试验动物在 14 天内造成 50%死亡的蒸气、烟雾或粉尘的浓度。

若某一物质满足下列条件之一，则该物质即可视为毒性物质（固体或液体）：

① 急性口服毒性：$LD_{50} \leqslant 300\ mg \cdot kg^{-1}$；

② 急性皮肤接触毒性：$LD_{50} \leqslant 1\ 000\ mg \cdot kg^{-1}$；

③ 急性吸收粉尘和烟雾毒性：$LC_{50} \leqslant 4\ mg \cdot L^{-1}$；

④ 急性吸入蒸气毒性：$LC_{50} \leqslant 5\ 000\ mL \cdot m^{-3}$，且在 20 ℃和标准大气压下的饱和蒸气浓度大于或等于 $0.2\ LC_{50}$。

毒性物质如：三氧化二砷、氰化钠、氯化钡、硫酸二甲酯、铊化合物、氧乐果等。

2. 6.2 项：感染性物质

感染性物质是指已知或有理由认为含有病原体的物质。病原体是指会使人类或其他动物感染疾病的微生物（包括细菌、病毒、立克次氏体、寄生虫、真菌）或其他媒介（如病毒蛋白）。感染性物质分为两大类：危害人的感染性物质和感染动物的感染性物质。危害人的感染性物质有天花病毒、狂犬病毒（仅培养物）等。感染动物的感染性物质只能感染动物，传播很快，可造成大量伤亡。

感染性物质包括医院诊断废弃物、某些生物制品、某些培养物、病患者试样等。医院诊断废弃物是对人或动物进行医疗或进行生物研究而产生的废物。生物制品是从活生物体中取得的产品，其生产和销售须按国家相关主管部门的要求（可能需要特别许可证），用于预防、治疗或诊断人或动物的疾病，或用于与此类活动有关的开发、实验或调查目的。培养物是故意使病原体繁殖的结果，但不包括病患者试样。病患者试样是直接从人或动物身上采集的物质，包括但不限于排泄物、分泌物、血液和血液成分、组织和组织液及身体部位等。

8.2.7 第 7 类：放射性物质

放射性物质是指含有放射性核素并且货物的放射性浓度和总放射性强度均超过规定数值的任何物质。

放射性物质有如下 6 种形式。

（1）易裂变物质。

指含有易裂变核素的物质，如含铀－233、铀－235、钚－239、钚－241 的物质等，不包括：

① 未辐照过的天然铀及贫化铀；

② 仅在热反应堆中辐照过的天然铀或贫化铀。

（2）低弥散放射性物质。

指弥散度有限的非粉末状固体放射性物质或封入密封包壳的固体放射性物质。

（3）低比活度放射性物质。

指本身放射性活度有限的放射性物质，如铀或钍矿石。

（4）表面污染体。

指本身没有放射性，但其表面散布着放射性物质的固体物质，如沾有放射性物质的机器、衣物等。

（5）特殊形式放射性物质。

指非弥散性固体放射性物质或内装有放射性物质的密封包壳，这种包壳只有被破坏才能打开。

（6）其他形式放射性物质。

8.2.8 第 8 类：腐蚀性物质

腐蚀性物质是指通过化学作用能严重损伤生物组织，或在渗漏时会严重损害甚至毁坏其他货物或运输工具的物质。例如，硝酸、硫酸、盐酸、醋酸、氢氧化钠、氢氧化钾、硫化钠（含水大于或等于 30%）、五氧化二磷、乙醇钠、汞、次氯酸盐溶液等都属于腐蚀性物质。

8.2.9 第 9 类：杂项危险物质和物品，包括危害环境物质

本类物质和物品是指第 1 类至第 8 类未包括的物质和物品，包括：

（1）危害环境的物质：如干冰、石棉、锂电池及锂电池组、多卤联苯、氟利昂等；

（2）高温物质：高温物质出事故后会直接伤害各种生物体，因为这些物质是大于或等于 100 ℃的液体（包括熔融金属、熔融盐）和大于或等于 240 ℃的固体，直接影响周围环境；

（3）经过基因修改的微生物和组织：经过基因修改的微生物或组织不属于感染性物质，但可以非正常的天然繁殖的方式改变动物、植物或微生物物质；

（4）其他杂项物质和物品。

8.3 化学品的危险性分类

国际海事组织、国际民用航空组织和欧盟铁路联盟等国际组织以《规章范本》为基础，结合各自运输的特点分别制定了危险品的运输规则。此外，欧美发达国家还针对消费者、工人和环境制定了各自的化学品分类和标签制度。但是，现有的各种化学品分类、标签制度存在许多缺陷，如：

（1）分类标准不统一，造成同一个产品在不同国家有不同的分类和标签；

（2）《规章范本》主要制定了针对化学品运输环节的分类和标签，缺少对生产、储存及使用环节的管理；

（3）《规章范本》主要制定了针对化学品的物理危害（易燃）和急性毒性的分类和标志，缺少对化学品的潜在危害（如致癌性、生殖毒性及水生毒性等）的分类和标志。

多年来，联合国有关机构及美国、日本等国家都通过立法对化学品的危险性分类、包装和标签做出明确规定。各国对化学品危险性的定义存在差异，这可能造成某种化学品在一个国家被认为是易燃品，而在另一个国家被认为是非易燃品，从而导致该化学品在一个国家被作为危险化学品管理而在另一个国家却不被作为危险化学品管理的情况出现。

在国际贸易中，遵守各国规定的不同化学品危险性分类和标签要求，既增加贸易成本，又耗费时间。为了健全危险化学品的安全管理，保护人类健康和生态环境，同时为尚未建立化学品分类制度的发展中国家提供安全管理化学品的框架，有必要统一各国化学品分类、标签制度，消除各国分类标准在方法学和术语学上存在的差异，因此，《全球化学品统一分类和标签制度》（*Globally Harmonized of Classification and Lablling of Chemicals*，GHS）应运而生，全球统一制度小组委员会促进这套制度在世界各国执行。

依据《全球化学品统一分类和标签制度》，化学品的危险性分为三大类，即物理危害性、健康危害性和环境危害性。每大类中又分为若干个种类，每个种类又细分为若干个类别，由于学时和篇幅的关系，在这里不做赘述。

具有毒害、腐蚀、爆炸、燃烧、助燃等性质，对人体、设施、环境具有危害的剧毒化学品和其他化学品称为危险化学品。危险化学品中只有部分化学品符合联合国《规章范本》中规定的危险货物九大类分类标准。

8.4 危险货物运输包装和危险性标签

危险化学品在不同场合的称呼是不一样的：在生产、经营、使用场合中统统被称为化工产品，一般不称之为危险化学品；在运输过程中，如铁路运输、公路运输、航空运输中被统称为危险货物；在储存环节，一般被称为危险物品或危险品。

8.4.1 危险货物运输包装

1. 危险货物运输包装定义

根据危险货物的特性，按照有关标准和法规专门设计制造的运输包装称为危险货物运输包装，简称“包装”。

2. 包装的作用

（1）防止与雨水、阳光、潮湿空气和杂质接触，避免发生化学反应；

（2）减少运输过程中所受的碰撞、震动、摩擦和挤压，保证安全运输；

（3）防止货物撒漏、挥发及与不相容货物接触而引发事故；

（4）便于装卸、搬运和保管。

3. 包装基本要求

（1）包装材料的材质、规格和包装结构与所装危险货物的性质和重量应相适应。包装容器与拟装物不得发生危险反应或削弱包装强度的反应。

（2）包装应具有一定的强度，应达到拟装的危险货物所要求的相应包装类别等级。包装应坚固完好，能抗御运输、储存和装卸过程中发生的正常冲击、震动、挤压和摩擦，并便于装卸和搬运。

（3）包装的封口应符合所装危险货物的性质。

（4）内、外包装之间应有适当的衬垫。包装的衬垫物不得与拟装物发生反应而降低安全性，应能防止内装物移动和起到减震及吸收作用。

（5）包装应能经受一定范围内的温度、湿度变化。

（6）包装应正确涂打或粘贴危险货物包装标志和储运标志。

（7）包装必须按规定进行性能试验。

4. 包装类别

根据其内装物的危险程度，包装可划分为以下 3 种类别：

（1）Ⅰ类包装：盛装具有较大危险性的货物，包装强度要求高；

（2）Ⅱ类包装：盛装具有中等危险性的货物，包装强度要求较高；

（3）Ⅲ类包装：盛装具有较小危险性的货物，包装强度要求一般。

但下述包装有特殊要求，应符合相应规范和标准，不适用于上述 3 种类别的划分：

（1）盛装爆炸品的运输包装；

（2）盛装气体的压力容器；

（3）盛装有机过氧化物和自反应物质的运输包装；

（4）盛装感染性物质的运输包装；

（5）盛装放射性物质的运输包装；

（6）盛装杂项危险物质和物品的运输包装；

（7）净质量大于 400 kg 的包装；

（8）容积大于 450 L 的包装。

5. 包装类型

危险货物的包装类型主要有单一包装和复合包装两类。

单一包装由一层包装材料组成，如油桶等。复合包装指由一个外包装和一个内容器（或复合层）组成一个整体的包装，如内壁涂压一层塑料的铁桶、内壁覆一层塑料膜的编织袋等。

包装主要有桶、箱、袋 3 大种类。桶类有铁（钢）桶、铝桶、铁塑复合桶、木桶、胶合板桶、纤维板桶、厚纸板桶、塑料桶等；箱类有木箱、胶合板箱、纤维板箱、瓦楞纸箱、条板花格木箱等；袋类有棉布袋、麻袋、乳胶布袋、塑料袋、纸袋、集装袋等。

8.4.2 危险性标签

危险货物包装件须粘贴危险性标签，不同类型的危险货物都有其相对应的危险性标签。当一种货物有多重危险性时，需要粘贴相对应的多种危险性标签。

正确识别和区分危险货物的危险性标签是安全运输、装卸、储存危险货物，预防危险货物事故发生的重要措施之一。

危险性标签说明如表 8－1 所示，其尺寸数据如表 8－2 所示。

表 8－1 危险性标签说明

序号	标签名称	标签图形	对应的危险货物项号
1	爆炸性物质或物品	 （符号：黑色，底色：橙红色） **：项号的位置——如果爆炸性是次要危险性，留空白。下同 *：配装组字母的位置——如果爆炸性是次要危险性，留空白。下同	1.1 1.2 1.3
		 （符号：黑色，底色：橙红色）	1.4
		 （符号：黑色，底色：橙红色）	1.5

续表

<table>
<tr><th>序号</th><th>标签名称</th><th>标签图形</th><th>对应的危险货物项号</th></tr>
<tr><td>1</td><td>爆炸性物质或物品</td><td>
（符号：黑色，底色：橙红色）</td><td>1.6</td></tr>
<tr><td rowspan="2">2</td><td>易燃气体</td><td>
（符号：黑色，底色：正红色）

（符号：白色，底色：正红色）</td><td>2.1</td></tr>
<tr><td>非易燃无毒气体</td><td>
（符号：黑色，底色：绿色）

（符号：白色，底色：绿色）</td><td>2.2</td></tr>
</table>

续表

序号	标签名称	标签图形	对应的危险货物项号
2	毒性气体	 （符号：黑色，底色：白色）	2.3
3	易燃液体	 （符号：黑色，底色：正红色）  （符号：白色，底色：正红色）	3
4	易燃固体	 （符号：黑色，底色：白色红条）	4.1

续表

序号	标签名称	标签图形	对应的危险货物项号
4	易于自燃的物质	 （符号：黑色，底色：上白下红）	4.2
	遇水放出易燃气体的物质	 （符号：黑色，底色：蓝色）  （符号：白色，底色：蓝色）	4.3
5	氧化性物质	 （符号：黑色，底色：柠檬黄色）	5.1

续表

序号	标签名称	标签图形	对应的危险货物项号
5	有机过氧化物	 （符号：黑色，底色：红色和柠檬黄色）  （符号：白色，底色：红色和柠檬黄色）	5.2
6	毒性物质	 （符号：黑色，底色：白色）	6.1
	感染性物质	 （符号：黑色，底色：白色）	6.2

续表

序号	标签名称	标签图形	对应的危险货物项号
	一级放射性物质	 （符号：黑色，底色：白色，附一条红竖条） 黑色文字，在标签下半部分写上： “放射性” “内装物________” “放射性强度________” 在“放射性”字样之后应有一条红竖条	7A
7	二级放射性物质	 （符号：黑色，底色：上黄下白，附两条红竖条） 黑色文字，在标签下半部分写上： “放射性” “内装物________” “放射性强度________” 在一个黑边框格内写上“运输指数” 在“放射性”字样之后应有两条红竖条	7B
	三级放射性物质	 （符号：黑色，底色：上黄下白，附三条红竖条） 黑色文字，在标签下半部分写上： “放射性” “内装物________” “放射性强度________” 在一个黑边框格内写上“运输指数” 在“放射性”字样之后应有三条红竖条	7C

续表

序号	标签名称	标签图形	对应的危险货物项号
7	裂变性物质	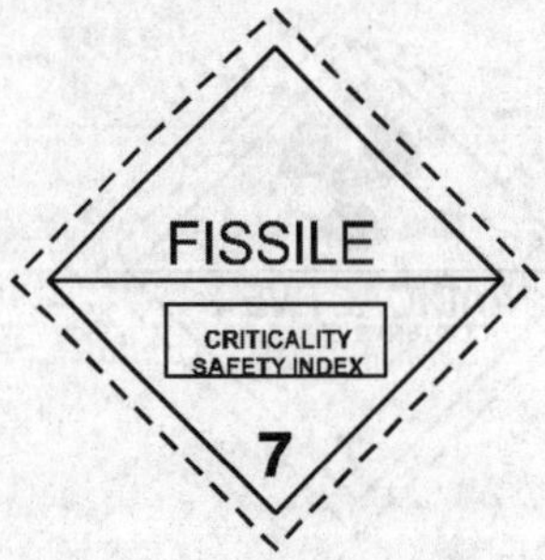 （符号：黑色，底色：白色） 黑色文字 在标签上半部分写上“易裂变” 在标签下半部分的一个黑边框格内写上“临界安全指数”	7E
8	腐蚀性物质	 （符号：黑色，底色：上白下黑）	8
9	杂项危险物质和物品	 （符号：黑色，底色：白色）	9

表 8-2　危险性标签尺寸表　　单位：mm

尺寸号别	长	宽
1	50	50
2	100	100
3	150	150
4	250	250

注：如遇特大或特小的运输包装件，危险性标签的尺寸可按规定适当扩大或缩小。

习题

1. 危险货物分为哪几类？各类中又分为哪几项？

2. 爆炸品分哪几项？爆炸的破坏危险性主要是指哪几方面？

3. 压缩气体、液化气体、溶解气体的区别是什么？

4. 棉花及其他植物纤维类物质为什么会自燃？

5. 硫酸钡、碳酸钡都是钡盐，它们在水中的溶解性相似，但为什么碳酸钡为 6.1 项物质而硫酸钡为无毒物质？

6. 石棉为 9.1 项物质，它的主要危险性是什么？

7. 判断下列货物是否为危险品或包含有危险品。

（1）手机；（2）乒乓球；（3）花露水；（4）电冰箱、空调；（5）安全火柴；（6）打火机；（7）磁铁；（8）灭火器；（9）铁粉；（10）棉花。

8. 指出下列物质属于哪一类危险货物。

（1）干冰；（2）氯化钡；（3）活性炭；（4）电石；（5）丙酮；（6）卫生球；（7）液态二氧化碳；（8）灭火器；（9）花露水；（10）过氧化氢；（11）烟花；（12）水银；（13）一次性打火机；（14）红磷；（15）过氧化钠；（16）导火索；（17）金属钾；（18）漂白粉；（19）铅蓄电池。

9. 今有一固体粉末，具有强烈刺激气味，100 mm 粉带灼烧试验表明，其燃烧时间为 40 s，大鼠经口 LD_{50} 值为 450 $mg \cdot kg^{-1}$，皮肤接触 LD_{50} 值为 40 $mg \cdot kg^{-1}$，除此之外，无其他危险性，试判断该货物包装上应贴上哪些危险性标签。

10. 某液体的闭杯试验闪点为 45 ℃，大鼠经口 LD_{50} 为 45 $mg \cdot kg^{-1}$，且具有腐蚀危险性，请写出在其包装上需要粘贴的危险性标签。

第 9 章

化学与材料

9.1 材料的定义及分类

材料是指人类制作物件时所使用的具有某些功能的化学物质。这里所说的化学物质，既可以是单质，也可以是化合物。由此可见，材料与化学具有密不可分的关系。

材料可按照不同的方法进行分类。若按用途分类，可将材料分为结构材料和功能材料两大类。其中结构材料是以其所具有的强度为特征而被广泛应用的材料；功能材料主要是以其所具有的电、光、声、磁、热等效应和功能为特征而被广泛应用的材料。若按照组成成分和特性进行分类，材料又可分为金属材料、无机非金属材料、有机高分子材料和复合材料等。

9.2 化学与材料的关系

材料科学一般包括材料的组成结构、材料的合成工艺、材料的性能及材料的应用这四个组元，四者互相联系，密不可分，这四个方面都离不开化学。材料的组成结构是研究、制备和使用材料的基础，而化学就是研究物质的组成、结构和性能之间关系的科学。材料的合成工艺更是离不开化学，通过化学合成方法对材料进行改性是获得新型材料的重要手段，如在金属表面扩渗稀土元素就是获得表面掺杂型金属材料的一种重要方法。材料的性能离不开其组成和结构，近年来发展起来的分子工程学可以将分子设计与分子施工结合起来，从而实现有目的、按需来制备新物质和新材料。材料的应用同样离不开化学，材料的加工、合理使用及材料的保护等各方面都与化学有密切关系。因此，化学在材料科学中占有重要的地位。

9.3 材料的化学制备方法

材料制备是一个包含极其复杂的化学和物理综合变化的过程，而化学合成又是材料制备的基础。随着科学技术的进步，各种新材料层出不穷，各类材料也在不断地被改进和优化，材料的各种化学制备方法也被不断地丰富和发展。

9.3.1　固相法

利用固相反应制备材料的方法统称为固相法。固相反应是固态物质直接参与的化学反应，是固体与固体间发生化学反应生成新固相产物的反应过程。固态反应一般包括相界面上的反应及物质迁移两个过程。反应开始温度常低于反应物的熔点或系统共熔温度，这一温度与反应物内部开始呈现明显扩散作用的温度相一致，被称为泰曼温度或烧结开始温度。在固相反应过程中，部分反应物可转化为气相或液相，并通过颗粒外部扩散到另一固相的非接触表面上进行反应，这表明气相或液相有时也对固相反应过程起着重要作用。

固相反应过程涉及相界面的化学反应、相内部和外部的物质扩散等若干环节。除反应物的化学组成、结构状态、温度及压力等因素外，其他可能影响晶格活化、促进物质内外传输的因素均会对反应起到一定的影响作用。如反应物颗粒尺寸及分布将对化学反应速率产生影响，即反应物颗粒尺寸越小，比表面积越大，反应截面和扩散截面增加，化学反应速率增大。有时在固相反应中会加入少量非反应物质，这些物质不与反应物或产物起化学作用，但它们会以不同方式和程度影响反应的某些环节，对反应产生特殊作用，主要表现为改变反应机制、影响晶核的生成速率、影响结晶速率及晶格结构、降低体系熔点、改善液相性质等。例如在 $NaCO_3$ 和 Fe_2O_3 体系中加入 NaCl，可使反应转化率提高。

固相反应包括高温固相反应、自蔓延高温合成反应、低温固相反应、机械力固相化学反应等，其主要优点是不使用溶剂，并具有高选择性和高产率。

1. 高温固相反应

对于传统的高温固相反应，从热力学角度分析这种固相反应是可行的，但是从反应机理角度分析的话，这种固相反应受扩散控制，控制过程复杂，能耗大，成本高。在温度超过 1 200 ℃时反应才能较为明显地进行，在 1 500 ℃条件下混合加热数天才能完全反应。

2. 自蔓延高温合成反应

自蔓延高温合成反应又称燃烧合成，是利用化学反应时反应热的自加热和自传导作用来合成材料的一种技术。反应物一旦被引燃便会自动向尚未反应的区域传播，直至反应完全，这是制备无机物高温材料的一种新方法。常规自蔓延技术是用瞬间的高温脉冲局部点燃反应混合物坯体，随后燃烧波以蔓延的形式传播而合成目标产物。这一技术适用于具有较高放热量的材料合成体系，如 $TiC-TiB_2$、$TiC-SiC$、$TiB_2-Al_2O_3$、Si_3N_4-SiC 等体系，其特点是设备简单、能耗低、工艺过程快、反应温度高、产品纯度高、产量高。

3. 低温固相反应

低温固相反应是低反应温度（100 ℃）下进行的固相反应。高温固相反应得到的是热力学稳定的产物，而动力学控制的介稳态固相产物需要在较低的温度下合成。为了降低固相反应的反应温度，可以在反应前尽量研磨混匀反应物以改善反应物的接触状况及增加有利于反应的缺陷浓度，还可以用微波及各种波长的光活化反应物。低温固相反应又分为直接固相反应、低温氧化固相反应、前躯体固相反应、配体固相反应及粒子重排固相反应等。其中，前驱体固相反应常被用来合成无机纳米材料。在中低温条件下或溶液中先制备出一个易受热分解、有确定组成的中间体或前驱体，然后在较低温度下对中间体或前驱体进行加热分解，从而制得传统方法所不能制备出的介稳态固相产物。前驱体固相反应可使反应物在分子态水平上达到均匀混合，充分接触，克服了扩散控制的阻碍，使反应能够在较温和的条件下实现。

例如，通过 $NaHCO_3$ 与金属铁盐的室温固相反应可制得相应的碱式碳酸盐和氢氧化铁混合前驱体，再通过微波加热分解可制备出铁氧体。

利用低温固相反应可以合成一些热力学不稳定产物或由动力学控制的化合物，这对人们了解固相反应机理，尽早实现利用固相反应进行定向合成和分子装配大有益处。从能量学和环境学的角度来考虑，低温固相反应可以大大节约能耗，减少三废排放，是绿色化工发展的一个主要趋势。低温固相反应是一个发展中的研究方向，具有非常好的应用前景，但还有许多问题需要解决。

4. 机械力固相化学反应

固体物质受到强机械力作用时就会在内部产生大量缺陷，将一部分机械能转变为化学能储存起来而使物质处于高能活性状态，其发生化学反应的速率会有较大幅度的提高。机械力固相化学反应利用机械能诱发固相化学反应，能诱导材料组织、结构和性能发生变化，可用来制备新材料或对材料进行改性处理。这种反应主要用于制备那些采用通常的熔炼方法难以获得的特殊合金，反应体系主要是金属 – 金属体系、氧化物 – 氧化物体系、金属 – 氧化物混合体系，这些体系经过长时间（100～300 h）的碰撞、挤压、渗透、扩散、发热等作用，其结构和组成将发生变化，从而形成一种新的化学体系。

机械力作用下的高分子材料所发生的化学反应可分为两类：一类是在外力作用下的高分子链断裂诱发的化学反应，包括力降解、力化学交联、力化学合成等；另一类是应力活化聚合反应，此时应力尚不够使高分子的化学键断裂而只是加速其化学反应，聚合物在链未断裂以前的弹性变形下，键角、键长发生变化，能量储备增加，从而使物质处于高能活性状态，提高反应速率。

9.3.2 液相法

液相法种类繁多，主要包括溶胶 – 凝胶法、化学沉淀法、水热法及溶剂热法、微乳液法等。

1. 溶胶 – 凝胶法

1846 年 J. J. Ebelmen 发现 $SiCl_4$ 与乙醇混合后可在潮湿空气中发生水解并形成凝胶，最终得到了 SiO_2，这一发现开启了他对于溶胶–凝胶法的研究工作，但未引起关注。20 世纪 30 年代，W. Geffcken 利用金属醇盐水解和凝胶化制备出了氧化物薄膜，从而证实了溶胶–凝胶法的可行性，但直到 1971 年德国学者 H. Dislich 利用溶胶 – 凝胶法成功制备出多组分玻璃之后，溶胶 – 凝胶法才引起科学界的广泛关注，并得到迅速发展。到 20 世纪 80 年代初期，溶胶 – 凝胶法开始被广泛应用。溶胶 – 凝胶法是一种相对温和的材料制备方法，反应过程中产生的前驱体主要为金属有机物及金属无机物，它们在均匀搅拌过程中会发生水解、缩合等化学反应，从而得到稳定的透明溶胶体系。溶胶经陈化、聚合后形成三维网络结构，可束缚溶剂的流动而形成凝胶。所得凝胶经过干燥、煅烧可得到目标产物。溶胶 – 凝胶法可用来制备块体材料、多孔材料、纤维材料、粉体材料、薄膜及涂层材料等。

根据使用原料的不同，溶胶 – 凝胶法的化学过程可分为有机工艺过程和无机工艺过程；根据具体过程的差异，溶胶 – 凝胶法的化学过程又可分为胶体型溶胶 – 凝胶过程、无机聚合物型溶胶 – 凝胶过程和络合物型溶胶 – 凝胶过程，这些溶胶 – 凝胶过程的特征如表 9–1 所示。

表 9-1　不同溶胶-凝胶过程的特征

种类	前驱体	化学特征	凝胶
胶体型	金属无机物，其与添加剂之间通过化学反应形成密集粒子	调整 pH 或加入电解质使粒子表面的电荷中和，蒸发溶剂使粒子形成凝胶	密集的粒子形成凝胶网络；凝胶中固相含量较高；凝胶透明，强度较弱
无机聚合物型	金属烃氧化物	前驱体发生水解和缩聚	由前驱体得到的无机聚合物构成凝胶网络；刚形成的凝胶体积与前驱体溶液体积完全一样；凝胶的胶凝时间随着过程中其他参数的变化而变化；凝胶透明
络合物型	金属醇盐、硝酸盐或醋酸盐	形成络合物	络合物通过氢键连接构成凝胶网络；凝胶在湿气中可能会溶解；凝胶透明

下面介绍两个采用溶胶-凝胶法制备材料的实例。

（1）以正硅酸乙酯为原料经水解和缩合过程制备 SiO_2。酸性体系对水解反应有利而对缩合反应不利，缩合反应主要是在硅醇之间进行；碱性体系对缩合反应有利而对水解反应不利，缩合反应主要是在硅醇与硅烷之间进行。随着 pH 的降低，溶胶黏度值增加；而 pH 较大的溶胶在陈化过程中黏度增长速率减慢，当碱性很强时易形成粒子沉淀。因此制备 SiO_2 玻璃纤维时必须采用酸作催化剂，碱催化的溶胶一般不具备拉丝性。制备 SiO_2 膜时也采用酸作催化剂及胶溶剂，pH 控制在 3～4。

（2）以五水四氯化锡为原料制备掺杂 SnO_2 薄膜。首先配制四氯化锡的乙醇溶液，并向溶液中加入适量的柠檬酸，再按一定物质的量比加入氯化铜。在 60～70 ℃条件下水浴加热并匀速搅拌 1～2 h，恒温下静止放置 24 h 即可得到掺铜的 SnO_2 溶胶，所得溶胶经旋涂、浸渍提拉、喷涂等可制成膜。在溶胶配制过程中更换不同种类的盐，还可获得不同元素掺杂的溶胶。经热处理获得的掺杂 SnO_2 薄膜具有良好的气敏性，可用作气敏传感器。

溶胶-凝胶法与其他方法相比具有许多独特的优点。

（1）可增进多元体系的化学均匀性。由于溶胶-凝胶法中所用的原料首先被分散到溶剂中而形成低黏度的溶液，并在很短的时间内获得分子水平的均匀性，这使得在进一步形成凝胶时反应物之间可最大可能地在分子水平上被均匀地混合。

（2）容易对材料进行掺杂改性。在溶液反应过程中可以很容易地实现均匀定量地掺入其他元素，实现分子水平上的均匀掺杂。

（3）制备过程温度低。与固相反应相比，液相反应容易进行，仅需要较低的合成温度。一般认为溶胶-凝胶体系中组分的扩散在纳米范围内，而固相反应中组分的扩散在微米范围内，因此溶胶-凝胶反应更加容易进行，制备过程温度较低。溶胶-凝胶法中最后一步的煅烧成型温度比传统方法低 400～500 ℃，这是因为所需生成物在煅烧成型前已部分形成，且凝胶的比表面积很大。

（4）可制备多样化材料。原料选择范围较广，选择合适的条件就可以制备各种新型材料，且最终产物形式多样化，包括纤维、粉末、涂层及块状物等。

但是，溶胶-凝胶法也不可避免地存在一些问题，例如：金属醇盐原料成本较高；有机溶剂对人体有一定的危害性；整个溶胶-凝胶过程所需时间较长（几天甚至几周）；在干燥过程中会逸出气体及有机物，有时伴随着凝胶收缩及孔道结构的坍塌；若煅烧不够完全，所得产物中存在残留碳，导致产物颜色发黑等。

2. 化学沉淀法

向反应物溶液中投加沉淀剂使产物以沉淀状态析出的方法称为化学沉淀法。化学沉淀法简单易行，适用于制备多种材料，具体可分为共沉淀法及均匀沉淀法。

在含有多种金属阳离子的溶液中加入沉淀剂而使不同金属阳离子同时完全沉淀的方法称为共沉淀法。在溶液中加入某种在反应条件下能够缓慢生成沉淀剂的物质，从而使溶液中的沉淀均匀生成的方法称为均匀沉淀法。均匀沉淀法克服了由于向溶液中外加沉淀剂而造成沉淀剂局部不均匀的问题。常用的均匀沉淀剂母体如表 9－2 所示。比如，使用六甲基四胺在水溶液中缓慢释放出 OH^-，与 Zn^{2+}相遇生成 $Zn(OH)_2$ 沉淀，然后通过后续煅烧处理获得 ZnO。

表 9－2　常用的均匀沉淀剂母体

均匀沉淀剂	母体
氢氧根离子（OH^-）	尿素、六甲基四胺
草酸根离子（$C_2O_4^{2-}$）	草酸二甲酯、草酸
硫酸根离子（SO_4^{2-}）	硫酸二甲酯
二价硫离子（S^{2-}）	硫代乙酰胺、硫脲
碳酸根离子（CO_3^{2-}）	尿素
磷酸根离子（PO_4^{3-}）	磷酸三甲酯

此外，还可以使用多元醇作为介质并通过沉淀法制备材料，即采用以多元醇作为介质的沉淀法制备材料。许多无机物可溶于多元醇，而多元醇具有较高的沸点，因此可用高温强制水解反应来制备材料。例如，将 $Zn(Ac)_2 \cdot 2H_2O$ 溶于一缩二乙醇并在 100～220 ℃下强制水解，可制得单分散球形 ZnO 纳米粒子。又如，使酸化的 $FeCl_3$ 在乙二醇－水混合体系中强制水解可以制得均匀的铁氧化物。

3. 水热法及溶剂热法

水热法是采用水作为反应介质，借助反应釜中的高温高压反应环境使得通常条件下难溶或不溶的物质溶解，进而进行重结晶或化学反应的技术。自 1982 年起，人们就开始使用水热法制备纳米粉末。水热法具有两个特点，一是反应温度相对较低，二是反应在封闭容器中进行，避免了组分的挥发。在水热条件下，水除了可以作为一种化学组分起作用并参与反应之外，还可以作为溶剂、矿化剂及压力的传递介质发挥作用。水热法又可细分为水热结晶法、水热合成法、水热分解法、水热氧化法及水热还原法等。水热反应釜一般为聚四氟乙烯内衬的不锈钢高压釜。水热法生产的特点包括：所制备材料纯度高、晶形好且可控制，生产成本低。用水热法制备的粉体一般无须煅烧，这就可以避免在煅烧过程中晶粒长大、杂质容易混入等现象的发生。影响水热合成的主要因素有合成温度、升温速度、搅拌速度及反应时间等。例如，采用水热法制备纳米二氧化钛的操作流程如下：将一定量异丙醇钛和 40 mL 冰水混合，剧烈搅拌 1 h 后将混合液抽滤，所得沉淀用蒸馏水洗涤三次之后放入反应釜，并加入一定量的四甲基氢氧化铵溶液，130 ℃下加热 3～6 h，并进一步在 210 ℃下加热 4.5 h，随后自然冷却，离心、洗涤并干燥后即可获得平均粒径在 20 nm 左右的纳米二氧化钛。

使用诸如苯、醚等有机溶剂代替水作介质，利用类似水热合成的原理制备材料的方法称为溶剂热法。溶剂热反应中常用的有机溶剂有：乙二胺、甲醇、乙醇、二乙胺、三乙胺、吡啶、苯、甲苯、二甲苯、1,2-二甲氧基乙烷、苯酚、氨水、四氯化碳、甲酸等。在溶剂热反应过程中，溶剂作为一种化学组分参与反应，它既是溶剂，又是矿化的促进剂，同时还是压力的传递媒介。非水溶剂代替水，不仅扩大了水热技术的应用范围，而且能够实现通常条件下无法实现的反应。溶剂热结晶是一种以氢氧化物为前驱体的常规脱水过程：首先将反应物固体溶解于溶剂中，然后在溶剂热条件下将生成物从溶剂中结晶出来。利用这一过程可以制备很多单一或复合氧化物。溶剂热还原反应是在反应体系中进行氧化还原反应制备材料的方法，InAs 的制备就采用了这种方法：以二甲苯为溶剂，在 150 ℃条件下 $InCl_3$ 和 $AsCl_3$ 被 Zn 同时还原，生成 InAs。溶剂热液－固反应的典型例子是苯体系中 GaN 的合成。GaN 是重要的蓝光材料，通常需要很高的反应温度（一般高于 1 000 ℃）才能获得，但采用溶剂热液-固反应可在较低温度下制备 GaN：在 $GaCl_3$ 的苯溶液中，Li_3N 粉体与 $GaCl_3$ 在 280 ℃条件下溶剂热反应 6～16 h 即可生成立方相 GaN，同时有少量岩盐相 GaN 生成。此外，诸如 InP、InAs、CoS_2 等其他物质也可以用这种方法被成功地合成出来。溶剂热元素反应指通过两种或多种元素的单质在有机溶剂中直接发生反应制备材料的方法。如在乙二胺溶剂中，Cd 粉和 S 粉在 120～190 ℃条件下溶剂热反应 3～6 h 可生成 CdS 纳米棒，许多硫属元素化合物都可以通过这种方法直接合成。

4. 微乳液法

微乳液法是制备纳米材料的一种常用方法。两种互不相溶的溶剂在表面活性剂的作用下可形成微乳液，微乳液中的“微泡”可作为纳米反应器，反应物可在其中经历成核、凝结、团聚等反应过程，经适当热处理工艺后即可得到纳米材料。微乳液法制备纳米材料过程示意图如图 9－1 所示。微乳液通常是由水、表面活性剂、助表面活性剂（通常为醇类）、油类有机物（通常为碳氢化合物）组成的透明、各向同性的热力学稳定体系。常用的表面活性剂有琥珀酸二异辛酯磺酸钠（AOT）和十二烷基硫酸钠（SDS）等，助表面活性剂有乙醇、正丙醇、异丙醇、正丁醇、异丁醇、正戊醇、异戊醇等。微乳液法具有原料便宜、实验装置简单、操作容易、反应条件温和、粒子尺寸可控等优点，被广泛用于纳米材料的制备中。

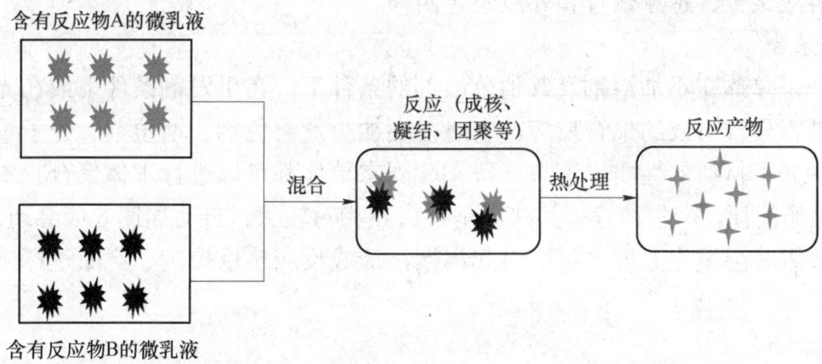

图 9－1　微乳液法制备纳米材料过程示意图

5. 离子交换法

对于一些具有某种特定结构（如负离子排列成敞开式层状结构或其中含有相互连接的孔

道）的化合物，可以用离子交换法取代其中的某些离子从而合成新的化合物。离子交换法主要是利用骨架中可交换的离子与溶液中某些离子进行交换，它具有特定选择性。利用沸石离子交换法可从海水中提取碳酸钾。利用钛酸的高锂离子交换活性，经离子交换反应得到水合钛酸锂前驱体后再在 350～500 ℃条件下进行热处理可得到 $Li_4Ti_5O_{12}$。

6. 电解合成法

在水溶液、熔融盐及非水溶剂（如有机溶剂、液氨）中通过电化学氧化及电化学还原过程可以合成出多种具有特定组成形貌的材料。电解盐的水溶液或熔融盐不仅可以制备出某些金属、合金，还可以形成镀层（电镀）。比如，将氧化铝和氟化盐加到预焙阳极电解槽中，向预焙阳极导入大电流直流电，在 9 500 ℃左右高温条件下，溶解在电解质中的氧化铝在直流电的作用下经过复杂的电化学反应被电解，最终在槽底阴极处析出液态金属铝。通过电化学氧化还可制备高价及特殊高价的化合物。比如，在浓碱溶液中可以采用适宜的电流密度电解铁阳极使其溶解进而生成高铁酸盐。采用电解合成法除了可制备无机物之外，还可以制备有机物。比如，采用电解合成法可制备四乙基铅（汽油防爆剂），其制备方法通常是：铅经阳极溶解后，将其放在乙醚溶液中与格氏试剂乙基氯化镁（C_2H_5MgCl）反应。电解合成法制备四乙基铅在工业中获得广泛的应用。采用电解合成法还可以制备癸二酸，其具体制备过程是：以己二酸为原料，将其单酯在阳极上经氧化二聚而制得癸二酸二甲酯，最后经碱解即可。上述两种通过电解合成法来制备有机物的反应式分别如下所示：

$$4C_2H_5Cl + Pb + 2Mg \xrightarrow{\text{电解}} Pb(C_2H_5)_4 + 2MgCl_2 \quad \text{（制备四乙基铅）}$$

$$\left.\begin{array}{l} 2CH_3OOC(CH_2)_4COO^- - 2e^- \xrightarrow{\text{电解}} CH_3OOC(CH_2)_8COOCH_3 + 2CO_2 \\ CH_3OOC(CH_2)_8COOCH_3 + 2H_2O \xrightarrow{\text{水解}} HOOC(CH_2)_8COOH + 2CH_3OH \end{array}\right\} \text{（制备癸二酸）}$$

7. 聚合法制备高分子材料

高分子可以看作是数量庞大的小分子以共价键相连接而形成的，如果把小分子抽象为一个点，那么绝大多数高分子则可抽象为由千百万个点连接成的线或链。聚合反应是由单体合成高分子材料的反应过程，有聚合能力的低分子原料称为单体。从反应类型来看，聚合反应分为加聚反应（聚合反应）和缩聚反应（缩合反应）；从具体反应方式来说，聚合反应可分为本体聚合、溶液聚合、悬浮聚合和乳液聚合四种。

1）本体聚合

本体聚合是单体在不加溶剂及其他分散剂的条件下，在引发剂条件下或在光、热、辐射作用下自身进行聚合引发的聚合反应，有时需要加少量着色剂、增塑剂、分子量调节剂等来调节所制备高分子材料的性质。液态、气态、固态单体都可以进行本体聚合。本体聚合组分简单，故而操作简便，产物纯净。其缺点是反应热相对较大，自动加速效应会造成产品变色，产生气泡，严重时会发生温度失控而引起爆聚，造成反应难以控制、产品达标难度加大的不良后果。

2）溶液聚合

溶液聚合是合成高分子材料的一种重要的合成方法，它是将单体溶于适当溶剂后加入引发剂（或催化剂）在溶液状态下进行的聚合反应。溶液聚合一般在溶剂的回流温度之下进行，可以有效地控制反应温度，同时借溶剂的蒸发可以排散放热反应所放出的热量。例如丙烯腈在二甲基甲酰胺中发生聚合，反应生成的聚合物能溶解于所用溶剂中，则产物是溶液，此时的聚合被称为均相溶液聚合；若反应生成的聚合物不能溶解于所用溶剂中，则聚合物以沉淀形式析出，这种聚合过程被称为非均相（或异相）溶液聚合，也称沉淀聚合，此时可以通过蒸馏操作除去溶剂而得到聚合物。例如丙烯腈在水溶液中发生聚合反应生成的聚合物就不能溶解于水中，随着反应的进行，生成的聚合物沉淀将会不断地析出，这一聚合过程即为非均相溶液聚合。溶液聚合的优点是体系黏度低，传热和混合容易，温度易于控制；其缺点是聚合度较低，产品中常含少量溶剂，使用和回收溶剂需增加设备投资和生产成本。

3）悬浮聚合

溶有引发剂的单体以液滴状态悬浮于水中进行的自由基聚合称为悬浮聚合。从整体来看，水为连续相，单体为分散相。悬浮聚合反应在每个小液滴内进行，具体的反应机理与本体聚合相同，即悬浮聚合反应可看作是每个小液滴的本体聚合反应的集合。同样，根据聚合物在单体中的溶解性，悬浮聚合有均相悬浮聚合和非均相悬浮聚合之分。而将水溶性单体的水溶液作为分散相悬浮于油类连续相中，在引发剂的作用下进行的聚合被称为反相悬浮聚合。悬浮聚合在大量的连续相介质中进行，散热容易，产物是黏径为 0.05～2 mm 的小颗粒，容易洗涤、分离，产物纯度较高；其缺点是产物容易粘壁，影响聚合釜传热和生产周期。悬浮聚合主要用于聚氯乙烯、聚苯乙烯和聚甲基丙烯酸甲酯的工业生产。

4）乳液聚合

乳液聚合是指单体借助乳化剂和机械搅拌分散在水中形成乳液，再加入引发剂引发单体聚合的反应过程。在聚合发生前，单体和乳化剂分别以三种状态存在于体系中：① 极少量的单体和乳化剂以分子态溶解于水中；② 大部分乳化剂形成胶束，胶束内增溶有一定量的单体；③ 大部分单体分散成液滴，液滴表面吸附有乳化剂，形成稳定的乳液。胶束和单体液滴相比，其体积小但比表面积大，溶于水的引发剂在水中分解形成的自由基很容易进入胶束内，故单体的聚合是发生在胶束中而不是在单体液滴中。随着胶束中单体的聚合，水相中的单体不断进入胶束以补充消耗掉的单体，单体液滴中的单体又溶解于水中，这一过程反复进行，直至单体液滴中的单体全部消耗完毕。随着链引发、增长、终止反应不断在胶束中进行，乳胶粒尺寸不断增大，缩小的单体液滴上的乳化剂分子也不断被补充吸附到胶束上，用于保护高分子乳化胶粒。乳液聚合的特点是反应速度快，产物分子量大，体系黏度低，易于散热；其缺点是乳化剂不易除净，产物性能会受到影响，特别是电性能较差。在工业上，乳液聚合主要用于丁苯橡胶、丁腈橡胶、氯丁橡胶等合成橡胶的生产。

9.3.3　气相法

1. 化学气相沉积法

化学气相沉积（chemical vapor deposition，CVD）是一种利用气相生长制备材料的方法，它是把一种或几种含有构成薄膜元素的单质或化合物气体通入放置有基材的反应室，在高温、等离子或激光辅助下控制反应气压、气流速率、基片材料温度等条件，借助空间气相化学反应在基体表面上沉积固态薄膜或纳米结构材料的制备技术。CVD 被广泛用于提纯物质，研制新晶体，制备各种单晶、多晶或玻璃态无机薄膜材料。所制备的材料可以是氧化物、硫化物、氮化物、碳化物，也可以是ⅢA 族和ⅤA 族或ⅡA 族和Ⅳ族或ⅣA 族和ⅥA 族中的元素组成的二元或多元元素间化合物，其物理功能可以通过气相掺杂的沉积过程精确控制。

CVD 是通过一个或多个化学反应而实现的，通常包括热分解反应、氧化还原反应及复合反应等。在利用 CVD 沉积难熔的碳化物或氮化物时，所发生的反应包括热分解反应和还原反应。比如利用 CVD 制备 TiC 的分步反应为

$$CH_4(g) \longrightarrow C(s)+2H_2(g)$$

$$TiCl_4(g)+2H_2(g) \longrightarrow Ti(s)+4HCl(g)$$

$$Ti(s)+C(s) \longrightarrow TiC(s)$$

制备 TiC 的总反应为

$$TiCl_4(g)+CH_4(g) \longrightarrow TiC(s)+4HCl(g)$$

采用 CVD 制备材料的过程包括原料气体向基片表面扩散、原料气体吸附到基片上、吸附到基片上的化学物质发生表面化学反应、析出颗粒在基底表面扩散、产物从气相分离、产物从产物析出区向块状固体扩散等，制备的产物的主要形态有固体表面上生成的薄膜、晶须和晶粒及气体中生成的粒子。在常压或低真空条件下，化学气相沉积又分为常压化学气相沉积（atmospheric pressure chemical vapor deposition，APCVD）、低压化学气相沉积（low pressure chemical vapor deposition，LPCVD）及等离子体增强化学气相沉积（plasma enhanced chemical vapor deposition，PECVD）。APCVD 的优点是反应器结构简单，沉积速率快，沉积温度低；缺点是阶梯覆盖能力差，存在离子污染。LPCVD 的优点是纯度高，阶梯覆盖能力极佳，产量高，适合大规模生产；缺点是沉积温度高，沉积速率低。PECVD 是借助微波或射频等手段使气体电离并在局部形成等离子体，等离子体中高速运动的电子撞击中性的反应气体分子，从而使反应气体分子变成碎片或处于激活的状态而更加容易发生反应。PECVD 的优点是沉积温度低，沉积速率快，成膜质量好，针孔较少；缺点是设备投资大，成本高，对气体的纯度要求高。总体来说，CVD 技术用于制备薄膜材料具有成分易控、膜厚与沉积时间成正比、均匀性和重复性好等优点。

2. 反应溅射法

当荷能粒子轰击固体（靶材）表面时，固体表面原子或分子获得入射粒子所携的部分能量而从固体表面脱离，所溅射出来的原子以一定的动能移向衬底，从而可以在基片上形成粒子或薄膜，该制备材料的方法称为溅射法。以离子束溅射为例，其设备装置主要由离子源、离子引出极和沉积室三部分组成，利用直流或高频电场使惰性气体（通常为氩气）发生电离从而产生辉光放电等离子体，电离产生的正离子和电子高速轰击靶材而使靶材上的原子或分子溅射出来，随后沉积到基片上就形成了薄膜或其他形貌的纳米材料。

磁控溅射是一种溅射镀膜方法，该法可以克服阴极溅射中电子使基片温度上升过快的缺点。采用磁控溅射方法镀膜时需要在被溅射的靶极与阴极之间加上方向相互垂直的磁场和电场。当镀膜室真空抽到设定值时，充入适量的氩气，施加一定电压后镀膜室内产生辉光放电，氩气被电离。在正交电磁场的作用下，电离产生的电子以摆线的方式沿着靶表面前进，电子的运动被限制在一定空间内，这增加了电子同工作气体分子的碰撞概率，从而提高电离效率。经过多次碰撞后，电子逐渐失去能量，最终到达基片时变为低能电子，因而不会造成基片过热。与此同时，高密度的等离子体被束缚在靶面附近而不与基片接触，它们将靶材表面原子溅射出来而沉积在基片上形成薄膜，这样基片免受等离子体的轰击，也有利于基片温度的降低。通过更换靶材材质和控制溅射时间便可以获得不同材质和不同厚度的薄膜材料。

在溅射过程中，荷能粒子不与靶材发生化学反应，基片上所得材料的组成与靶材组成基

本一致，因此，溅射法基本上被认为是材料的物理制备方法。反应溅射是指在存在反应气体的情况下，溅射靶材时，靶材会与反应气体反应形成化合物（如氮化物或氧化物），此时的溅射可以看成是一种材料的化学制备方法。比如，当氮气轰击石墨靶时产生 CN 和 N，它们在基片表面上反应沉积可形成 C_3N_4 薄膜。又如将氩气作为溅射气体，氧气作为反应气体，通过轰击金属钛靶可以制备 TiO_2 薄膜。

9.3.4　等离子体法

等离子体是电中性的电离气体，由离子、电子及未电离的中性粒子的集合组成。其运动主要受电磁力支配，表现出显著的集体行为。它广泛存在于宇宙中，被视为除固态、液态、气态以外物质存在的第四态。

使用等离子体法可以制备超细粉体，其原理为：利用包含电子、离子及处于激发态的活性粒子的等离子体使原料 （固态或液态）迅速加热，随后发生蒸发或裂解并快速完成所需要的化学反应，最终经过淬冷、成核、长大等步骤形成粉体产品。目前利用等离子体反应器可以制备出各种碳化物、氮化物及氧化物粉体。比如，将金属盐类水溶液雾化喷入高温等离子体反应器中可反应生成氧化物粉体；将硅烷等前驱体导入低温等离子体反应器中可反应形成 Si_3N_4、SiC 等粉体。相对于普通化学反应器而言，热等离子体反应器焓值高，并含有大量活性粒子，因而可完成许多普通化学反应器中难以完成的加工过程。近年来，采用脉冲激光诱发等离子体化学气相反应也在超细粉体的制备中得到了广泛的应用，此作用过程不受反应物光选择性吸收的限制，原则上可以诱发各种化学反应。同时，脉冲激光等离子体的快速形成、剧烈的等离子体化学反应和等离子体的快速淬灭效应使所合成的粉体具有粒度细小、纯度高及分散性好的特点，这使脉冲激光诱发等离子体化学气相反应成为超细粉体合成的理想途径之一。然而等离子体用于超细粉体的合成也存在一些缺点，比如反应器中存在巨大的温度梯度和速度梯度，颗粒实现良好的混合及反应相对困难，合成过程功耗大，能量利用率低，生产成本高等。

目前，材料的制备方法种类繁多，各种方法都有自己的优势与不足。进一步研究材料的合成机理，实现材料组成、结构及形貌的精确控制，并与实际工业化生产相结合，进一步探索新颖、高效的材料制备方法，降低生产成本，形成规模生产，这是当今材料制备科学研究的主要目标。

9.4　材料表面化学分析

表面是指固体表层一个或数个原子层的区域。表面是体相结构的终止，由于表面向外的一侧没有近邻原子，表面原子配位不饱和形成悬空键。同时，固体内部三维周期势场在表面中断，表面原子的电子状态也和体相内原子的电子状态有很大的区别。这些不同之处使表面具有某种特殊的力学、光学、磁学、电学和化学性质。因此，固体表面的表征在各种新材料的研制与开发中起着举足轻重的作用。

表面分析与测试是以获得包括薄膜、涂层在内的固体表面的成分、组织、结构及表面电子状态等信息为目的的试验技术与方法，对深入研究和了解与材料表面有关的各种现象有十分重要的意义。

9.4.1 表面元素组成及价态分析

表面组分分析包括表面元素组成、价态及其在表层分布情况的测定。当诸如电子束、光子束、离子束、原子束、分子束等具有一定能量的粒子束与样品表面相互作用时，会从样品表面发射或散射出电子、离子、中性粒子（原子或分子）、光子等微粒，对这些微粒的能量、质荷比、束流强度等性质进行检测就可以进一步得到样品表面形貌、原子结构（原子排列）、化学组成、价态和电子态（电子结构）等方面的信息。常用的分析检测技术包括 X 射线光电子能谱、俄歇电子能谱及二次离子质谱等。

1. X 射线光电子能谱

X 射线光电子能谱（X–ray photoelectron spectroscopy，XPS）是一种研究材料表层元素组成与价态的表面分析技术，其基本原理是利用单色 X 射线照射样品使样品中原子的电子受激发射，测量这些电子的能量分布（包括能量、强度、角分布等信息）进而分析材料表面元素组成及价态。XPS 原理示意图如图 9–2 所示。通过与已知元素的原子或者离子的不同壳层的电子的能量相比较，就可以确定未知样品中原子的组成和价态。能谱中表征样品芯层电子结合能的一系列光电子谱峰称为元素的特征谱峰。正常情况下某个元素的特征谱峰的各个轨道的发射强度之间是有固定比例的，当原子所处化学环境不同时，原子芯层电子结合能会发生变化，从而造成 XPS 谱峰位置产生变化，称之为谱峰的化学位移。而固体的热效应和表面荷电效应等物理因素引起电子结合能变化也会造成 XPS 谱峰位置产生变化，称之为谱峰的物理位移。在使用 XPS 进行材料表面化学分析时应尽量避免或消除物理位移的影响。

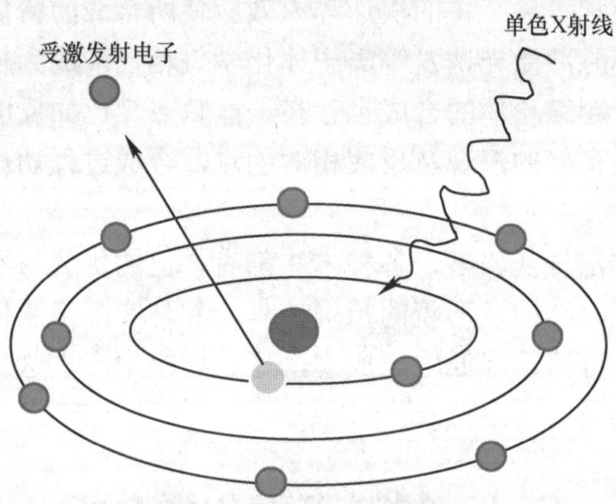

图 9–2 XPS 原理示意图

采用 XPS 分析材料表面组成时，利用芯层电子结合能可进行定性分析，利用谱峰的化学位移对被测元素可进行价态分析，利用谱峰的强度信息可进行定量分析，利用分析手段的表面敏感性可进行深度分布分析。原则上讲，XPS 定性分析可以鉴定除氢、氦以外的所有元素。将实测光电子谱图与标准谱图相对照，根据元素特征谱峰位置及其化学位移可确定固态样品表面中存在哪些元素及这些元素存在的化合物形式。标准谱图可参考 Perkin Elmer 公司的《X 射线光电子谱手册》，分析时首先对样品在整个光电子能量范围内进行全谱扫描（高分辨扫描），以确定样品中所存在的元素；随后对所选择的峰进行窄扫描，以确定被测元素的化学状态。

安装 XPS 样品时，粉末样品可粘在导电胶带上或压入铟箔或金属网内进行测定，块状样品可直接夹在样品托上或用导电胶带粘在样品托上进行测定。XPS 测试前样品的预处理步骤包括：① 用溶剂清洗样品或长时间抽真空以除去样品表面的污染物；② 通过氩离子刻蚀除去表面污染物，注意刻蚀可能会对被测样品造成损伤，引起表面化学性质发生变化；③ 擦磨、刮剥和研磨，对表里成分相同的样品可使用 600 号 SiC 砂纸擦磨或用小刀刮剥表面污层，对粉末样品则可采用研磨的方法处理；④ 真空加热，对于耐高温样品可采用高真空下加热的办法除去样品表面吸附的污染物。

2. 俄歇电子能谱

俄歇电子能谱（Auger electron spectroscopy，AES）是利用激发所产生的俄歇电子进行检测。AES 原理示意图如图 9-3 所示，外来的激发源与原子发生相互作用，把内层轨道（W 轨道）上的一个电子激发出去，形成一个空穴，随后次外层轨道（X 轨道）上的一个电子填充到内层轨道上的空穴上去，释放出相应能量，从而促使最外层轨道（Y 轨道）上的电子激发发射出来变成自由的俄歇电子。

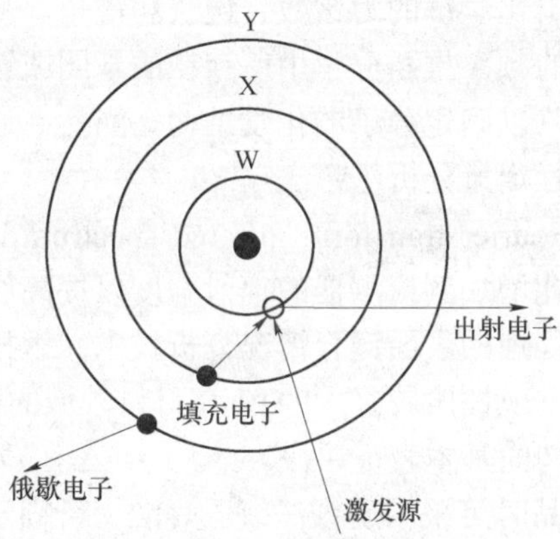

图 9-3　AES 原理示意图

原子的化学环境是指原子的价态或原子所在化合物中与该原子相结合的其他原子的电负性情况。原子的化学环境变化不仅可引起俄歇峰位移（化学位移），也可能引起俄歇峰强度的变化，这两种变化的叠加引起俄歇峰形状的改变。例如，原子发生电荷转移（如价态变化）时引起内层能级的变化可改变俄歇跃迁的能量，从而导致俄歇峰位移；新化学键的形成使得电子重新排布的化学环境改变也会导致谱图形状的改变等。

AES 具有很高的表面灵敏度，其检测极限为 3～10 个原子单层。AES 可以同时分析除氢、氦以外的所有元素，可以进行表面成分和化学价态的半定量分析、微区分析及界面分析。AES 对分析样品有特定的要求：在通常情况下只能分析固体导电样品。由于涉及样品在真空中的传递和放置问题，故待分析样品一般都需要经过一定的预处理。对于含有挥发性物质的样品，在样品进入真空系统前必须用加热或溶剂清洗的方法清除掉挥发性物质；对于表面有污染的样品，在进入真空系统前要通过洗涤或表面打磨清洗掉表面污染物；对于弱磁性样品，一般可通过退磁的方法去掉样品的弱磁性，然后按正常样品对其进行分析。

3. 二次离子质谱

二次离子质谱（secondary ion mass spectrometry，SIMS）是利用质谱分析初级离子入射靶面后溅射产生的二次离子而获取材料表面信息的一种方法。SIMS 可以用来分析包括氢、氦在内的全部元素，并能给出同位素的信息，也可以用来分析化合物的组分和分子结构。SIMS具有很高的灵敏度，可进行 10^{-6} 甚至 10^{-9} 数量级的分析，并可进行微区成分成像和深度剖面分析；其缺点是样品成分复杂时谱图分析困难、定量分析困难。

9.4.2 表面键合情况分析

研究表面键合情况的分析技术有傅里叶变换红外光谱、拉曼光谱及紫外光电子能谱等。

1. 傅里叶变换红外光谱

红外光谱属于吸收光谱，是通过测量化合物分子振动时对特定波长红外光的吸收而得到的。化学键振动所吸收的红外光波长取决于化学键动力常数和连接在两端的原子折合质量，即取决于化合物的结构特征，这是通过红外光谱测定材料结构的理论依据。红外光谱作为“分子的指纹”被广泛地应用于分子结构和物质化学组成的研究当中，根据分子对红外光的吸收而得到的谱带频率的位置、强度、形状及吸收谱带和温度、聚集状态等参数的关系便可以确定分子的空间构型，从而求出化学键的力常数、键长和键角。从光谱分析的角度看，红外光谱主要是利用特征吸收谱带的频率推断分子中所存在的基团或键，并由特征吸收谱带频率的变化推测出临近的基团或键，以确定分子的化学结构。当然，通过测定特征吸收谱带的强度也可以对混合物及化合物进行定量分析。

傅里叶变换红外光谱（Fourier transform infrared spectrum，FTIR）是指通过红外光的干涉进一步增加光的信号，由此增加到检测器的辐射强度以提高红外光谱的信噪比，同时采用傅里叶变换对光的信号进行处理的表面键合情况分析技术。该技术避免了电机驱动光栅分光时所带来的误差，所以分析重现性比较好。FTIR 在材料领域的研究中占有十分重要的地位，是研究材料的物理和化学结构的基本表征手段。

通常制作 FTIR 分析样品时可采用研糊法或压片法。研糊法是指将研细的样品与蜡油调成均匀的糊状物后涂于窗片上进行测量，该法操作方便但不能获得满意的定量结果。压片法是指将约 1 mg 样品与 100 mg 干燥的溴化钾粉末研磨均匀，在压片机上压成几乎呈透明状的圆片后进行测量，这种处理技术的优点是干扰小，样品浓度容易控制，定量结果准确，而且样品容易保存。

使用常规的 FTIR 技术分析材料表面键合情况时，在测试试样制备阶段对粉末颗粒表面可能会有一定的破坏，有时需要使用漫反射傅里叶变换红外光谱（diffuse reflectance-FTIR，DR-FTIR）技术进行分析。与常规的 FTIR 技术相比，DR-FTIR 技术不使用压片，对粉末表面的破坏较小，而且表面微量成分所接收到的信息占总信息的比例高，能够更敏感地观测到粉末样品表面微量基团的存在。

2. 拉曼光谱

拉曼光谱是应用拉曼散射效应对与入射光频率不同的散射光谱进行分析从而获得分子振动、转动方面的信息，进而对分子结构进行研究的一种分析方法。拉曼光谱可用于材料的定性分析、结构分析和定量分析。虽然拉曼信号与红外信号相比强度要弱很多，但是由于它所产生的机理是电四极矩或者磁偶极矩的跃迁，不要求被测分子本身具有极性，因此特别适合那些没有极性的对称分子的检测。此外，对于无机物来说，拉曼光谱信息量比红外光谱要大。尽管拉曼散射很弱，拉曼光谱通常不够灵敏，但利用共振或表面增强拉曼信号可以大大提升拉曼光谱分析的灵敏度。

3. 紫外光电子能谱

紫外光电子能谱（ultraviolet photoelctron spectroscopy，UPS）主要是使用紫外光能量范围的光子激发样品的价壳层电子，通过测量所激发的光电子的能量分布来确定包括外壳层轨道结构、能带结构、离子的振动结构、自旋分裂等分子能级方面的相关信息的一种分析方法。

使用 UPS 还可在超高真空条件下测量材料的功函数，由于没有外界环境干扰，因此材料表面状态非常稳定，所得测量值比较可靠。特别地，经离子溅射清洗后的被测材料没有表面吸附，采用 UPS 技术可以测得样品的真实功函数。

9.4.3　表面形貌分析

扫描电子显微镜和透射电子显微镜是最常用的形貌分析设备，可用于导体、半导体及绝缘体样品的表面形貌表征，对样品的形状没有特别的限制。原子力显微镜也可用来观测样品的表面形貌及结构，能够达到原子级别的分辨率，可以较精确地确定表面原子结构并直接给出表面的三维图像，但要求样品表面比较平整。

1. 扫描电子显微镜

当具有一定能量的入射电子束轰击样品表面时，电子与元素原子核及外层电子发生单次或多次弹性与非弹性碰撞，部分电子被反射出样品表面，其余的电子则渗入样品中，失去动能后停止运动从而被样品吸收，其中 99%以上的入射电子能量转变成样品热能，其余约 1%的入射电子能量可以从样品中激发出各种信号。

扫描电子显微镜（scanning electron microscope，SEM）是最常用的表面形态分析设备。SEM 主要是利用二次电子信号成像来观察样品的表面形态，即用极细的电子束在样品表面进行扫描，用特制的探测器收集所产生的二次电子，形成电信号后被运送到显像管进行微观成像。二次电子是被轰击出来并离开样品表面的原子核外电子，它的能量比较小（小于 50 eV），一般只有距表层 5～10 nm 的深度范围内的二次电子才能被发射出来，所以它对样品的表面十分敏感，可以有效显示样品表面形貌。但二次电子的产额与原子序数无关，因此不能用于成分分析。

除二次电子外，SEM 还可利用背散射电子来进行检测。背散射电子是样品反射出来的初次电子，它的能量较高（从 50 eV 到接近入射电子的能量），其穿透能力比二次电子要强得多，可从样品中较深的区域（微米级）逸出。在这样的深度范围内，入射电子已有相当宽的侧向扩展，与固体相互作用的范围较大。背散射电子主要反映样品表面的成分特征，即样品平均原子序数大的部位产生较强的背散射电子信号，在荧光屏上形成较亮的区域；而平均原子序数较小的部位则产生较弱的背散射电子信号，在荧光屏上形成较暗的区域，这就形成了原子序数衬度（成分衬度）。与二次电子像相比，背散射电子像的分辨率较低，主要用于观察样品表面不同成分的分布情况。

SEM 具有较高的分辨率和放大倍数，其放大倍数可在几倍至几十万倍之间连续可调。SEM 视野大，具有较大的景深，成像富有立体感，可直接观察各种试样表面的微细结构。SEM 测试样品制备简单，使用方便，并且可以搭配 X 射线光电子能谱仪等其他分析装置进行测试，使 SEM 成为集微观形貌成像和微区成分分析于一身的分析设备。

2. 透射电子显微镜

透射电子显微镜（transmission electron microscope，TEM）是利用高能电子束充当照明光源进行放大成像的大型显微分析设备。电子束流具有波动性，其波长与电子束加速电压相关，且比可见光要短得多。例如 200 kV 加速电压下电子波波长为 2.51 pm，如果使用该电子束作光源，则制成的显微镜将具有比光学显微镜高得多的分辨能力。由于电子在电场中会受到电场力而运动，运动的电子在磁场中会受到洛伦兹力的作用而发生偏转，因此通过控制电子束所在的电场和磁场就可以实现电子束的聚焦和成像。TEM 和光学显微镜的光路图及成像原理基本一样，所不同的是前者使用电子束作光源，用电磁场作透镜。另外，由于电子束的穿透能力很弱，因此用于 TEM 测试的样品须制成厚度约 50 nm 的超薄切片。

TEM 的放大倍数最高可达近百万倍，由电子光学系统、真空系统、电源系统及附加仪器系统等部分构成。早期的 TEM 功能主要是观察样品形貌，后来发展到可以通过电子衍射原位分析样品的微区晶体结构。增加附件后，TEM 功能可以从原来的样品内部组织形貌观测、原位的电子衍射分析，发展到还可以进行原位的成分分析、表面形貌观察。若使用具有特殊设计的样品台（高温台、低温台和拉伸台），则还可以利用 TEM 观察样品在加热状态、低温冷却状态和拉伸状态下的动态的组织结构、成分变化，使 TEM 的功能进一步得到拓宽。这些 TEM 功能的拓宽意味着可以使用一台仪器在不更换样品的情况下进行多种分析，尤其是可以针对同一微区位置进行形貌、晶体结构、成分及价态的全面分析。

3. 原子力显微镜

原子力显微镜（atomic force microscope，AFM）是通过一端固定而另一端装有纳米级针尖的弹性微悬臂测量针尖尖端原子与样品表面间存在的极微弱的作用力来检测样品表面形貌的分析设备。当使用针尖扫描样品时，针尖与样品间会产生与二者之间的距离密切相关的相互作用力，该作用力会引起微悬臂发生形变。通过测量微悬臂所产生的弹性形变量Δz，借助微悬臂自身的弹性系数 k，可以根据胡克定律（$F=k\cdot\Delta z$）直接求出样品和针尖间的相互作用力，这一作用力就是分子之间的范德华力或因电子云重叠而引起的排斥作用力。微悬臂通常由一个长 100～500 μm、厚 0.5～5 μm 的硅片或氮化硅片制成，微悬臂的顶端有一个非常尖锐的针尖，用来检测样品与针尖间的相互作用力。针对样品的特性及不同的操作模式，在具体实验时需要选择不同类型的微悬臂探针。

使用 AFM 测试样品时，微悬臂的形变是通过照射在微悬臂尖端的激光束的反射信号来检测的。AFM 原理示意图如图 9－4 所示。根据光杠杆作用原理，即使小于 10 pm 的微悬臂形变也可以在光电检测器上产生 10 nm 左右的激光点位移，由此产生的光电二极管检测器上的电压变化对应微悬臂的形变量，然后通过一定的函数变换便可得到微悬臂的形变量。当在水平平面内扫描样品时，若保持样品在垂直高度上静止，且令探针的竖直初始位置为零，则可根据针尖和样品间的相互作用力与距离的关系得到样品表面的高度变化信息，即得到样品表面任意点相对于初始位置点的高度，因此可对样品表面进行定域扫描以得到此区域的表面形貌信息。

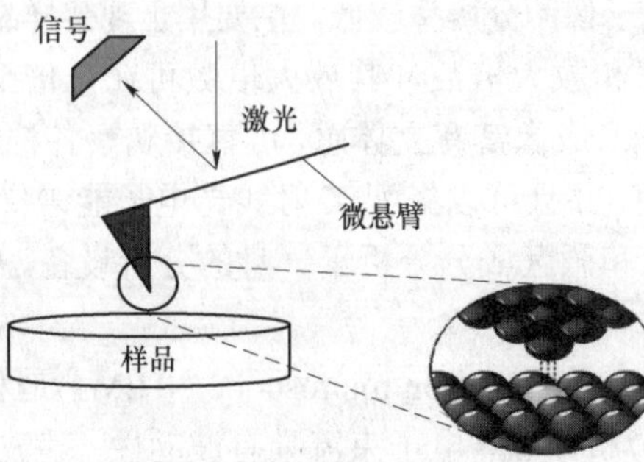

图 9－4　AFM 原理示意图

AFM 可以在大气和液体环境下对各种材料表面进行纳米范围内的包括形貌在内的物理性质探测，也可对物质直接进行纳米级别的操作，现已广泛应用于生物、化工、食品、医药等领域的研究当中，是纳米科学研究的基本工具。

9.4.4　表面能的测定

表面能是恒温、恒压、恒组成情况下可逆地增加物体表面积须对物体所做的非体积功。表面能的另一种定义是：由于表层原子朝向外面的键能没有得到补偿，使得表面质点比体内质点具有额外的势能，这一额外势能就是表面能。

接触角测量法是固体表面能测定的主要方法，测量接触角可以得到低能固体表面润湿的临界表面张力，并可以估测固体的表面能。该方法认为表面能是由可对材料表面造成作用的各种作用力所引起的。接触角的具体测量步骤为：将一液体滴到一平滑均匀的固体表面上，若液体不铺展，则将形成一个平衡液滴，其形状由固、液、气三相交界处任意两相之间的夹角所决定，通常规定在液滴三相交界处固－液界面与气－液界面之夹角为接触角，以 θ 表示，如图 9－5 所示，其中 γ_{SL}、γ_{SV} 及 γ_{LV} 分别为固－液、固－气及液－气界面能。测量出 θ，再参考固－液、固－气和液－气的界面能等数据就可以计算出表面能。

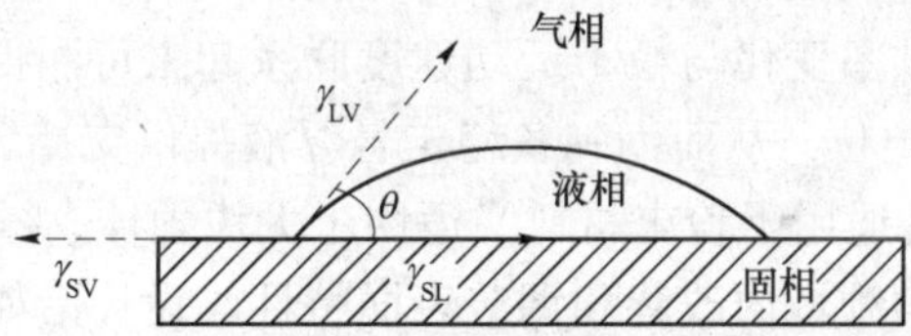

图 9－5　接触角示意图

9.4.5　表面电荷的测定

当固、液两相接触时，固体表面官能团、固体表面晶格离子的选择性解离及固体表面的晶格缺陷都会造成固体表面荷电。固体表面荷电后必然导致固体表面静电吸引液相中的反号离子、排斥同号离子，最终导致固、液界面两侧出现电荷符号相反的双层结构。

1924 年，斯特恩提出了一种双电层模型，其示意图如图 9－6 所示。根据这一模型，双电层可以同时具有紧密性和分散性。由于正、负离子的静电吸引作用及热运动扩散作用这两种效应，溶液只有邻近固体表面约一个离子厚度的区域内的反离子因受强烈静电吸引而与固体表面牢固结合在一起构成紧密层。在紧密层外，反离子呈扩散分布，构成扩散层。紧密层和扩散层构成了斯特恩双电层，被吸附的反离子的中心构成的平面称为斯特恩面。紧密层与扩散层发生相对移动时的分界面称为滑动面。当固、液两相发生相对移动时，紧密层中吸附在固体表面的反离子和溶剂分子与固体作为一个整体一起运动，滑动面与溶液本体之间的电势差被称为 Zeta 电位（ξ）。斯特恩双电层电势分布曲线如图 9－7 所示，图中 φ_0 表示固体表面与溶液本体间的电势差，φ_δ 表示斯特恩面同溶液本体之间的电势差，ζ 表示滑动面与溶液本体之间的电势差。

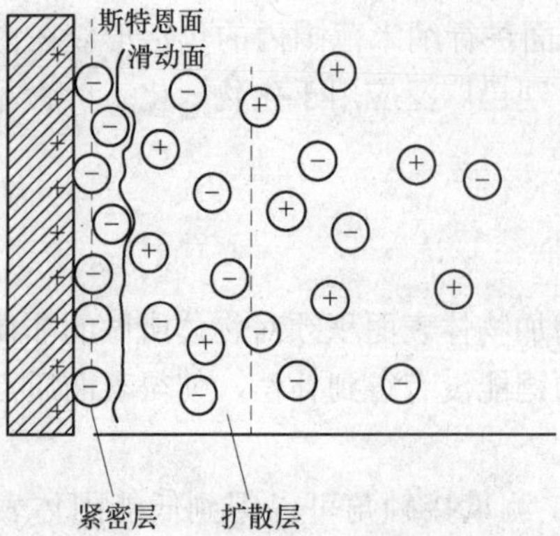

图 9-6 斯特恩双电层模型示意图

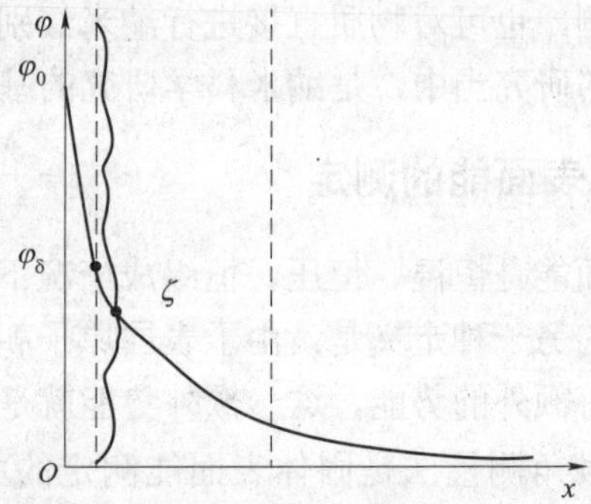

图 9-7 斯特恩双电层电势分布曲线

Zeta 电位是一种界面特性，它给出了固体表面电荷、吸附性质等方面的信息，是固体材料在很多工艺技术处理当中非常重要的一个物理参数。基于电泳和电渗原理可以对颗粒表面的 Zeta 电位进行测定。带电颗粒在电场作用下向着与其电性相反的方向移动，这一现象被称为电泳；在电场作用下液体（通常是水）相对于固相支持物做相对运动，这一现象被称为电渗。Zeta 电位仪通常采用多普勒效应测量在电场作用下运动的粒子的 Zeta 电位。当激光打到粒子上时，散射光频率会有变化，散射光与参考光叠加后其频率变化表现得更加直观且更容易被观测到。将光信号的频率变化与粒子运动速度联系起来可测得粒子的淌度，进一步计算能够得到粒子表面的 Zeta 电位，从而为制备稳定悬浮液提供支持。随着检测技术的进一步发展，市场上也逐渐出现了既适用于粉末材料又适用于大块固体、纤维及薄膜材料的 Zeta 电位仪，这对于化学与材料科学领域内改善和调节表面特性，设计诸如聚合物、化工纺织品、陶瓷、玻璃或表面活性剂等具有特定性质的新型材料具有重要的意义。

9.5 材料表面化学改性

表面改性是指在保持材料或制品原性能的前提下，通过只改变材料近表面层的形态、化学成分、组织结构、缺陷状态、应力状态等赋予材料表面优异的复合性能和新型功能，如通过表面改性可以提升材料的亲水性、生物相容性、抗静电性能、染色性能等，从而扩大材料的应用领域，实现新的应用。常用的材料表面化学改性方法包括化学镀与电镀、化学气相沉积、等离子体表面改性、表面改性剂改性、接枝聚合表面改性等。

9.5.1 化学镀与电镀

借助化学或电化学手段可以在金属表面形成稳定的化合物镀层，其主要目的是降低金属本身的化学活性，并将金属与环境介质隔离，从而对金属材料起到保护作用。这种方法的优点是金属基体直接参与成膜，这种膜与基体间的结合力远大于外加膜与基体间的结合力。

1. 化学镀

化学镀也称无电解镀或者自催化镀，是指在无外加电流的情况下借助合适的还原剂，通过氧化还原反应在材料表面生成一层金属膜以达到材料表面改性的目的。该技术由于具有工艺简便、节能、环保的优点而日益受到人们的关注。化学镀使用范围很广，在防护性方面，能提高产品的耐蚀性和使用寿命；在功能性方面，能提高加工件的耐磨性、导电性及润滑性等特殊性能。化学镀是在催化条件下发生的氧化还原反应过程，该工艺能够顺利实施的必要条件是金属的沉积反应只发生在具有催化作用的工件表面上。化学镀溶液由金属离子、络合剂、还原剂、稳定剂、缓冲剂等组成，化学镀溶液本身相对稳定，自发发生氧化还原反应的速度极慢，可保证溶液在较长的时间内不会因自然分解而失效。

化学镀的具体沉积方式分为置换沉积、接触沉积和还原沉积三种。置换沉积是将还原性较强的金属待镀工件放入电极电势较高、氧化性较强的金属盐溶液中，将被沉积金属离子从溶液中置换到工件表面上形成镀层。溶液中金属离子被还原沉积的同时伴随着基体金属的溶解，当基体金属表面被沉积金属完全覆盖时反应会自动停止，故这种方法制得的镀层非常薄。接触沉积是将电极电势比被镀金属高的第三种金属与被镀金属材料相接触，在被镀金属表面富集电子，进而将被沉积金属离子还原在被镀金属表面形成镀层。由于引入了第三种金属，因而会造成引入金属离子在溶液中的积累。一般意义上的化学镀主要还是指还原沉积化学镀。还原沉积是利用外加还原剂把沉积金属还原在镀件表面，它只在具有催化作用的表面上发生。像镍、铜等沉积金属本身就是反应的催化剂，使用此类沉积金属的化学镀被称为自催化化学镀。采用自催化化学镀可以得到所需的镀层厚度。若沉积金属本身不能作为反应的催化剂，一旦催化表面被沉积金属覆盖，沉积反应就会自动终止，此时只能获得有限厚度的镀层。

化学镀溶液的基本构成如表 9－3 所示，其中还原剂是化学镀溶液的主要成分之一，除要求它具有较强的还原作用外，还要求它不能使催化剂中毒。在化学镀过程中，还原剂参与了整个化学沉积反应过程，因而少量还原剂会沉积于镀层中，这将对镀层的性能产生显著的影响。常用的化学镀还原剂有次磷酸盐、甲醛、肼、硼氢化物、氨基硼烷及其衍生物等。

表 9－3　化学镀溶液的基本构成

组成	功能	实例
金属盐	提供被沉积金属离子	硫酸盐、氯化物、有机酸盐等
还原剂	提供化学镀的驱动力	次磷酸盐、甲醛、肼、硼氢化物等
络合剂	防止金属氢氧化物沉淀的生成，控制反应速率，防止自然分解	乳酸、丙二酸、酒石酸、柠檬酸、三乙醇胺等
pH 调节剂	调节 pH，控制反应速率	氨水、NaOH、无机酸、有机酸等
缓冲溶液	防止化学镀过程中 pH 的波动	HAc－NaAc、NaH_2PO_4－Na_2HPO_4、H_3BO_3－H_2BO_3 等
稳定剂	防止镀液自然分解，延长使用寿命	Pb^{2+}、Sn^{2+}、MoO_3、尿素、吡啶、氰化物等
改善剂	改善镀层质量，增加光泽，避免针孔	表面活性剂类，如十二烷基磺酸盐等

与电镀相比，化学镀具有以下优点：① 不需要外加直流电源，不存在电场线分布不均匀的情况，因而无论工件的几何形状多复杂，各部位镀层的厚度都是均匀的；② 经过适当预处理后，可以实现在金属、非金属、半导体材料上直接镀覆；③ 所得到的镀层致密，孔隙少，硬度高，因而具有极好的化学和物理性能。

2. 电镀

电镀是通过电解作用使金属或其他材料表面附着一层金属膜的工艺，镀层厚度一般为几微米到几十微米。电镀时，镀层金属作阳极而被电化学氧化成为阳离子进入电镀液；待镀的金属制品作阴极，镀层金属的阳离子在阴极金属表面被电化学还原形成镀层。为排除其他阳离子的干扰及使镀层均匀、牢固，需用含镀层金属阳离子的溶液作为电镀液以保证电镀液中镀层金属阳离子的浓度不变。比如，在铁基体的表面电镀镍形成防护装饰性镀层时，将制件作阴极，纯镍板作阳极，氨基磺酸镍与硫酸镍作为电镀液中的主盐。当镍盐含量高时，可以使用较高的阴极电流密度使沉积速度加快，常采用此方法来高速电镀较厚的镍层。当镍盐含量低时，沉积速度低，但分散能力很好，能获得结晶细致的光亮镀层。硼酸可用作缓冲剂，能使镀镍液的 pH 维持在一定的范围内；萘磺酸、对甲苯磺酰胺等添加剂可作为应力消除剂，改善电镀液的阴极极化，降低镀层的内应力。

与化学镀相比，电镀因为使用外加电流，所以其镀速要比化学镀快，但电镀层的结合力要低于化学镀层。此外，电镀无法对一些形状复杂的工件进行全表面施镀，而化学镀可以对任何形状的工件进行施镀。

9.5.2 化学气相沉积

化学气相沉积技术是一种在物体表面沉积薄膜的方法。CVD 是指在一定温度条件下，混合气体与基体（衬底）表面相互作用而使混合气体中某些成分分解并在基体表面形成金属或化合物薄膜（镀层）的过程。混合气体中的某些成分分解后除了可单独沉积在基体表面形成薄膜外，有时还可与基体表面发生反应形成化合物沉积在基体表面形成薄膜。CVD 装置主要包括初始气源、加热反应室和废气处理系统。由于混合气体发生成分分解、与基体表面相互作用形成化合物时必须要吸收一定的能量，所以 CVD 要在一定的温度下进行，通常 CVD 的反应温度为 700～2 000 ℃，这主要取决于沉积物的特性。混合气体主要由反应气体与惰性气体组成，有时也可使用液态物质源和固态物质源。当载气通过处于加热状态下的液态物质源（如 $TiCl_4$、$SiCl_4$、BCl_3 等）时会携带一定数量这种物质进入反应室，而固态物质源（如 $TaCl_5$、$ZrCl_5$ 等）则是通过升华并经由载气携带进入反应室。CVD 过程可在高温（大于 900 ℃）或中温（700～900 ℃）条件下进行，气相的气压可以是大气压也可以低于大气压（低压）。

CVD 技术的工业应用主要是在材料表面形成沉积膜，以满足材料在耐磨、抗氧化、抗腐蚀及一些特殊的电学、光学和摩擦学性能上的要求。比如通过 CVD 技术在材料表面沉积氮化物、氧化物、碳化物和硼化物（如 TiN、TiC、TaC、HfN、Al_2O_3、TiB_2 等）薄膜可提高材料的耐磨性，可用于制作金属切削刀具；在材料表面沉积一些具有高分解温度的难熔化合物可增加材料热稳定性，在制作耐高温的火箭喷嘴等方面有广泛应用。采用 CVD 技术进行表面改性的优点是操作方便，可沉积各种单一或复合薄膜，镀层的密度、纯度和化学成分的可控性好，绕镀性好且镀层致密均匀，膜基结合强度较高，适用于在复杂形状的零件上沉积薄膜，可形成多种金属、合金、陶瓷和化合物镀层；缺点是设备比较昂贵，成本较高。

在常规 CVD 的基础上，金属有机物化学气相沉积（metalorganic CVD，MOCVD）技术被逐步发展出来。具体来说，就是把在低温度下能够分解的金属有机物及ⅤA、ⅥA 族元素的氢化物（如 PH_3、Si_2H_6 等）作为初始反应物，在基底表面生长Ⅲ－Ⅴ族、Ⅱ－Ⅵ族化合物半导体及它们的多元固溶体的薄层单晶材料。它的优点是沉积温度相对较低，可以沉积超薄层甚至原子层的特殊结构表面，可在不同基底表面沉积不同的薄膜，并可用于热敏感的基体；其缺点是沉积速度低，晶体缺陷密度高，膜中杂质多，所用的金属有机物和氢化物价格昂贵，且部分反应物易燃易爆或者有毒，有一定的危险性。值得注意的是，MOCVD 反应后的产物需要进行无害化处理，以避免造成环境污染。

9.5.3　等离子体表面改性

等离子体表面改性因表面性能的优势和低廉的成本已成为材料科学领域中最活跃的研究方向之一。等离子体中具有一定能量分布的电子、离子和中性粒子等与材料表面撞击时会将自己的能量传递给材料表面的分子和原子，产生一系列物理化学过程，一些粒子还会注入材料表面发生碰撞、散射、激发、重排等物化过程而改变材料的表面性能。溅射、离子镀、离子注入、等离子体化学热处理等工艺中使用的是低压条件下放电产生的低压冷等离子体；而等离子体喷涂、等离子体淬火及多元共渗相变强化、等离子体熔覆或表面冶金等工艺中使用的却是低温等离子体中的稠密热等离子体（通常指压缩电弧等离子束流）。

1. 离子注入

离子注入是指在真空系统中用经过加速的掺杂原子的离子照射或注入固体材料，从而在所选择的区域内形成一个具有特殊性质的表面层的过程。离子注入最早是作为一种半导体材料的掺杂技术而逐步发展起来的。低温掺杂、精确的剂量控制、容易掩蔽、良好的均匀性等优点使得由该工艺所制成的几十种半导体器件和集成电路具有速度快、功耗低、稳定性好、成品率高等特点。近年来，离子注入在金属表面改性方面的应用迅速发展。离子注入后可形成表面合金，其耐腐蚀性相当于相应合金的性能；而一些在常规方法下难以得到的具有特殊耐蚀性的非晶态或亚稳态表面合金也可以借助于离子注入工艺制得。化学上纯净、工艺上精确可控等特点使离子注入成为表面改性的重要手段。

2. 等离子体化学热处理

等离子体化学热处理过程是将工件置于真空室内，加入适当分压的渗剂气体、氮气或碳氢化合物，在外加直流电压的作用下电子从工件向真空室壁运动，当含渗剂气体的混合气体分子与电子碰撞而离子化时将产生辉光放电，新形成的正离子将向工件加速运动，与工件表面发生碰撞并与工件表面的化学元素相结合。高能粒子对工件表面的轰击可以造成温度升高，进而促进所需元素在工件表面的渗入，形成扩渗镀层。比如奥氏体不锈钢低温等离子体表面硬化处理就是在低温下渗氮及渗碳，使奥氏体不锈钢的表面形成一层含氮或碳的过饱和固溶体。荷兰 Bodycote 公司利用低温渗碳的方法可在不锈钢表面形成一层碳厚度约 50 μm 的过饱和固溶体，处理后的不锈钢不仅保持了原有的耐蚀性能，还使其表面硬度高达 1 100 HV。与普通的化学热处理技术相比，等离子体化学热处理技术有处理质量高、处理速度快、无污染等优点。

3. 微等离子体氧化

微等离子体氧化又称等离子体增强微弧氧化，是一种直接在有色金属表面原位生长陶瓷氧化膜的方法。它是将 Al、Ti、Mg 等金属或合金置于电解质水溶液中，利用电化学方法使材料表面产生火花放电斑点，并在等离子体化学、热化学和电化学的共同作用下生成陶瓷膜层的阳极氧化方法。利用微等离子体氧化技术生长出的致密的氧化物陶瓷薄膜厚度可达几百微米，与基体的结合力强，尺寸变化小，具有耐磨损、耐腐蚀、耐热冲击性能，在某些方面可以替代陶瓷喷涂技术。

9.5.4 表面改性剂改性

使用表面改性剂可以在材料表面通过吸附、反应、包覆或包膜等方式来实现表面改性的目的。常用的表面改性剂主要有偶联剂、表面活性剂、有机硅、不饱和有机酸、有机低聚物和水溶性高分子等。

1. 偶联剂

偶联剂是具有两性结构的化学物质，按照化学结构和成分可分为硅烷类、钛酸酯类、铝酸酯类、锆铝酸盐类及有机络合物类等。偶联剂分子中的一部分基团可与材料表面的各种官能团反应形成强有力的化学键合，另一部分基团可与有机体发生化学反应或物理缠绕从而对材料表面进行改性。比如常用的硅烷偶联剂 KH－570（又名γ－甲基丙烯酰氧基丙基三甲氧基硅烷）分子中的硅氧烷可发生水解生成硅醇，硅醇间发生缩聚使硅烷小分子变成大分子，而剩余的硅羟基会和材料表面的羟基发生反应而将硅烷大分子吸附到材料表面，从而改变材料的表面性质。选择含有其他特殊基团（如羧基、烷氧基、磺酸基、磷基等）的偶联剂还可以赋予材料其他特殊性能，比如选择含焦磷酰氧基的偶联剂可使材料具有阻燃、防锈等性能。

2. 表面活性剂

表面活性剂是一种能显著降低水溶液表面张力或溶液界面张力的物质。通过改变体系的表面状态可以产生润湿和反润湿、乳化和破乳、分散和凝聚、起泡和消泡及增溶等一系列效果。表面活性剂溶液与固体接触时，其分子很容易在固体表面吸附，从而使固体的表面状态和性质发生改变。表面活性剂分子由性质截然不同的两部分组成，一部分包含与油相有机物有亲和性的亲油基，另一部分包含与水或无机物有亲和性的亲水基（羧酸基、磺酸基、硫酸基、羟基、酰胺基、醚键、氨基及其盐等）。表面活性剂按解离性质可分为阴离子型表面活性剂、阳离子型表面活性剂、两性离子型表面活性剂及非离子型表面活性剂。阴离子型表面活性剂在水溶液中电离时生成的表面活性离子带负电荷；阳离子型表面活性剂在水溶液中电离时生成的表面活性离子带正电荷；两性离子型表面活性剂是指同时具有阴、阳两种离子性质的表面活性剂，在酸性溶液中呈阳离子性质，在碱性溶液中呈阴离子性质，在等电点附近呈非离子性质；非离子型表面活性剂分子溶于水后不发生电离，其具有表面活性的部分不是离子，这类表面活性剂分子中的亲油基常是碳原子数为 8～18 的烃链，而亲水基通常是在水中不电离的羟基或聚氧乙烯基。

3. 有机硅

有机硅是以硅氧烷链为憎水基，在其中间位或端位连接一个或多个有机极性基团（如聚氧乙烯链、羧基、酮基或其他极性基团）作为亲水基的一类特殊类型的表面活性剂，俗称硅油或硅树脂。

4. 不饱和有机酸与有机低聚物

不饱和有机酸一般带有一个或多个不饱和双键或多个羟基，碳原子数一般小于 10。常见的不饱和有机酸有丙烯酸、甲基丙烯酸、丁烯酸、肉桂酸、山梨酸等。有机低聚物主要包括聚烯烃低聚物（如无规聚丙烯、聚乙烯蜡）及其他低聚物（如双酚 A 型环氧树脂）。

5. 水溶性高分子

水溶性高分子又称水溶性树脂、水溶性聚合物，是一种亲水性的高分子材料，在水中能溶解形成溶液或分散液，如聚丙烯酸及其盐（如聚丙烯酸铵、聚丙烯酸钠）、聚丙烯酰胺、聚乙二醇、聚乙烯醇、聚马来酸酐、海藻酸钠、淀粉衍生物等。

9.5.5　接枝聚合表面改性

接枝聚合是在由一种或几种单体组成的聚合物主链上通过一定的途径接上由另一种单体或几种单体组成的支链的共聚反应。在材料表面利用接枝聚合可以形成一层共价连接的聚合物，通过改变接枝聚合物的种类来得到所需的表面性能是高聚物表面改性技术中最易实现的一种化学方法。接枝聚合表面改性可以改善材料表面的亲疏水性能，提高材料的光稳定性及生物相容性。

传统的接枝聚合可以采用等离子体法、紫外光法及伽马射线与电子辐射法等引发聚合，这些方法的适用单体非常广泛，可以有效地在材料表面引入聚合物链。传统的接枝聚合方法存在以下弊端。

（1）接枝层分布不均匀。由于接枝链自由生长，材料表面不同位置处的接枝链长短不一（聚合度存在差距），这将导致材料表面性质的不均一而影响实际应用。

（2）接枝层厚度不可控。由于接枝链随机生长，链长难以控制，因而无法得到固定厚度的接枝层。

（3）接枝率较低。传统的接枝聚合方法引发效率较低，接枝位点相对较少，自由基比较容易被淬灭，所得接枝链链长往往比较短，导致接枝率较低。

（4）一种单体接枝完成后活性中心随即失活，无法继续引发其他单体聚合，不能得到嵌段的接枝聚合物。

近年来，活性聚合方法被逐渐引入到接枝聚合技术中。一般而言，活性接枝聚合需要活性引发基团的固定和单体的活性聚合两个步骤，由于这些过程发生在材料表面，因此常常被称为表面引发的活性聚合。通常适合于本体的活性聚合方法几乎都可以用于表面接枝，如阴－阳离子聚合、原子转移自由基聚合、可逆加成断裂链转移聚合等。

通过原子转移自由基聚合引发的活性接枝聚合所具有的一个突出优点是很容易利用已商品化的 α－卤代酯、苯甲基卤代物将目标基体功能化，避免了得到功能化的烷氧基胺和二硫代酯所必需的多步合成过程。比如可以使用不同的催化体系，在硅表面实现诸如异丙基丙烯酰胺、甲基丙烯酸缩水甘油酯、五氟苯乙烯、甲基丙烯酸羟乙酯及甲基丙烯酸 N,N－二甲氨基乙酯等众多单体的活性接枝聚合。聚己内酯、聚交酯等聚合物都是通过开环聚合的方法生成的，通过表面引发的开环聚合方法可以在材料表面接枝此类聚合物链。比如，用铝醇盐催化开环聚合在金表面接枝聚己内酯，在金和硅表面用锡辛酸催化剂接枝手性聚乳酸等，通过这些工艺可以得到可控且具有很好的生物相容性的材料表面。

目前，利用表面引发的活性聚合方法几乎可以在所有基体表面上接枝特定组成及链长的接枝链，以满足不同的实际应用要求，这为智能材料的研究开拓了新的途径。

总之，化学是材料发展的源泉，材料的发展离不开化学。一方面，随着人类对微观世界认识和研究的不断深入，人们需要从微观结构入手，以功能决定结构，以结构发展工艺，有目的、有方向地引领材料的进一步发展。另一方面，材料学科的发展又扩展了化学的研究领域，促进了化学的进一步发展。在人类科技将会取得辉煌进步的21世纪，化学与材料的发展将会进一步为人类的生活质量的提高和改善做出巨大的贡献。

习题

1. 利用固相反应制备氧化物陶瓷材料时，常先利用溶胶－凝胶法或共沉淀法制得前驱体，再于高温下反应制备所需产物。请说明这样处理的原因是什么。

2. 为什么在大多数情况下固体间的反应很慢？怎样才能加快反应速率？

3. 溶胶－凝胶法可以制备哪些材料？它有哪些优点？

4. 简述自蔓延高温合成的特点。

5. 水热法制备材料有何优势？

6. 何谓等离子体增强化学气相沉积？

7. 透射电子显微镜（TEM）主要有哪几种功能？

8. 简述扫描电子显微镜（SEM）的成像特点和作用。

9. AFM针尖与样品之间的相互作用力主要包括哪些？

10. 什么是漫反射？利用漫反射红外光谱测试粉末材料时有何优点？

11. 材料是如何推动社会进步的？

12. 简述化学与材料的关系。

13. 举例说明如何通过电镀方法进行材料表面改性。

14. XPS中全谱扫描及高分辨扫描的区别是什么？

15. 简述液－固界面接触角的测定方法及步骤。

实　验　篇

第 10 章 化学实验

10.1 蒸馏和沸点测定

10.1.1 实验目的

（1）了解蒸馏及沸点测定的意义。

（2）初步掌握蒸馏装置的安装及相关操作，掌握沸点的测定方法。

（3）了解蒸馏的应用。

10.1.2 实验原理

蒸馏包括沸腾气化与冷却两个过程。将液态有机物加热到沸腾状态使其变成蒸气，然后将蒸气冷凝为液体，即可使沸点不同的组分得到分离。通过蒸馏可以分离沸点相差较大（一般在 30 ℃以上）的液体混合物，它是分离和提纯液态有机物的最常用的方法之一。

当温度不断升高时，液体的蒸气压也随着增大，当增大到外界大气压时，有大量的气泡从液体内部逸出，此时的温度即为液体的沸点。蒸馏时接液管开始滴下第一滴液体时的温度为初馏温度，蒸馏接近完毕时的温度为末馏温度，这两个温度之差为沸程。纯液态有机物的沸程很小，仅 0.5～1.5 ℃。若液态有机物不纯（含杂质），则沸点有所变化，沸程增大，可用蒸馏的方法测出其沸程，并可定性判断液态有机物的纯度。

蒸馏可用于以下几种场合：① 分离液体混合物；② 测定液态化合物的沸点；③ 提纯除去不挥发性杂质；④ 回收溶剂或蒸出部分溶剂以浓缩溶液。

10.1.3 实验仪器和药品

（1）仪器：电热套、铁架台（带铁圈、铁夹）、量筒（100 mL）、圆底烧瓶（100 mL）、蒸馏头、温度计套管、温度计、直形冷凝管、尾接管、磨口锥形瓶（100 mL）、电子秤等。

（2）药品：工业酒精、沸石等。

10.1.4 实验步骤

（1）按照图 10－1 搭建实验装置，搭建时需注意：① 蒸馏烧瓶内的液体体积占烧瓶容积的 1/3～2/3；② 装配仪器时遵照“先下后上，从左至右”原则；③ 温度计的水银球的上缘与支管口的下缘持平；④ 铁夹不应夹得太紧或太松，应夹在烧瓶的口径壁厚处；⑤ 130 ℃以上用空气冷凝管冷凝，130 ℃以下用水冷凝管冷凝；⑥ 各仪器的轴线要求在同一平面内，整套仪器应安装端正，无扭曲。

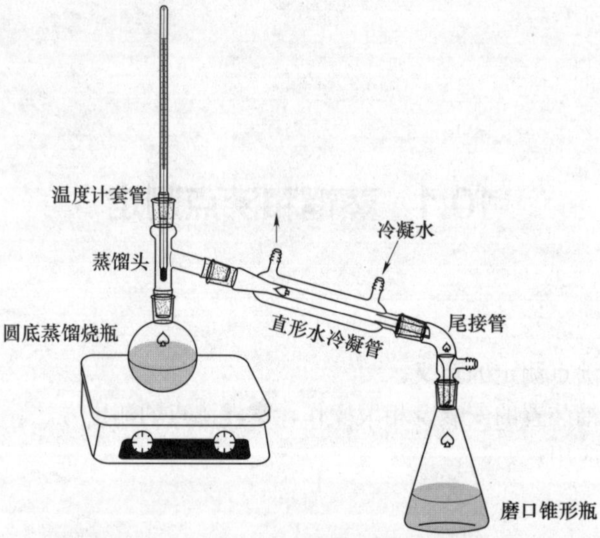

图 10－1 常压蒸馏实验装置图

（2）投料：由漏斗向蒸馏烧瓶中加入大约 50 mL 的工业酒精，并加入 2～3 粒沸石。

（3）检查装置气密性。

（4）先通冷凝水，后加热开始蒸馏。注意观察温度变化，控制蒸馏速度在 1～2 滴/s。

（5）记录各馏分沸程。

（6）当蒸馏烧瓶内残留 0.5～1 mL 工业酒精时停止蒸馏或当温度骤降时停止蒸馏。停止蒸馏时，先停止加热，后停止通水。千万不能蒸干，否则易发生事故。

（7）拆卸实验装置，拆卸顺序与安装顺序相反。

（8）回收馏分，称量，计算回收率。

10.1.5 数据记录与处理

实验数据记录表如表 10－1 所示。工业酒精投料质量 m_0=__________g。

表 10－1 蒸馏和沸点测定实验数据记录表

	质量 m/g	沸程 T/℃	回收率 Y
前馏分			
馏分			

10.1.6　思考题

（1）蒸馏操作过程中有哪些注意事项？

（2）实验中加入沸石的目的是什么？如果实验时没有沸石，可采取何种措施以达到相同的目的？

（3）如加热中断，重新加热时应当如何操作？蒸馏时若忘记加沸石应如何操作？

（4）为什么蒸馏时不能将蒸馏烧瓶蒸干？

10.2　电解法测定阿伏伽德罗常数及摩尔气体常数

10.2.1　实验目的

（1）了解电解法测定阿伏伽德罗常数及摩尔气体常数的原理。

（2）掌握气体分压的概念和理想气体状态方程的应用。

10.2.2　实验原理

通过电解法可以同时测得阿伏伽德罗常数与摩尔气体常数。以铜片和铂丝分别作为电解池的阴极和阳极电解酸性 $CuSO_4$ 溶液，两极分别发生如下反应：

阴极反应：$Cu^{2+}+2e^- \rightleftharpoons Cu$

阳极反应：$2H_2O-4e^- \rightleftharpoons 4H^+ + O_2\uparrow$

总反应：$2Cu^{2+}+2H_2O \rightleftharpoons 4H^+ + 2Cu + O_2\uparrow$

利用阴极反应，记录电解过程中的电流、时间可以得到通过的电量（$Q=I\cdot t$），通过称量可知生成的铜的质量，由此可计算得到阿伏伽德罗常数

$$N_A=\frac{Q}{n(\mathrm{Cu})\cdot 2\cdot e}=\frac{I\cdot t\cdot M(\mathrm{Cu})}{m(\mathrm{Cu})\cdot 2\cdot e} \tag{10-1}$$

其中，m(Cu)为测得的生成的铜的质量，M(Cu)为铜的摩尔质量，e 为一个电子所带电量（$e=1.6\times10^{-19}$ C）。

通过电解平衡可以由生成的铜的物质的量计算得到电解生成的氧气的物质的量（$n(O_2)$），利用阳极反应中产生的氧气的分压和体积可以计算得到摩尔气体常数

$$R=\frac{p(\mathrm{O_2})\cdot V}{n(\mathrm{O_2})\cdot T}=\frac{p(\mathrm{O_2})\cdot V}{\frac{n(\mathrm{Cu})}{2}\cdot T}=\frac{2\cdot M(\mathrm{Cu})\cdot p(\mathrm{O_2})\cdot V}{m(\mathrm{Cu})\cdot T} \tag{10-2}$$

10.2.3　实验仪器和药品

（1）仪器：直流稳压电源、直流电阻器、电流表、分析天平、定槽水银气压表、导线、电极夹、秒表、温度计、酸式滴定管（50 mL）、乳胶管、烧杯（250 mL）、铂电极、移液管（25 mL）、零号砂纸、米尺等。

（2）药品：铜片、酸性 $CuSO_4$ 电解液等。

10.2.4 实验步骤

（1）酸式滴定管检漏。在酸式滴定管下端尖口处套一乳胶管，并将其倒挂在铁架台上，管口插入装有 100 mL 去离子水的烧杯中。打开活塞，用洗耳球将水吸至有刻度处，关闭活塞。每 2 min 读一次数，如果三次读数相同，表明酸式滴定管不漏气。相关实验数据记录在表 10－2 中。

（2）测量酸式滴定管下端无刻度体积。把洗净不挂水的酸式滴定管夹在铁架台上，打开活塞，将管内水排尽（放置 10 min），关闭活塞。用 25 mL 移液管移入 25 mL 去离子水，每 2 min 读一次数，放置到读数不再变化，读数记作 a，则酸式滴定管下端无刻度体积为 $25-(50-a)$。重复测量两次，每次进行三次读数，要求两次测量过程中对应的读数相差不超过 0.01 mL，记录平均值。相关实验数据记录在表 10－3 中。

（3）搭建实验装置。按照图 10－2 搭建实验装置，将酸式滴定管倒挂在铁架台上，250 mL 烧杯作为电解槽，将酸式滴定管管口深入烧杯中（管口距烧杯底部约 1 cm）。用零号砂纸打磨铜片除去其表面氧化层，洗净并用滤纸吸干水后，将其作为阴极；将铂丝伸入酸式滴定管管口内约 3 cm，作为阳极。向电解槽中加入大约 140 mL 的电解液，打开酸式滴定管的活塞，使用洗耳球从乳胶管内吸气，使电解液充满酸式滴定管后关闭活塞。连接电路时注意阴、阳极不要接反，固定电极用的夹子不能接触液面。接通电源，调节电阻器电阻（约 100 Ω）和输出电压（25～30 V），使电流表读数保持在 190 mA 左右，检查电解是否正常进行。

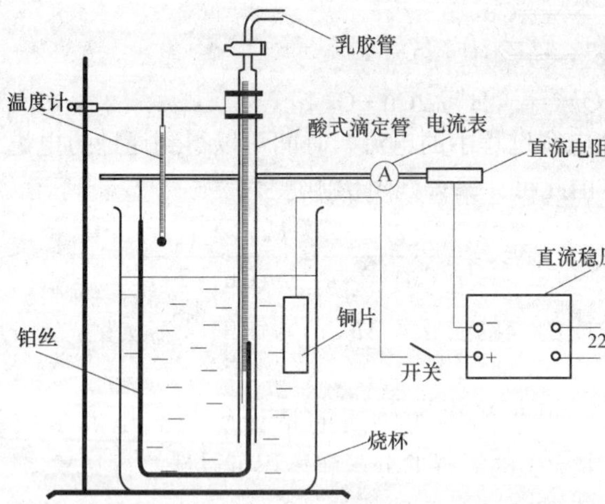

图 10－2　实验装置图

（4）初调电流后，关闭电源，取下铜片后用去离子水冲洗晾干并称重。清洗铂电极，晾干后再装上，重新使酸式滴定管内充满液体，检查线路无误后接通电源，同时用秒表记录电解时间，在电解过程中应随时调节电阻以保证电流恒定。相关实验数据记录在表 10－4 中。

（5）通电 30 min 后，关闭电源，取下铜片，用去离子水冲洗晾干，在分析天平上称重（称量两次恒重）。待管内气体的温度与室温基本平衡时，量出滴定管内高于烧杯液面液柱高度，记录温度、滴定管内液面读数及大气压。不同温度下水的饱和蒸气压和密度（1 atm）见附录

G。相关实验数据记录在表 10-4 中。

（6）取出铂电极，用水冲洗干净后上交实验老师。

10.2.5　数据记录与处理

表 10-2　酸式滴定管检漏实验数据记录表　　单位：mL

初始读数	第一次读数	第二次读数	第三次读数

表 10-3　酸式滴定管下端无刻度体积测量实验数据记录表　　单位：mL

	测量Ⅰ	测量Ⅱ	平均值
第一次读数			
第二次读数			
第三次读数			

表 10-4　电解法测定 N_A 及 R 实验数据记录表

物理量		具体数据
T/K		
大气压 p/kPa		
电流 I/A		
电解时间 t/s		
电解前铜片质量 m_0/g		
电解后铜片质量 m'/g		
电解生成铜质量 $m(=m'-m_0)$/g		
滴定管内液面读数/mL		
氧气体积 V/mL		
电解后滴定管内高于烧杯液面液柱高度 h/cm		
液柱产生压力 p（液）/kPa，p（液）= $\frac{0.133\times h}{1.36}$		
水的饱和蒸气压 p（水）/kPa		
氧气分压 p（氧气）= p–p（水）–p（液）		
N_A	文献值	
	测量值	
N_A 测量相对误差		
R	文献值	
	测量值	
R 测量相对误差		

10.2.6 思考题

（1）在电解过程中为什么要随时调节电阻以保证电流恒定？

（2）在电解过程中是什么原因造成了电流的变化？

（3）本实验中哪些环节决定了测量精度？做好本实验的关键是哪些环节？

（4）查阅相关文献，将本实验方法和其他测量阿伏伽德罗常数及摩尔气体常数的方法作简单对比。

10.3 酸度计的使用——测量溶液的 pH 及测定原电池电动势

10.3.1 实验目的

（1）了解酸度计的构造及使用方法，掌握未知溶液酸度的测定步骤。

（2）掌握使用酸度计测定原电池电动势的方法。

10.3.2 实验原理

使用酸度计可测量溶液的 pH，也可以测量原电池电动势。在测量溶液的 pH 时，常将 pH 玻璃电极作为指示电极（接酸度计的负极），饱和甘汞电极作为参比电极（接酸度计的正极），被测溶液作为电解液。根据能斯特公式可知，在 25 ℃时，原电池电动势为

$$E=\varphi_{甘汞}-\varphi_{玻}=\varphi^{\ominus}_{甘汞}-\varphi^{\ominus}_{玻}+0.0591\,\mathrm{pH} \tag{10-3}$$

其中，饱和甘汞电极的标准电极电势 $\varphi^{\ominus}_{甘汞}$ 在一定温度下是一个常数，$\varphi^{\ominus}_{玻}$ 是玻璃电极的仪器常数，它随玻璃膜和膜内 H^+浓度不同而异。在实际测量过程中，用已知 pH 的标准缓冲溶液对酸度计进行校正后，才可测量相同条件下的溶液的 pH。

下面简单介绍 pHs－25 型数显酸度计的使用方法。

1. 仪器使用前的准备

（1）将短路插插入指示电极插座。

（2）将复合电极安装在电极架上，将短路插拿掉，把复合电极插头插在仪器的电极插座上。

（3）仪器选择开关置 pH 挡或 mV 挡，开启电源，仪器预热 30 min。

2. 仪器的标定

（1）将“斜率”调节器调节在 100%位置（顺时针旋转到底）。

（2）先使用蒸馏水清洗电极，然后把电极放入一已知 pH 的标准缓冲溶液中，调节“温度”调节器使所指示的温度与溶液的温度相同。

（3）调节“定位”调节器使仪器读数为该标准缓冲溶液的 pH。对于已经标定的仪器，其“定位”调节器不应再有变动。

3. 测量未知溶液的 pH

（1）向上移出电极，用蒸馏水清洗电极头部，并用滤纸吸干。

（2）把电极插在被测溶液内，读出该溶液的 pH。

10.3.3　实验仪器和药品

（1）仪器：酸度计、烧杯（100 mL）、洗瓶、pH 试纸、玻璃棒、砂纸、锌电极、铜电极、滤纸条、锥形瓶（125 mL）、胶头滴管、洗瓶等。

（2）药品：标准缓冲溶液、未知溶液、氨水溶液、NaOH 溶液、$CuSO_4$ 溶液、$ZnSO_4$ 溶液、蒸馏水等。

10.3.4　实验步骤

（1）用酸度计测量自来水、未知溶液、蒸馏水、矿泉水、苏打水、橙汁的 pH，所测结果可记录在表 10－5 中。

（2）锌电极的电极电势的测量。以饱和甘汞电极作为参比电极，将其放入 $ZnSO_4$ 溶液中与锌电极组成原电池，测定该原电池的电动势。已知饱和甘汞电极的 $\varphi^{\ominus}$ = 0.243 8 V，结合前面测定的原电池电动势可计算 $\varphi(Zn^{2+}/Zn)$。相关测量数据及计算结果可填入表 10－6 中。

（3）将酸度计选择开关调节到 mV 挡。将 Zn 片放入 $ZnSO_4$ 溶液中组成锌电极，将 Cu 片放入 $CuSO_4$ 溶液中组成铜电极，Zn 片与酸度计的负极相接，Cu 片与酸度计的正极相接，测量铜－锌原电池电动势。$CuSO_4$ 溶液中加入过量氨水，生成铜氨络合物，再次测量原电池电动势并观察原电池电动势有何变化。相关测量数据填入表 10－6 中。

10.3.5　数据记录与处理

表 10－5　pH 测量结果记录表

	自来水	未知溶液	蒸馏水	矿泉水	苏打水	橙汁
pH						

表 10－6　锌电极的电极电势及铜－锌原电池电动势测定实验数据记录表　　单位：V

	测量数据（或计算结果）
$\varphi(Zn^{2+}/Zn)$	
铜–锌原电池电动势	
加入过量氨水后铜－锌原电池电动势	

10.3.6　思考题

（1）酸度计用于测定溶液的 pH 和原电池电动势时的异同点是什么？

（2）为什么使用酸度计测定溶液的 pH 时校准所用的标准缓冲溶液的温度要与被测溶液的温度相同？

（3）使用玻璃电极时有哪些注意事项？

10.4 水硬度的测定

10.4.1 实验目的

（1）练习 EDTA 标准溶液的配制与标定。

（2）学习采用 EDTA 配位滴定法测定水硬度的原理和方法。

10.4.2 实验原理

乙二胺四乙酸（H_4EDTA）或乙二胺四乙酸二钠盐（$Na_2H_2EDTA \cdot 2H_2O$）习惯上被称为 EDTA，它是一种常用的有机配位剂。由于乙二胺四乙酸的溶解度小，故通常用乙二胺四乙酸二钠盐配制标准溶液。由于 EDTA 能与大多数金属离子形成计量关系简单（1:1）的稳定螯合物，故常用它来配制用于配位滴定的标准溶液。

硬水是指含有较多可溶性钙镁化合物的水。硬水虽然不对人类健康造成直接危害，但会给生活带来很多麻烦，比如用水器具上易结水垢、肥皂和清洁剂的洗涤效率减小等。根据《生活饮用水卫生标准》（GB 5749—2006），生活饮用水的总硬度（以 $CaCO_3$ 计）不得超过 450 mg · L^{-1}。测定水的总硬度就是测定水中 Ca^{2+}、Mg^{2+}的总含量，可用 EDTA 配位滴定法测定。滴定时，Fe^{3+}、Al^{3+}等干扰离子可用三乙醇胺予以掩蔽；Cu^{2+}、Pb^{2+}、Zn^{2+}等重金属离子可用 KCN、Na_2S 或巯基乙酸予以掩蔽。在到达化学计量点前，金属指示剂与少量金属离子反应形成“稳定”配合物，滴定过程中所滴加的 EDTA 与游离的金属离子配位形成更加稳定的配合物（与金属指示剂配合物比较）。当到达化学计量点时，EDTA 可以夺取金属指示剂配合物中的金属离子而使金属指示剂游离出来，使溶液呈现出指示剂自身的颜色而显示终点。其相关反应如下：

在到达化学计量点前：M（金属离子）+ In（金属指示剂）$\rightleftharpoons$ M − In

$$M + EDTA \rightleftharpoons M - EDTA$$

当到达化学计量点时：$M - In + EDTA \rightleftharpoons M - EDTA + In$

水的硬度有多种表示方法，本实验以度（°）计，1 硬度单位表示十万份水含 1 份 CaO，即 $1° = 10^{-5}$ mg · L^{-1} CaO。水的硬度的计算公式为

$$\text{水的硬度}(°) = \frac{c(\mathrm{EDTA}) \times V(\mathrm{EDTA}) \times \dfrac{M(\mathrm{CaO})}{1\,000}}{V(\mathrm{H_2O})} \times 10^5 \qquad (10-4)$$

10.4.3 实验仪器和药品

（1）仪器：酸式滴定管（50 mL）、移液管（10 mL）、锥形瓶（250 mL）、容量瓶（500 mL）、量筒（100 mL）、烧杯（200 mL）、洗耳球等。

（2）药品：EDTA（乙二胺四乙酸二钠盐）、$NH_3 - NH_4Cl$ 缓冲溶液（pH = 10）、铬黑 T 固体指示剂、NaOH 溶液（100 g · L^{-1}）、钙指示剂等。

10.4.4　实验步骤

（1）EDTA 标准溶液的配制。称取一定质量的 EDTA 置于小烧杯中，加热使 EDTA 溶于 100 mL 去离子水中，冷却后将此溶液转移至 250 mL 容量瓶中，用少量去离子水洗涤小烧杯 3 次，洗涤液一并加入容量瓶中，加入去离子水至容量瓶刻度，摇匀，计算并记录 EDTA 标准溶液浓度。相关实验数据记录在表 10–7 中。

（2）自来水和蒸馏水水质检验。取两支试管并分别加入 1 mL 自来水和 1 mL 蒸馏水，再向两支试管中均加入 5 滴 100 g · L^{-1}NaOH 溶液和少许钙指示剂，观察溶液是否变红。

（3）水样总硬度的测定。移取水样 25 mL 于锥形瓶中，加入 5 mL NH_3-NH_4Cl 缓冲溶液及少量铬黑 T 固体指示剂，摇匀，用 EDTA 标准溶液滴定（由紫红色变至纯蓝色终点），记录所消耗 EDTA 标准溶液的体积。平行测定 3 次，计算水样总硬度。相关实验数据填入表 10－7 中。

（4）水样钙硬度的测定。移取水样 25 mL 于锥形瓶中，加入 1 mL 100 g · L^{-1} NaOH 溶液，摇匀，并加入少许钙指示剂，用 EDTA 标准溶液滴定（由紫红色变至纯蓝色终点），记录所消耗 EDTA 标准溶液的体积。平行测定 3 次，计算水样钙硬度。相关实验数据填入表 10－8 中。

（5）水样镁硬度的测定。由水样的总硬度减去水样的钙硬度即得水样的镁硬度。相关实验数据填入表 10－8 中。

10.4.5　数据记录与处理

表 10－7　水样总硬度测定实验数据记录表

称取 EDTA 质量 m=____ g　　　　EDTA 标准溶液浓度 c=____mol · L^{-1}

	测量Ⅰ	测量Ⅱ	测量Ⅲ
滴定起始读数/mL			
滴定终点读数/mL			
滴定用量/mL			
平均滴定用量/mL			
总硬度/（°）			

表 10－8　水样钙硬度和镁硬度测定实验数据记录表

	测量Ⅰ	测量Ⅱ	测量Ⅲ
滴定起始读数/mL			
滴定终点读数/mL			
滴定用量/mL			
平均滴定用量/mL			
钙硬度/（°）			
镁硬度/（°）			

10.4.6 思考题

（1）EDTA 配位滴定法与酸碱滴定法相比，有哪些不同？操作中应注意哪些问题？

（2）用 EDTA 标准溶液滴定水中 Ca^{2+}、Mg^{2+}时，加入氨性缓冲溶液的目的是什么？

（3）在 pH 约为 10 时使用铬黑 T 固体指示剂滴定，为什么此时测得的是水样总硬度？

10.5 银氨配离子配位数的测定

10.5.1 实验目的

（1）掌握配位平衡、沉淀溶解平衡相关知识。

（2）测定$[Ag(NH_3)_n]^+$的配位数 n。

（3）测定反应$AgBr + nNH_3 \rightleftharpoons [Ag(NH_3)_n]^+ + Br^-$的标准平衡常数$K^{\ominus}$，并求$[Ag(NH_3)_n]^+$的平衡常数 $K_{稳}$。

10.5.2 实验原理

在含有一定量的 KBr 和氨水的水溶液中滴加 $AgNO_3$ 溶液，直至溶液浑浊，此时混合溶液中同时存在以下配位平衡和沉淀溶解平衡：

$$Ag^+ + nNH_3 \rightleftharpoons [Ag(NH_3)_n]^+ \tag{10-5}$$

$$K_{稳} = \frac{\{c([Ag(NH_3)]^+)\}}{\{c(Ag^+)\}\{c(NH_3)\}^n} = \frac{[[Ag(NH_3)_n]^+]}{[Ag^+][NH_3]^n}$$

$$Ag^+ + Br^- \rightleftharpoons AgBr \tag{10-6}$$

$$K_{sp}^{\ominus} = \{c(Ag^+)\}\{c(Br^-)\} = [Ag^+][Br^-]$$

式（10-5）～式（10-6）得：$AgBr + nNH_3 \rightleftharpoons [Ag(NH_3)_n]^+ + Br^-$

$$K^{\ominus} = \frac{[[Ag(NH_3)_n]^+][Br^-]}{[NH_3]^n} = K_{sp}^{\ominus} \cdot K_{稳} \tag{10-7}$$

整理式（10-7），得：$[[Ag(NH_3)_n]^+][Br^-] = K^{\ominus} \cdot [NH_3]^n$

两边取对数，得：$\lg\{[[Ag(NH_3)_n]^+][Br^-]\} = \lg K^{\ominus} + n\lg[NH_3]$

以$\lg\{[[Ag(NH_3)_n]^+][Br^-]\}$为纵坐标，$\lg[NH_3]$为横坐标作图，所得直线斜率即为配位数 n。由截距$\lg K^{\ominus}$可求得$K^{\ominus}$，进而由$K^{\ominus}$和 AgBr 的溶度积$K_{sp}^{\ominus}$可计算得到$[Ag(NH_3)_n]^+$的平衡常数 $K_{稳}$。Br^-、$[Ag(NH_3)_n]^+$、NH_3 的平衡浓度可以近似地按以下方法计算。

设往平衡体系中加入的 KBr 溶液和氨水的浓度分别为$c_0(Br^-)$、$c_0(NH_3)$，体积分别为$V(Br^-)$、$V(NH_3)$。加入 $AgNO_3$ 溶液体积为$V(Ag^+)$、浓度为$c_0(Ag^+)$，混合溶液总体积$V(总) = V(Br^-) + V(NH_3) + V(Ag^+)$，则

$$c(Br^-) = c_0(Br^-) \times \frac{V(Br^-)}{V(总)}$$

$$c([Ag(NH_3)_n]^+) = c_0(Ag^+) \times \frac{V(Ag^+)}{V(总)}$$

$$c(NH_3)=c_0(NH_3)\times\frac{V(NH_3)}{V(总)}$$

10.5.3　实验仪器和药品

（1）仪器：移液管（25 mL）、酸式滴定管（100 mL）、碱式滴定管（100 mL）、锥形瓶（250 mL）等。

（2）药品：KBr 溶液（0.008 mol・L^{-1}）、$AgNO_3$ 溶液（0.01 mol・L^{-1}）、氨水溶液（2 mol・L^{-1}）。

10.5.4　实验步骤

（1）用棕色酸式滴定管装 $AgNO_3$ 溶液（0.01 mol・L^{-1}），用碱式滴定管装氨水溶液（2 mol・L^{-1}），均调节液面至零刻度线。

（2）用移液管准确移取 25 mL KBr 溶液（0.008 mol・L^{-1}）到 250 mL 锥形瓶中，由碱式滴定管向锥形瓶中加入 10 mL 氨水，用酸式滴定管往锥形瓶内滴加 $AgNO_3$ 溶液，直到溶液浑浊，记录加入 $AgNO_3$ 溶液体积。相关实验数据记录在表 10－9 中。

（3）继续向锥形瓶中加入氨水至两次所加氨水体积总和为 12 mL，继续用 $AgNO_3$ 溶液滴定至溶液浑浊，记录累积加入的 $AgNO_3$ 溶液的体积。相关实验数据记录在表 10－9 中。

（4）继续向锥形瓶中加入氨水，使累计体积分别为 15 mL、19 mL、24 mL、31 mL，用上述同样操作步骤进行滴定，记录累积加入的 $AgNO_3$ 溶液的体积。相关实验数据记录在表 10－9 中。

（5）计算各次滴定中 Br^-、$[Ag(NH_3)_n]^+$、NH_3 的平衡浓度及 $\lg[NH_3]$、$\lg\{[[Ag(NH_3)_n]^+][Br^-]\}$。

（6）以 $\lg\{[[Ag(NH_3)_n]^+][Br^-]\}$ 为纵坐标、$\lg[NH_3]$ 为横坐标作图，并计算配位数 n、$K^{\ominus}$ 和 $K_{稳}$。

10.5.5　数据记录与处理

表 10－9　银氨配离子配位数的测定实验数据记录表

滴定序号	1	2	3	4	5	6
$V(Br^-)$ /mL						
$V(NH_3)$ /mL						
$V(Ag^+)$ /mL						
$V(总)$ /mL						
$c(Br^-)$ /（mol・L^{-1}）						
$c([Ag(NH_3)_n]^+)$ /（mol・L^{-1}）						
$c(NH_3)$ /（mol・L^{-1}）						
$\lg\{[[Ag(NH_3)_n]^+][Br^-]\}$						
$\lg[NH_3]$						

10.5.6 思考题

（1）为什么做银氨配离子配位数的测定实验时选用 Br^- 而不用 I^- 或 Cl^-？

（2）为什么在滴定终点达到化学平衡时 $c([Ag(NH_3)_n]^+)$ 中的 $c(NH_3)$ 可忽略不计，$c(NH_3)$ 可以用加入的氨水量近似计算吗？

（3）为什么实验所用锥形瓶开始时必须是干燥的，且在滴定过程中也不能用水淋洗瓶壁？

（4）滴定时若 $AgNO_3$ 溶液滴加过量，是否必须要重新实验？

（5）本实验中误差的主要来源有哪些？

10.6 反应级数及活化能测定

10.6.1 实验目的

（1）了解化学动力学理论及温度、浓度和催化剂对化学反应速率的影响。

（2）测定过二硫酸铵与碘化钾反应的反应速率，并计算反应级数和活化能。

10.6.2 实验原理

在水溶液中，$(NH_4)_2S_2O_8$ 和 KI 发生如下反应：

$$S_2O_8^{2-}+3I^-=\!=\!=2SO_4^{2-}+I_3^- \qquad (1)$$

反应的平均反应速率为

$$\bar{r}\approx-\frac{\Delta c(S_2O_8^{2-})}{\Delta t}=k[c_0(S_2O_8^{2-})]^m[c_0(I^-)]^n$$

其中，$\bar{r}$ 为反应的平均反应速率，$\Delta c(S_2O_8^{2-})$为Δt 时间内 $S_2O_8^{2-}$ 的浓度变化，$c_0(S_2O_8^{2-})$ 和 $c_0(I^-)$ 分别为 $S_2O_8^{2-}$和 I^-的起始浓度，k 为反应速率系数，m 和 n 分别对应 $S_2O_8^{2-}$和 I^-的反应级数，$m+n$ 则为该反应的总级数。

为了测出在 Δt 时间内 $S_2O_8^{2-}$的浓度变化，在反应体系中需要加入一定体积已知浓度的 $Na_2S_2O_3$ 溶液和淀粉，这样在反应（1）进行的同时，还会有如下反应发生：

$$2S_2O_3^{2-}+I_3^-=\!=\!=S_4O_6^{2-}+3I^- \qquad (2)$$

由于反应（2）的化学反应速率比反应（1）大得多，故反应（1）生成的 I_3^-会立即与 $S_2O_3^{2-}$反应生成无色的 $S_4O_6^{2-}$和 I^-。在反应初期，溶液呈无色，一旦 $Na_2S_2O_3$ 耗尽，由反应（1）生成的微量 I_3^-就会与淀粉作用，使溶液呈蓝色。

由反应（1）和反应（2）的化学计量关系可以看出，每消耗 1 mol $S_2O_8^{2-}$会消耗 2 mol $S_2O_3^{2-}$，即

$$\Delta c(S_2O_8^{2-})=\frac{\Delta c(S_2O_3^{2-})}{2}$$

而在 Δt 时间内 $S_2O_3^{2-}$已被全部耗尽，则 $\Delta c(S_2O_3^{2-})$ 就是反应起始时 $Na_2S_2O_3$ 的浓度 $c_0(S_2O_3^{2-})$，故可以计算反应的平均反应速率：

$$\bar{r} \approx -\frac{\Delta c(S_2O_8^{2-})}{\Delta t} = -\frac{c_0(S_2O_3^{2-})}{2\Delta t} = k[c_0(S_2O_8^{2-})]^m [c_0(I^-)]^n$$

两边取对数可得：

$$\lg \bar{r} = \lg k + m \lg c_0(S_2O_8^{2-}) + n \lg c_0(I^-) \qquad (10-8)$$

因此，当 $S_2O_8^{2-}$浓度不变时，以 $\lg\bar{r}$ 分别对 $\lg c_0(S_2O_8^{2-})$ 和 $\lg c_0(I^-)$ 作图，得到的直线斜率分别为 m 和 n；再将 $\bar{r}$，m，n 代入反应速率方程可以求得反应速率系数 k。

由阿伦尼乌斯方程可知：$\lg k = A - \frac{E_a}{2.303RT}$。其中：$A$ 为指前因子；E_a 为反应的活化能（$J \cdot mol^{-1}$）；R 为摩尔气体常数，$R = 8.314\ J \cdot mol^{-1} \cdot K^{-1}$；$T$ 为热力学温度（K）。

求出不同温度时的 k 值，以 $\lg k$ 为纵坐标、$1/T$ 为横坐标作图，由所得直线的斜率可以计算得到反应的活化能 E_a。

10.6.3　实验仪器和药品

（1）仪器：移液管（2 mL）、移液管（1 mL）、小试管、玻璃棒、秒表、温度计、恒温水浴槽、锥形瓶（25 mL）等。

（2）药品：KI 溶液（$0.20\ mol \cdot L^{-1}$）、淀粉溶液（0.2%）、$Na_2S_2O_3$ 溶液（$0.01\ mol \cdot L^{-1}$）、KNO_3 溶液（$0.20\ mol \cdot L^{-1}$）、$(NH_4)_2S_2O_8$ 溶液（$0.20\ mol \cdot L^{-1}$）、$(NH_4)_2SO_4$ 溶液（$0.20\ mol \cdot L^{-1}$）、$Cu(NO_3)_2$ 溶液（$0.02\ mol \cdot L^{-1}$）。

10.6.4　实验步骤

（1）研究浓度对化学反应速率的影响，求反应级数。

在室温下，按表 10－10 中所列各反应物用量量取各试剂，除$(NH_4)_2S_2O_8$ 溶液外，其余各试剂均可按用量混合在各编号烧杯中，最后再快速加入$(NH_4)_2S_2O_8$ 溶液，立即计时，并不断搅拌。等溶液变蓝时停止计时，记下反应时间和室温，计算每次实验的平均反应速率 $\bar{r}$，相关实验数据和计算结果可记录在表 10－10 中。利用表 10－10 中第Ⅰ、Ⅱ、Ⅲ组实验中的数据作 $\lg\bar{r} - \lg c_0(S_2O_8^{2-})$ 图可求出 m，利用第Ⅰ、Ⅳ、Ⅴ组实验中的数据作 $\lg\bar{r} - \lg c_0(I^-)$ 图可求出 n，利用所得 $\bar{r}$，m，n 可计算反应速率系数 k。

（2）研究温度对化学反应速率的影响，求活化能。

把 10 mL KI 溶液、8 mL $Na_2S_2O_3$ 溶液、10 mL KNO_3 溶液和 4 mL 淀粉溶液加到 100 mL 烧杯中，将 20 mL$(NH_4)_2S_2O_8$ 溶液加入另一烧杯中，两烧杯同时放入冰水浴中，待烧杯中的溶液的温度平衡至指定温度后，把$(NH_4)_2S_2O_8$ 溶液快速加入混合溶液中，立即计时，并不断搅拌，等溶液变蓝时停止计时，记下反应时间和温度。采用相同方法测定 10 ℃、20 ℃、30 ℃、35 ℃条件下的反应时间并计算相应化学反应速率和反应速率系数。利用所得结果作 $\lg k - \frac{1}{T}$ 图，求出反应活化能。相应实验数据及计算结果可记录在表 10－11 中。

（3）研究催化剂对化学反应速率的影响。

在室温下，首先把 10 mL KI 溶液、8 mL $Na_2S_2O_3$ 溶液、10 mL KNO_3 溶液和 4 mL 淀粉溶液加到 100 mL 烧杯中，再加入 2 滴 $0.02\ mol \cdot L^{-1}$ $Cu(NO_3)_2$ 溶液，最后把$(NH_4)_2S_2O_8$ 溶液快速加入混合溶液中，立即计时，并不断搅拌，等溶液变蓝时停止计时，记下反应时间和温度，计算化学反应速率并与步骤（1）中相同反应温度下的化学反应速率作比较。

10.6.5 数据记录与处理

表 10－10 研究浓度对化学反应速率的影响实验数据记录表

反应温度：

实验编号		Ⅰ	Ⅱ	Ⅲ	Ⅳ	Ⅴ
试剂用量/mL	0.20 mol·$L^{-1}$$(NH_4)_2S_2O_8$ 溶液	20	10	5	20	20
	0.20 mol·L^{-1} KI 溶液	20	20	20	10	5
	0.01 mol·$L^{-1}$$Na_2S_2O_3$ 溶液	8	4	2	4	2
	0.2%淀粉溶液	4	4	4	4	4
	0.20 mol·L^{-1} KNO_3 溶液	0	0	0	10	15
	0.20 mol·$L^{-1}$$(NH_4)_2SO_4$ 溶液	0	14	21	4	6
反应物起始浓度/（mol·L^{-1}）	$(NH_4)_2S_2O_8$ 溶液					
	KI 溶液					
	$Na_2S_2O_3$ 溶液					
反应时间 Δt/s						
$S_2O_8^{2-}$ 浓度变化 $\Delta c(S_2O_8^{2-})$ /（mol·L^{-1}）						
平均反应速率 $\overline{r}$ /（mol·L^{-1}·s^{-1}）						
$\lg\overline{r}$						
$\lg c_0(S_2O_8^{2-})$						
$\lg c_0(I^-)$						
反应速率常数 k/（(mol·L^{-1})$^{1-\alpha-\beta}$·s^{-1}）						
m						
n						

表 10－11 研究温度对化学反应速率的影响实验数据记录表

实验编号	Ⅰ	Ⅱ	Ⅲ	Ⅳ	Ⅴ
反应温度/℃					
反应时间 Δt/s					
平均反应速率 $\overline{r}$ /（mol·L^{-1}·s^{-1}）					
反应速率系数 k/（(mol·L^{-1})$^{1-\alpha-\beta}$·s^{-1}）					
$\lg k$					
$\frac{1}{T}$ /K^{-1}					
反应活化能 E_a /（kJ·mol^{-1}）					

表 10－12 研究催化剂对化学反应速率的影响实验数据记录表

反应温度/℃	
反应时间 Δt/s	
反应速率 r/（mol·L^{-1}·s^{-1}）	

10.6.6 思考题

（1）若用 I^-（或 I_3^-）的浓度变化来表示该反应的速率，则测得的 $\bar{r}$ 和 k 是否和用 $S_2O_8^{2-}$ 的浓度变化表示的一样？

（2）实验中为什么可以用溶液变蓝的时间长短计算化学反应速率？实验中当溶液变蓝后，反应是否就终止了？

（3）在本实验中，过多或过少使用 $Na_2S_2O_3$ 溶液对实验结果有何影响？

（4）实验中加入 KNO_3 溶液和$(NH_4)_2SO_4$ 溶液的目的是什么？

10.7 常见阳离子的分离和鉴定

10.7.1 实验目的

（1）了解常见阳离子的分离和鉴定的方法。

（2）掌握本实验具体的操作步骤。

10.7.2 实验原理

离子的分离和鉴定是以各离子的基本性质为依据，利用各种具有特殊实验现象（如沉淀的生成和溶解、特殊颜色的出现、气体的产生等）的化学反应而进行的。离子的基本性质是进行分离和鉴定的基础，要想掌握离子的分离和鉴定方法就要熟悉离子的基本性质。

离子的分离和鉴定是在一定条件下进行的，所谓“一定条件”主要是指溶液的酸度、反应物的浓度、反应的温度、促进或妨碍反应的物质是否存在等具体反应条件。为使反应向期望的方向进行，必须选择适当的反应条件，这要求实验人员对各种离子的基本性质具有足够的了解。

当离子混合液中各组分对鉴定反应不产生干扰时，可以直接利用鉴定反应进行鉴定。若共存组分相互干扰，就需要选择适当的方法消除干扰，比如加入掩蔽剂以消除干扰影响。但如果没有合适的掩蔽剂，就需要将干扰组分从鉴定体系中分离出来以排除其对鉴定的影响。

沉淀分离是一种经典有效的分离方法，其主要原理是向混合溶液中加入沉淀剂，利用所形成的化合物的溶解度的差异使被分离组分与干扰组分相互分离，像 HCl，H_2SO_4，NaOH，$NH_3 \cdot H_2O$，$(NH_4)_2CO_3$ 及$(NH_4)_2S$ 等都是比较常用的沉淀剂。由于元素周期表中处于相邻位置的元素在化学性质上表现出一定的相似性，一种沉淀剂往往可以使具有相似性质的元素同时沉淀，此时称这种沉淀剂为这一类产生沉淀的元素的组试剂。组试剂将元素划分为不同的组，便于设计实验以达到分离的目的（如图 10－3 所示）。

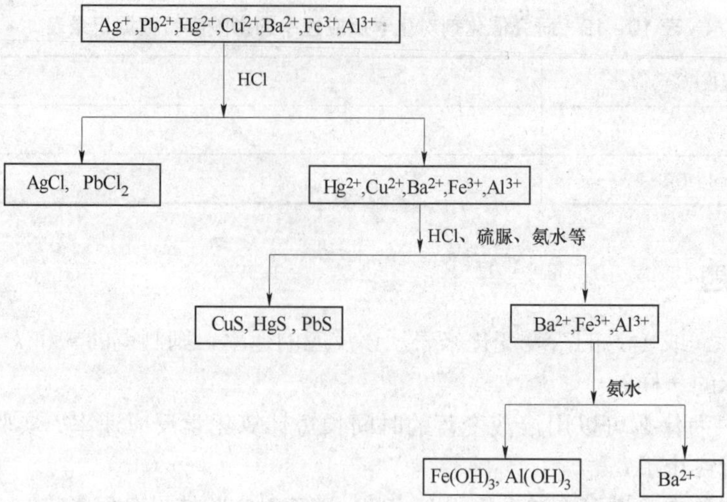

图 10-3 常见阳离子的分离及鉴定

10.7.3 实验仪器和药品

（1）仪器：离心机、离心试管、水浴锅、点滴板、试管架、pH 试纸、玻璃棒等。

（2）药品：Ag^{+}，Hg^{2+}，Pb^{2+}，Cu^{2+}，Fe^{3+}，Al^{3+}，Ba^{2+}混合溶液（均为硝酸盐，其浓度都为 10 mg · mL^{-1}）、HCl 溶液（2 mol · L^{-1}、6 mol · L^{-1}）、H_2SO_4 溶液（6 mol · L^{-1}）、HNO_3 溶液（6 mol · L^{-1}）、HAc 溶液（2 mol · L^{-1}、6 mol · L^{-1}）、NaOH 溶液（2 mol · L^{-1}）、氨水（6 mol · L^{-1}）、KI 溶液（1 mol · L^{-1}）、$CuSO_4$ 溶液（0.2 mol · L^{-1}）、Na_2S 溶液（1 mol · L^{-1}）、NaAc 溶液（2 mol · L^{-1}、1 mol · L^{-1}）、硫脲（5%）、K_2CrO_4 溶液（1 mol · L^{-1}、2 mol · L^{-1}）、Na_2CO_3 溶液（12%、饱和）、NH_4Cl 溶液（饱和）、$K_4[Fe(CN)_6]$（0.25 mol · L^{-1}）、铝试剂（0.1%）等。

10.7.4 实验步骤

取混合溶液 20 滴放入试管中并按以下实验步骤进行离子的分离和鉴定。

1. Fe^{3+}的鉴定

在试管中的混合溶液中取 1 滴试液加在点滴板的凹穴中，加 1 滴 0.25 mol · L^{-1} $K_4[Fe(CN)_6]$溶液，观察沉淀颜色。

2. Pb^{2+}，Ag^{+}的分离和鉴定

向余下的溶液中滴加 4 滴 2 mol · L^{-1}HCl 溶液，充分振荡，静置片刻，经离心沉降后向上层溶液中加 2 滴 2 mol ·L^{-1}HCl 溶液以检查沉淀是否完全。吸出上层清液至离心试管（或点滴板）中，将此溶液命名为溶液 1。用 2 mol · L^{-1}HCl 溶液洗涤沉淀，将此时沉淀命名为沉淀 1。观察沉淀的颜色，写出反应方程式。

（1）Pb^{2+}的鉴定。向沉淀 1 中加 6 滴水，将其在沸水浴中加热 3 min 以溶解沉淀，并不时搅拌。待沉淀沉降后，趁热取清液 3 滴于点滴板上，先加 2 mol · L^{-1} K_2CrO_4 溶液和 2 mol · L^{-1}HAc 溶液各 1 滴，再加适量 2 mol · L^{-1}NaOH 溶液，最后加适量 6 mol · L^{-1}HAc 溶液，认真观察每次滴加不同试剂后的实验现象。将取上清液后所余沉淀命名为沉淀 2。

（2）Ag^{+}的鉴定。向沉淀 2 中加入少量的 6 mol · L^{-1} 氨水，再加入适量 6 mol · L^{-1} HNO_3

溶液，沉淀重新生成。观察沉淀的颜色，并写出反应方程式。

3. Cu^{2+}，Pb^{2+}，Hg^{2+}的分离和鉴定

用 6 mol・L^{-1} 氨水将溶液 1 的酸度调至中性（3～4 滴），再加入体积约为此溶液的十分之一的 2 mol・L^{-1}HCl 溶液（3～4 滴）将溶液的 H^+浓度调到 0.2 mol・L^{-1}。加 15 滴 5% 硫脲，混匀后水浴加热 15 min。然后稀释一倍再加热数分钟，静置冷却，离心分离沉淀。吸出上层清液至离心试管（或点滴板）中，将此溶液命名为溶液 2。用饱和 NH_4Cl 溶液洗涤沉淀，在所得沉淀上先加 5 滴 1 mol・L^{-1} Na_2S 溶液，水浴加热 3 min，并不时搅拌；然后加 3～4 滴氨水，搅拌均匀后离心分离；最后用 Na_2S 溶液将沉淀处理一次，合并清液，并将其命名为溶液 3。用饱和 NH_4Cl 溶液洗涤沉淀，并将其命名为沉淀 3。观察溶液 3 的颜色，讨论反应历程。

（1）Cu^{2+}的鉴定。向沉淀 3 中加入浓硝酸（4～5 滴），加热搅拌使之完全溶解，所得溶液命名为溶液 4。用玻璃棒将产物单质弃去，然后取 1 滴溶液 4 于点滴板上，加 1 mol・L^{-1}NaAc 溶液和 0.25 mol・L^{-1} $K_4[Fe(CN)_6]$溶液各 1 滴，观察实验现象。

（2）Pb^{2+}的鉴定。取 1 滴溶液 4 于点滴板上，加 1 mol・L^{-1} NaAc 溶液和 1 mol・L^{-1} K_2CrO_4 溶液各 1 滴，观察实验现象。如果没有变化，用玻璃棒搅拌。在加入 2 mol・L^{-1}NaOH 溶液后，再加 6 mol・L^{-1}HAc 溶液，观察实验现象。

（3）Hg^{2+}的鉴定。向溶液 3 中逐滴加入 6 mol・L^{-1} H_2SO_4 溶液，记下滴数。当滴加至 pH 为 3～5 时，再多加一半滴数的 H_2SO_4 溶液，水浴加热并充分搅拌，离心分离沉淀。吸出上层清液至离心试管（或点滴板）中，用少量的水洗涤沉淀。向沉淀中加 5 滴 1 mol・L^{-1} KI 溶液和 2 滴 6 mol・L^{-1}HCl 溶液，充分搅拌，加热后离心分离沉淀。吸出上层清液至离心试管（或点滴板）中，再用 KI 溶液和 HCl 溶液重复处理沉淀。合并两次离心液并向离心液中加入 1 滴 0.2 mol・L^{-1} $CuSO_4$ 溶液和少许 Na_2CO_3 固体，观察实验现象并说明有哪种离子存在。

4. Al^{3+}，Fe^{3+}，Ba^{2+}的分离和鉴定

往溶液 2 中逐滴加入 6 mol・L^{-1} 氨水至溶液呈碱性，离心分离。把清液转移到另一试管中并将其命名为溶液 5，沉淀命名为沉淀 4。

（1）Al^{3+}的鉴定。往沉淀 4 中加入 2 mol・L^{-1}HAc 溶液和 2 mol・L^{-1}NaAc 溶液各 2 滴，再加入 2 滴铝试剂，搅拌后微热之，观察实验现象并说明有哪种离子存在。

（2）Ba^{2+}的鉴定。往溶液 5 中滴加 6 mol・L^{-1} H_2SO_4 溶液至产生白色沉淀，再过量滴加 2 滴，搅拌片刻，离心分离，弃清液。用 10 滴热蒸馏水洗涤沉淀，离心分离。在沉淀中加入饱和 Na_2CO_3 溶液 3～4 滴，搅拌片刻后再加入 2 mol・L^{-1}HAc 溶液和 2 mol・L^{-1}NaAc 溶液各 3 滴，搅拌片刻，然后加入 1～2 滴 1 mol・L^{-1} K_2CrO_4 溶液，观察实验现象并说明有哪种离子存在。

10.7.5 数据记录与处理

按要求用表格形式写出实验步骤，记录实验现象，写出相应的化学反应方程式，并按照实验现象进行相应解释和讨论。

10.7.6 思考题

（1）为什么本实验中在使用 HCl 溶液分离 Ag^+，Pb^{2+}后，Pb^{2+}仍可被分离和检出？

（2）在分析未知溶液时，当由碳酸盐制备铬酸盐沉淀时，为什么须用醋酸溶液去溶解碳酸盐沉淀，而不用强酸如盐酸去溶解？

（3）在 Hg^{2+} 的鉴定实验中为什么选用 H_2SO_4 溶液酸化而不选用 HCl 溶液？

10.8 纳米银胶体溶液的制备

10.8.1 实验目的

（1）了解简单纳米材料的制备方法。

（2）了解纳米材料的基本性质。

（3）掌握胶体的基本性质。

10.8.2 实验原理

胶体，又称胶状分散体，是一种粒子团悬浮于流体媒介的均匀混合物。胶体同时含有处于分散状态的物质和处于连续状态的物质，是一种高度分散的多相不均匀体系，其中分散介质由微小的粒子或液滴所组成，其直径为 1～1000 nm。这种特殊的分散体系具有很多特殊的性质，例如：胶粒不能透过半透膜；胶粒会发生布朗运动；在电场中能够出现电泳现象；光照条件下可以观察到丁达尔效应等。胶体化学作为物理化学的一个重要分支，在医药卫生、食品工业等诸多领域均有重要的应用。

由于尺寸处于纳米量级的超细材料具有量子尺寸效应、表介面效应、小尺寸效应、量子隧穿效应等特殊的纳米效应，因此它们通常会表现出与宏观块体材料所不同的热、力、光、电、磁等特殊性能，因而受到了科研人员的普遍关注。但由于纳米材料比表面积大，表面原子配位不饱和程度高，处于亚稳状态，且有很强的聚集趋势，因此在纳米材料的合成制备当中通常要加入高分子表面活性剂、有机配位体等保护剂。这些保护剂不仅可以吸附在纳米材料的表面并降低材料表面能，还可以在特定溶剂中通过静电稳定或空间位阻稳定的机制防止纳米材料碰撞聚集，从而使纳米材料在相应的分散剂中形成均匀、稳定、高度分散的胶体溶液。当改变分散剂的极性、离子强度等参数时，可以使纳米粒子发生软团聚，通过离心、沉降等手段可以使纳米材料与分散剂分离。由于此时纳米粒子发生的是相互聚集的软团聚而不是粒子聚集长大的硬团聚，因此可以通过再度加入合适的分散剂，同时借助超声、加热等手段使纳米材料分散而形成胶体溶液。

10.8.3 实验仪器和药品

（1）仪器：滴管、激光笔、离心试管、离心机、超声清洗仪等。

（2）药品：0.01 $mol \cdot L^{-1}$ $AgNO_3$ 溶液、1%聚乙烯吡咯烷酮（PVP）溶液、新配 0.5%$NaBH_4$ 溶液等。

10.8.4 实验步骤

（1）纳米银胶体溶液的制备。取 $AgNO_3$ 溶液、PVP 溶液各 1 mL 加入试管中，振荡摇匀，滴入 1～2 滴新配 $NaBH_4$ 溶液，振荡，观察实验现象。

（2）观察制得的胶体溶液的颜色，并判断该胶体溶液是否澄清透明。于暗处使用激光笔垂直照射制得的胶体溶液，观察实验现象。

（3）向制得的胶体溶液中加入 10 mL 丙酮，摇匀后转入两个离心试管中，离心沉降，弃去上清液。

（4）向所得沉淀中加入 10 mL 水，超声分散。再次于暗处使用激光笔垂直照射所制得的胶体溶液，观察实验现象。

10.8.5　数据记录与处理

按要求用表格形式写出实验步骤，记录实验现象。

10.8.6　思考题

（1）为什么实验制备的纳米银呈棕黄色而不是黑色或具有金属光泽的银白色？

（2）在纳米银胶体溶液的制备过程中加入的 PVP 溶液和 $NaBH_4$ 溶液的作用分别是什么？

（3）实验过程中可观察到步骤（2）、步骤（4）中都出现了丁达尔现象，简要说明原因。

附录 A　一些物质的热力学性质

说明：

cr：结晶固体；l：液体；g：气体；

am：非晶态固体；aq：水溶液，未指明组成；

ao：水溶液，非电离物质，标准状态，$b=1\ mol \cdot kg^{-1}$；

ai：水溶液，电离物质，标准状态，$b=1\ mol \cdot kg^{-1}$。

物质的化学式和说明	状态	298.15 K，100 kPa		
		$\Delta_f H_m^\ominus$ /（$kJ \cdot mol^{-1}$）	$\Delta_f G_m^\ominus$ /（$kJ \cdot mol^{-1}$）	$S_m^\ominus$ /（$J \cdot K^{-1} \cdot mol^{-1}$）
Ag	cr	0	0	42.55
Ag^+	ao	105.579	77.107	72.68
Ag_2O	cr	−31.05	−11.20	121.3
AgF	cr	−204.6	—	—
AgCl	cr	−127.068	−109.789	96.2
AgBr	cr	−100.37	−96.9	107.1
AgI	cr	−61.84	−66.19	115.5
Ag_2S（α，斜方晶的）	cr	−32.59	−40.67	144.01
Ag_2S（β）	cr	−29.41	−39.46	150.6
$AgNO_3$	cr	−124.39	−33.41	140.92
$[Ag(NH_3)]^+$	ao	—	31.68	—
$[Ag(NH_3)_2]^+$	ao	−111.29	−17.12	245.2
Ag_3PO_4	cr	—	−879	—
Ag_2CO_3	cr	−505.8	−436.8	167.4
$Ag_2C_2O_4$	cr	−673.2	−584.0	209
Al	cr	0	0	28.83
Al^{3+}	ao	−531	−485	−321.7
Al_2O_3（α 刚玉、金刚砂）	cr	−1 675.7	−1 582.3	50.92
Al_2O_3	am	−1 632	—	—
$Al_2O_3 \cdot 3H_2O$（拜耳石）	cr	−2 586.67	−2 310.21	136.90
$Al(OH)_3$	am	−1 276	—	—
$Al(OH)_4^-$（相当于 $AlO_2^-(aq)+2H_2O(l)$）	ao	−1 502.5	−1 305.3	102.9
AlF_3	cr	−1 504.1	−1 425.0	66.44

续表

物质的化学式和说明	状态	298.15 K，100 kPa		
		$\Delta_f H_m^\ominus$ /（kJ·mol^{-1}）	$\Delta_f G_m^\ominus$ /（kJ·mol^{-1}）	$S_m^\ominus$ /（J·K^{-1}·mol^{-1}）
$AlCl_3$	cr	−704.2	−628.8	110.67
$AlCl_3\cdot 6H_2O$	cr	−2 691.6	−2 261.1	318.0
Al_2Cl_6	g	−1 290.8	−1 220.4	490
$Al_2(SO_4)_3$	cr	−3 440.84	−3 099.94	239.3
$Al_2(SO_4)_3\cdot 18H_2O$	cr	−8 878.9	—	—
AlN	cr	−318.0	−287.0	20.17
Ar	g	0	0	154.843
As(α)	cr	0	0	35.1
AsO_4^{3-}	ao	−888.14	−648.41	−162.8
As_2O_5	cr	−924.87	−782.3	105.4
AsH_3	g	66.44	68.93	222.78
$HAsO_4^{2-}$	ao	−906.34	−714.60	−1.7
$H_2AsO_3^-$	ao	−714.79	−587.13	110.5
$H_2AsO_4^-$	ao	−909.56	−753.17	117
H_3AsO_3	ao	−742.2	−639.80	195.0
H_3AsO_4	ao	−902.5	−766.0	184
$AsCl_3$	l	−305.0	−259.4	216.3
As_2S_3	cr	−169.0	−168.6	163.6
Au	cr	0	0	47.40
AuCl	cr	−34.7	—	—
$AuCl_2^-$	ao	—	−151.12	—
$AuCl_3$	cr	−117.6	—	—
$AuCl_4^-$	ao	−322.2	−235.14	266.9
B	g	562.7	518.8	153.45
B	cr	0	0	5.86
B_2O_3	cr	−1 272.77	−1 193.65	53.97
B_2O_3	am	−1 254.53	−1 182.3	77.8
BH_3	g	100	—	—
BH_4^-	ao	48.16	114.35	110.5
B_2H_6	g	35.6	86.7	232.11
H_3BO_3	cr	−1 094.33	−968.92	88.83
H_3BO_3	ao	−1 072.32	−968.75	162.3
$B(OH)_4^-$	ao	−1 344.03	−1 153.17	102.5
BF_3	g	−1 137.00	−1 120.33	254.12
BF_4^-	ao	−1 574.9	−1 486.9	180
BCl_3	l	−427.2	−387.4	206.3
BCl_3	g	−403.76	−388.72	290.10
BBr_3	l	−239.7	−238.5	229.7

续表

物质的化学式和说明	状态	298.15 K，100 kPa		
		$\Delta_f H_m^\ominus$ / (kJ·mol^{-1})	$\Delta_f G_m^\ominus$ / (kJ·mol^{-1})	$S_m^\ominus$ / (J·K^{-1}·mol^{-1})
BBr_3	g	−205.64	−232.50	324.24
BI_3	g	71.13	20. 72	349.18
BN	cr	−254.4	−228.4	14.81
BN	g	647.47	614.49	212.28
B_4C_3	cr	−71	−71	27.11
Ba	cr	0	0	62.8
Ba	g	180	146	170.234
Ba^{2+}	g	1 660.38	—	—
Ba^{2+}	ao	−537.64	−560.77	9.6
BaO	cr	−553.5	−525.1	70.42
BaO_2	cr	−634.3	—	—
BaH_2	cr	−178.7	—	—
$Ba(OH)_2$	cr	−944.7	—	—
$Ba(OH)_2 \cdot 8H_2O$	cr	−3 342.2	−2 792.8	427
$BaCl_2$	cr	−858.6	−810.4	123.68
$BaCl_2 \cdot 2H_2O$	cr	−1 460.13	−1 296.32	202.9
$BaSO_4$	cr	−1 473.2	−1 362.2	132.2
$BaSO_4$（沉淀的）	cr	−1 466.5	—	—
$Ba(NO_3)_2$	cr	−992.07	−796.59	213.8
$BaCO_3$	cr	−1 216.3	−1 137.6	112.1
$BaCrO_4$	cr	−1 446.0	−1 345.22	158.6
Be	cr	0	0	9.50
Be	g	324.3	286.6	136.269
Be^{2+}	g	2 993.23	—	—
Be^{2+}	ao	−382.8	−379.73	−129.7
BeO	cr	−609.6	−580.3	14.14
BeO_2^{2-}	ao	−790.8	−640.1	−159
$Be(OH)_2$（新鲜沉淀）	am	−897.9	—	—
$BeCO_3$	cr	−1 025	—	—
Bi	cr	0	0	56.74
Bi^{3+}	ao	—	82.8	—
BiO^+	ao	—	−146.4	—
Bi_2O_3	cr	−573.88	−493.7	151.5
$Bi(OH)_3$	cr	−711.3	—	—
$BiCl_3$	cr	−379.1	−315.0	177.0
$BiCl_4^-$	ao	—	−481.5	—

续表

物质的化学式和说明	状态	298.15 K，100 kPa		
		$\Delta_f H_m^\ominus$ /（kJ·mol^{-1}）	$\Delta_f G_m^\ominus$ /（kJ·mol^{-1}）	$S_m^\ominus$ /（J·K^{-1}·mol^{-1}）
BiOCl	cr	−366.9	−322.1	120.5
$BiONO_3$	cr	—	−280.2	—
Br	g	111.884	82.396	175.022
Br^-	ao	−121.55	−103.96	82.4
Br_2	l	0	0	152.231
Br_2	g	30.907	3.110	245.463
BrO^-	ao	−94.1	−33.4	42
BrO_3^-	ao	−67.07	18.60	161.71
BrO_4^-	ao	13.0	118.1	199.6
HBr	g	−36.40	−53.45	198.695
HBrO	ao	−113.0	−82.4	142
C（石墨）	cr	0	0	5.740
C（金刚石）	cr	1.895	2.900	2.377
CO	g	−110.525	−137.168	197.674
CO_2	g	−393.509	−394.359	213.74
CO_2	ao	−413.80	−385.98	117.6
CO_3^{2-}	ao	−677.14	−527.81	−56.9
CH_4	g	−74.81	−50.72	186.264
HCO_2^-（甲酸根离子）	ao	−425.55	−351.0	92
HCO_3^-	ao	−691.99	−586.77	91.2
HCO_2H（甲酸）	ao	−425.43	−372.3	163
CH_3OH（甲醇）	l	−238.66	−166.27	126.8
CH_3OH（甲醇）	g	−200.66	−161.96	239.81
CN^-	ao	150.6	172.4	94.1
HCN	ao	107.1	119.7	124.7
SCN^-	ao	76.44	92.71	144.3
HSCN	ao	—	97.56	—
$C_2O_4^{2-}$（草酸根离子）	ao	−825.1	−673.9	45.6
C_2H_2	g	226.73	209.20	200.94
C_2H_4	g	52.26	68.15	219.56
C_2H_6	g	−84.68	−32.82	229.60
$HC_2O_4^-$	ao	−818.4	−698.34	149.4
CH_3COO^-	ao	−486.01	−369.31	86.6
CH_3CHO（乙醛）	g	−166.19	−128.86	250.3
CH_3COOH	ao	−485.76	−396.46	178.7
C_2H_5OH	g	−235.10	−168.49	282.70

续表

物质的化学式和说明	状态	298.15 K，100 kPa		
		$\Delta_f H_m^\ominus$ /（$kJ \cdot mol^{-1}$）	$\Delta_f G_m^\ominus$ /（$kJ \cdot mol^{-1}$）	$S_m^\ominus$ /（$J \cdot K^{-1} \cdot mol^{-1}$）
C_2H_5OH	ao	−288.3	−181.64	148.5
$(CH_3)_2O$（二甲醚）	g	−184.05	−112.59	266.38
Ca(α)	cr	0	0	41.42
Ca	g	178.2	144.3	154.884
Ca^{2+}	g	1 925.90	—	—
Ca^{2+}	ao	−542.83	−553.58	−53.1
CaO	cr	−635.09	−604.03	39.75
CaH_2	cr	−186.2	−147.2	42
$Ca(OH)_2$	cr	−986.09	−898.49	83.39
CaF_2	cr	−1 219.6	−1 167.3	68.87
$CaCl_2$	cr	−795.8	−748.1	104.6
$CaCl_2 \cdot 6H_2O$	cr	−2 607.9	—	—
$CaSO_4 \cdot 0.5H_2O$（α，粗晶的）	cr	−1 576.74	−1 436.74	130.5
$CaSO_4 \cdot 0.5H_2O$（β，细晶的）	cr_2	−1 574.65	−1 435.78	134.3
$CaSO_4 \cdot 2H_2O$（透石膏）	cr	−2 022.63	−1 797.28	194.1
Ca_3N_2	cr	−431	—	—
$Ca_3(PO_4)_2$（β，低温型）	cr	−4 120.8	−3 884.7	236.0
$Ca_3(PO_4)_2$（α，高温型）	cr_2	−4 109.9	−3 875.5	240.91
$CaHPO_4$	cr	−1 814.39	−1 681.18	111.38
$CaHPO_4 \cdot 2H_2O$	cr	−2 403.58	−2 154.58	189.45
$Ca(H_2PO_4)_2$	cr	3 104.70	—	—
$Ca(H_2PO_4)_2 \cdot H_2O$	cr	−3 409.67	−3 058.18	259.8
$Ca_{10}(PO_4)_6(OH)_2$（羟基磷灰石）	cr	−13 477	−12 677	780.7
$Ca_{10}(PO_4)_6F_2$（氟磷灰石）	cr	−13 744	−12 983	775.7
CaC_2	cr	−59.8	−64.9	69.96
$CaCO_3$（方解石）	cr	−1 206.92	−1 128.79	92.9
CaC_2O_4（草酸钙）	cr	−1 360.6	—	—
$CaC_2O_4 \cdot H_2O$	cr	−1 674.86	−1 513.87	156.5
Cd(γ)	cr	0	0	51.76
Cd^{2+}	ao	−75.90	−77.612	−73.2
CdO	cr	−258.2	−228.4	54.8
$Cd(OH)_2$（沉淀的）	cr	−560.7	−473.6	96
CdS	cr	−161.9	−156.5	64.9
$[Cd(NH_3)_4]^{2+}$	ao	−450.2	−226.1	336.4
$CdCO_3$	cr	−750.6	−669.4	92.5

续表

物质的化学式和说明	状态	298.15 K，100 kPa		
		$\Delta_f H_m^\ominus$ /（kJ·mol^{-1}）	$\Delta_f G_m^\ominus$ /（kJ·mol^{-1}）	$S_m^\ominus$ /（J·K^{-1}·mol^{-1}）
Ce	cr	0	0	72.0
Ce^{3+}	ao	−696.2	−672.0	−205
Ce^{4+}	ao	−537.2	−503.8	−301
CeO_2	cr	−1 088.7	−1 024.6	62.30
$CeCl_3$	cr	−1 053.5	−977.8	151
Cl^-	ao	−167.159	−131.228	56.5
Cl_2	g	0	0	223.066
Cl	g	121.679	105.680	165.198
Cl^-	g	−233.13	—	—
ClO^-	ao	−107.1	−36.8	42
ClO_2^-	ao	−66.5	17.2	101.3
ClO_3^-	ao	−103.97	−7.95	162.3
ClO_4^-	ao	−129.33	−8.52	182.0
HCl	g	−92.307	−95.299	186.908
HClO	ao	−120.9	−79.9	142
$HClO_2$	ao	−51.9	5.9	188.3
Co（α，六方晶的）	cr	0	0	30.04
Co^{2+}	ao	−58.2	−54.4	−113
Co^{3+}	ao	92	134	−305
$HCoO_2^-$	ao	—	−407.5	—
$Co(OH)_2$（蓝色，沉淀的）	cr	—	−450.1	—
$Co(OH)_2$（桃红色，沉淀的）	cr_2	−539.7	−454.3	79
$Co(OH)_2$（桃红色，沉淀的，陈化的）	cr_2	—	−458.1	—
$Co(OH)_3$	cr	−716.7	—	—
$CoCl_2$	cr	−312.5	−269.8	109.16
$CoCl_2 \cdot 6H_2O$	cr	−2 115.4	−1 725.2	343
$[Co(NH_3)_6]^{2+}$	ao	−584.9	−157.0	146
Cr	cr	0	0	23.77
Cr^{2+}	ao	−143.5	—	—
CrO_3	cr	−589.5	—	—
CrO_4^{2-}	ao	−881.15	−727.75	50.21
Cr_2O_3	cr	−1 139.7	−1 058.1	81.2
$Cr_2O_7^{2-}$	ao	−1 490.3	−1 301.1	261.9
$HCrO_4^-$	ao	−878.2	−764.7	184.1
$(NH_4)_2Cr_2O_7$	cr	−1 806.7	—	—
Ag_2CrO_4	cr	−731.74	−641.76	217.6

续表

物质的化学式和说明	状态	298.15 K，100 kPa		
		$\Delta_f H_m^\ominus$ /（kJ·mol^{-1}）	$\Delta_f G_m^\ominus$ /（kJ·mol^{-1}）	$S_m^\ominus$ /（J·K^{-1}·mol^{-1}）
Cs	cr	0	0	85.23
Cs	g	76.065	49.121	175.595
Cs^+	g	457.964	—	—
Cs^+	ao	−258.28	−292.02	133.05
CsH	cr	−54.18	—	—
CsCl	cr	−443.04	−414.53	101.17
Cu	cr	0	0	33.150
Cu^+	ao	71.67	49.98	40.6
Cu^{2+}	ao	64.77	65.49	−99.6
CuO	cr	−157.3	−129.7	42.63
Cu_2O	cr	−168.6	−146.0	93.14
$Cu(OH)_2$	cr	−449.8	—	—
CuCl	cr	−137.2	−119.86	86.2
$CuCl_2$	cr	−220.1	−175.7	108.07
CuBr	cr	−104.6	−100.8	96.11
CuI	cr	−67.8	−69.5	96.7
CuS	cr	−53.1	−53.6	66.5
$Cu_2S(\alpha)$	cr	−79.5	−86.2	120.9
$CuSO_4$	cr	−771.36	−661.8	109
$CuSO_4 \cdot 5H_2O$	cr	−2 279.65	−1 879.745	300.4
$[Cu(NH_3)_4]^{2+}$	ao	−348.5	−111.07	273.6
$CuP_2O_7^{2-}$	ao	—	−1 891.4	—
$[Cu(P_2O_7)_2]^{6-}$	ao	—	−3 823.4	—
$Cu_2P_2O_7$	cr	—	−1 874.3	—
$CuCO_3 \cdot Cu(OH)_2$（孔雀石）	cr	−1 051.4	−893.6	186.2
CuCN	cr	96.2	111.3	84.5
F	g	78.99	61.91	158.754
F^-	g	−255.39	—	—
F^-	ao	−332.63	−278.79	−13.8
F_2	g	0	0	202.78
HF	g	−271.1	−273.1	173.779
HF	ao	−320.08	−296.82	88.7
HF_2^-	ao	−649.94	−578.08	92.5
Fe	cr	0	0	27.28
Fe^{2+}	ao	−89.1	−78.90	−137.7
Fe^{3+}	ao	−48.5	−4.7	−315.9
Fe_2O_3（赤铁矿）	cr	−824.2	−742.2	87.40

续表

物质的化学式和说明	状态	298.15 K，100 kPa		
		$\Delta_f H_m^\ominus$ / (kJ · mol^{-1})	$\Delta_f G_m^\ominus$ / (kJ · mol^{-1})	$S_m^\ominus$ / (J · K^{-1} · mol^{-1})
Fe_3O_4（磁铁矿）	cr	−1 118.4	−1 015.4	146.4
$Fe(OH)_2$（沉淀的）	cr	−569.0	−486.5	88
$Fe(OH)_3$（沉淀的）	cr	−823.0	−696.5	106.7
$FeCl_3$	cr	−399.49	−334.00	142.3
FeS_2（黄铁矿）	cr	−178.2	−166.9	52.93
$FeSO_4 \cdot 7H_2O$	cr	−3 014.57	−2 509.87	409.2
$FeCO_3$（菱铁矿）	cr	−740.57	−666.67	92.9
$FeC_2O_4 \cdot 2H_2O$（草酸铁）	cr	−1 482.4	—	—
$Fe(CO)_5$	l	−774.0	−705.3	338.1
$[Fe(CN)_6]^{3-}$	ao	561.9	729.4	270.3
$[Fe(CN)_6]^{4-}$	ao	455.6	695.08	95.0
H	g	217.965	203.247	114.713
H^+	g	1 536.202	—	—
H^-	g	138.99	—	—
H^+	ao	0	0	0
H_2	g	0	0	130.684
OH^-	ao	−229.994	−157.244	−10.75
H_2O	l	−285.830	−237.129	69.91
H_2O	g	−241.818	−228.572	188.825
H_2O_2	l	−187.78	−120.35	109.6
H_2O_2	ao	−191.17	−134.03	143.9
He	g	0	0	126.150
Hg	l	0	0	76.02
Hg	g	61.317	31.820	174.96
Hg^{2+}	ao	171.1	164.40	−32.2
Hg_2^{2+}	ao	172.4	153.52	84.5
HgO（红色，斜方晶的）	cr	−90.83	−58.539	70.29
HgO（黄色）	cr_2	−90.46	−58.409	71.1
$HgCl_2$	cr	−224.3	−178.6	146.0
$HgCl_2$	ao	−216.3	−173.2	155
$HgCl_3^-$	ao	−388.7	−309.1	209
$HgCl_4^{2-}$	ao	−554.0	−446.8	293
Hg_2Cl_2	cr	−265.22	−210.745	192.5
$HgBr_4^{2-}$	ao	−431.0	−371.1	310
HgI_2（红色）	cr	−105.4	−101.7	180
HgI_2（黄色）	cr_2	−102.9	—	—
HgI_4^{2-}	ao	−235.1	−211.7	360
Hg_2I_2	cr	−121.34	−111.00	233.5
HgS（红色）	cr	−58.2	−50.6	82.4
HgS（黑色）	cr	−53.6	−47.7	88.3

续表

物质的化学式和说明	状态	298.15 K，100 kPa		
		$\Delta_f H_m^\ominus$ /（kJ・mol^{-1}）	$\Delta_f G_m^\ominus$ /（kJ・mol^{-1}）	$S_m^\ominus$ /（J・K^{-1}・mol^{-1}）
HgS_2^{2-}	ao	—	41.9	—
$[Hg(NH_3)_4]^{2+}$	ao	−282.8	−51.7	335
I	g	106.838	73.250	180.791
I^-	ao	−55.19	−51.57	111.3
I_2	cr	0	0	116.135
I_2	g	62.438	19.327	260.69
I_2	ao	22.6	16.40	137.2
I_3^-	ao	−51.5	−51.4	239.3
IO^-	ao	−107.5	−38.5	−5.4
IO_3^-	ao	−221.3	−128.0	118.4
IO_4^-	ao	−151.5	−58.5	222
HI	g	26.48	1.70	206.594
HIO	ao	−138.1	−99.1	95.4
HIO_3	ao	−211.3	−132.6	166.9
H_5IO_6	ao	−759.4	—	—
In^+	ao	—	−12.1	—
In^{2+}	ao	—	−50.7	—
In^{3+}	ao	105	−98.0	−151
K	cr	0	0	64.18
K	g	89.24	60.59	160.336
K^+	g	514.26	—	—
K^+	ao	−252.38	−283.27	102.5
KO_2	cr	−284.93	−239.4	116.7
KO_3	cr	−260.2	—	—
K_2O	cr	−361.5	—	—
K_2O_2	cr	−494.1	−425.1	102.1
KH	cr	−57.74	—	—
KOH	cr	−424.764	−379.08	78.9
KF	cr	−567.27	−537.75	66.57
KCl	cr	−436.747	−409.14	82.59
$KClO_3$	cr	−397.73	−296.25	143.1
$KClO_4$	cr	−432.75	−303.09	151.0
KBr	cr	−393.798	−380.66	95.90
KI	cr	−327.900	−324.892	106.32
K_2SO_4	cr	−1 437.79	−1 321.37	175.56
$K_2S_2O_8$	cr	−1 916.1	−1 697.3	278.7

续表

物质的化学式和说明	状态	298.15 K，100 kPa		
		$\Delta_f H_m^\ominus$ /（kJ·mol^{-1}）	$\Delta_f G_m^\ominus$ /（kJ·mol^{-1}）	$S_m^\ominus$ /（J·K^{-1}·mol^{-1}）
KNO_2（正交晶的）	cr	−369.82	−306.55	152.09
KNO_3	cr	−494.63	−394.86	133.05
K_2CO_3	cr	−1 151.02	−1 063.5	155.52
$KHCO_3$	cr	−963.2	−863.5	115.5
KCN	cr	−113.0	−101.86	128.49
$KAl(SO_4)_2 \cdot 12H_2O$	cr	−6 061.8	−5 141.0	687.4
$KMnO_4$	cr	−837.2	−737.6	171.71
K_2CrO_4	cr	−1 403.7	−1 295.7	200.12
$K_2Cr_2O_7$	cr	−2 061.5	−1 881.8	291.2
Kr	g	0	0	164.082
La^{3+}	ao	−707.1	−683.7	−217.6
$La(OH)_3$	cr	−1 410.0	—	—
$LaCl_3$	cr	−1 071.1	—	—
Li	cr	0	0	29.12
Li	g	159.37	126.66	138.77
Li^+	g	685.783	—	—
Li^+	ao	−278.49	−293.31	13.4
Li_2O	cr	−597.94	−561.18	37.57
LiH	cr	−90.54	−68.35	20.008
LiOH	cr	−484.93	−438.95	42.80
LiF	cr	−615.97	−587.71	35.65
LiCl	cr	−408.61	−384.37	59.33
Li_2CO_3	cr	−1 215.9	−1 132.06	90.37
Mg	cr	0	0	32.68
Mg	g	147.70	113.10	148.65
Mg^+	g	891.635	—	—
Mg^{2+}	g	2 348.504	—	—
Mg^{2+}	ao	−466.85	−454.8	−138.1
MgO（粗晶的，方镁石）	cr	−601.70	−569.43	26.94
MgO（细晶的）	cr_2	−597.98	−565.95	27.91
MgH_2	cr	−75.3	−35.09	31.09
$Mg(OH)_2$	cr	−924.54	−833.51	63.18
$Mg(OH)_2$（沉淀的）	am	−920.5	—	—
MgF_2	cr	−1 123.4	−1 070.2	57.24
$MgCl_2$	cr	−641.32	−591.79	89.62
$MgSO_4 \cdot 7H_2O$	cr	−3 388.71	−2 871.5	372

续表

物质的化学式和说明	状态	298.15 K，100 kPa		
		$\Delta_f H_m^{\ominus}$ /（kJ·mol^{-1}）	$\Delta_f G_m^{\ominus}$ /（kJ·mol^{-1}）	$S_m^{\ominus}$ /（J·K^{-1}·mol^{-1}）
$MgCO_3$（菱镁矿）	cr	−1 095.8	−1 012.1	65.7
Mn(α)	cr	0	0	32.01
Mn^{2+}	ao	−220.75	−228.1	−73.6
MnO_2	cr	−520.03	−465.14	53.05
MnO_2（沉淀的）	am	−502.5	—	—
MnO_4^-	ao	−541.4	−447.2	191.2
MnO_4^{2-}	ao	−653	−500.7	59
$Mn(OH)_2$（沉淀的）	am	−695.4	−615	99.2
$MnCl_2$	cr	−481.29	−440.5	118.24
$MnCl_2 \cdot 4H_2O$	cr	−1 687.4	−1 432.6	303.3
MnS（沉淀的，桃红色）	am	−213.8	—	—
$MnSO_4$	cr	−1 065.25	−957.36	112.1
$MnSO_4 \cdot 7H_2O$	cr	−3 139.3	—	—
Mo	cr	0	0	28.66
MoO_3	cr	−745.09	−667.97	77.74
MoO_4^{2-}	ao	−997.9	−836.3	27.2
$HMoO_4$（白色）	cr	−1 046	—	—
$H_2MoO_4 \cdot H_2O$（黄色）	cr	−1 360	—	—
$PbMoO_4$	cr	−1051.9	−951.4	166.1
Ag_2MoO_4	cr	−840.6	−748.0	213
N	g	472.704	455.563	153.298
N_2	g	0	0	191.61
N_3^-（叠氮根离子）	ao	275.14	348.2	107.9
NO	g	90.25	86.55	210.761
NO^+	g	989.826	—	—
NO_2	g	33.18	51.31	240.06
NO_2^-	ao	−104.6	−32.2	123.0
NO_3^-	ao	−205	108.74	146.4
N_2O	g	82.05	104.2	219.85
N_2O_3	g	83.72	139.46	312.28
N_2O_4	l	−19.5	97.54	209.2
N_2O_4	g	9.16	97.89	304.29
N_2O_5	g	11.3	115.1	355.7
NH_3	g	−46.11	−16.45	192.45
NH_3	ao	−80.29	−26.5	111.3
NH_4^+	ao	−132.51	−79.31	113.4

续表

物质的化学式和说明	状态	298.15 K，100 kPa		
		$\Delta_f H_m^\ominus$ / (kJ · mol^{-1})	$\Delta_f G_m^\ominus$ / (kJ · mol^{-1})	$S_m^\ominus$ / (J · K^{-1} · mol^{-1})
N_2H_4	l	50.63	149.34	121.21
N_2H_4	ao	34.31	128.1	138
HN_3	ao	260.08	321.8	146
HNO_2	ao	−119.2	−50.6	135.6
NH_4NO_2	cr	−256.5	—	—
NH_4NO_3	cr	−365.56	−183.87	151.08
NH_4F	cr	−463.96	−348.68	71.96
NOCl	g	51.71	66.08	261.69
NH_4Cl	cr	−314.43	−202.87	94.6
NH_4ClO_4	cr	−295.31	−88.75	186.2
NOBr	g	82.17	82.42	273.66
$(NH_4)_2SO_4$	cr	−1 180.85	−901.67	220.1
$(NH_4)_2S_2O_8$	cr	−1 648.1	—	—
Na	cr	0	0	51.21
Na	g	107.32	76.761	135.712
Na^+	g	609.358	—	—
Na^+	ao	−240.12	−261.905	59
NaO_2	cr	−260.2	−218.4	115.9
Na_2O	cr	−414.22	−375.46	75.06
Na_2O_2	cr	−510.87	−447.7	95
NaH	cr	−56.275	−33.46	40.016
NaOH	cr	−425.609	−379.494	64.455
NaOH	ai	−470.114	−419.15	48.1
NaF	cr	−573.647	−543.494	51.46
NaCl	cr	−411.153	−384.138	72.13
NaBr	cr	−361.062	−348.983	86.82
NaI	cr	−287.78	−286.06	98.53
$Na_2SO_4 \cdot 10H_2O$	cr	−4 327.26	−3 646.85	592
$Na_2S_2O_3 \cdot 5H_2O$	cr	−2 607.93	−2 229.8	372
$NaHSO_4 \cdot H_2O$	cr	−1 421.7	−1 231.6	155
$NaNO_2$	cr	−358.65	−284.55	103.8
$NaNO_3$	cr	−467.85	−367	116.52
Na_3PO_4	cr	−1 917.4	−1 788.8	173.8
$Na_4P_2O_7$	cr	−3 188	−2 969.3	270.29
$Na_5P_3O_{10} \cdot 6H_2O$	cr	−6 194.8	−5 540.8	611.3
$NaH_2PO_4 \cdot 2H_2O$	cr	−2 128.4	—	—

续表

物质的化学式和说明	状态	298.15 K，100 kPa		
		$\Delta_f H_m^\ominus$ /（kJ·mol^{-1}）	$\Delta_f G_m^\ominus$ /（kJ·mol^{-1}）	$S_m^\ominus$ /（J·K^{-1}·mol^{-1}）
Na_2HPO_4	cr	−1 748.1	−1 608.2	150.5
$Na_2HPO_4 \cdot 12H_2O$	cr	−5 297.8	−4 467.8	633.83
Na_2CO_3	cr	−1 130.68	−1 044.44	134.98
$Na_2CO_3 \cdot 10H_2O$	cr	−4 081.32	−3 427.66	562.7
HCOONa（甲酸钠）	cr	−666.5	−599.9	103.76
$NaHCO_3$	cr	−950.81	−851	101.7
$NaCH_3CO_2 \cdot 3H_2O$	cr	−1 603.3	−1 328.6	243
$Na_2B_4O_7 \cdot 10H_2O$（硼砂）	cr	−6 288.6	−5 516	586
Ne	g	0	0	146.328
Ni	cr	0	0	29.87
Ni^{2+}	ao	−54	−45.6	−128.9
$Ni(OH)_2$	cr	−529.7	−447.2	88
$Ni(OH)_3$（沉淀的）	cr	−669	—	—
$NiCl_2 \cdot 6H_2O$	cr	−2 103.17	−1 713.19	344.3
NiS	cr	−82	−79.5	52.97
NiS（沉淀的）	cr_2	−74.4	—	—
$NiSO_4 \cdot 7H_2O$	cr	−2 976.33	−2 461.83	378.94
$[Ni(NH_3)_6]^{2+}$	ao	−630.1	−255.7	394.6
$NiCO_3$	cr	—	−612.5	—
$Ni(CO)_4$	l	−633	−588.2	313.4
$Ni(CO)_4$	g	−602.91	−587.23	410.6
$[Ni(CN)_4]^{2-}$	ao	367.8	472.1	218
O	g	249.17	231.731	161.055
O_2	g	0	0	205.138
O_3	g	142.7	163.2	238.93
P（白色）	cr	0	0	41.09
P（红色，三斜晶的）	cr_2	−17.6	−12.1	22.8
P（黑色）	cr_3	−39.3	—	—
P（红色）	am	−7.5	—	—
PO_4^{3-}	ao	−1 277.4	−1 018.7	−222
$P_2O_7^{4-}$	ao	−2 271.1	−1 919	−117
P_4O_6	cr	−1 640.1	—	—
P_4O_{10}（六方晶的）	cr	−2 984	−2 697.7	228.86
PH_3	g	5.4	13.4	210.23
HPO_4^{2-}	ao	−1 292.14	−1 089.15	−33.5
$H_2PO_4^-$	ao	−1 296.29	−1 130.28	90.4

续表

物质的化学式和说明	状态	298.15 K，100 kPa		
		$\Delta_f H_m^\ominus$ /（kJ · mol^{-1}）	$\Delta_f G_m^\ominus$ /（kJ · mol^{-1}）	$S_m^\ominus$ /（J · K^{-1} · mol^{-1}）
H_3PO_4	cr	−1 279	−1 119.1	110.5
H_3PO_4	ao	−1 288.34	−1 142.54	158.2
$HP_2O_7^{3-}$	ao	−2 274.8	−1 972.2	46
$H_2P_2O_7^{2-}$	ao	−2 278.6	−2 010.2	163
$H_3P_2O_7^-$	ao	−2 276.5	−2 023.2	213
$H_4P_2O_7$	ao	−2 268.6	−2 032	268
PF_3	g	−918.8	−897.5	273.24
PF_5	g	−1 595.8	—	—
PCl_3	l	−319.7	−272.3	217.1
PCl_3	g	−287	−267.8	311.78
PCl_5	cr	−443.5	—	—
PCl_5	g	−374.9	−305	364.58
Pb	cr	0	0	64.81
Pb^{2+}	ao	−1.7	−24.43	10.5
PbO（黄色）	cr	−217.32	−187.89	68.7
PbO（红色）	cr_2	−218.9	−188.93	66.5
PbO_2	cr	−277.4	−217.33	68.6
Pb_3O_4	cr	−718.4	−601.2	211.3
$Pb(OH)_2$（沉淀的）	cr	−515.9	—	—
$PbCl_2$	cr	−359.41	−314.10	136.0
$PbCl_2$	ao	—	−297.16	—
$PbCl_3^-$	ao	—	−426.3	—
$PbBr_2$	cr	−278.7	−261.92	161.5
$PbBr_2$	ao	—	−240.6	—
PbI_2	cr	−175.48	−173.64	174.85
PbI_2	ao	—	143.5	—
PbI_4^{2-}	ao	—	−254.8	—
PbS	cr	−100.4	−98.7	91.2
$PbSO_4$	cr	−919.94	−813.14	−148.57
$PbCO_3$	cr	−699.1	−625.5	131.0
$[Pb(CH_3CO_2)]^+$（乙酸铅离子）	ao	—	−406.2	—
$Pb(CH_3CO_2)_2$	ao	—	−779.7	—
Rb	cr	0	0	76.78
Rb	g	80.85	53.06	170.089
Rb^+	g	490.101	—	—
Rb^+	ao	−251.17	−283.98	121.50

续表

物质的化学式和说明	状态	298.15 K，100 kPa		
		$\Delta_f H_m^\ominus$ /（kJ·mol^{-1}）	$\Delta_f G_m^\ominus$ /（kJ·mol^{-1}）	$S_m^\ominus$ /（J·K^{-1}·mol^{-1}）
RbO_2	cr	−278.7	—	—
Rb_2O	cr	−339	—	—
Rb_2O_2	cr	−472	—	—
RbCl	cr	−435.35	−407.80	95.90
S（正交晶的）	cr	0	0	31.80
S（单斜晶的）	cr_2	0.33	—	—
S	g	278.805	238.250	167.821
S_8	g	102.3	49.63	430.98
SO_2	g	−296.830	−300.194	248.22
SO_2	ao	−322.980	−300.676	161.9
SO_3	g	−395.72	−371.06	256.76
SO_3^{2-}	ao	−635.5	−486.5	−29
SO_4^{2-}(H_2SO_4，ai)	ao	−909.27	−744.53	20.1
$S_2O_3^{2-}$	ao	−648.5	−522.5	67
$S_4O_6^{2-}$	ao	−1 224.2	−1 040.4	257.3
H_2S	g	−20.63	−33.56	205.79
H_2S	ao	−39.7	−27.83	121
HSO_3^-	ao	−626.22	−527.73	139.7
HSO_4^-	ao	−887.34	−755.91	131.8
SF_4	g	−774.9	−731.3	292.03
SF_6	g	−1 209	−1 105.3	291.82
SbO^+	ao	—	−177.11	—
SbO_2^-	ao	—	−340.19	—
$Sb(OH)_3$	cr	—	685.2	—
$SbCl_3$	cr	−382.17	−323.67	184.1
SbOCl	cr	−374.0	—	—
Sb_2S_3（橙色）	am	−147.3	—	—
Sc	cr	0	0	34.64
Sc^{3+}	ao	−614.2	−586.6	−255
Sc_2O_3	cr	−1 908.82	−1 819.36	77.0
$Sc(OH)_3$	cr	−1 363.6	−1 233.3	100
Se（六方晶的，黑色）	cr	0	0	42.442
Se（单斜晶的，红色）	cr_2	6.7	—	—
Se^{2-}	ao	—	129.3	—
HSe^-	ao	15.9	44.0	79
H_2Se	ao	19.2	22.2	163.6

续表

物质的化学式和说明	状态	298.15 K，100 kPa		
		$\Delta_f H_m^\ominus$ /（kJ·mol^{-1}）	$\Delta_f G_m^\ominus$ /（kJ·mol^{-1}）	$S_m^\ominus$ /（J·K^{-1}·mol^{-1}）
$HSeO_3^-$	ao	−514.55	−411.46	135.1
H_2SeO_3	ao	−507.48	−426.14	207.9
H_2SeO_4	cr	−530.1	—	—
Si	cr	0	0	18.83
SiO_2（α，石英）	cr	−910.94	−856.64	41.84
SiO_2	am	−903.49	−850.70	46.9
SiH_4	g	34.3	56.9	204.62
H_2SiO_3	ao	−1 182.8	−1 079.4	109
H_4SiO_4	cr	−1 481.1	−1 332.9	192
SiF_4	g	−1 614.94	−1 572.65	282.49
$SiCl_4$	l	−687.0	−619.84	239.7
$SiCl_4$	g	−657.01	−616.98	330.73
$SiBr_4$	l	−457.3	−443.9	277.8
SiI_4	cr	−189.5	—	—
Si_3N_4(α)	cr	−743.5	−642.6	101.3
SiC（β，立方晶的）	cr	−65.3	−62.8	16.61
SiC（α，六方晶的）	cr_2	−62.8	−60.2	16.48
Sn（Ⅰ，白色）	cr	0	0	51.55
Sn（Ⅱ，灰色）	cr_2	−2.09	0.13	41.14
Sn^{2+}（$\mu(NaClO_4)=3.0$）	ao	−8.8	−27.2	−17
Sn^{4+}（在 $HCl+\infty H_2O$）	ao	30.5	2.5	−117
SnO	cr	−285.8	−256.9	56.5
SnO_2	cr	−580.7	−519.6	52.3
$Sn(OH)_2$（沉淀的）	cr	−561.1	−491.6	155
$Sn(OH)_4$（沉淀的）	cr	−1 110.0	—	—
$SnCl_4$	l	−511.3	−440.1	258.6
$SnBr_4$	cr	−377.4	−350.2	264.4
SnS	cr	−100	−98.3	77.0
Sr(α)	cr	0	0	52.3
Sr	g	164.4	130.9	164.62
Sr^{2+}	g	1 790.54	—	—
Sr^{2+}	ao	−545.80	−559.84	−32.6
SrO	cr	−592.0	−561.9	54.4
$Sr(OH)_2$	cr	−959.0		
$SrCl_2$(α)	cr	−828.9	−781.1	114.85
$SrSO_4$（沉淀的）	cr_2	−1 449.8	—	—

续表

物质的化学式和说明	状态	298.15 K，100 kPa		
		$\Delta_f H_m^\ominus$ /（kJ·mol^{-1}）	$\Delta_f G_m^\ominus$ /（kJ·mol^{-1}）	$S_m^\ominus$ /（J·K^{-1}·mol^{-1}）
$SrCO_3$（菱锶矿）	cr	−1 220.1	−1 140.1	97.1
Th^{4+}	ao	−769.0	−705.1	422.6
ThO_2	cr	−1 226.4	−1 168.71	65.23
$Th(NO_3)_4 \cdot 5H_2O$	cr	−3 007.79	−2 324.88	543.2
Ti	cr	0	0	30.63
TiO^{2+}（在 $HClO_4$(aq)）	aq	−689.9	—	—
TiO_2（锐钛矿）	cr	−939.7	−884.5	49.92
TiO_2（板钛矿）	cr_2	−941.8	—	—
TiO_2（金红石）	cr_3	−944.7	−889.5	50.33
TiO_2	am	−879		
$TiCl_3$	cr	−720.9	−653.5	139.7
$TiCl_4$	l	−804.2	−737.2	252.34
$TiCl_4$	g	−763.2	−726.7	354.9
Tl	cr	0	0	64.18
Tl^+	ao	5.36	−32.40	125.5
Tl^{3+}	ao	196.6	214.6	−192
TlCl	cr	−204.14	−184.92	111.25
$TlCl_3$	ao	−315.1	−274.4	134
U^{4+}（未水解的）	ao	−591.2	−531.0	−410
UO_2	cr	−1 084.9	−1 031.7	77.03
UO_2^{2+}	ao	−1 019.6	−953.5	−97.5
UF_4	cr	−1 914.2	−1 823.3	151.67
UF_6	cr	−2 197.0	−2 068.5	227.6
UF_6	g	−2 147.4	−2 063.7	377.9
V	cr	0	0	28.91
VO	cr	−431.8	−404.2	38.9
VO^{2+}	ao	−486.6	−446.4	−133.9
VO_2^+	ao	−649.8	−587.0	−42.3
VO_4^{3-}	ao	—	−899.0	—
V_2O_5	cr	−1 550.6	−1 419.5	131.0
W	cr	0	0	32.64
WO_3	cr	−842.87	−764.03	75.90
WO_4^{2-}	ao	−1 075.7	—	—
Xe	g	0	0	169.683
XeF_4	cr	−261.5	（−123）	—
XeF_6	cr	（−360）	—	—

续表

物质的化学式和说明	状态	298.15 K，100 kPa		
		$\Delta_f H_m^\ominus$ /（$kJ \cdot mol^{-1}$）	$\Delta_f G_m^\ominus$ /（$kJ \cdot mol^{-1}$）	$S_m^\ominus$ /（$J \cdot K^{-1} \cdot mol^{-1}$）
XeO_3	cr	（402）	—	—
Zn	cr	0	0	41.63
Zn^{2+}	ao	−153.89	−147.06	−112.1
ZnO	cr	−348.28	−318.30	43.64
$[Zn(OH)_4]^{2-}$	ao	—	−858.52	—
$ZnCl_2$	cr	−415.05	−369.398	111.46
ZnS（纤锌矿）	cr	−192.63	—	—
ZnS（闪锌矿）	cr	−205.98	−201.29	57.7
$ZnSO_4 \cdot 7H_2O$	cr	−3 077.75	−2 562.67	388.7
$[Zn(NH_3)_4]^{2+}$	ao	−533.5	−301.9	301
$ZnCO_3$	cr	−812.78	−731.52	82.4

注：本附录数据取自《无机化学》(第 5 版)，大连理工大学无机化学教研室编写。

附录B　某些物质的标准摩尔燃烧焓（298.15 K）

物　质	$\Delta_c H_m^{\ominus}$/(kJ·mol^{-1})
H_2(g)	−285.83
C (cr)	−393.51
CO (g)	−282.98
CH_4(g)	−890.36
C_2H_2(g)	−1 299.58
C_2H_4(g)	−1 410.94
C_2H_6(g)	−1 559.83
HCHO (g) 甲醛	−570.77
CH_3CHO(g) 乙醛	−1 192.49
CH_3CHO(l)	−1 166.38
CH_3COOH(l) 乙酸	−874.2
HCOOH (l) 甲酸	−254.62
$H_2(COO)_2$(cr) 草酸	−245.6
CH_3OH(l) 甲醇	−726.51
C_2H_5OH(l) 乙醇	−1 366.82
$(CH_3)_2O$(g) 二甲醚	−1 460.46
$(C_2H_5)_2O$(l) 乙醚	−2 723.62
$(C_2H_5)_2O$(g)	−2 751.06

注：本附录数据取自《无机化学》(第5版)，大连理工大学无机化学教研室编写。

附录 C　弱酸、弱碱的解离常数

1. 弱酸的解离常数（298.15 K）

弱酸	解离常数 $K_a^\ominus$
H_3AsO_4	$K_{a1}^\ominus = 5.7\times10^{-3}$；$K_{a2}^\ominus = 1.7\times10^{-7}$；$K_{a3}^\ominus = 2.5\times10^{-12}$
H_3AsO_3	$K_{a2}^\ominus = 5.9\times10^{-10}$
H_3BO_3	5.8×10^{-10}
HOBr	2.6×10^{-9}
H_2CO_3	$K_{a1}^\ominus = 4.2\times10^{-7}$；$K_{a2}^\ominus = 4.7\times10^{-11}$
HCN	5.8×10^{-10}
H_2CrO_4	($K_{a1}^\ominus = 9.55$；$K_{a2}^\ominus = 3.2\times10^{-7}$)
HOCl	2.8×10^{-8}
$HClO_2$	1.0×10^{-2}
HF	6.9×10^{-4}
HOI	2.4×10^{-11}
HIO_3	0.16
H_5IO_6	$K_{a1}^\ominus = 4.4\times10^{-4}$；$K_{a2}^\ominus = 2\times10^{-7}$；$K_{a3}^\ominus = 6.3\times10^{-13}$
HNO_2	6.0×10^{-4}
HN_3	2.4×10^{-5}
H_2O_2	$K_{a1}^\ominus = 2.0\times10^{-12}$
H_3PO_4	$K_{a1}^\ominus = 6.7\times10^{-3}$；$K_{a2}^\ominus = 6.2\times10^{-8}$；$K_{a3}^\ominus = 4.5\times10^{-13}$
$H_4P_2O_7$	$K_{a1}^\ominus = 2.9\times10^{-2}$；$K_{a2}^\ominus = 5.3\times10^{-3}$；$K_{a3}^\ominus = 2.2\times10^{-7}$；$K_{a4}^\ominus = 4.8\times10^{-10}$
H_2SO_4	$K_{a2}^\ominus = 1.0\times10^{-2}$
H_2SO_3	$K_{a1}^\ominus = 1.7\times10^{-2}$；$K_{a2}^\ominus = 6.0\times10^{-8}$
H_2Se	$K_{a1}^\ominus = 1.5\times10^{-4}$；$K_{a2}^\ominus = 1.1\times10^{-15}$
H_2S	$K_{a1}^\ominus = 8.9\times10^{-8}$；$K_{a2}^\ominus = 7.1\times10^{-19}$
H_2SeO_4	$K_{a1}^\ominus = 1.2\times10^{-2}$
H_2SeO_3	$K_{a1}^\ominus = 2.7\times10^{-2}$；$K_{a2}^\ominus = 5.0\times10^{-8}$
HSCN	0.14
$H_2C_2O_4$ (草酸)	$K_{a1}^\ominus = 5.4\times10^{-2}$；$K_{a2}^\ominus = 5.4\times10^{-5}$
HCOOH (甲酸)	1.8×10^{-4}
HAc (乙酸)	1.8×10^{-5}
$ClCH_2COOH$ (氯乙酸)	1.4×10^{-3}
EDTA	$K_{a1}^\ominus = 1.0\times10^{-2}$；$K_{a2}^\ominus = 2.1\times10^{-3}$；$K_{a3}^\ominus = 6.9\times10^{-7}$；$K_{a4}^\ominus = 5.9\times10^{-11}$

2. 弱碱的解离常数（298.15 K）

弱　碱	解离常数 $K_b^\ominus$
$NH_3 \cdot H_2O$	1.8×10^{-5}
N_2H_4（联氨）	9.8×10^{-7}
NH_2OH（羟氨）	9.8×10^{-9}
CH_3NH_2（甲氨）	4.2×10^{-4}
$C_6H_5NH_2$（苯胺）	(4.0×10^{-10})
$(CH_2)_6N_4$（六亚甲基四胺）	(1.4×10^{-9})

注：本附录数据取自《无机化学》（第 5 版），大连理工大学无机化学教研室编写。

附录D 溶度积常数（298.15 K）

化学式	$K_{sp}^{\ominus}$	化学式	$K_{sp}^{\ominus}$
AgAc	1.9×10^{-3}	BiI_3	7.5×10^{-19}
Ag_3AsO_4	1.0×10^{-22}	BiOBr	6.7×10^{-9}
AgBr	5.3×10^{-13}	BiOCl	1.6×10^{-8}
AgCl	1.8×10^{-10}	$BiONO_3$	4.1×10^{-5}
Ag_2CO_3	8.3×10^{-12}	$CaCO_3$	4.9×10^{-9}
Ag_2CrO_4	1.1×10^{-12}	$CaC_2O_4\cdot H_2O$	(2.3×10^{-9})
AgCN	5.9×10^{-17}	$CaCrO_4$	(7.1×10^{-4})
$Ag_2Cr_2O_7$	(2.0×10^{-7})	CaF_2	1.5×10^{-10}
$Ag_2C_2O_4$	5.3×10^{-12}	$Ca(OH)_2$	4.6×10^{-6}
$AgIO_3$	3.1×10^{-8}	$CaHPO_4$	1.8×10^{-7}
AgI	8.3×10^{-17}	$Ca_3(PO_4)_2$（低温）	2.1×10^{-33}
Ag_2MoO_4	2.8×10^{-12}	$CaSO_4$	7.1×10^{-5}
$AgNO_2$	3.0×10^{-5}	$Cd(OH)_2$（沉淀）	5.3×10^{-15}
Ag_3PO_4	8.7×10^{-17}	Cds	8.0×10^{-27}
Ag_2SO_4	1.2×10^{-5}	$Ce(OH)_3$	(1.6×10^{-20})
Ag_2SO_3	1.5×10^{-14}	$Ce(OH)_4$	(2×10^{-28})
AgSCN	1.0×10^{-12}	$Co(OH)_2$（陈）	2.3×10^{-16}
$Al(OH)_3$（无定形）	1.3×10^{-33}	$Co(OH)_3$	(1.6×10^{-44})
AuCl	2.0×10^{-13}	$Cr(OH)_3$	(6.3×10^{-31})
$AuCl_3$	3.2×10^{-25}	CuBr	6.9×10^{-9}
$BaCO_3$	(2.6×10^{-9})	CuCl	1.7×10^{-7}
$BaCrO_4$	1.2×10^{-10}	CuCN	3.5×10^{-20}
BaF_2	1.8×10^{-7}	CuI	1.2×10^{-12}
$Ba(NO_3)_2$	6.1×10^{-4}	CuSCN	1.8×10^{-13}
$Ba_3(PO_4)_2$	(3.4×10^{-23})	$CuCO_3$	(1.4×10^{-10})
$BaSO_4$	(1.1×10^{-10})	$Cu(OH)_2$	(2.2×10^{-20})
$Be(OH)_2(\alpha)$	6.7×10^{-22}	$Cu_2P_2O_7$	7.6×10^{-16}
$Bi(OH)_3$	(4×10^{-31})	CuS	6.3×10^{-36}

续表

化学式	$K_{sp}^{\ominus}$	化学式	$K_{sp}^{\ominus}$
$FeCO_3$	3.1×10^{-11}	$Ni(OH)_2$（新）	5.0×10^{-16}
$Fe(OH)_2$	4.86×10^{-17}	$Pb(OH)_2$	1.43×10^{-20}
$Fe(OH)_3$	2.8×10^{-39}	$PbCO_3$	1.5×10^{-13}
FeS	6.3×10^{-18}	$PbBr_2$	6.6×10^{-6}
HgI_2	2.8×10^{-29}	$PbCl_2$	1.7×10^{-5}
$HgCO_3$	3.7×10^{-17}	$PbCrO_4$	(2.8×10^{-13})
$HgBr_2$	6.3×10^{-20}	PbI_2	8.4×10^{-9}
Hg_2Cl_2	1.4×10^{-18}	$Pb(N_3)_2$（斜方）	2.0×10^{-9}
Hg_2CrO_4	(2.0×10^{-9})	PbS	8.0×10^{-28}
Hg_2I_2	5.3×10^{-29}	$PbSO_4$	1.8×10^{-8}
Hg_2SO_4	7.9×10^{-7}	$Sn(OH)_2$	5.0×10^{-27}
$K_2[PtCl_6]$	7.5×10^{-6}	$Sn(OH)_4$	(1×10^{-56})
Li_2CO_3	8.1×10^{-4}	$SrCO_3$	5.6×10^{-10}
LiF	(1.8×10^{-3})	$SrCrO_4$	(2.2×10^{-5})
Li_3PO_4	(3.2×10^{-9})	$SrSO_4$	3.4×10^{-7}
$MgCO_3$	6.8×10^{-6}	TlCl	1.9×10^{-4}
MgF_2	7.4×10^{-11}	TlI	5.5×10^{-8}
$Mg(OH)_2$	5.1×10^{-12}	$Tl(OH)_3$	1.5×10^{-44}
$Mg_3(PO_4)_2$	1.0×10^{-24}	$ZnCO_3$	1.2×10^{-10}
$MnCO_3$	2.2×10^{-11}	$Zn(OH)_2$	6.8×10^{-17}
$Mn(OH)_2$(am)	2.1×10^{-13}	α-ZnS	1.6×10^{-24}
$NiCO_3$	1.4×10^{-7}	β-ZnS	2.5×10^{-22}

注：本附录数据取自《无机化学》（第5版），大连理工大学无机化学教研室编写。

附录E　某些配离子的稳定常数（298.15 K）

配离子	$K_f^\ominus$	配离子	$K_f^\ominus$
$AgCl_2^-$	1.84×10^5	$[Co(EDTA)]^{2-}$	(2.0×10^{16})
$AgBr_2^-$	1.93×10^7	$[Co(EDTA)]^-$	1×10^{36}
AgI_2^-	4.80×10^{10}	$[Cr(OH)_4]^-$	(7.8×10^{29})
$[Ag(NH_3)]^+$	2.07×10^3	$[Cr(EDTA)]^-$	1.0×10^{23}
$[Ag(NH_3)_2]^+$	1.67×10^7	$CuCl_2^-$	6.91×10^4
$[Ag(CN)_2]^-$	2.48×10^{20}	$CuCl_3^{2-}$	4.55×10^5
$[Ag(SCN)_2]^-$	2.04×10^8	CuI_2^-	(7.1×10^8)
$[Ag(S_2O_3)_2]^{3-}$	(2.9×10^{13})	$[Cu(SO_3)_2]^{3-}$	4.13×10^8
$[Ag(en)_2]^+$	(5.0×10^7)	$[Cu(NH_3)_4]^{2+}$	(2.30×10^{12})
$[Ag(EDTA)]^{3-}$	(2.1×10^7)	$[Cu(P_2O_7)_2]^{6-}$	(8.24×10^8)
$[Al(OH)_4]^-$	3.31×10^{33}	$[Cu(C_2O_4)_2]^{2-}$	2.35×10^9
AlF_6^{3-}	(6.9×10^{19})	$[Cu(CN)_2]^-$	(9.98×10^{23})
$[Al(EDTA)]^-$	(1.3×10^{16})	$[Cu(CN)_3]^{2-}$	4.21×10^{28}
$[Ba(EDTA)]^{2-}$	(6.0×10^7)	$[Cu(CN)_4]^{3-}$	(2.03×10^{30})
$[Be(EDTA)]^{2-}$	(2×10^9)	$[Cu(SCN)_4]^{3-}$	(8.66×10^9)
$BiCl_4^-$	7.96×10^6	$[Cu(EDTA)]^{2-}$	5.0×10^{18}
$BiCl_6^{3-}$	2.45×10^7	FeF^{2+}	7.1×10^6
$BiBr_4^-$	5.92×10^7	FeF_2^+	3.8×10^{11}
BiI_4^-	8.88×10^{14}	$[Fe(CN)_6]^{3-}$	(4.1×10^{52})
$[Bi(EDTA)]^-$	(6.3×10^{22})	$[Fe(CN)_6]^{4-}$	(4.2×10^{45})
$[Ca(EDTA)]^{2-}$	(1×10^{11})	$[Fe(NCS)]^{2+}$	9.1×10^2
$[Cd(NH_3)_4]^{2+}$	2.78×10^7	$FeBr^{2+}$	4.17
$[Cd(CN)_4]^{2-}$	1.95×10^{18}	$FeCl^{2+}$	24.9
$[Cd(OH)_4]^{2-}$	1.20×10^9	$[Fe(C_2O_4)_3]^{3-}$	(1.6×10^{20})

续表

配离子	$K_f^{\ominus}$	配离子	$K_f^{\ominus}$
$CdBr_4^{2-}$	(5.0×10^{3})	$[Fe(C_2O_4)_3]^{4-}$	(1.7×10^{5})
$CdCl_4^{2-}$	(6.3×10^{2})	$[Fe(EDTA)]^{2-}$	(2.1×10^{14})
CdI_4^{2-}	4.05×10^{5}	$[Fe(EDTA)]^{-}$	(1.7×10^{24})
$[Cd(en)]_3^{2+}$	(1.2×10^{12})	$HgCl^{+}$	5.73×10^{6}
$[Cd(EDTA)]^{2-}$	(2.5×10^{16})	$HgCl_2$	1.46×10^{13}
$[Co(NH_3)_4]^{2+}$	1.16×10^{5}	$HgCl_3^{-}$	9.6×10^{13}
$[Co(NH_3)_6]^{2+}$	1.3×10^{5}	$HgCl_4^{2-}$	1.31×10^{15}
$[Co(NH_3)_6]^{3+}$	(1.6×10^{35})	$HgBr_4^{2-}$	9.22×10^{20}
$[Co(NCS)_4]^{2-}$	(1.0×10^{3})	HgI_4^{2-}	5.66×10^{29}
HgS_2^{2-}	3.36×10^{51}	$PdCl_3^{-}$	2.10×10^{10}
$[Hg(NH_3)_4]^{2+}$	1.95×10^{19}	$PdBr_4^{2-}$	(6.05×10^{13})
$[Hg(CN)_4]^{2-}$	(1.82×10^{41})	PdI_4^{2-}	(4.36×10^{22})
$[Hg(SCN)_4]^{2-}$	4.98×10^{21}	$[Pd(NH_3)_4]^{2+}$	(3.10×10^{25})
$[Hg(EDTA)]^{2-}$	(6.3×10^{21})	$[Pd(CN)_4]^{2-}$	(5.20×10^{41})
$[Ni(NH_3)_6]^{2+}$	8.97×10^{8}	$[Pd(SCN)_4]^{2-}$	9.43×10^{23}
$[Ni(CN)_4]^{2-}$	(1.31×10^{30})	$[Pd(EDTA)]^{2-}$	(3.2×10^{18})
$[Ni(N_2H_4)_6]^{2+}$	1.04×10^{12}	$PtCl_4^{2-}$	9.86×10^{15}
$[Ni(en)_3]^{2+}$	2.1×10^{18}	$PtBr_4^{2-}$	6.47×10^{17}
$[Ni(EDTA)]^{2-}$	(3.6×10^{18})	$[Pt(NH_3)_4]^{2+}$	(2.18×10^{35})
$[Pb(OH)_3]^{-}$	(8.27×10^{13})	$[Sc(EDTA)]^{-}$	1.3×10^{23}
$PbCl_3^{-}$	27.2	$[Zn(OH)_3]^{-}$	(1.64×10^{13})
$PbBr_3^{-}$	15.5	$[Zn(OH)_4]^{2-}$	(2.83×10^{14})
PbI_3^{-}	2.67×10^{3}	$[Zn(NH_3)_4]^{2+}$	(3.60×10^{8})
PbI_4^{2-}	(1.66×10^{4})	$[Zn(CN)_4]^{2-}$	(5.71×10^{16})
$[Pb(CH_3CO_2)]^{+}$	152.4	$[Zn(CNS)_4]^{2-}$	19.6
$[Pb(CH_3CO_2)_2]^{+}$	826.3	$[Zn(C_2O_4)_2]^{2-}$	2.96×10^{7}
$[Pb(EDTA)]^{2-}$	(2×10^{18})	$[Zn(EDTA)]^{2-}$	(2.5×10^{16})

注：本附录数据取自《无机化学》（第 5 版），大连理工大学无机化学教研室编写。

附录 F　标准电极电势表（298.15 K）

电极反应 氧化型+ze^- $\rightleftharpoons$ 还原型	$\varphi^\ominus$ /V
$Li^+(aq) + e^- \rightleftharpoons Li(s)$	−3.040
$Cs^+(aq) + e^- \rightleftharpoons Cs(s)$	−3.027
$Rb^+(aq) + e^- \rightleftharpoons Rb(s)$	−2.943
$K^+(aq) + e^- \rightleftharpoons K(s)$	−2.936
$Ra^{2+}(aq) + 2e^- \rightleftharpoons Ra(s)$	−2.910
$Ba^{2+}(aq) + 2e^- \rightleftharpoons Ba(s)$	−2.906
$Sr^{2+}(aq) + 2e^- \rightleftharpoons Sr(s)$	−2.899
$Ca^{2+}(aq)+2e^- \rightleftharpoons Ca(s)$	−2.869
$Na^+(aq) + e^- \rightleftharpoons Na(s)$	−2.714
$La^{3+}(aq) + 3e^- \rightleftharpoons La(s)$	−2.362
$Mg^{2+}(aq) + 2e^- \rightleftharpoons Mg(s)$	−2.357
$Sc^{3+}(aq) + 3e^- \rightleftharpoons Sc(s)$	−2.027
$Be^{2+}(aq) + 2e^- \rightleftharpoons Be(s)$	−1.968
$Al^{3+}(aq) + 3e^- \rightleftharpoons Al(s)$	−1.68
$[SiF_6]^{2-}(aq) + 4e^- \rightleftharpoons Si(s) + 6F^-(aq)$	−1.365
$Mn^{2+}(aq) + 2e^- \rightleftharpoons Mn(s)$	−1.182
$SiO_2(am) + 4H^+(aq) + 4e^- \rightleftharpoons Si(s) + 2H_2O$	−0.975 4
$^*SO_4^{2-}(aq) + H_2O(l) + 2e^- \rightleftharpoons SO_3^{2-}(aq) + 2OH^-(aq)$	−0.936 2
$Fe(OH)_2(s) + 2e^- \rightleftharpoons Fe(s) + 2OH^-(aq)$	−0.891 4
$H_3BO_3(s) + 3H^+ + 3e^- \rightleftharpoons B(s) + 3H_2O(l)$	−0.889 4
$Zn^{2+}(aq) + 2e^- \rightleftharpoons Zn(s)$	−0.762 1
$Cr^{3+}(aq) + 3e^- \rightleftharpoons Cr(s)$	(−0.74)
$^*FeCO_3(s) + 2e^- \rightleftharpoons Fe(s)+CO_3^{2-}(aq)$	−0.719 6
$2CO_2(aq)+2H^+(aq) + 2e^- \rightleftharpoons H_2C_2O_4(aq)$	−0.595 0
$^*2SO_3^{2-}(aq) + 3H_2O(l) + 4e^- \rightleftharpoons S_2O_3^{2-}(aq) + 6OH^-(aq)$	−0.565 9
$Ga^{3+}(aq) + 3e^- \rightleftharpoons Ga(s)$	−0.549 3
$^*Fe(OH)_3(s) + e^- \rightleftharpoons Fe(OH)_2(s) + OH^-(aq)$	−0.546 8
$Sb(s) + 3H^+(aq) + 3e^- \rightleftharpoons SbH_3(g)$	−0.510 4

续表

电极反应 氧化型+ze⁻ ⇌ 还原型	$\varphi^{\ominus}$ / V
$In^{3+}(aq)+2e^- \rightleftharpoons In^+(aq)$	−0.445
$^*S(s)+2e^- \rightleftharpoons S^{2-}(aq)$	−0.445
$Cr^{3+}(aq)+e^- \rightleftharpoons Cr^{2+}(aq)$	(−0.41)
$Fe^{2+}(aq)+2e^- \rightleftharpoons Fe(s)$	−0.408 9
$^*Ag(CN)_2^-(aq)+e^- \rightleftharpoons Ag(s)+2CN^-(aq)$	−0.407 3
$Cd^{2+}(aq)+2e^- \rightleftharpoons Cd(s)$	−0.402 2
$PbI_2(s)+2e^- \rightleftharpoons Pb(s)+2I^-(aq)$	−0.365 3
$^*Cu_2O(s)+H_2O(l)+2e^- \rightleftharpoons 2Cu(s)+2OH^-(aq)$	−0.355 7
$PbSO_4(s)+2e^- \rightleftharpoons Pb(s)+SO_4^{2-}(aq)$	−0.355 5
$In^{3+}(aq)+3e^- \rightleftharpoons In(s)$	−0.338
$Tl^++e^- \rightleftharpoons Tl(s)$	−0.335 8
$Co^{2+}(aq)+2e^- \rightleftharpoons Co(s)$	−0.282
$PbBr_2(s)+2e^- \rightleftharpoons Pb(s)+2Br^-(aq)$	−0.279 8
$PbCl_2(s)+2e^- \rightleftharpoons Pb(s)+2Cl^-(aq)$	−0.267 6
$As(s)+3H^+(aq)+3e^- \rightleftharpoons AsH_3(g)$	−0.238 1
$Ni^{2+}(aq)+2e^- \rightleftharpoons Ni(s)$	−0.236 3
$VO_2^+(aq)+4H^++5e^- \rightleftharpoons V(s)+2H_2O(l)$	−0.233 7
$N_2(g)+5H^+(aq)+4e^- \rightleftharpoons N_2H_5^+(aq)$	−0.213 8
$CuI(s)+e^- \rightleftharpoons Cu(s)+I^-(aq)$	−0.185 8
$AgCN(s)+e^- \rightleftharpoons Ag(s)+CN^-(aq)$	−0.160 6
$AgI(s)+e^- \rightleftharpoons Ag(s)+I^-(aq)$	−0.151 5
$Sn^{2+}(aq)+2e^- \rightleftharpoons Sn(s)$	−0.141 0
$Pb^{2+}(aq)+2e^- \rightleftharpoons Pb(s)$	−0.126 6
$In^+(aq)+e^- \rightleftharpoons In(s)$	−0.125
$^*CrO_4^{2-}(aq)+2H_2O(l)+3e^- \rightleftharpoons CrO_2^-(aq)+4OH^-(aq)$	(−0.12)
$Se(s)+2H^+(aq)+2e^- \rightleftharpoons H_2Se(aq)$	−0.115 0
$WO_3(s)+6H^+(aq)+6e^- \rightleftharpoons W(s)+3H_2O(l)$	−0.090 9
$^*2Cu(OH)_2(s)+2e^- \rightleftharpoons Cu_2O(s)+2OH^-(aq)+H_2O(l)$	(−0.08)
$MnO_2(s)+2H_2O(l)+2e^- \rightleftharpoons Mn(OH)_2(am)+2OH^-(aq)$	−0.051 4
$[HgI_4]^{2-}(aq)+2e^- \rightleftharpoons Hg(l)+4I^-(aq)$	−0.028 09
$2H^+(aq)+2e^- \rightleftharpoons H_2(l)$	0
$^*NO_3^-(aq)+2H_2O(l)+e^- \rightleftharpoons NO_2^-(aq)+2OH^-(aq)$	0.008 49
$S_4O_6^{2-}(aq)+2e^- \rightleftharpoons 2S_2O_3^{2-}(aq)$	0.023 84
$AgBr(s)+e^- \rightleftharpoons Ag(s)+Br^-(aq)$	0.073 17

续表

电极反应 氧化型+ze⁻ ⇌ 还原型	$\varphi^\ominus$ /V
$S(s)+2H^+(aq)+2e^- \rightleftharpoons H_2S(aq)$	0.144 2
$Sn^{4+}(aq)+2e^- \rightleftharpoons Sn^{2+}(aq)$	0.153 9
$SO_4^{2-}(aq)+4H^+(aq)+2e^- \rightleftharpoons H_2SO_3(aq)+H_2O(l)$	0.157 6
$Cu^{2+}(aq)+e^- \rightleftharpoons Cu^+(aq)$	0.160 7
$AgCl(s)+e^- \rightleftharpoons Ag(s)+Cl^-(aq)$	0.222 2
$[HgBr_4]^{2-}(aq)+2e^- \rightleftharpoons Hg(l)+4Br^-(aq)$	0.231 8
$HAsO_2(aq)+3H^+(aq)+3e^- \rightleftharpoons As(s)+2H_2O(l)$	0.247 3
$PbO_2(s)+H_2O(l)+2e^- \rightleftharpoons PbO(s，黄色)+2OH^-(aq)$	0.248 3
$Hg_2Cl_2(s)+2e^- \rightleftharpoons 2Hg(l)+2Cl^-(aq)$	0.268 0
$BiO^+(aq)+2H^+(aq)+3e^- \rightleftharpoons Bi(s)+H_2O(l)$	0.313 4
$Cu^{2+}(aq)+2e^- \rightleftharpoons Cu(s)$	0.339 4
*$Ag_2O(s)+H_2O(l)+2e^- \rightleftharpoons Ag(s)+2OH^-(aq)$	0.342 8
$[Fe(CN)_6]^{3-}(aq)+e^- \rightleftharpoons [Fe(CN)_6]^{4-}(aq)$	0.355 7
$[Ag(NH_3)_2]^+(aq)+e^- \rightleftharpoons Ag(s)+2NH_3(aq)$	0.371 9
*$ClO_4^-(aq)+H_2O(l)+2e^- \rightleftharpoons ClO_3^-(aq)+2OH^-(aq)$	0.397 9
*$O_2(g)+2H_2O(l)+4e^- \rightleftharpoons 4OH^-(aq)$	0.400 9
$2H_2SO_3(aq)+2H^+(aq)+4e^- \rightleftharpoons S_2O_3^{2-}(aq)+3H_2O(l)$	0.410 1
$Ag_2CrO_4(s)+2e^- \rightleftharpoons 2Ag(s)+CrO_4^{2-}(aq)$	0.445 6
$2BrO^-(aq)+2H_2O(l)+2e^- \rightleftharpoons Br_2(l)+4OH^-(aq)$	0.449 7
$Cu^+(aq)+e^- \rightleftharpoons Cu(s)$	0.518 0
$TeO_2(s)+4H^+(aq)+4e^- \rightleftharpoons Te(s)+2H_2O(l)$	0.528 5
$I_2(s)+2e^- \rightleftharpoons 2I^-(aq)$	0.534 5
$MnO_4^-(aq)+e^- \rightleftharpoons MnO_4^{2-}(aq)$	0.554 5
$H_3AsO_4(aq)+2H^+(aq)+2e^- \rightleftharpoons H_3AsO_3(aq)+H_2O(l)$	0.574 8
*$MnO_4^-(aq)+2H_2O(l)+3e^- \rightleftharpoons MnO_2(s)+4OH^-(aq)$	0.596 5
$BrO_3^-(aq)+3H_2O(l)+6e^- \rightleftharpoons Br^-(aq)+6OH^-(aq)$	0.612 6
*$MnO_4^{2-}(aq)+2H_2O(l)+2e^- \rightleftharpoons MnO_2(s)+4OH^-(aq)$	0.617 5
$2HgCl_2(aq)+2e^- \rightleftharpoons Hg_2Cl_2(s)+2Cl^-(aq)$	0.657 1
*$ClO_2^-(aq)+H_2O(l)+2e^- \rightleftharpoons ClO^-(aq)+2OH^-(aq)$	0.680 7
$O_2(g)+2H^+(aq)+2e^- \rightleftharpoons H_2O_2(aq)$	0.694 5
$Fe^{3+}(aq)+e^- \rightleftharpoons Fe^{2+}(aq)$	0.769
$Hg_2^{2+}(aq)+2e^- \rightleftharpoons 2Hg(l)$	0.795 6

续表

电极反应 氧化型+ze^- $\rightleftharpoons$ 还原型	$\varphi^\ominus$ / V
$NO_3^-(aq)+2H^+(aq)+e^- \rightleftharpoons NO_2(g)+H_2O(l)$	0.798 9
$Ag^+(aq)+e^- \rightleftharpoons Ag(s)$	0.799 1
$[PtCl_4]^{2-}(aq)+2e^- \rightleftharpoons Pt(s)+4Cl^-(aq)$	0.847 3
$Hg^{2+}(aq)+2e^- \rightleftharpoons Hg(l)$	0.851 9
$^*HO_2^-(aq)+H_2O(l)+2e^- \rightleftharpoons 3OH^-(aq)$	0.867 0
$^*ClO^-(aq)+H_2O(l)+2e^- \rightleftharpoons Cl^-(aq)+2OH^-(aq)$	0.890 2
$2Hg^{2+}+2e^- \rightleftharpoons Hg_2^{2+}(aq)$	0.908 3
$NO_3^-(aq)+3H^+(aq)+2e^- \rightleftharpoons HNO_2(aq)+H_2O(l)$	0.927 5
$NO_3^-(aq)+4H^+(aq)+3e^- \rightleftharpoons NO(g)+2H_2O(l)$	0.963 7
$HNO_2(aq)+H^+(aq)+e^- \rightleftharpoons NO(g)+H_2O(l)$	1.04
$NO_2(g)+H^+(aq)+e^- \rightleftharpoons HNO_2(aq)$	1.056
$^*ClO_2(aq)+e^- \rightleftharpoons ClO^{2-}(aq)$	1.066
$Br_2(l)+2e^- \rightleftharpoons 2Br^-(aq)$	1.077 4
$ClO_3^-(aq)+3H^+(aq)+2e^- \rightleftharpoons HClO_2(aq)+H_2O(l)$	1.157
$ClO_2(aq)+H^+(aq)+e^- \rightleftharpoons HClO_2(aq)$	1.184
$2IO_3^-(aq)+12H^+(aq)+10e^- \rightleftharpoons I_2(s)+6H_2O(l)$	1.209
$ClO_4^-(aq)+2H^+(aq)+2e^- \rightleftharpoons ClO_3^-(aq)+H_2O(l)$	1.226
$O_2(g)+4H^+(aq)+4e^- \rightleftharpoons 2H_2O(l)$	1.229
$MnO_2(s)+4H^+(aq)+2e^- \rightleftharpoons Mn^{2+}(aq)+2H_2O(l)$	1.229 3
$^*O_3(g)+H_2O(l)+2e^- \rightleftharpoons O_2(g)+2OH^-(aq)$	1.247
$Tl^{3+}(aq)+2e^- \rightleftharpoons Tl^+(aq)$	1.280
$2HNO_2(aq)+4H^+(aq)+4e^- \rightleftharpoons N_2O(g)+3H_2O(l)$	1.311
$Cr_2O_7^{2-}(aq)+14H^+(aq)+6e^- \rightleftharpoons 2Cr^{3+}(aq)+7H_2O(l)$	(1.33)
$Cl_2(g)+2e^- \rightleftharpoons 2Cl^-(aq)$	1.360
$2HIO(aq)+2H^+(aq)+2e^- \rightleftharpoons I_2(s)+2H_2O(l)$	1.431
$PbO_2(s)+4H^+(aq)+2e^- \rightleftharpoons Pb^{2+}(aq)+2H_2O(l)$	1.458
$Au^{3+}(aq)+3e^- \rightleftharpoons Au(s)$	(1.50)
$Mn^{3+}(aq)+e^- \rightleftharpoons Mn^{2+}(aq)$	(1.51)
$MnO_4^-(aq)+8H^+(aq)+5e^- \rightleftharpoons Mn^{2+}(aq)+4H_2O(l)$	1.512
$2BrO_3^-(aq)+12H^+(aq)+10e^- \rightleftharpoons Br_2(l)+6H_2O(l)$	1.513

续表

电极反应 氧化型+ze^- $\rightleftharpoons$ 还原型	$\varphi^\ominus$ /V
$Cu^{2+}(aq)+CN^-(aq)+e^- \rightleftharpoons [Cu(CN)_2]^-(aq)$	1.580
$H_5IO_6(aq)+H^+(aq)+2e^- \rightleftharpoons IO_3^-+3H_2O(l)$	(1.60)
$2HBrO(aq)+2H^+(aq)+2e^- \rightleftharpoons Br_2(l)+2H_2O(l)$	1.604
$2HClO(aq)+2H^+(aq)+2e^- \rightleftharpoons Cl_2(g)+2H_2O(l)$	1.630
$HClO_2(aq)+2H^+(aq)+2e^- \rightleftharpoons HClO(aq)+H_2O(l)$	1.673
$Au^+(aq)+e^- \rightleftharpoons Au(s)$	(1.68)
$MnO_4^-(aq)+4H^+(aq)+3e^- \rightleftharpoons MnO_2(s)+2H_2O(l)$	1.700
$H_2O_2(aq)+2H^+(aq)+2e^- \rightleftharpoons 2H_2O(l)$	1.763
$S_2O_8^{2-}(aq)+2e^- \rightleftharpoons 2SO_4^{2-}(aq)$	1.939
$Co^{3+}(aq)+e^- \rightleftharpoons Co^{2+}(aq)$	1.95
$Ag^{2+}(aq)+e^- \rightleftharpoons Ag^+(aq)$	1.989
$O_3(g)+2H^+(aq)+2e^- \rightleftharpoons O_2(g)+H_2O(l)$	2.075
$F_2(g)+2e^- \rightleftharpoons 2F^-(aq)$	2.889
$F_2(g)+2H^+(aq)+2e^- \rightleftharpoons 2HF(aq)$	3.076

注：本附录数据取自《无机化学》（第 5 版），大连理工大学无机化学教研室编写。

附录 G　不同温度下水的饱和蒸气压和密度（1 atm）

温度/℃	饱和蒸气压/（10^2 Pa）	饱和蒸气压/mmHg	密度/（g·cm^{-3}）
0	6.105	4.579	0.999 839 5
1	6.567	4.926	0.999 898 5
2	7.058	5.294	0.999 939 9
3	7.579	5.685	0.999 964 2
4	8.134	6.101	0.999 972 0
5	8.723	6.543	0.999 963 8
6	9.350	7.013	0.999 940 2
7	10.017	7.513	0.999 901 5
8	10.726	8.045	0.999 848 2
9	11.478	8.609	0.999 780 8
10	12.278	9.209	0.999 699 6
11	13.124	9.844	0.999 605 1
12	14.023	10.518	0.999 494 7
13	14.973	11.231	0.999 377 1
14	15.981	11.987	0.999 244 4
15	17.049	12.788	0.999 099 6
16	18.177	13.634	0.998 943 0
17	19.372	14.530	0.998 774 9
18	20.634	15.477	0.998 595 6
19	21.968	16.477	0.998 405 2
20	23.378	17.535	0.998 204 1
21	24.865	18.650	0.997 992 5
22	26.434	19.827	0.997 770 5
23	28.088	21.068	0.997 538 5
24	29.834	22.377	0.997 296 5
25	31.672	23.756	0.997 044 9
26	33.609	25.209	0.996 783 7
27	35.649	26.739	0.996 513 2
28	37.796	28.349	0.996 233 5
29	40.054	30.043	0.995 944 8

续表

温度/℃	饱和蒸气压/（10^2 Pa）	饱和蒸气压/mmHg	密度/（$g \cdot cm^{-3}$）
30	42.429	31.824	0.995 647 3
31	44.923	33.695	0.995 341 0
32	47.547	35.663	0.995 026 2
33	50.301	37.729	0.994 703 0
34	53.193	39.898	0.994 371 5
35	56.229	41.175	0.994 031 9
36	59.412	44.563	0.993 684 2
37	62.751	47.067	0.993 328 7
38	66.251	49.692	0.992 965 3
39	69.917	52.442	0.992 594 3
40	73.759	55.324	0.992 215 8
41	77.780	58.34	0.991 829 8
42	81.990	61.50	0.991 436 4
43	86.390	64.80	0.991 035 8
44	91.000	68.26	0.990 628 0
45	95.830	71.88	0.990 213 2
46	100.86	75.65	0.989 791 4
47	106.12	79.60	0.989 362 8
48	111.60	93.71	0.988 927 3
49	117.35	88.02	0.988 485 1
50	123.34	92.51	0.988 036 3
51	1013.25	760.00	0.958 363 7

参 考 文 献

[1] 徐娟，包桂蓉，王华. 多相催化剂用于制备生物柴油的研究进展［J］. 工业加热，2007，36（6）：1－4.

[2] 赵强，孟双明，王俊丽，等. 固体超强酸催化剂的研究进展［J］. 化工技术与开发，2008，37（9）：13－17.

[3] 汪颖军，李言，所艳华，等. 负载型氧化物固体超强酸改性的研究进展［J］. 石油学报，2012，28（3）：525－529.

[4] 刘志，马骏. 固体超强酸催化剂的研究与发展［J］. 当代化工，2015，44（10）：2384－2387.

[5] 强亮生，徐崇泉. 工科大学化学［M］. 2 版. 北京：高等教育出版社，2009.

[6] 金继红，夏华. 工科化学与实验［M］. 武汉：华中科技大学出版社，2009.

[7] 徐如人，庞文琴. 无机合成与制备化学［M］. 北京：高等教育出版社，2001.

[8] 余锡宾，吴虹. 正硅酸乙酯的水解、缩合过程研究［J］. 无机材料学报，1996，11（4）：703－707.

[9] 王娟，李晨，徐博. 溶胶－凝胶法的基本原理、发展及应用现状［J］. 化学工业与过程，2009，26（3）：273－277.

[10] 张锐，秦丹丹，王海龙，等. 溶胶凝胶法制备 SiO_2 工艺［J］. 郑州大学学报（工学版），2006，27（3）：119－122.

[11] 黄剑锋. 溶胶凝胶原理与技术［M］. 北京：化学工业出版社，2009.

[12] 张以和. 材料制备化学［M］. 北京：化学工业出版社，2013.

[13] 周贤洪，张国杰. 无机/有机电解合成技术进展［J］. 氯碱工业，2000，1（1）：1－4.

[14] 赵坤，朱凤，王莉芳，等. 反应溅射法制备 TiO_2 薄膜［J］. 物理学报，2001，50（7）：1390－1395.

[15] 傅广生，于威，韩理，等. 脉冲激光离子体合成 SiC 陶瓷粉末过程研究［J］. 光电子·激光，1994，5（5）：290－295.

[16] 徐祖耀，黄本立，鄢国强. 材料表征与检测技术［M］//中国材料工程大典：第 26 卷. 北京：化学工业出版社，2006.

[17] 李敏，李惠东，李惠琪. 等离子体表面改性技术的发展［J］. 金属热处理，2004，29（7）：5－9.

[18] 田静，杨谦，徐志康. 表面活性（可控）接枝聚合研究进展［J］. 高分子通报，2007，2：8－16.

[19] 大连理工大学无机化学教研室. 无机化学［M］. 5 版. 北京：高等教育出版社，2006.

[20] 杨玉国. 现代化学基础［M］. 北京：中国铁道出版社，2001.

续表

温度/℃	饱和蒸气压/（10^2 Pa）	饱和蒸气压/mmHg	密度/（$g \cdot cm^{-3}$）
30	42.429	31.824	0.995 647 3
31	44.923	33.695	0.995 341 0
32	47.547	35.663	0.995 026 2
33	50.301	37.729	0.994 703 0
34	53.193	39.898	0.994 371 5
35	56.229	41.175	0.994 031 9
36	59.412	44.563	0.993 684 2
37	62.751	47.067	0.993 328 7
38	66.251	49.692	0.992 965 3
39	69.917	52.442	0.992 594 3
40	73.759	55.324	0.992 215 8
41	77.780	58.34	0.991 829 8
42	81.990	61.50	0.991 436 4
43	86.390	64.80	0.991 035 8
44	91.000	68.26	0.990 628 0
45	95.830	71.88	0.990 213 2
46	100.86	75.65	0.989 791 4
47	106.12	79.60	0.989 362 8
48	111.60	93.71	0.988 927 3
49	117.35	88.02	0.988 485 1
50	123.34	92.51	0.988 036 3
51	1013.25	760.00	0.958 363 7

参考文献

[1] 徐娟，包桂蓉，王华. 多相催化剂用于制备生物柴油的研究进展［J］. 工业加热，2007，36（6）：1-4.
[2] 赵强，孟双明，王俊丽，等. 固体超强酸催化剂的研究进展［J］. 化工技术与开发，2008，37（9）：13-17.
[3] 汪颖军，李言，所艳华，等. 负载型氧化物固体超强酸改性的研究进展［J］. 石油学报，2012，28（3）：525-529.
[4] 刘志，马骏. 固体超强酸催化剂的研究与发展［J］. 当代化工，2015，44（10）：2384-2387.
[5] 强亮生，徐崇泉. 工科大学化学［M］. 2 版. 北京：高等教育出版社，2009.
[6] 金继红，夏华. 工科化学与实验［M］. 武汉：华中科技大学出版社，2009.
[7] 徐如人，庞文琴. 无机合成与制备化学［M］. 北京：高等教育出版社，2001.
[8] 余锡宾，吴虹. 正硅酸乙酯的水解、缩合过程研究［J］. 无机材料学报，1996，11（4）：703-707.
[9] 王娟，李晨，徐博. 溶胶-凝胶法的基本原理、发展及应用现状［J］. 化学工业与过程，2009，26（3）：273-277.
[10] 张锐，秦丹丹，王海龙，等. 溶胶凝胶法制备 SiO_2 工艺［J］. 郑州大学学报（工学版），2006，27（3）：119-122.
[11] 黄剑锋. 溶胶凝胶原理与技术［M］. 北京：化学工业出版社，2009.
[12] 张以和. 材料制备化学［M］. 北京：化学工业出版社，2013.
[13] 周贤洪，张国杰. 无机/有机电解合成技术进展［J］. 氯碱工业，2000，1（1）：1-4.
[14] 赵坤，朱凤，王莉芳，等. 反应溅射法制备 TiO_2 薄膜［J］. 物理学报，2001，50（7）：1390-1395.
[15] 傅广生，于威，韩理，等. 脉冲激光离子体合成 SiC 陶瓷粉末过程研究［J］. 光电子·激光，1994，5（5）：290-295.
[16] 徐祖耀，黄本立，鄢国强. 材料表征与检测技术［M］//中国材料工程大典：第 26 卷. 北京：化学工业出版社，2006.
[17] 李敏，李惠东，李惠琪. 等离子体表面改性技术的发展［J］. 金属热处理，2004，29（7）：5-9.
[18] 田静，杨谦，徐志康. 表面活性（可控）接枝聚合研究进展［J］. 高分子通报，2007，2：8-16.
[19] 大连理工大学无机化学教研室. 无机化学［M］. 5 版. 北京：高等教育出版社，2006.
[20] 杨玉国. 现代化学基础［M］. 北京：中国铁道出版社，2001.

[21] 天津大学无机化学教研室. 无机化学 [M]. 4 版. 北京：高等教育出版社，2010.
[22] 联合国. 关于危险货物运输的建议书 [J]. 规章范本，2015，1.
[23] 联合国. 关于危险货物运输的建议书 [J]. 规章范本，2015，2.
[24] 中华人民共和国铁道部. 铁路危险货物品名表 [M]. 北京：中国铁道出版社，2009.
[25] 张文广，王祖浩. 多重平衡现象与化学问题解决 [J]. 大学化学，2007，22 (2)：56-60.
[26] 第一个精测水三相点的物理化学家黄子卿. 中国计量 [J]. 2005，3：47-48.
[27] 王宝辉，吴红军，刘淑芝，等. 太阳能分解水制氢技术研究进展 [J]. 化工进展，2006，25 (7)：733-738.
[28] 大连化物所. 催化科学与技术的第一里程碑：催化合成氨 [EB/OL]. [2020-5-20]. http://caskepu.chuanbo.cas.cn/gb/reading/201411/t20141102_4525863.html.
[29] 张菊芳. 从 2019 年诺贝尔化学奖看锂离子电池的发展及前景 [J]. 化工能源，2020，46 (3)：237-258.
[30] 陈立泉. 锂离子电池改变世界：2019 年诺贝尔化学奖成果简析 [J]. 科技导报，2019，37 (24)：36-40.

元素周期表

原子序数—92 U—元素符号（红色表示放射性元素）
铀—元素名称（注*的表示人造元素）
238.0—相对原子质量（加括号的数据为该放射性元素半衰期最长同位素的质量数）

金属元素　非金属元素

族 周期	IA 1	IIA 2	IIIB 3	IVB 4	VB 5	VIB 6	VIIB 7	VIII 8	VIII 9	VIII 10	IB 11	IIB 12	IIIA 13	IVA 14	VA 15	VIA 16	VIIA 17	0 18	电子层	0族电子数
1	1 H 氢 1.008																	2 He 氦 4.003	K	2
2	3 Li 锂 6.941	4 Be 铍 9.012											5 B 硼 10.81	6 C 碳 12.01	7 N 氮 14.01	8 O 氧 16.00	9 F 氟 19.00	10 Ne 氖 20.18	L K	8 2
3	11 Na 钠 22.99	12 Mg 镁 24.31											13 Al 铝 26.98	14 Si 硅 28.09	15 P 磷 30.97	16 S 硫 32.06	17 Cl 氯 35.45	18 Ar 氩 39.95	M L K	8 8 2
4	19 K 钾 39.10	20 Ca 钙 40.08	21 Sc 钪 44.96	22 Ti 钛 47.87	23 V 钒 50.94	24 Cr 铬 52.00	25 Mn 锰 54.94	26 Fe 铁 55.85	27 Co 钴 58.93	28 Ni 镍 58.69	29 Cu 铜 63.55	30Zn 锌 65.41	31 Ga 镓 69.72	32 Ge 锗 72.64	33 As 砷 74.92	34 Se 硒 78.96	35 Br 溴 79.90	36 Kr 氪 83.80	N M L K	8 18 8 2
5	37 Rb 铷 85.47	38 Sr 锶 87.62	39 Y 钇 88.91	40Zr 锆 91.22	41 Nb 铌 92.91	42 Mo 钼 95.94	43 Tc 锝 [98]	44 Ru 钌 102.9	45 Rh 铑 102.9	46 Pd 钯 106.4	47 Ag 银 107.9	48 Cd 镉 112.4	49 In 铟 114.8	50Sn 锡 118.7	51 Sb 锑 121.8	52 Te 碲 127.6	53 I 碘 126.9	54 Xe 氙 131.3	O N M L K	8 18 18 8 2
6	55 Cs 铯 132.9	56 Ba 钡 137.3	57~71 La~Lu 镧系	72 Hf 铪 178.5	73 Ta 钽 180.9	74 W 钨 183.8	75 Re 铼 186.2	76 Os 锇 190.2	77 Ir 铱 192.2	78 Pt 铂 195.1	79 Au 金 197.0	80 Hg 汞 200.6	81 Tl 铊 204.4	82 Pb 铅 207.2	83 Bi 铋 209.0	84 Po 钋 [209]	85 At 砹 [210]	86 Rn 氡 [222]	P O N M L K	8 18 32 18 8 2
7	87 Fr 钫 [223]	88 Rr 镭 [226]	89~103 Ac~Lr 锕系	104 Rf 𬬻* [261]	105 Db 𬭊* [262]	106 Sg 𬭳* [266]	107 Bh 𬭛* [264]	108 Hs 𬭶* [277]	109 Mt 鿏* [268]	110 Ds 𫟼* [281]	111 Rg 𬬭* [272]	112 Cn 鿔* [285]	113 Nh 鿭* [284]	114 Fl 𫓧* [289]	115 Mc 镆* [288]	116 Lr 𫟷* [292]	117 Ts 鿬* [291]	118Og 鿫* [293]		

镧系	57 La 镧 138.9	58 Ce 铈 140.1	59 Pr 镨 140.9	60Nd 钕 144.2	61 Pm 钷 [145]	62 Sm 钐 150.4	63 Eu 铕 152.0	64 Gd 钆 157.3	65 Tb 铽 158.9	66 Dy 镝 162.5	67 Ho 钬 164.9	68 Er 铒 167.3	69 Tm 铥 168.9	70Yb 镱 173.0	71 Lu 镥 175.0
锕系	89 Ac 锕 [227]	90Th 钍 232.0	91 Pa 镤 231.0	92 U 铀 238.0	93 Np 镎 [237]	94 Pu 钚 [244]	95 Am 镅* [243]	96 Cm 锔* [247]	97 Bk 锫* [147]	98 Cf 锎* [251]	99 Es 锿* [252]	100Fm 镄* [257]	101Md 钔* [258]	102 No 锘* [259]	103 Lr 铹* [262]